城市交通规划

赖元文 主 编
王振报 黄海南 副主编

中国建筑工业出版社

图书在版编目（CIP）数据

城市交通规划 / 赖元文主编；王振报，黄海南副主编. — 北京：中国建筑工业出版社，2022.8（2024.2 重印）

ISBN 978-7-112-27685-1

Ⅰ. ①城… Ⅱ. ①赖… ②王… ③黄… Ⅲ. ①城市规划—交通规划 Ⅳ. ①TU984.191

中国版本图书馆 CIP 数据核字(2022)第 138663 号

本书全面系统地阐述了城市交通规划的基本原理和方法，重点阐述了交通需求预测中的“四阶段预测法”及城市交通系统规划中的各专项规划。全书共分为 12 章，主要内容包括绪论、交通调查与数据分析、城市交通与土地利用、交通需求预测、城市交通发展战略规划、城市道路网规划、城市轨道交通规划、城市常规公共交通规划、停车设施规划、慢行交通系统规划、交通衔接系统规划、大数据分析在城市交通规划中的应用。

本书可作为交通工程、交通运输、城市规划等专业本科生教材及交通运输工程专业研究生的参考读物，也可作为其他相近专业的交通规划课程教材，亦可供从事交通规划研究及交通规划编制人员参考使用。

责任编辑：李玲洁
责任校对：董　楠

城 市 交 通 规 划

赖元文　主　编

王振报　黄海南　副主编

*

中国建筑工业出版社出版、发行(北京海淀三里河路 9 号)

各地新华书店、建筑书店经销

北京红光制版公司制版

建工社（河北）印刷有限公司印刷

*

开本：787 毫米×1092 毫米　1/16　印张：21¾　字数：540 千字

2022 年 8 月第一版　　2024 年 2 月第二次印刷

定价：**68.00** 元

ISBN 978-7-112-27685-1

(39641)

前　言

城市交通系统作为城市综合交通体系发展的子系统，是影响城市可持续发展的关键性因素之一。作为城市规划体系的重要组成部分，交通规划一方面要做好针对城市不同发展阶段的规划重点与要求；另一方面要做好与城市其他规划之间的合理协调与衔接，共同引导城市社会经济发展。

本书遵循我国城市规划与交通规划相关规范、国家和地方部门交通规划编制导则的要求，结合了国内外交通规划理论研究及工程实践结果，全面系统地阐述了城市交通规划的基本原理和方法，重点阐述了交通需求预测中的"四阶段预测法"及城市交通系统规划中的各专项规划，使读者在掌握交通规划基本理念、方法的基础上，有针对性地学习城市交通规划的不同组成部分，从而形成系统性的交通规划知识框架。全书共分为12章，主要内容包括绪论、交通调查与数据分析、城市交通与土地利用、交通需求预测、城市交通发展战略规划、城市道路网规划、城市轨道交通规划、城市常规公共交通规划、停车设施规划、慢行交通系统规划、交通衔接系统规划、大数据分析在城市交通规划中的应用。本书可作为交通工程、交通运输、城市规划等专业本科生教材及交通运输工程专业研究生的参考读物，也可作为其他相近专业的交通规划课程教材，亦可供从事交通规划研究及交通规划编制人员参考使用。

全书由福州大学赖元文副教授主笔，主要编写人员包括：赖元文博士、副教授（第1、2、3、6、7、8、10、11章）、河北工程大学王振报博士、教授（第4、12章）、福建农林大学黄海南博士、讲师（第5、9章）。此外，福州大学陈少惠讲师、饶寅升、梁航宇、周晓伟、陈艳生、郭凌、河北工程大学刘姝悦、福建农林大学沈正航等硕士研究生共同参与了部分内容编写工作。

感谢课题组的硕士生在本书的资料整理、研讨及编排过程中所做的工作。本书在研究与编写过程中参考了国内外大量书籍、文献，在此谨向文献作者表示崇高的敬意与衷心的感谢！

由于作者本人水平有限，书中难免有错漏之处，恳请读者批评指正，特此致谢！

电子信箱：laiyuanwen@fzu. edu. cn。

目录

第1章 绪论 …… 1
1.1 交通规划概述 …… 1
1.1.1 交通规划的定义 …… 1
1.1.2 交通规划的相关基本问题分析 …… 1
1.2 城市交通规划的发展与趋势 …… 2
1.2.1 城市交通规划的发展阶段 …… 2
1.2.2 城市交通规划的发展趋势 …… 5
1.3 城市交通规划编制体系 …… 6
1.3.1 城市总体规划阶段交通规划内容及要点 …… 7
1.3.2 控制性详细规划阶段交通规划内容及要点 …… 7
1.4 城市交通规划总体流程 …… 8
1.4.1 城市交通规划的目的与要求 …… 8
1.4.2 城市交通规划的任务 …… 8
1.4.3 城市交通规划的执行过程 …… 9
第2章 交通调查与数据分析 …… 10
2.1 交通调查的作用与目的 …… 10
2.1.1 交通规划所需数据 …… 10
2.1.2 交通调查内容与流程 …… 11
2.2 基础资料调查 …… 12
2.2.1 城市社会经济基础资料调查 …… 12
2.2.2 城市土地利用及自然资源情况基础资料调查 …… 12
2.2.3 国家有关政策方针调查 …… 13
2.3 城市交通基础设施调查 …… 13
2.3.1 城市交通枢纽设施调查 …… 13
2.3.2 城市道路交通基础设施调查 …… 14
2.3.3 城市公共交通设施调查 …… 14
2.3.4 城市停车设施调查 …… 14
2.3.5 慢行交通设施调查 …… 14
2.4 起讫点调查 …… 14
2.4.1 概念及常用术语 …… 14
2.4.2 OD调查分类 …… 16
2.4.3 OD调查方法 …… 17
2.4.4 OD调查一般步骤 …… 19
2.4.5 交通小区划分 …… 20

2.4.6 居民出行OD调查…… 22
2.4.7 流动人口出行OD调查…… 24
2.4.8 机动车出行OD调查…… 28
2.4.9 货流出行OD调查…… 29
2.4.10 OD调查资料的整理与分析 …… 31
2.5 公共交通客流调查…… 33
2.5.1 城市公交客流调查…… 33
2.5.2 城市轨道交通客流调查…… 34
2.5.3 公共交通调查资料的整理与分析…… 34
2.6 城市道路交通量调查…… 34
2.6.1 城市道路交通量调查内容…… 34
2.6.2 城市道路交通量调查方法…… 35
2.7 交通大数据发展及分析…… 37
2.7.1 交通大数据的来源分析…… 37
2.7.2 交通大数据的发展分析…… 38
第3章 城市交通与土地利用 …… 40
3.1 城市空间形态及其演变特征…… 40
3.1.1 城市空间布局…… 40
3.1.2 城市空间形态演变方式…… 43
3.1.3 城市空间结构变迁与交通作用机理…… 45
3.2 交通系统与城市空间形态…… 46
3.2.1 交通方式与城市空间形态…… 46
3.2.2 交通网络与城市空间形态…… 48
3.3 交通系统与用地开发…… 50
3.3.1 城市土地利用的分类…… 50
3.3.2 交通方式与用地开发…… 51
3.3.3 交通网络与用地开发…… 56
第4章 交通需求预测 …… 62
4.1 概述…… 62
4.2 交通生成预测…… 64
4.2.1 交通生成预测的影响因素…… 65
4.2.2 交通生成总量预测…… 68
4.2.3 发生与吸引交通量的预测…… 73
4.3 交通分布预测…… 79
4.3.1 增长系数法…… 80
4.3.2 重力模型法…… 85
4.4 交通方式划分…… 90
4.4.1 概述…… 90
4.4.2 转移曲线法…… 92

4.4.3 非集合 Logit 模型 …… 92
4.4.4 交通方式预测实用方法 …… 93
4.5 交通分配 …… 95
4.5.1 基本概念 …… 95
4.5.2 平衡分配方法 …… 96
4.5.3 非平衡分配方法 …… 98
第 5 章 城市交通发展战略规划 …… 102
5.1 交通战略规划的任务、特点与原则 …… 102
5.1.1 交通战略规划的任务 …… 102
5.1.2 交通战略规划的特点 …… 103
5.1.3 交通战略规划的基本原则 …… 103
5.1.4 交通战略规划的基本程序 …… 104
5.2 城市远期交通需求分析 …… 105
5.2.1 客运出行生成预测 …… 105
5.2.2 客运出行分布预测 …… 106
5.2.3 客运交通方式结构预测 …… 106
5.2.4 道路交通设施需求预测 …… 107
5.3 城市交通发展战略方案设计 …… 109
5.3.1 城市空间布局形态情境分析 …… 109
5.3.2 城市交通政策拟定 …… 111
5.3.3 备选交通战略方案生成 …… 115
5.4 城市交通发展战略测试及优选 …… 118
5.4.1 战略测试基础模型 …… 118
5.4.2 交通战略测试典型模型 …… 119
5.4.3 城市交通发展战略优选 …… 123
第 6 章 城市道路网规划 …… 125
6.1 城市道路网规划基本要求 …… 125
6.1.1 规划理念与要求 …… 125
6.1.2 规划内容 …… 126
6.1.3 规划程序 …… 126
6.2 城市道路网布局规划 …… 128
6.2.1 城市道路网布局影响因素 …… 128
6.2.2 城市道路网布局结构 …… 128
6.2.3 城市道路网布局规划流程 …… 131
6.3 各级城市道路规划 …… 132
6.3.1 快速路系统规划 …… 132
6.3.2 主干路网规划 …… 135
6.3.3 次干路网规划 …… 136
6.3.4 支路网规划 …… 137

6.4 城市道路设施规划 …… 138
6.4.1 城市道路横断面规划 …… 138
6.4.2 城市道路交叉口规划 …… 145
6.5 城市道路网规划方案评价 …… 148
6.5.1 城市道路网方案技术评价 …… 148
6.5.2 城市道路网方案经济评价 …… 150
6.5.3 城市道路网社会环境影响评价 …… 151
6.6 城市道路网规划案例 …… 152
6.6.1 道路网规划 …… 152
6.6.2 骨架路网规划 …… 153
6.6.3 次支路网规划 …… 157
6.6.4 节点规划 …… 162
6.6.5 方案评价 …… 163
第7章 城市轨道交通规划 …… 164
7.1 概述 …… 164
7.2 客流分析与预测 …… 164
7.2.1 客流概念、分类及影响因素 …… 164
7.2.2 客流分析 …… 166
7.2.3 客流预测 …… 168
7.3 城市轨道交通线网规划 …… 174
7.3.1 城市轨道交通线网规划原则、任务、意义及作用 …… 174
7.3.2 城市轨道交通线网形态 …… 176
7.3.3 城市轨道交通线网规模 …… 178
7.3.4 线网架构方法及实施性规划要点 …… 180
7.4 城市轨道交通站点规划 …… 183
7.4.1 站点规划原则与目标 …… 183
7.4.2 站点布设思路及方法 …… 184
7.4.3 站点布设模型建立 …… 185
7.4.4 站点规划的影响 …… 187
第8章 城市常规公共交通规划 …… 188
8.1 概述 …… 188
8.2 公交线网规划 …… 188
8.2.1 公交线路分类 …… 188
8.2.2 规划原则 …… 190
8.2.3 规划方法与步骤 …… 190
8.3 公交场站规划 …… 192
8.3.1 公交场站分类 …… 192
8.3.2 公交场站规划原则 …… 193
8.3.3 场站规划流程 …… 194

8.3.4 规划主要内容 …… 195
8.4 公交车辆发展规划 …… 198
8.4.1 车型配置 …… 198
8.4.2 车辆配置 …… 199
8.5 公交优先规划 …… 202
8.5.1 公交优先主要措施 …… 202
8.5.2 公交专用道规划 …… 206
8.6 城乡公交规划 …… 207
8.6.1 城乡公交线网规划 …… 207
8.6.2 城乡公交站场规划 …… 210
8.7 公交规划评价 …… 212
8.7.1 指标体系选取原则 …… 212
8.7.2 公交规划评价指标体系主要内容 …… 213
8.8 城市常规公共交通规划案例 …… 216
8.8.1 公交线网规划 …… 216
8.8.2 公交场站布局规划 …… 219
8.8.3 公交车辆发展规划 …… 220
8.8.4 公交专用道规划 …… 221
8.8.5 公交规划方案评价 …… 222
第9章 停车设施规划 …… 223
9.1 停车设施分类 …… 223
9.2 停车需求预测 …… 225
9.2.1 停车生成率模型 …… 225
9.2.2 相关分析方法 …… 225
9.2.3 机动车OD预测法 …… 226
9.2.4 交通量-停车需求模型 …… 226
9.2.5 停车设施泊位需求修正模型 …… 227
9.3 停车发展策略 …… 228
9.3.1 停车策略 …… 228
9.3.2 停车政策 …… 229
9.4 路外停车场规划 …… 230
9.4.1 规划原则 …… 230
9.4.2 选址模型 …… 230
9.4.3 布局规划方法 …… 232
9.4.4 设施建造形式选择 …… 232
9.5 路内停车场规划 …… 233
9.5.1 规划原则 …… 233
9.5.2 布局规划方法 …… 234
9.6 配建停车场规划 …… 236

9.6.1 国家停车配建指标体系 …… 236
9.6.2 配建停车设施形式选择 …… 239
9.7 停车设施规划案例 …… 240
9.7.1 停车设施现状分析 …… 241
9.7.2 停车需求预测 …… 242
9.7.3 停车发展战略 …… 243
9.7.4 路外停车场规划 …… 244
9.7.5 路内停车场优化布局规划 …… 245
9.7.6 配建停车场设置标准 …… 245
第10章 慢行交通系统规划 …… 249
10.1 概述 …… 249
10.1.1 慢行交通系统界定 …… 249
10.1.2 慢行交通的定位与功能 …… 249
10.1.3 慢行交通的发展原则 …… 251
10.1.4 慢行交通系统的规划要素 …… 252
10.2 自行车交通系统规划 …… 254
10.2.1 自行车道路网络分区原则 …… 254
10.2.2 自行车道路功能分类及规划流程 …… 256
10.2.3 各级自行车道的规划原则 …… 258
10.2.4 自行车交通网络规划技术指标 …… 260
10.2.5 自行车停车站点布局规划 …… 262
10.3 步行交通系统规划 …… 263
10.3.1 步行交通系统规划流程 …… 263
10.3.2 步行交通网络规划 …… 264
10.4 慢行交通过街设施规划 …… 268
10.4.1 过街设施选址 …… 268
10.4.2 过街设施间距 …… 269
10.4.3 过街设施选型 …… 271
10.4.4 过街设施布局 …… 273
10.5 慢行交通系统规划案例 …… 275
10.5.1 慢行交通系统现状 …… 275
10.5.2 自行车交通系统总体规划 …… 275
10.5.3 步行交通系统总体规划 …… 276
10.5.4 慢行交通过街设施规划 …… 277
第11章 交通衔接系统规划 …… 278
11.1 概述 …… 278
11.2 城市内部交通系统与对外交通系统衔接规划 …… 278
11.2.1 铁路客运站与市内交通衔接规划 …… 279
11.2.2 机场与市内交通衔接规划 …… 281

11.2.3 公路客运站与市内交通衔接规划…… 284
11.2.4 港口与市内交通衔接规划…… 285
11.2.5 综合对外客运交通枢纽衔接规划…… 286
11.3 城市轨道交通衔接规划…… 287
11.3.1 城市轨道交通衔接规划概述…… 288
11.3.2 城市轨道交通衔接设施规模确定…… 292
11.3.3 城市轨道交通与各交通方式衔接规划…… 303
11.4 BRT 衔接规划 …… 308
11.5 交通衔接系统规划案例…… 309
第 12 章 大数据分析在城市交通规划中的应用 …… 313
12.1 概念…… 313
12.1.1 城市交通大数据定义…… 313
12.1.2 城市交通大数据分类…… 314
12.1.3 几种常见的交通大数据…… 316
12.2 移动手机信令数据分析及应用…… 318
12.2.1 移动通信定位原理…… 318
12.2.2 利用移动定位数据获取居民出行 OD 原理…… 319
12.2.3 北京市通勤客流特征分析…… 319
12.2.4 快速通勤公交出行需求分析方法…… 321
12.2.5 通勤快线优化布设方法…… 322
12.2.6 实例分析…… 324
12.3 公交 IC 卡分析与应用 …… 325
12.3.1 公交 IC 卡数据分析处理 …… 325
12.3.2 公交 IC 卡分析在线路运营规划中的应用 …… 328
参考文献…… 335

第1章 绪 论

1.1 交通规划概述

1.1.1 交通规划的定义

所谓交通规划，是指根据特定交通系统的现状与特征，用科学的方法预测交通系统交通需求的发展趋势及交通需求发展对交通系统交通供给的要求，确定特定时期交通供给的建设任务、建设规模及交通系统的管理模式、控制方法，以达到交通系统交通需求与交通供给之间的平衡，实现交通系统的安全、畅通与节能、环保。

1.1.2 交通规划的相关基本问题分析

（1）交通系统为社会经济服务。有了人类的社会经济活动，才有了出行需求，从而需要交通供给来满足这种需求。各地的交通问题虽然有很多的共同点，但也随着社会经济的发展而有所不同。如美国与中国相比，人口密度低，社会经济发展水平高，在中长距离出行中航空在各种交通方式中占有很大的比例；而我国人口密度高，社会经济发展水平有待进一步提高，所以提倡大力发展轨道交通，来解决人们的长距离出行问题。

（2）交通的发生与土地利用性质密切相关。在交通规划里，把一个端点是家庭（既可以是起点，也可以是讫点）的出行称作“由家出行”。交通规划方案一般针对早晚高峰交通流量最大的情况进行交通供给的设计。而在早晚高峰时，大部分出行是由家出行。在早高峰时，大部分人是由家出发到工作或学习的场所；在晚高峰时，大部分人是由工作或学习的场所回家。我们通常认为家庭（居住用地）是交通的产生区域（Producing Zone）；而工作、学习、就医等场所（分别对应工业用地、教育用地、医疗用地等）是吸引区域（Absorbing Zone）。就早晚高峰而言，城市交通产生的实质是人们从居住用地区域到工业、商业等用地区域从事工作、学习等活动并返回的过程，也可以将其看成是不同土地利用性质（P 和 A）相互作用的结果。同质用地之间发生的产生和吸引很少，如居住用地和居住用地之间发生的产生和吸引很少，工业用地和工业用地之间发生的产生和吸引也很少。

（3）交通规划是在寻求交通需求和交通供给之间的平衡，以便更好地为社会经济发展服务。一般情况下，用 O（Origin）和 D（Destination）来体现交通需求，O 是一次交通出行的起点，D 是一次交通出行的终点，一天内所有的 OD 量代表了这一天内实际产生的交通需求，针对这些交通需求进行相应的交通供给系统设计。PA 与 OD 的概念是不同的，在由家出行情况下，在早高峰时，居住用地是交通产生区域（P），同时也是出行起点（O），而工业、商业用地则是吸引区域（A），同时也是出行的讫点（D）；晚高峰时，居住用地是交通产生区域（P），同时也是出行讫点（D），而工业、商业用地性质则是吸引区城（A），同时也是出行的起点（O）。PA是面向宏观的，它与土地性质密切相关，不会随着某一次的出行而改变，用来说明交通产生的本质根源；OD是面向具体每一次出行的，所有OD的叠加代表了真实的交通压力。一般情况下应该根据交通需求，确定相应的交通供给来达到平衡。有些时候，也通过先发展交通供给和改善交通环境来拉动交通需求，从而促进社会经济的发展，如一些城市的新城区建设。

（4）交通规划是对未来交通问题的分析。交通规划从时间上可分为近期规划、中期规划和远期规划。它是根据未来的社会经济发展情况，预测未来的交通需求，并基于未来的交通需求，确定未来的交通供给。我国目前正处于快速的城市化时期，很多城市的规模和形态都在快速地变化，所以一般情况下，现状交通状况只是交通规划需要考虑的因素之一，较为重要的环节是根据城市总体规划的具体情况，合理确定未来的交通需求。所以在制定交通规划时，应根据未来具体的交通需求确定交通设施供给策略，而不要过分拘泥于现状。

（5）交通规划工作是对各种问题的高度抽象。交通问题规模庞大，与社会经济和人文地理等因素均高度耦合。在进行交通规划工作时，一般是采用数学方法对交通问题进行高度抽象，并且在工作量、数据精度和计算复杂程度等方面进行折中处理。如经典的四阶段预测方法，就对业务员等一天多次出行人员的交通问题处理得并不是很好，而出行链方法虽然解决了上述问题，但却存在调查工作量大等其他问题。因此，每一种方法都不可能反映所有的交通现象，都是为达到一定目标而采取的折中近似的方法。

1.2 城市交通规划的发展与趋势

1.2.1 城市交通规划的发展阶段

1. 国外城市的交通规划

（1）萌芽阶段

该阶段交通规划的目的是通过规划建设新的道路，来缓和或消除交通拥挤问题。采用的技术方法是道路交通量调查、以机动车保有量为基础的交通量增长预测、基于经验方法的交通量分配。1942年，伦敦警察局交通专家屈普结合战后伦敦的重建，提出了城市主次干道与支路分开，干道以交通功能为主，支路以生活和商业为主的观点。1944年，美国公共道路管理局研究发布了《家庭访问式交通研究程序手册》，由此OD调查逐渐展开。1953年，底特律交通研究报告中采用了交通生成、交通分布和交通分配三阶段对调查数据进行需求预测分析。至20世纪50年代后期，相关交通生成预测、交通分布、方式划分和交通分配四阶段模型研究都得到了突破。这一时期，交通规划局限于道路网规划，主要涉及确定道路网的形态和主要道路的宽度和建设时序等，其中交通量预测被作为前期的核心工作。

（2）形成阶段

20世纪60年代，欧美国家私人小汽车发展迅速，城市公共交通却日渐萎缩，城市交通陷入个体机动化交通畸形发展的恶性循环，为此发达国家纷纷着手组织相关机构开展城市交通规划的研究与实践，试图缓解日益凸显的交通矛盾。本阶段交通规划的目的是通过综合交通规划，合理分配交通投资、征收停车费用和进行长期性交通规划。采用的技术方法为四阶段预测法，分析对象由车辆至人，交通方式划分被导入交通需求预测之中。1962年完成的《芝加哥地区交通研究》（CATS，Chicago Area Transportation Study）突破了以往城市交通规划单一道路网规划的局面，形成真正意义上的城市交通规划。在规划中，明确提出以问题导向的定向决策交通规划模式以及由交通生成、交通分布、交通方式划分和交通分配构成的“四阶段”交通需求分析方法。为了适应机动化的高速发展带来的大量机动化交通需求，大规模的城市交通基础设施建设和区域高等级公路网络建设在发达国家如火如荼地开展，公共部门交通投资不断增长，相应地，城市交通规划理论与实用技术、区域公路网规划理论与实用技术成为当时交通规划的重点。

（3）发展阶段

石油危机的爆发对发达国家的经济造成了严重冲击，社会经济进入停滞期，交通基础设施建设投资不得不削减，发达国家开始关注道路运输效率的优化问题，如控制小汽车交通、提倡公共交通、综合治理道路交通拥堵等。以交通需求管理（TDM）与交通系统管理（TSM）为理论依据的近期交通改善规划成为当时城市交通规划的重点之一。这一时期城市交通规划开始从分析城市交通系统内在影响因素入手，寻找交通问题的症结。伴随着石油危机，以往的城市化发展模式开始向郊区化和乡村化转变，产生了大量的长距离通勤出行需求，为此，改善公共交通服务成为当时城市交通规划的关键目标。同时交通需求预测技术开始由传统的集计模型（以交通小区为分析单位）向非集计模型（以实际产生交通活动的个人为分析单位）发展。1972年，威廉伯格城市交通出行预测会议直接推动了交通分析非集计模型的研究，完善传统四阶段模型。伴随着交通需求分析技术的发展，提出城市交通规划应涉及城市交通发展战略、动态交通、静态交通、公共交通、行人交通以及规划实施计划等主要内容，并进一步明确公共交通的重要地位，开始认识到交通规划和建设不仅仅是为了缓解交通问题，也是推动城市发展的必要手段。这一时期，城市交通规划重点研究了城市常规公共交通规划技术、公交优先通行技术以及轨道交通规划技术。

（4）完善阶段

20世纪90年代初期，西方主要国家城市交通基础设施建设基本完成，城市交通需求却持续增加，交通拥挤已经严重影响到了城市发展。通过实践发现TSM策略对于缓解交通拥挤的作用有限，由此催生了对综合交通发展战略的需求，重新回归到对远期交通规划的关注。关于交通对城市环境和生活质量的影响研究得到了越来越多的关注。1991年美国国会通过陆路综合运输效率法案（ISTEA），要求在大都市交通规划中考虑与人、货机动性和灵活性、系统运营状况和维护以及生活环境和质量等多个因素。可持续发展理念开始在规划研究中得到体现与落实，通过改变土地开发模式提高公共交通、步行和自行车利用率，减少小汽车出行，建立可持续发展的一体化多模式交通系统，其中TOD模式、混合土地利用模式等便是其大力推崇的土地开发模式。同时在以往城市交通规划研究与实践的基础上，进一步明确了由现状调查与分析、交通发展战略研究、交通需求分析以及交通专项规划等部分构成的城市交通规划程序。其中交通需求分析技术进一步发展，基于活动（出行链）的非集计模型开始应用于交通分析。交通规划已不仅要考虑交通供需平衡，还要考虑网络调控、交通组织、交通管理等全过程的协调与优化。

2. 国内城市的交通规划

(1) 城市交通规划的探索

我国交通规划历史悠久，早在《周礼》中就有关于道路系统的记载，并形成了历史上最早的方格网道路系统。古代道路网规划思想对我国交通规划的发展产生了深远的影响。随着时代变迁，道路系统不断发展，但大体上延续了传统的道路网格局。发展到20世纪50年代，为配合重点工程项目的建设，在一些城市进行了大规模的基础设施建设，道路条件明显改善。此时，公共汽车及电车是城市公共客运的主要方式，道路交通比较通畅。改革开放以前，和工业企业、住宅、公共建筑等其他设施一样，交通设施的规划、投资和建设，归属于国民经济发展的计划，城市各类交通设施的投资决策、年度计划的编制、建设资金的筹措等基本上由国家统一决定。城市交通规划主要局限于道路基础设施的布局规划，还没有"城市综合交通体系"的概念，不清楚城市交通需求总量、时空分布特征及方式构成，也不了解综合交通体系内部结构以及组成要素之间的相互制约关系，对城市综合交通体系与外部环境的相关关系知之甚少。这一时期的城市道路网规划基本采用定性分析来确定道路网的结构、形态和功能以及主要道路建设时序等内容。

(2) 城市交通规划的兴起

20世纪80年代，以北京为首的一批特大城市开始步入机动化萌芽期，城市交通拥堵加剧，交通事故率上升，交通问题开始成为社会关注的热点。1981年天津市组织了居民出行调查和货物流动调查，于1985年完成了《天津市居民出行调查综合研究》的编制，为城市交通规划工作从定性分析走向定量研究奠定了良好基础，开始逐步认识城市交通需求的随机性与规律性。1985年，在深圳成立了全国第一届城市交通规划学术委员会，并开展了深圳市交通规划。在20世纪80年代中期开展的《北京市城市交通综合体系规划研究》初步建立了"城市综合交通体系"的理念，并明确指出交通规划应当从城市交通系统的内在机制及其与外部环境之间的交互作用出发，分析交通症结与制定对策。从规划方法上来说，这一时期已逐步摒弃了经验判断和"只见局部，不见全局"的传统规划模式，开始运用综合交通系统理论与现代交通规划方法研究和编制城市交通规划。同时，基于系统规划理论的交通建模技术逐步得到推广应用。1987年，北京市结合1986年的交通调查数据开始在TRIPS软件基础上构建北京交通规划模型，上海开始与加拿大合作建立基于EMME/2应用软件的上海交通规划模型，到20世纪90年代初已初步形成了由交通生成、交通分布、交通方式划分、交通分配组成的"四阶段"模型架构，并以模型为基础进行交通定量评价分析，对交通规划进行多目标、多方案的比选。而在立法上，1990年4月起施行的《中华人民共和国城市规划法》中明确提出城市总体规划应包括城市综合交通规划体系以及各项专业规划。

(3) 城市交通规划跨越式发展

20世纪90年代中期，北京、上海、广州等一批特大城市开始进入机动化的快速发展期，南京、深圳、沈阳等中心城市也步入机动化成长期。同时，伴随城市社会经济的快速发展，人与物的流动范围和距离都有了明显变化，交通需求总量激增，需求构成更为复杂。城市交通规划的研究已不再局限于作为运输载体的道路基础设施，开始认识到城市综合交通体系是一个高度开放的复杂巨系统，城市交通发展战略与政策研究被置于城市综合交通规划的前导位置，开始关注交通发展战略、交通政策、交通发展模式等重大问题。

1995年，国家标准《城市道路交通规划设计规范》GB 50220—1995发布（现已废止），从技术层面明确了城市交通规划的目标、任务、内容及相关规划设计标准，城市交通规划正式步入科学化与规范化的发展轨道。20世纪90年代末，在小汽车交通需求持续膨胀的背景下，“公交优先”的发展理念在交通规划领域基本达成共识，优化调整出行结构成为交通规划重要目标。随着对公交主体地位的认识，轨道交通建设开始全面提速。1999年底，北京、上海及广州已建成120km地铁，同时对轨道交通系统规划的理论方法进行了一系列探索，逐步建立了一套适应我国发展阶段的城市轨道交通规划理论与方法体系。

（4）城市交通规划与时俱进

城市化、机动化进程步入高速发展期，在城市快速扩张与空间结构调整、机动化与交通设施水平不断完善的共同作用下，城市交通规划开始转向人性化、集约化、信息化、一体化的可持续发展模式，提高交通系统与城市空间结构拓展的协调力度。上海、北京、南京、杭州等城市陆续开展了交通模式与发展战略研究，并结合自身情况出台了交通纲领性文件指导城市交通规划与建设。在探索、创新城市交通规划理论、方法的同时，也对城市交通规划编制体系进行相应改进。多数城市在《中华人民共和国城乡规划法》和《城市规划编制办法》（建设部令第146号）的指导下，城市总体规划与综合交通规划、轨道交通规划统一编制。同时，城市总体规划编制中把干道网络、轨道交通、交通枢纽作为规划的强制性内容。2010年，住房和城乡建设部颁布的《城市综合交通体系规划编制办法》将城市综合交通体系规划明确纳入法定的城市总体规划内容之中，强化了城市交通规划的法定地位。随即《城市综合交通体系规划编制导则》出台，指导城市交通规划编制工作的具体开展。而同年颁布的《城市轨道交通线网规划编制标准》中也明确指出城市轨道交通线网规划宜与城市总体规划同步编制。2018年，国家标准《城市综合交通体系规划标准》GB/T 51328—2018发布，在发展理念、技术内容、技术手段，以及与相关规范的对接上进一步调整，以适应新时期城市交通发展的要求。这一时期，交通规划体系的自身构成也得到了相应发展，在以往比较单一的城市综合交通规划基础上向战略研究与交通专项规划延伸，有效促进交通系统与土地利用协同发展。

1.2.2 城市交通规划的发展趋势

我国正处于城市化、机动化、社会经济现代化快速发展的关键时期。在过去短短三十多年的时间内，交通问题的概念从无到有，研究的领域、范围和层次也越来越广泛、深入，在规划具体编制过程中不可避免会存在一些问题。

1. 交通规划与城市土地利用协同耦合将进一步加强

人类的出行产生了交通，而用地布局很大程度上决定了人们出行的起终点等特性，因此，土地利用是城市交通规划的前提。严格控制土地性质的规划，坚持土地的混合利用，建设“10分钟生活圈”，将对缓解交通拥堵、科学交通规划起到非常重要的作用。

2. 调整出行结构成为解决交通问题的重要手段

我国大部分大中城市，居住与就业都高度密集。因此，建设以轨道交通为骨架的城市公共交通网络，提倡大运量、高效率的交通方式，已经成为很多城市的共识。

3. 大数据技术的应用越来越重要

随着交通信息化应用的不断深入，数据交换与数据共享的需求越来越强烈。研究和建设跨部门、跨行业的集数据采集、处理、共享交换和综合利用多种功能为一体的交通数据共享平台，对交通规划的制定将具有十分重要的战略意义。

4. 进一步对交通规划的需求预测与评价分析方法进行改善

虽然四阶段法被广泛采用，但其依赖的诸多前提条件在实际应用中大多存在不确定性，这无疑会影响其预测的准确性。同时四个阶段之间缺乏相互反馈调节机制，与实际出行规律可能不符。因此，改进四阶段方法，并发展完善新的方法将成为未来交通规划的重要任务。

5. 综合性交通运输规划越来越重要

经典的城市交通规划主要是指道路网规划，然而近年来国内轨道交通建设方兴未艾，轨道交通与道路交通已经密不可分。2021 年印发的《福建省交通强国先行区建设实施方案》提到，到 2035 年形成“211”交通圈，即各设区市间 2h 通达，福州、厦漳泉两大都市圈 1h 通勤，设区市至所辖县、各县至所辖乡镇 1h 基本覆盖。对此，如何合理配置有限的资源以及协调组织多元化的出行方式是交通规划必须思考的问题。

1.3 城市交通规划编制体系

1956 年 7 月，国家建委颁发了《城市规划编制暂行办法》，规定城市规划按初步规划、总体规划、详细规划三个阶段进行。在开展总体规划尚不具备条件的城市，可以先搞初步规划，初步规划与总体规划是同一性质规划，所以实际上是两个阶段。在 1980 年召开的第一次全国城市规划工作会议上，审议了新的《城市规划编制审批暂行办法》，其中规定，城市规划按其内容和深度的不同，分为总体规划和详细规划两个阶段。1991 年 9 月，建设部颁布的《城市规划编制办法》，明确规定编制城市规划一般分为总体规划和详细规划两个阶段。2006 年 4 月 1 日起实施的《城市规划编制办法》中整体城市规划编制体系仍基本保持总体规划和详细规划两个层级，大、中城市根据需要，可以依法在总体规划的基础上组织编制分区规划。其中，在总体规划之前应以全国城镇体系规划和省域城镇体系规划以及其他上层次法定规划为依据编制城市总体规划纲要，研究确定总体规划中的重大问题。城市总体规划包括市域城镇体系规划和中心城区规划，而详细规划又分为控制性详细规划和修建性详细规划。另外，历史文化名城的城市总体规划，应当包括专门的历史文化名城保护规划。历史文化街区则应当编制专门的保护性详细规划。

城市总体规划是指城市人民政府依据国民经济和社会发展规划以及当地的自然环境、资源条件、历史情况、现状特点，统筹兼顾、综合部署，为确定城市的规模和发展方向，实现城市的经济和社会发展目标，合理利用城市土地，协调城市空间布局等所做的一定期限内的综合部署和具体安排。城市总体规划是城市规划编制工作的第一阶段，也是城市建设和管理的依据。

城市详细规划又具体分为控制性详细规划和修建性详细规划。控制性详细规划是以城市总体规划或分区规划为依据，确定建设地区土地使用性质和使用强度的控制指标、道路和工程管线控制性位置以及空间环境的控制性规划要求。控制性详细规划的重点内容是确定建筑的高度、密度、容积率等技术数据。修建性详细规划以城市总体规划、分区规划或控制性详细规划为依据，制订用以指导各项建筑和工程设施的设计和施工的规划设计。

1.3.1　城市总体规划阶段交通规划内容及要点

城市总体规划阶段，城市交通规划主要应完成交通发展战略规划、交通系统规划。战略规划注重战略性和方向性，最终形成城市交通发展战略报告或上升提炼为交通白皮书；系统规划注重系统性和综合性，在交通发展战略的指导下进行，同时作为交通专项规划的上层规划，注重传承性和衔接性。

1. 城市交通发展战略规划

城市交通系统有其自身的发展规律，同时，作为城市大系统的有机组成部分，与外部环境（社会经济形态、社会发展水平、城市规模、土地利用布局、城市综合管理水平及交通政策等）之间有较强的互动反馈关系。因此，城市交通规划应基于自身的内在机制及其与外部环境之间的相互作用，首先进行城市交通发展战略规划，作为指导后续规划的基础。

战略规划层面一般进行城市交通发展战略规划，即在研究城市交通现状、城市社会经济发展与用地布局的基础上，展望城市交通发展的优势、劣势、机遇和挑战，确定交通系统整体发展趋势，重点研究城市交通发展理念、交通发展目标、交通发展策略以及重大基础设施的规模、选址与布局等问题。

2. 交通系统规划

城市交通系统是由若干不同功能的子系统组成，每一个子系统又包含若干构成要素。子系统之间、子系统内各要素之间是一种相互依存与相互制约的关系，而且每一个子系统同时又作为另一个子系统的外部环境条件而存在。因此，需要将各系统作为具有密切关联的组合体进行系统规划，强调交通系统的整合与协作，在交通系统整体环境下谋划各子系统的发展。

交通系统规划是交通战略规划的深化和细化，是协调城市交通衔接系统、城市道路网系统、城市轨道交通系统、城市常规公共交通系统、城市停车设施系统以及城市慢行交通系统间关系的综合性交通规划（表 1-1），着眼于整个交通网络中各种线路、设施的定位、规模和布局以及重大项目的建设时序等。与战略规划相比，成果更具宏观指导意义。

城市总体规划阶段交通规划要点　　**表 1-1**

规划主体	规划要点
交通衔接	研究城市交通系统衔接设施布局、用地控制与交通组织
道路网络	研究中远期城市道路网络功能、结构、布局和规模
轨道交通	研究远期城市轨道交通网络总体架构及建设时序
常规公交	统筹规划公共交通系统设施安排和网络布局
停车设施	确定停车发展策略，对总规中路外公共停车场布局方案进行反馈
慢行交通	原则上明确非机动车路网、人行道、步行过街设施规划控制要求

1.3.2　控制性详细规划阶段交通规划内容及要点

控制性详细规划阶段主要任务是确定城市土地使用性质和开发强度。对应于城市控制性详细规划需要完善交通设施规划，要求反映交通设施的布局要求与落实具体布局方案，实现城市土地利用与交通系统的一体化发展。

交通设施规划涉及城市道路网规划、城市轨道交通规划、城市常规公共交通设施规划、城市停车设施规划、慢行交通设施规划等（表 1-2）。它侧重于各子系统本身的发展目标、需求分析、设施规模、布局方案、近期建设计划、运营管理、效益评价等。设施规划层面要求交通规划方案具有可实施性。

控制性详细规划阶段交通规划要点 **表 1-2**

规划主体	规划要点
道路网络	研究近中期路网所要达到的功能、结构、布局与相应的建设计划
轨道交通	确定轨道交通网络模式、进行客流预测、线网规划、站点布局等
常规公交	在客流预测的基础上，确定公共交通方式、车辆数、线路网络、换乘枢纽和场站设施用地等，形成合理的城市公共交通结构
停车设施	提出建筑物停车配建标准，确定路外公共停车场布局方案，以及路内停车泊位的近期布设方案，对总规阶段确定的供给结构进行校核和反馈
慢行交通	明确非机动车、人行道宽度对各级道路断面的控制要求，非机动车停车设施规划，不同用地情况下步行过街设施控制要求

1.4 城市交通规划总体流程

1.4.1 城市交通规划的目的与要求

城市交通规划是交通运输系统建设与管理科学化的重要环节，是国土规划、城市总体规划的重要组成部分。城市交通规划是制订交通运输系统建设计划、选择建设项目的主要依据，是确保交通运输系统建设合理布局，有序协调发展，防止建设决策、建设布局随意性、盲目性的重要手段。

城市交通规划必须坚决贯彻党和国家确定的战略方针和目标，充分体现国民经济“持续、稳定、协调发展”的方针，使交通系统发展布局服从于社会经济发展的总战略、总目标，服从于生产力分布的大格局，正确处理地区间、各种运输方式（交通方式）间交通网络的衔接，使交通系统规划寓于社会经济发展之中，寓于综合交通运输体系之中。同时必须坚持实事求是，讲究科学，讲究经济效益，从国情、从城市特点出发，既要有长远战略思想，又要从实际出发做好安排。要严格执行国家颁布的有关法规、制度，严格执行交通系统工程建设的技术规范、技术标准。

1.4.2 城市交通规划的任务

交通规划的主要任务包括：通过深入的调查、必要的勘测、科学的定量分析，在剖析、评价现有交通系统状况、揭示其内在矛盾的基础上，根据客货流分布特点、发展态势及交通量、运输量的生成变化特征，提出规划期交通系统发展的总目标和总体布局，确定不同类型交通基础设施的性质、功能及建设规模，拟定主要路线（如城市道路、公共交通线路、公路、铁路、航线、航道、管道）的走向、主要控制点及交通枢纽，优化交通网络结构与等级配置，制定分期实施的建设序列，提出实现规划目标的政策与措施，科学地预测发展需求，细致地确定合理布局，确保规划期交通系统的交通需求与交通供给之间的平衡，满足社会经济发展对交通系统的要求。

1.4.3 城市交通规划的执行过程

城市交通规划的主体内容一般应包括以下几个方面：

(1) 交通系统现况调查；

(2) 交通系统存在问题诊断；

(3) 交通系统交通需求发展预测；

(4) 交通系统规划方案设计与优化；

(5) 交通系统规划方案综合评价；

(6) 交通系统规划方案的分期实施计划编制；

(7) 交通系统规划的滚动。

交通规划的执行过程如图 1-1 所示。

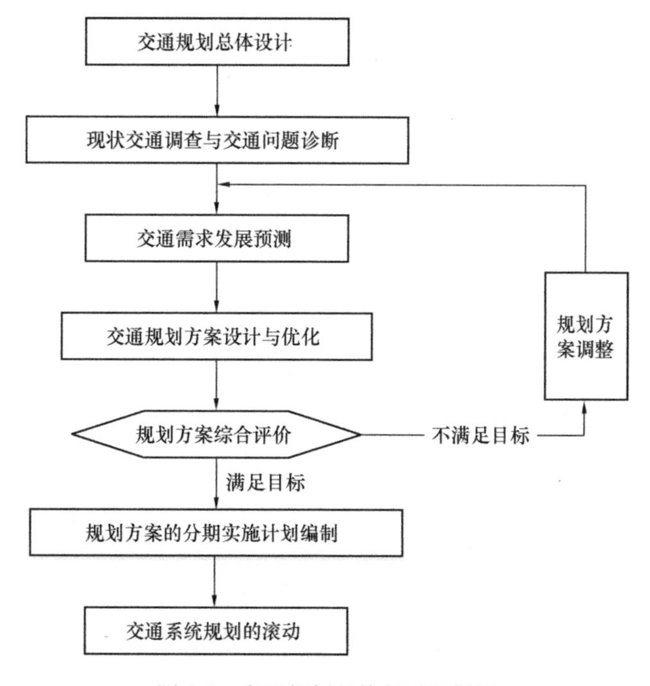

图 1-1 交通规划的执行过程框图

第2章 交通调查与数据分析

2.1 交通调查的作用与目的

城市道路交通的发展变化不仅与其自身的发展变化有关，而且受到土地利用、社会经济发展变化的极大影响，道路交通规划要适应未来交通的发展，就必须对交通系统现状以及影响交通发展变化的相关因素进行调查分析。因此，交通规划所面临的交通调查与数据分析工作是多样的、复杂的，这一部分的工作量在交通规划的研究过程中占有相当大的比重。进行合理而有效的交通调查与数据分析，是交通规划中的重要课题之一。

交通调查是认识和把握城市交通现状特征与规律的必要手段。应重视交通调查数据库和交通调查分析报告等调查成果的管理和发布，拓展调查成果的应用领域，充分发挥其在交通研究、交通规划设计、交通改善和政府决策中的基础性作用。

2.1.1 交通规划所需数据

交通规划所需数据可分为基础资料数据、交通设施数据、交通需求数据及交通现状数据，如表2-1所示。

交通调研与调查数据 表2-1

序号	内容	一般获取方式
1	现状年城市基础资料数据	调研
2	现状年交通设施数据	调研
3	现状年交通需求数据	调查
4	现状年交通现状数据	调查
5	规划年城市基础资料数据	调研
6	规划年初步确定的交通设施数据	调研
7	规划年计算交通需求的基础数据	调研

城市基础资料涵盖国家有关政策方针、城市社会经济状况以及土地利用和自然资源情况。国家有关政策方针对城市近远期的交通规划以及相关行业发展具有指导性作用。城市社会经济状况包括城市地理位置、国民经济指标、总面积和总人口数等，其中城市总人口数决定出行总量。土地利用数据充分反映了土地的空间位置、分布格局、利用类型、权属和界线等信息。“现状年城市基础资料数据”对近期交通规划影响较大，“规划年城市基础资料数据”对中远期交通规划影响较大。

交通规划工作分为近期、中期和远期规划。中远期规划是根据“规划年计算交通需求的基础数据”计算交通需求，再根据交通需求确定规划年交通供给的过程。近期规划是在中远期规划大方针的指导下，来重点解决近期比较急迫的问题，因此“现状年交通设施数据”“现状年交通需求数据”和“现状年交通现状数据”对近期规划的影响较大。

2.1.2　交通调查内容与流程

1. 面向交通规划的资料采集内容

城市道路交通规划的调查内容见图 2-1，具体的调查内容可以划分为基础资料、交通设施、交通需求、交通现状四大项。

2. 交通调查流程

交通调查一般分为调查规划、调查设计、调查实施、数据处理和数据分析五个阶段。

（1）调查规划

在调查规划阶段根据交通模型开发与修正要求、交通政策交通规划方案制订与评价需求等确定一个新调查项目后，应收集整理所有调查相关背景信息、基于数据需求和可获取数据资源来设计调查整体架构、协调组织调查人力和调查资源，之后进入调查设计阶段。

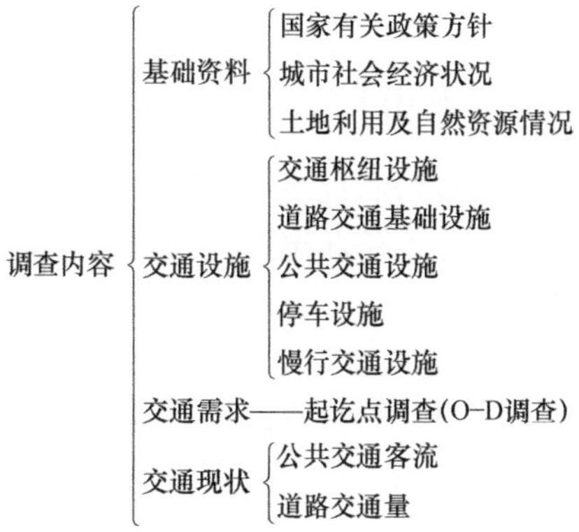

- 调查内容
  - 基础资料
    - 国家有关政策方针
    - 城市社会经济状况
    - 土地利用及自然资源情况
  - 交通设施
    - 交通枢纽设施
    - 道路交通基础设施
    - 公共交通设施
    - 停车设施
    - 慢行交通设施
  - 交通需求——起讫点调查(O-D调查)
  - 交通现状
    - 公共交通客流
    - 道路交通量

图 2-1　城市道路交通规划调查内容

（2）调查设计

调查设计阶段的主要工作内容包括：

1）整理调查相关背景信息。

2）考虑调查时间和费用等约束条件，选择适当的调查方法。

3）编排调查人员、资金和资料等需求计划。

4）确定调查抽样原则和调查对象。

5）确定调查内容并形成调查表格。

（3）调查实施

调查实施阶段的主要工作内容包括：

1）培训相关调查人员。

2）实施预调查来检验调查设计能否满足数据需求并进行必要的修正。

3）现场实施。

4）数据收集与审核。

（4）数据处理

数据处理阶段的主要工作内容包括：

1）数据编码与录入。对调查项进行数字赋值并录入计算机。

2）数据清洗。以保证所有数据是有用的。

3）编程与编译。将调查数据整理组织为易于分析的格式。

（5）数据分析

数据分析阶段的主要工作内容包括统计分析和形成调查成果并进行应用。

2.2 基础资料调查

基础资料中的城市总体规划资料主要提供城市发展目标、发展战略以及区位规划、人口规划、就业岗位规划、产业发展规划、用地布局规划和交通设施规划等信息；控制性详细规划资料中不同区域、不同地块的容积率信息对未来的交通需求分析具有重要的价值。

2.2.1 城市社会经济基础资料调查

社会经济状况对交通有直接的影响，一定的社会经济状况对应一定的交通状况。对未来城市社会经济状况进行预测，建立交通与社会经济的关系需要历史及现状的社会经济基础资料。

1. 调查内容

城市社会经济基础资料调查需收集以下资料：

(1) 城市人口资料

城市人口总量及各交通区人口分布量，城市人口年龄结构、性别结构、职业结构、出生率、死亡率、机械增长率等。

(2) 国民经济指标

城市 GDP（国内生产总值）、各行业产值、产业结构、人均收入等。

(3) 交通工具

各车种的交通工具拥有量，包括共享单车（汽车）。为了分析、预测未来的城市社会经济发展变化情况，调查中应包括历史及现状的资料。

2. 数据来源

城市社会经济基础资料一般可从统计局、发改委等政府机构获取，通过相关统计资料和城市统计年鉴、交通年鉴中获取。

2.2.2 城市土地利用及自然资源情况基础资料调查

城市土地利用与交通有密切的关系，不同性质的土地（如居住、商业、工业等）有不同的交通特征。交通与土地利用的关系是进行交通需求预测的基础。

城市地形、地质等对交通系统布局有很大影响，如山区城市的道路网布局结构多是自由式的，自行车交通方式也较少。规划区域的自然资源和旅游资源对该地区的交通出行量有很大的影响，如矿产资源丰富的地区矿产运输量就多，旅游资源丰富将会刺激该地区的客运量。

1. 调查内容

(1) 城市土地利用调查

1) 土地利用性质与面积

各交通区主要土地利用类别的土地面积，如工业、商业、居住、科教文卫等土地利用类别的面积。一般应根据《城市用地分类与规划建设用地标准》GB 50137—2011 中规定的 8 大类城市用地性质分别进行调查，如表 2-2 所示。

城市用地分类与代号　　表 2-2

城市用地分类	居住用地	公共管理与公共服务用地	商业服务业设施用地	工业用地	物流仓储用地	道路与交通设施用地	公用设施用地	绿地与广场用地
代号	R	A	B	M	W	S	U	G

2）就业岗位数

全部交通区或典型交通区的就业岗位数。

3）就学岗位数

全部交通区或典型交通区的就学岗位数。

（2）城市自然资源情况调查

城市自然资源情况调查内容包括气候、地形、地质、自然资源、旅游资源等。

自然资源调查应充分反映不同地区的特点，重点放在影响地区专业化方向和产业结构特点的自然资源上。自然资源调查应重点掌握资源的储量、分布、开发条件以及已经明确的开发计划等。旅游资源调查应重点掌握旅游风景名胜、文物古迹的位置、等级、开发状况以及开发计划等。

2. 数据来源

上述资料通常从规划管理部门、国土资源管理部门等政府机构获取。

2.2.3　国家有关政策方针调查

1. 调查内容

（1）国家经济建设、国防建设的方针政策以及相关区域的社会经济发展规划；

（2）国家、省（自治区、直辖市）正式批准的资源报告、国土开发规划、综合运输网规划及有关行业发展规划等；

（3）有关的人口政策用地政策、资源政策、环保政策及交通运输政策等；

（4）国防建设的需要，要求路线方案的走向；

（5）现行的有关市政工程技术标准、规范定额、指标及基本建设法规等；

（6）当地政府及交通部门对城市道路的需求及改建方案的建议。

2. 数据来源

上述资料通常从相关政府管理部门网站以及统计局等政府机构获取。

2.3　城市交通基础设施调查

2.3.1　城市交通枢纽设施调查

城市交通枢纽设施调查内容包括车站、地铁站、客运站、货运站、港口码头等交通枢纽布局，各车站、地铁站、客运站、货运站、港口码头的容量，交通集散广场情况、电动扶梯设置情况以及枢纽场站的组织流线等。

2.3.2 城市道路交通基础设施调查

1. 道路路段

调查内容包括道路路段的等级，机动车道、非机动车道和人行道路面宽度，道路横断面形式，如机非分隔方式、道路长度、坡度等。

2. 道路交叉口

调查内容包括各交叉口类型、位置、控制（管制）方式等。

2.3.3 城市公共交通设施调查

城市公共交通设施调查包括城市公共汽（电）车交通设施调查和城市轨道交通设施调查。城市公共交通设施调查主要调查公交及轨道交通线网总体布局情况、各线路站点设置情况、线路车辆配备情况、场站设置情况、公交专用道设置情况等内容。

城市公共交通设施调查前主要收集以下基础资料：

（1）公共交通行业基础设施资料，如公交车辆、场站情况等；

（2）公共交通运营线路 GIS 地图，如公交线路走向、站点分布等；

（3）公共交通站点配套交通设施，如出租车、自行车停放点等。

城市轨道交通设施调查前主要收集以下基础资料：

（1）轨道交通行业基础设施资料，如轨道车辆、场站情况等；

（2）轨道交通运营线路 GIS 地图，如轨道线路走向、站点分布等；

（3）轨道交通站点配套交通设施，如小汽车、自行车停放点等。

2.3.4 城市停车设施调查

按照服务对象、设置位置以及建造类型，可对停车场进行不同的分类。以服务对象划分，可分为专用停车场、建筑物配建停车场和社会公共停车场三种；按停车场的位置分类，可分为路内停车场和路外停车场两种类型，其中路内停车场又包括路上停车场和路边停车场；按停车场建造类型分类，可分为地面停车场、地下停车库、立体机械式停车楼三种类型。

城市停车设施调查主要收集信息包括停车场的名称、位置、类型、规模、收费标准、开放时间、周边路网情况、停车场进出口设置等信息。

2.3.5 慢行交通设施调查

城市慢行交通设施调查对象包括人行道、非机动车道、人行天桥、人行地下通道、人行横道、休闲步道、盲道等设施设置情况的调查，调查内容包括慢行通道的宽度、相应的指引标志标线以及慢行通道的连续性等设施情况的调查。

2.4 起讫点调查

2.4.1 概念及常用术语

1. 概念

起讫点调查，又称 OD（Origin-Destination）调查，是为了全面了解交通的源和流，以及交通源流的发生规律，对人、车、货的移动，从出发到终止过程的全面情况，以及有关的人、车、货的基本情况所进行的调查。

起讫点调查是交通规划研究过程中最基础的调查，其结果对交通系统的分析诊断、交通需求预测有重要的影响，在交通规划中有极为重要的地位。一般分为居民出行 OD 调查、流动人口出行 OD 调查、机动车出行 OD 调查和货流出行 OD 调查四大类内容。

2. 常用术语

（1）出行

出行指居民或车辆为了某种目的从一地向另一地的移动过程。完成一个目的算一次出行。出行“起点”指一次出行的出发地点，即 O 点；出行“讫点”指一次出行的目的地，即 D 点。

出行有以下基本属性：每次出行有起、讫两个端点；每次出行有一定的目的；每次出行采用一种或几种交通方式；每次出行必须通过有路名的道路或街巷；步行单程时间 5min 以上或自行车的单程距离 400m 以上。

起讫点都在调查区域内的出行称为境内出行；起讫点都在调查区域外的出行称为过境出行。起讫点都在同一交通小区的出行称为区内出行；起讫点分别位于不同交通小区的出行称为区间出行。

（2）小区形心

小区形心是指交通小区出行端点（发生或吸引）密度分布的重心位置，即交通小区交通出行的中心点，不是该交通小区的几何中心。

（3）期望线

期望线又称愿望线，为连接各交通小区形心间的直线，是交通小区之间的最短出行距离，因为反映人们的最短距离而得名，其宽度表示交通小区之间出行的次数。由期望线组成的期望线图，又称 OD 图，如图 2-2 所示，图中 A～F 为小区质心。

（4）主流倾向线

主流倾向线又称综合期望线，系将若干条流向相近的期望线合并汇总而成，目的是简化期望线图，突出交通的主要流向。

（5）分隔核查线

分隔核查线是指为校核 OD 调查成果精度而在调查区内部按天然或人工障碍设定的调查线，可设一条或多条，分隔核查线将调查区划分为几个部分，用以实测穿越核查线的各条道路断面上的交通量，如图 2-3 所示。

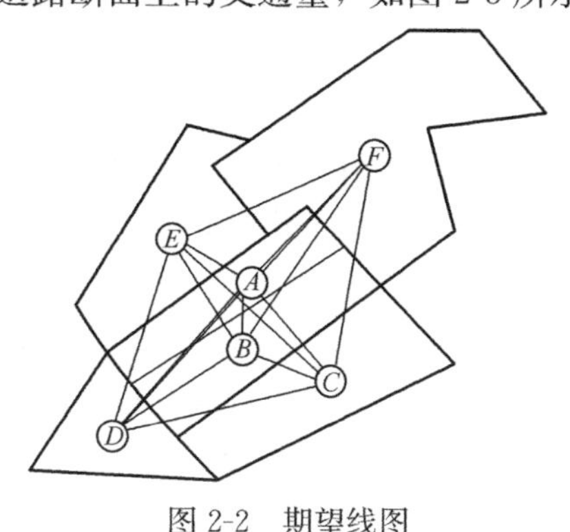

图 2-2　期望线图

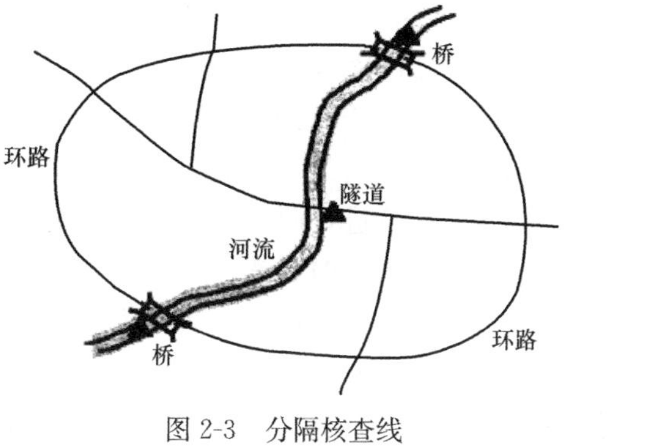

桥
环路
隧道
河流
环路
桥

图 2-3　分隔核查线

（6）境界线

境界线是指包围全部调查区域的一条假想线，境界线上出入口应尽量少，以减少调查工作量。

（7）OD表

表示各交通小区之间出行量的表格。当交通小区之间的出行只需要考察量时，用表示双向之和的三角形OD表（图2-4），当交通小区之间的出行不仅需要考察量而且需要方向时，用表示双向的矩形OD表（图2-5）。

小区号	1	2	3	Σ
1	30	60	40	130
2		80	100	180
3			50	50
Σ				360

1	2	3	……	n	$T_i=\sum_j t_{ij}$
t_{11}	t_{12}	t_{13}	……	t_{1n}	T_1
	t_{22}	t_{23}	……	t_{2n}	T_2
		t_{33}	……	t_{3n}	T_3
			⋮	⋮	⋮
				t_{nn}	T_n
					$T=\sum T_i$

图2-4　三角形OD表

起点＼讫点	1	2	3	Σ
1	10	30	20	60
2	34	40	50	124
3	18	54	26	98
Σ	62	124	96	282

i＼j	1	2	3	……	n	$P_i=\sum_j t_{ij}$
1	t_{11}	t_{12}	t_{13}	……	t_{1n}	P_1
2	t_{21}	t_{22}	t_{23}	……	t_{2n}	P_2
3	t_{31}	t_{32}	t_{33}	……	t_{3n}	P_3
⋮	⋮	⋮	⋮	⋮	⋮	⋮
n	t_{n1}	t_{n2}	t_{n3}	……	t_{nn}	P_n
$A_j=\sum_i t_{ij}$	A_1	A_2	A_3	……	A_n	$T=\sum P_i=\sum A_j$

图2-5　矩形OD表

2.4.2　OD调查分类

1. 居民出行OD调查

居民出行OD调查主要包括城市居民和流动人口的出行调查，调查重点包括出行目的、出行方式、出行时间、出行距离、出行起讫点以及土地利用等，是开展交通调查最常用的方式之一。

2. 流动人口出行OD调查

流动人口是城市总人口中特殊的组成部分，流动人口的出行规律如出行次数、出行方式等与城市居民出行规律一般有较大的差异，要详细了解流动人口的出行状况，则需要对流动人口出行OD进行调查。

3. 机动车出行OD调查

车辆出行OD调查主要包括机动车和非机动车出行。其中机动车出行调查包括所有本地牌照车辆和调查日进入调查区域的外地牌照车辆。摩托车、出租车和公共汽车应包含在客车调查范畴。车辆出行OD包括车型、营业特点装载客（货）、出行目的、出行次数、出发和到达时间地点经过主要江河桥址以及主要路口等。

4. 货流出行OD调查

一般分两部分：一部分是调查货物流通集散点运输设施能力（岸线码头、泊位、年吞吐量以及铁路专用线货运汽车）、停车场地仓储情况；另一部分是货物种类运人量、运出量、运输方式等。货流调查的重点是调查货源点和吸引点的分布，货流分类数量和比重，货运方式分配等。

2.4.3 OD调查方法

进行OD调查时，在绝大多数情况下要对调查区域内的所有调查对象进行全面调查是很困难或是不可能的。如果对调查区域内所有的家庭成员进行调查，将花费大量的人力、财力和时间。因此在进行居民出行调查时，有必要根据统计学原理进行抽样调查，采用抽样方法来推断总体。由样本获得的各项特征值与总体真值之间总存在一定误差，这种误差主要来自两个方面：一方面是调查误差，是在调查工作中发生，如调查方法考虑不完善、口径不一、项目含糊不清、调查表的资料不可靠等，这部分误差靠正确表格设计和实施调查去解决；另一方面是抽样误差，它取决于采用的抽样方法和选择抽样率大小。OD调查可视作不重复抽样调查方法。

1. OD调查抽样的方法

OD调查的抽样方法包括简单随机抽样、分层抽样、等距抽样、整群抽样、多阶段抽样等。

（1）简单随机抽样法

简单随机抽样法是最基本的抽样方法，它是从总体中选择出抽样单位，从总体中抽取的每个可能样本均有同等被抽中的概率。这种抽样方法简单，误差分析较容易，但是需要样本容量较多，适用于各个体之间差异较小的情况。

（2）分层抽样法

分层抽样法即将总体分为若干类型（层次），然后在各层次做随机抽样，而不是直接从总体中随机抽样。例如以交通小区的用地性质作为分层特征，将交通小区分为若干层次，对用地性质相同的交通小区做随机抽样。此法的优点在于通过分类，使各类个体之间的差异缩小，有利于抽出有代表性的样本，但抽样的过程较为复杂，误差分析也较为复杂。此法适用于总体复杂、个体之间差异较大数量较多的情况。

（3）等距抽样法

等距抽样法即等间隔或等距离抽取样本。其优点是利于提高代表性，使总体各部分能均匀地包括到样本中。等距抽样的方差通常用简单随机抽样的方差计算方法近似计算。

（4）整群抽样法

整群抽样法是先将总体单元分群，可以按照自然分群或按照需要分群，在交通调查中可以按照地理特征进行分群，随机选择群体作为抽样样本，调查样本群中的所有单元。整群抽样样本比较集中，可以降低调查费用。例如，在进行居民出行调查中，可以采用这种方法，以住宅区的不同将住户分群，然后随机选择群体为抽取的样本。此法优点是组织简单，缺点是样本代表性差。

在进行OD抽样调查时，采用何种抽样方法应视调查的对象及调查的具体条件，根据各种方法的特点而定，各种方法也可组合使用。

在我国现已进行的城市居民出行 OD 调查中，大多采用等距抽样方法，按户口排序号或门牌号进行等距抽样调查。货物出行抽样调查则大多采用分层抽样，按行业或运量大小分类抽样。机动车出行、流动人口出行抽样调查则以简单随机抽样或等距抽样的方式较好。

2. OD 调查抽样率

调查抽样率是在总体中按一定的比率抽出所需要的调查样本，当抽出样本数达到足够数目时则抽样误差服从正态分布。因此，抽出样本越多，则样本平均数接近整体平均数的概率也越大。

如果 OD 调查的范围不大，对象不多，可以采用全样本调查。但在许多情况下，OD 调查均需要按一定的比例抽样，即应用数理统计的原理，在误差允许的前提下通过抽样调查推断总体。抽样率的大小与总体数量、调查对象的复杂程度，以及调查统计分析的目标有关。总体越大抽样率可越小，调查对象越复杂抽样率应越大，调查统计分析的目标越多抽样率越大。例如，如果居民出行 OD 调查统计分析的目标是得出居民人均出行次数，则抽样率可较小，但如果其目标是要统计分析不同年龄、职业、性别等各种组合的居民人均出行次数，抽样率则应较大。抽样率的大小还和抽样方法有一定关系。

OD 调查抽样率的确定一般可采用两种方法：一是利用试调查或其他城市或区域已经拥有的 OD 调查资料，考虑调查对象的总体数量，调查统计分析的目标，以及抽样的方法，用数理统计的原理，通过分析抽样的误差确定；二是参照国内外的经验确定。目前国内外进行 OD 调查时，抽样率的确定多采用第二种方法，而且抽样率相差较大。

由数理统计的原理，可得出如下的抽样率计算公式：

$$\gamma=\frac{\lambda^2\delta^2}{\Delta^2 N+\lambda^2\delta^2} \tag{2-1}$$

式中 γ——抽样率；

λ——对于标准正态分布，一定置信度对应的双侧分位数。当置信度为 68.3%时，$\lambda=1$；当置信度为 75%时，$\lambda=1.15$；当置信度为 90%时，$\lambda=1.65$；当置信度为 95%时，$\lambda=1.96$；

δ^2——总体的方差，当样本数足够大时，可用样本的方差代替；

N——总体容量；

Δ——控制误差的控制指标的容许绝对误差，其与相对误差的关系为 $\Delta=EX$，E 为相对误差，X 为控制指标的样本均值。

不同的控制指标往往会得出不同的抽样率。例如，居民出行 OD 调查中，控制指标多采用人均出行次数，用其他指标进行检验与调整，相对误差 E 一般取为不大于 20%，置信度一般取 95%，相应 $\lambda=1.96$，此时 N 即为城市人口数量。

抽查率为：

$$\gamma=\frac{n}{N} \tag{2-2}$$

当出行分布量 λ 作为控制特征来检验抽样率 γ 的合理性时，可采用二项分布原理的成数抽样误差公式。

令 p 为从 i 区与 j 区出行交换的比重真值，则：

$$p = p_1 \pm \lambda\sqrt{\left(1-\frac{Q}{T}\right)\frac{p_1 p_2}{Q}} \tag{2-3}$$

式中　p_1——i 区与 j 区之间抽样出行量 λ 占总的抽样出行量比重；

p_2——不在 i 区与 j 抽样出行量占总的抽样出行总比重；

Q——总的抽样出行量，人次；

T——全部出行量总体，人次。

由式（2-3）计算出 p 在控制条件下的相对误差 E_1，以判别抽样率 γ 是否合理。这里 E_1 也取为不大于 20%。

样本量大小的确定是一个平衡问题，抽样率太高，容易造成人力、物力浪费，外业调查时间延长；抽样率太低又易产生过大的抽样误差。在居民出行调查中，样本量的大小取决于城市规模和要求统计的精度两个方面。目前国内城市居民出行调查抽样率普遍比国外经验值低，这受到国内各城市的经济状况和具体实施方法的制约。《城市综合交通调查技术标准》GB/T 51334—2018 中城市居民出行调查抽样率推荐值，如表 2-3 所示。

国内城市居民调查抽样率推荐值　　**表 2-3**

城市人口规模（万人）	<20	20～50	50～100	100～500	500～1000	>1000
抽样率（%）	≥4	≥3	≥2	≥1	≥0.8	≥0.5

2.4.4 OD 调查一般步骤

1. 组织调查机构

OD 调查是一项涉及面广、工作量很大的工作，需要许多单位和部门相互协作、共同完成，因此需要设立一个专门的机构，统一负责指挥、协调工作。

2. 调查准备

设计、印刷调查表格，表格设计的原则是既要满足调查的要求，又要简明扼要，使被调查者容易填写或回答。表格结构应设计合理，尽量为以后的统计分析工作减少工作量。

3. 确定抽样率及抽样方法

对各项 OD 调查进行分析研究，确定其抽样率和抽样方法。

4. 调查人员培训

调查质量很大程度上取决于调查人员。培训过程中要反复讲明调查的目的、要求与内容，要模拟实地调查时可能出现的各种情况，要强调培养耐心、热情与韧性。

5. 制订调查计划

调查的实施计划应从实际出发，安排既要紧凑，又要留有一定的余地。

6. 典型试验

在调查工作全面开展之前，应先做小范围的典型试验，取得经验教训，进一步完善计划和方法，确保达到预期效果。典型试验可结合培训调查人员一起进行。

7. 实地调查

实地调查的过程中，必须严格把关，以随时发现问题，保证调查的精度。

2.4.5 交通小区划分

1. 交通小区划分的目的

进行道路交通规划时需要全面了解交通源以及交通源之间的交通流，但交通源一般是大量的，不可能对每个交通源进行单独研究。因此在道路交通规划研究过程中，需要将交通源合并成若干小区，这些小区称为交通小区。

划分交通小区的主要目的是：将交通需求的产生、吸引与一定区域的社会经济指标联系起来；将交通需求在空间上的流动用交通小区之间的交通分布图表现出来；便于用交通分配理论模拟道路网上的交通流。

2. 交通区划分的原则

理论上分区应是一个相同土地使用活动且使用强度均匀的用地。但事实上此条件并不容易符合，因为土地使用在各区均呈某种程度的混合发展，且其各类用地使用强度也不均匀。故交通小区的划分，虽有若干可遵循的原则，但实际划分仍需要依靠经验与判断。总结国内外经验，交通小区划分应注意以下几点：

(1) 对于已做过 OD 调查的城市，为了保证数据资料的延续性，尽可能地利用历史积累的宝贵资料和交通数据，交通小区划分应尽量保持与原已划分的交通小区的一致性；

(2) 尽可能以用地性质作为划分交通小区单元的依据，保持交通小区的同质性，区内土地利用、经济、社会等特性尽量使其一致；

(3) 尽量以铁路、河川等天然屏障及主干道路作为分区的界限；

(4) 分区的过程应考虑道路网的构成，应使交通小区划分与道路网协调一致，尽可能使交通小区出行形心位于路网节点（交叉口和干路）上，越近越好；

(5) 为便于交通小区内人口数字统计和调查组织，最好使交通小区与行政管辖范围（街道、居委、社区等）一致起来；

(6) 在工作量允许的条件下，尽可能地将交通小区划分得细一些；

(7) 根据分析研究工作的需要，可将交通小区按不同层次界面进行划分；

(8) 靠市中心分区面积小些，靠市郊的面积大些；

(9) 均匀性和由中心向外逐渐增大的原则：对于对象区域内部的交通小区，一般应该在面积、人口和发生与吸引交通量等方面保持适当的均匀性；对于对象区域外围的交通小区，因为要求精度的变低，应该随着距对象区域的距离的变远，逐渐增大交通小区的面积；

(10) 对于含有高速公路和轨道交通等的对象区域，高速公路匝道、车站和枢纽应该完全包含于交通小区内部，以利于对利用这些交通设施的流动进步分析，避免匝道被交通小区一分为二的分法。

交通小区大小依据调查区域面积、人口密度、调查目的和数据项目决定。一般市中心区和交通密集地，交通小区面积小；郊区或交通稀疏地交通小区面积大。另外，除了交通小区外，根据划分尺度与小区功用，还可以划分为交通中区、交通大区和外围小区，以福州市主城区及周边地区为例，如图 2-6 所示。

交通中区：一般用于调查数据的校核分析，模型的参数标定，一般中区的划分以街道、镇为主，通常也是用地、人口岗位、学位、机动车保有统计数据校核的重要依据。

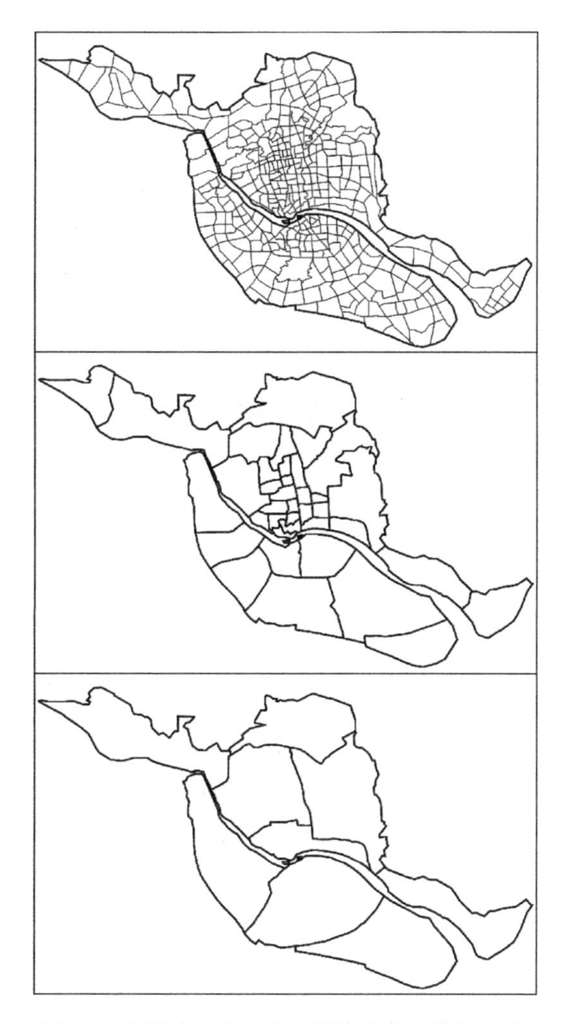

图 2-6　交通小、中、大区划分示意（从上到下）

交通大区：一般用于分析区域间的空间活动与联系强度，通常划分以区市县为主，同时考虑到适当的组团、人口、岗位聚集程度。

外围小区：一般不考虑城市对外路径选择的情况下，对每条对外道口划分为外围交通分区，同时应该考虑未来规划的对外通道，以免现状模型和规划分区不一致。

3. 交通小区划分的一般步骤

交通小区划分的总体思路是自上而下控制，自下而上合并，利用适当的小区大小和数量作为约束条件，合理遵循小区的划分原则。具体步骤如下：

（1）考虑分层面、分区域、分时期的问题，对研究区域划分界限，保证划分后的交通小区处于控制线内，不会出现交通小区被不同层面、不同区域、不同时期分制的可能；

（2）确立合理的交通小区大小和数量特别注意因研究区域的重要程度不同对交通区大小和数量的影响；

（3）在研究区域内标注河流山川、铁路、车站、地铁站点、高速公路匝道口等对交通小区划分可能产生影响的自然地理和交通设施，在遵照交通小区的划分原则的前提下，考虑交通小区划分过程中如何处理这些情况；

(4) 背景资料采集通常会将规划区域分成不同部分，对这些区域在基本满足前三个步骤的前提下进行合并或分割，最终形成交通小区。

2.4.6 居民出行OD调查

居民出行OD调查是指对某一区域内居住的居民在城市空间内某一天的出行目的、出行路径、出行时间、出行方式等内容进行调查，了解出行活动的全过程，以达到掌握城市居民因多种不同出行目的的活动在时间和空间上的变化规律。由于调查区域内人口众多，居民出行调查仅按一定比例进行抽样调查，通过对样本数据的扩样反映城市居民的总体出行特征和规律，为城市综合交通规划和其他有关规划提供十分重要的基础资料，同时也是制定城市交通政策的有效数据。

1. 调查内容

居民出行OD调查的内容包括居民的职业、年龄、性别、收入等基础情况，以及各次出行的起点、讫点、时间、距离、出行目的、所采用的交通工具等出行情况。居民出行调查表示例，见表2-4。

2. 调查方法

居民出行调查通过调查人员入户访问、信函和电话等一种或多种方式结合的手段，以户为单位进行。可借助于手持终端等电子媒介，以提高调查的精度。

国内外在进行城市居民出行调查时所采用的方法主要有家访调查法、工作出行调查法、利用手机信令数据挖掘和公交一卡通信息数据挖掘的居民出行调查法等。有些方法适宜全面的调查，有些方法则适用于对居民出行OD调查某一方面的补充。如果只进行重点调查而不进行全面的调查，则对重点调查的不足部分应作适当的补充调查。各种常用方法特点简述如下：

(1) 家访调查法

对居住在调查区的住户，进行抽样家访，由调查人员当面了解该住户中包括学龄儿童在内的全体成员全天出行情况。调查前应重视调查员的培训，并进行模拟表格填写训练。

调查前应进行广泛的舆论媒体宣传，力求做到家喻户晓，老少皆知，并依靠各级组织。家访调查按调查表格逐项进行，一般来说难度不大，但调查人员仍需有充分的思想准备，以应付一些预料不到的局面，如被访人的不合作态度、漫不经心等。调查人员对此务必冷静、耐心对待，同时如实汇报，及时采取补救措施。

家访调查法一般能较全面、准确地获得城市居民出行OD信息，是常用的居民出行OD调查方法。

(2) 工作出行调查法

对调查区内的职工抽样进行居住地点（即O点）和工作地点（即D点）的调查，由于这些资料可以从工作单位的档案中得到，因此工作量较小。虽然只能调查工作出行，但因工作出行一般是形成交通高峰的主体，对城市客运交通有很大影响，因此，此法可用于对居民工作出行OD所进行的重点调查。

(3) 利用手机信令数据挖掘的居民出行调查法

手机信令数据是由手机用户在发生通话、发短信或移动位置等事件时，被运营商的通信基站捕获并记录同一用户信令轨迹所产生，最后经过脱密、脱敏、扩样等处理后可用于居民行为偏好、移动轨迹分析、城镇空间布局等研究。手机信令数据的数据空间分辨率多为基站，时间分辨率则可精确到秒。手机信令数据字段中包含时间和空间位置属性，还有通话和信息记录等信息，通过上述信息的关联可以获取居民出行起点、终点以及相关的时间数据，结合无线网络小区划分 GIS 基础数据，就可以得到基于交通分析小区划分的起点、终点以及时间信息，反推用户的出行轨迹，是用于研究城市居民行为与空间分布较好的数据源。

手机信令数据具备以下特点：

1）全覆盖性。只要是携带开启的手机，则定位系统将自动捕获用户全天候的动态实时信息，并且范围不局限于手机运营商的属地范围，多数用户都可以获取全国范围的活动轨迹，而全球通等用户还能捕获到其全球范围的活动轨迹。

2）高精度性。手机信令的位置信息有准确的经纬度信息，而时间则精确到秒，数据精度高，便于精确推算用户的活动轨迹。

3）实时动态性。用户的不同时刻的空间信息都将发生变化，位置信息处于不断变化中。

4）信息关联性。除了手机通话属性如通话时间和地点、短信的发送时间、通话对方的号码信息等，还具有通话实时地点等关联的空间信息，两类信息具有关联性。

5）存储冗余性。手机信令数据非常海量，每天产生大量的存储信息，这些信息如果不经过及时处理，会形成非常占用硬盘和服务器空间的海量数据库，其中含有大量的冗余信息。

从手机信令数据的上述特点来看，具有覆盖面最广、定位信息准确、精度高、能二次辨识信息多等独到的优势。其劣势在于：数据存在海量化的特点，运算量较大，运行时间较长，尤其是在大范围、长时间的海量数据库中进行运算时，容易造成数据冗余较多、精度降低等问题，对服务器和软件的配置，以及对算法设计的精度保证等都有较高的要求，因此会带来工作人力、时间等各项成本的提高。

同时，在手机进行实名制登记后手机信令数据包含大量涉及用户的个人隐私数据，如姓名、身份证号码、性别、常居住地等信息，这些敏感信息极易造成个人隐私数据的泄漏，需要要求加强算法的脱敏性设计。数据脱敏不仅仅是对于客户隐私数据中的某些字段进行加密，还应避免数据之间的关联关系造成其他信息的泄漏，如客人的活动轨迹特征信息等。

手机信令数据的产权归属及使用模式是另一大问题。信令数据本身是由于用户使用手机以及获取运营商的服务才产生的，信令数据来源于各通信运营商，一旦信令数据成为可供科研机构研究的有价值的原始素材，其所有权必然引起争论。

另外，利用手机信令数据的 OD 调查只能获得总体的出行量，无法进行出行方式划分。

手机信令数据在 OD 调查中的基本处理流程：

1）数据预处理。在确立条件后，逐一进行筛选，随后剔除唯一且难以识别的 IMSI 号、无法定位等异常记录，随即获得与条件相符的手机信令数据样本。

2）基站定位。依据用户手机提供的服务基站位置，确定出手机当前处于的基站位置。

若为市区基站，由于其密度较大，服务半径较小；若为郊区基站，由于其密度较小，服务半径较大。

3）识别出行链。根据时间顺序提取手机用户的信令数据，可获取用户手机随时间的移动轨迹，随后可构建出行链识别，可识别用户出行的起讫点和停留点。

4）分区统计。通过划分空间分析单元，获得用以统计和分析的交通分区，随后建立交通分区和基站小区之间的对应关系，进而获得基于交通分区条件下的出行记录。

5）结果扩样。由于获取的信令数据量有限同时为了去除无效数据，保证数据样本的有效性，应进行扩样处理。

（4）利用公交一卡通信息数据挖掘的居民出行调查法

公交一卡通在完成对乘客收费的同时，还能记录乘客使用一卡通的卡号、公交车自编号、刷卡时间、刷卡站点、刷卡线路等信息，这些信息能够准确地反映乘坐公交车出行者的分布情况，是公交车客流量数据采集的主要手段以及实现客流量预测的主要数据来源。

由原始数据到公交运行信息，公交一卡通数据分析需要先后经过数据预处理、数据分析、解释评价三个过程：

1）数据预处理。数据预处理是对数据仓库中数据进行筛选、清理，保留合理准确的数据，缩小数据范围，以提高公交一卡通数据分析的质量。数据预处理是简单的数据筛选过程，可以利用数据仓库工具或数据分析工具进行处理。

2）数据分析。该过程是公交一卡通数据分析的核心环节，综合利用多种数据分析方法对预处理过的公交一卡通原始数据进行分析。利用已有的数据分析工具，结合自行编写算法程序进行数据分析。

3）解释评价。根据公交一卡通数据分析得到的结果，利用可视化图表、曲线显示给用户，以便用户直观掌握公交客流各类特征。根据用户的不同要求，分析结果以不同内容和形式表现。如分析某条公交线路高峰小时或者一天的客流分布情况，这样数据分析系统会给出不同的结论和表现方式，这些分析结果不仅可提供给用户查看，也可以存储在知识库中，供日后分析和比较。如果对分析结果不满意，可以递归地执行前面各步骤，直到结果满意。

通过公交一卡通数据分析，获得公交运营的基本客流信息，以及全面、准确反映城市公交运营状况及公交乘客公交出行特征的信息。其具体目标主要有两个：

1）获得用于公交运营决策的公交客流信息，包括总客流、线路客流、断面客流、站点客流、客流时空变化分布等。

2）获得用于公交规划的居民公交出行特征信息，主要包括居民公交平均出行数、起讫点分布、平均换乘次数、出行耗时特征、出行距离特征等。

另外，典型的调查方法还有明信片调查法、电话询问法、职工询问法等。

2.4.7 流动人口出行 OD 调查

1. 调查内容

调查前收集基础资料包括流动人口在不同类型建筑（如宾馆、酒店、建筑工地、出租屋或借住居住家庭等）的分布比例；宾馆、酒店或其他流动人口集中地（如建筑工地和出租屋）的基础信息，如酒店地址、酒店联系人与联系方式、客房数和建筑工地容纳能力等。

流动人口出行OD调查的内容包括流动人口的职业、年龄、性别、来城市的目的、停留时间等基础情况，以及各次出行的起点、讫点、时间、距离、出行目的、所采用的交通工具等出行情况。城市流动人口出行OD调查表与居民出行OD调查表基本相似，见表2-5。

2. 调查时段和地点选择

流动人口出行调查时段为全天24h。宜选择在城市流动人口较多的区域，如宾馆和酒店中进行调查；可结合城市流动人口特征，选择在流动人口集中地如建筑工地和出租屋等进行调查。

3. 调查方法

（1）应采用调查问卷和邮寄的手段进行问询法调查。

（2）宜结合城市特征、流动人口总量和出行特征进行抽样调查，总体抽样率宜不小于流动人口总量的1%。

（3）应采用分层抽样方法，先根据城市发展区域和酒店宾馆星级抽取一些酒店宾馆或其他集中地，再在抽取的地点中抽取一些流动人口进行调查。

4. 实际案例

以泉州市交通专项调查中的流动人口调查部分为例，该调查共选取17个点开展调查，具体选点参见表2-6，调查点分布图参见图2-7。

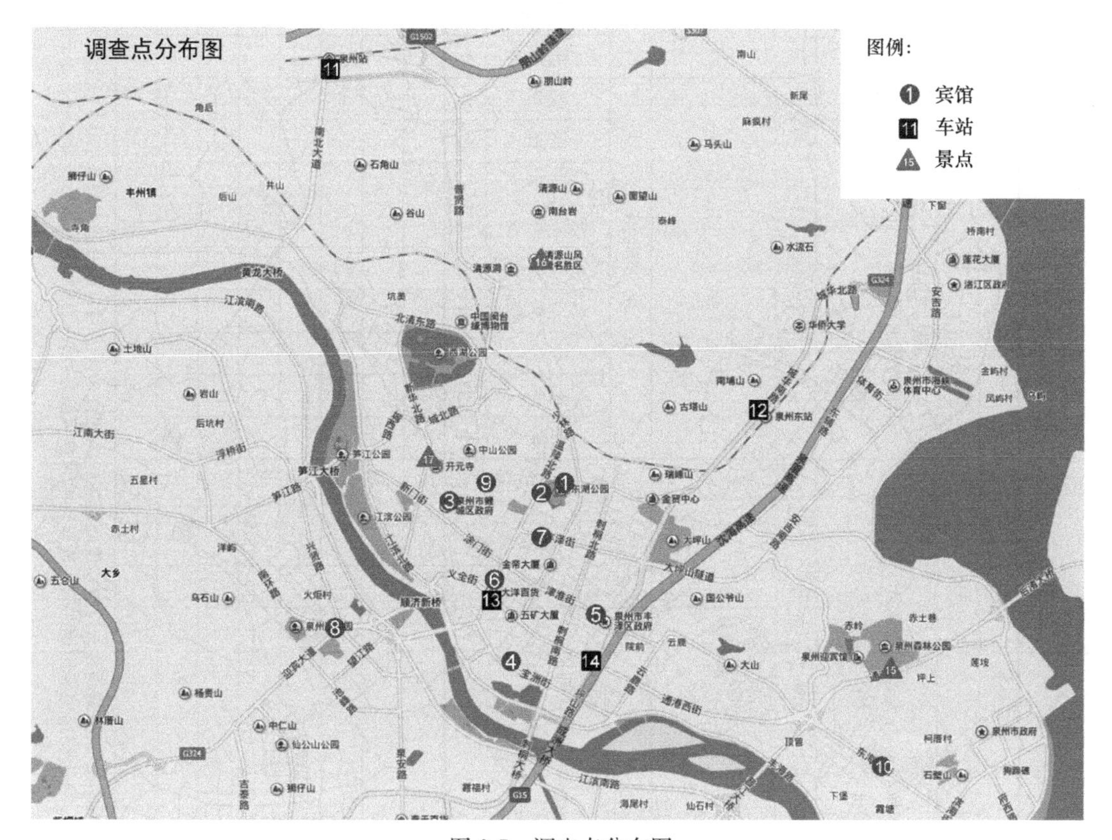

图2-7　调查点分布图

居民出行调查表 表 2-4

表格编码　　　　调查员　　　　验收员　　　　编码员　　　　出行日期

居住地址		联系电话		小区编码	

住户类型	本户人数	居住情况	家庭月总收入（万元）					家庭现有交通工具
①家庭户 ②集体户	全部家庭成员______人 6 岁以上家庭成员______人	①常住 ②暂住	① <0.6	② 0.6～1.2	③ 1.2～2.0	④ 2.0～4.0	⑤ >4.0	①自行车____辆　②电动车____辆 ③摩托车____辆　④私人小汽车____辆 ⑤配备小汽车____辆　⑥其他车辆____辆

成员编号	性别		年龄	职业								
第__位	①男	②女	①6～14　②15～19 ③20～30　④31～50 ⑤51～60　⑥>60	① 中小学生	② 大中专学生	③ 机关事业单位	④ 公司职员	⑤ 服务人员	⑥ 工人	⑦ 私营个体企业者	⑧ 离退休人员	⑨ 其他

出行次数	出发地点详细地址或附近地物名称	小区编码	起终点是否为家	出发时间（24h制）	出发目的									出行方式										到达地点详细地址或附近地物名称	小区编码	到达地点用地性质（见附注填编号）	到达时间（24h制）
					上班	上学	公务	生活购物	探亲访友	文娱体育	回家	回程	其他	步行	自行车	电动车	公交车	出租车	摩托车	私家车	单位车	货车	其他				
					1	2	3	4	5	6	7	8	9	1	2	3	4	5	6	7	8	9	10				
1																											
2																											
3																											
4																											
5																											
6																											
7																											
8																											

附注：表格编码共六位数，编码前三位为调查小区编号，后三位为调查小区内抽查家庭户编号；若出行起终点为家则填写“1”，不为家则填写“0”；
到达地点用地性质一栏对应填写数字编号：1—行政办公，2—商业服务，3—旅馆，4—文体游憩，5—工业，6—仓库，7—交通，8—施工场地，9—高校，10—中小学。

城市流动人口出行调查表

表 2-5

表格编码　　调查地点　　性别　　年龄　　职业　　调查员　　验收员　　编码员　　出行日期　　天气

拟在本市天数		来本市目的	出差	劳务	经商	旅游	探亲访友	看病	生活购物	其他
在本市居住地点			1	2	3	4	5	6	7	8

流动人口一日出行情况

出行次序	出发地点详细地址	出行目的								出行方式											到达地点详细地址
		公务出差	生活购物	旅游观光	文化娱乐	看病	探亲访友	回程	其他	公交车	单位车		出租车		轻骑摩托	自行车	助力车	三轮车	步行	其他	
											大客	小客	大客	小客							
		1	2	3	4	5	6	7	8	1	2	3	4	5	6	7	8	9	10	11	
1																					
2																					
3																					
4																					
5																					
6																					
7																					
8																					
9																					
10																					

流动人口调查选点表 表 2-6

类别	编号	调查点	位置	样本量
宾馆	1	如家快捷酒店	泉州市东湖街华侨历史博物馆内	30
	2	锦江之心	温陵北路 359 号	30
	3	泉州酒店	庄府巷 22 号	30
	4	汉庭酒店	宝洲路 398 号	30
	5	丰泽大酒店	津淮街 36 号	30
	6	日盛商务酒店	温陵南路 202 号	30
	7	航空酒店	丰泽街 339 号	30
	8	泉州明发大酒店	南环路 1 号	30
	9	鲤城大酒店	南郡路 89 号	30
	10	速 8 酒店	东海大街文园 3 号楼	30
枢纽	1	泉州站	站前路	150
	2	泉州东站	城华南路	100
	3	泉州汽车站	温陵南路 48 号	100
	4	泉州中心客运站	坪山路与泉秀路	100
景区	1	泉州森林公园	丰泽区通港路	100
	2	清源山	鲤城区温岭路	100
	3	开元寺	鲤城区西街 176 号	100
合计				1050

2.4.8 机动车出行 OD 调查

机动车 OD 调查的实质是把车辆出行从技术与社会综合的角度进行研究。这种方法改变了传统的单靠断面交通量的调查与增长率估计来研究交通需求与交通运输能力的关系，是交通研究进程中的一个重大进步。

机动车出行 OD 调查的具体目的：

（1）通过搜集机动车出行类别与数量资料，在计算机上模拟现状的出行，为发现主要交通症结、调整与改善道路系统功能从系统上和政策上对近远期工程项目排序提供依据。

（2）由机动车 OD 调查资料、土地使用资料建立各类交通预测模型，为远期交通规划提供依据。

（3）客观地分析评价机动车出行的特征，为提高交通体系运行效率，制定近期、远期交通政策提供有效信息。

1. 调查内容

城市机动车出行 OD 调查主要内容包括：

（1）车辆基本信息：车辆所属权，车辆类型，额载，车牌照。

（2）一日出行信息：出发时间，出发地点，出行目的，到达时间，到达地点，途经主要路段（交叉口），停车地点，停车费用，所载货类、实际载客（货）量，每次出行行驶里程。

2. 调查方法

机动车出行 OD 调查方法，一般有以下几种：

（1）发（收）表格法

将调查表格发给机动车驾驶员，由他们逐项填写。填写前需作好动员和解说工作。对当日未出车的原因需予以说明。如是休息日，改填次日的出行情况，在计算平均出车率等时应将这部分剔除。调查表格的设计是该法重要的一环，表中所用名词应尽量采用驾驶员熟悉的术语，选词应明确，最好不加说明便能看懂，必要时加以注释。

此法可用于城市境内机动车出行 OD 的全面调查，根据我国一些城市的实践，效果较好，我国城市多采用此法。

（2）路边询问法

在道路上设调查站，让车辆停止，询问驾驶员。由于调查过程中需要拦截车辆，因此对正常的道路交通影响较大，调查过程中需注意不要造成车辆过多的延误甚至阻塞，因此需要交警的协助，当交通量较大时可采用抽样的方法。

此法可用于城市境内机动车出行 OD 的全面调查，特别适用于区域机动车出行 OD 调查，以及城市境界线机动车出行 OD 的全面调查。表 2-7 是典型的区域机动车出行 OD 路边询问调查表。

（3）登记车辆牌照法

在道路网上设置若干调查站，由各调查站记下通过该站的全部车辆的末尾几位数字（一般只记后 3～4 位数字），以及通过时间，然后汇总各个调查站的记录进行核对，第一次记到牌照的地点便作为该车辆的起点，最后一次记到牌照的地点便作为该车辆的讫点。

此法不干扰交通，但比较粗略，也只能得到起讫点分布的资料，可用于城市境内机动车出行 OD 的部分资料调查，对不足的部分，应作适当的补充调查。

（4）利用车载 GPS 数据挖掘的机动车出行调查

车辆 GPS 信息采集技术是利用安装在车辆上的移动卫星定位终端获取车辆轨迹，通过与 GIS 技术相结合，可计算获得交通运行特征。挖掘车辆的 GPS 信息，根据 GPS 数据的采集特点，可获取车辆的出行 OD。

目前，车载 GPS 终端广泛用于出租车、货车、公共汽车及部分私人小客车等车辆上。此法方便快捷，但对于未配备车载 GPS 的部分车辆出行信息获取受限，可用于城市境内机动车出行 OD 的部分资料调查，需作适当的补充调查。

另外，典型的调查方法还有明信片调查法、车辆栓签法等。

2.4.9　货流出行 OD 调查

1. 调查内容

货运交通是城市交通的一大组成部分，在我国城市交通中占有较大的比重。因此，全面地调查了解城市货流 OD 对进行城市交通规划有重要的意义。

城市货流有许多特点，如货种多而杂，货流点和吸引点多且分布广，有的货物由运输部门承运，有的则靠各企事业单位或个人运输等。因此，在进行城市境内货流 OD 调查时，应充分考虑其复杂性，明确调查的对象和特点。境内货流 OD 调查的内容包括货物所属单位的属性、经济指标、职工人数、占地面积等基础资料，以及货流的起点、讫点、时

机动车出行 OD 路边询问调查表

表 2-7

调查点位置 调查月、日				地区（市）			调查点编号	
				县			行车方向 1 ______ 2 ______	
				乡镇			调查时间（按 24h 记）	
全部车辆（1）				小客/摩托/大客（2）			货车（3）	
车型 1. 小客（≤12 座） 2. 大客（＞12 座） 3. 小货（≤2.5t） 4. 中货（2.5～7.0t） 5. 大货（＞7.0t） 6. 摩托车 7. 拖拉机	车辆所有者 1. 交通运输部门 2. 个体 3. 社会车辆 车号	起点 省______ 地区（市）______ 县______ 乡镇______	终点 省______ 地区（市）______ 县______ 乡镇______	额定 客位 （个）	实载 人数 （人）	额定 吨位 （t）	实载 吨位 （t）	实载货类 1. 煤炭 8. 非金属矿石 2. 石油 9. 化肥农药 3. 金属矿石 10. 盐 4. 钢铁 11. 粮食 5. 矿建材料 12. 化工原料及制品 6. 水泥 13. 轻工、医药 7. 木材 14. 其他
车型 1. 小客（≤12 座） 2. 大客（＞12 座） 3. 小货（≤2.5t） 4. 中货（2.5～7.0t） 5. 大货（＞7.0t） 6. 摩托车 7. 拖拉机	车辆所有者 1. 交通运输部门 2. 个体 3. 社会车辆 车号	起 点 省______ 地区（市）______ 县______ 乡镇______	终点 省______ 地区（市）______ 县______ 乡镇______	额定 客位 （个）	实载 人数 （人）	额定 吨位 （t）	实载 吨位 （t）	实载货类 1. 煤炭 8. 非金属矿石 2. 石油 9. 化肥农药 3. 金属矿石 10. 盐 4. 钢铁 11. 粮食 5. 矿建材料 12. 化工原料及制品 6. 水泥 13. 轻工、医药 7. 木材 14. 其他
车型 1. 小客（≤12 座） 2. 大客（＞12 座） 3. 小货（≤2.5t） 4. 中货（2.5～7.0t） 5. 大货（＞7.0t） 6. 摩托车 7. 拖拉机	车辆所有者 1. 交通运输部门 2. 个体 3. 社会车辆 车号	起点 省______ 地区（市）______ 县______ 乡镇______	终点 省______ 地区（市）______ 县______ 乡镇______	额定 客位 （个）	实载 人数 （人）	额定 吨位 （t）	实载 吨位 （t）	实载货类 1. 煤炭 8. 非金属矿石 2. 石油 9. 化肥农药 3. 金属矿石 10. 盐 4. 钢铁 11. 粮食 5. 矿建材料 12. 化工原料及制品 6. 水泥 13. 轻工、医药 7. 木材 14. 其他
车型 1. 小客（≤12 座） 2. 大客（＞12 座） 3. 小货（≤2.5t） 4. 中货（2.5～7.0t） 5. 大货（＞7.0t） 6. 摩托车 7. 拖拉机	车辆所有者 1. 交通运输部门 2. 个体 3. 社会车辆 车号	起点 省______ 地区（市）______ 县______ 乡镇______	终点 省______ 地区（市）______ 县______ 乡镇______	额定 客位 （个）	实载 人数 （人）	额定 吨位 （t）	实载 吨位 （t）	实载货类 1. 煤炭 8. 非金属矿石 2. 石油 9. 化肥农药 3. 金属矿石 10. 盐 4. 钢铁 11. 粮食 5. 矿建材料 12. 化工原料及制品 6. 水泥 13. 轻工、医药 7. 木材 14. 其他

间、货物种类、吨位等出行情况。

2. 典型调查表

表 2-8 和表 2-9 是进行货流 OD 调查的典型调查表。

市区货源调查表　　　　**表 2-8**

单位名称			主管部门	
单位地址		联系人		电话
占地面积（m^2）		职工人数（人）		主要经济指标（万元）
货物名称	运入量（t/年）	主要货源地	运出量（t/年）	主要发送地
总运入量	（t）		总运出量	（t）

一周内城市货流调查表（运入）　　　　**表 2-9**

单位名称				主管部门			
单位地址				联系人		电话	天气
月 日 时	运输方式	额定吨位	货物名称	载货质量	周转量（t·km）	起讫点	
						起点	讫点
合计							

3. 调查方法

调查一般可根据组织关系对货运单位分系统进行，即由各主管机构对所属单位自上而下地进行调查，以便组织和管理。调查通常可采用发放、回收表格，或由调查人员到各个单位进行直接询问的方法。

城市境内货流 OD 调查也可结合城市境内除公交车外的其他机动车辆境内出行 OD 调查进行，即通过后者载货情况的调查指标，反映部分货流状况，不足部分再作适当的补充。

2.4.10　OD 调查资料的整理与分析

OD 调查数据统计分析的目标是为现状交通分析评价、交通预测模型标定、交通网络规划等提供基本参数和指标。因此，其基本内容包括三个方面：一是出行特征统计分析；

二是出行与其相关因素之间关系的统计分析；三是其他有关指标的统计分析。主要包括以下具体内容：

（1）出行产生

出行产生分析即出行总次数、出行产生率统计分析，以及出行产生率与其相关因素之间关系的统计分析。

（2）出行分布

出行分布分析即出行流量、流向统计分析，据此得出调查区域各种出行的主流方向、特征。

（3）出行方式

出行方式分析即出行的方式结构统计分析，据此得出调查区域各种出行对交通工具的选择状况、特点。出行方式统计分析也应包括对出行方式结构与其相关因素之间的关系进行研究分析。

（4）出行时间、距离

出行时间、距离分析即对各种出行所耗费的时间、出行距离进行统计分析。

（5）其他有关参数

包括对平均载客（货）量、平均额载、平均实载率等参数进行统计分析。

1. 居民出行 OD 调查

统计分析包括以下主要内容：

（1）出行产生。包括统计职业、年龄、不同性质的用地等各种相关因素的不同状况下，各种出行目的城市居民在市内的出行产生量，根据统计的结果，分析这些相关因素对城市居民在市内的出行产生的影响等；

（2）出行分布。包括统计境界线内各交通小区之间总出行及分目的、分方式的居民出行 OD 量等。

（3）出行方式。包括统计城市居民在市内出行的出行方式结构等。

（4）出行时间及出行距离。包括统计城市居民在市内总出行和分方式出行的平均出行时间，以及统计居民在境界线内各交通小区之间各种出行方式的平均出行时间及出行距离等。

2. 流动人口出行 OD 调查

统计分析包括以下主要内容：

（1）出行产生。包括统计职业、年龄、性别、来城市目的等各相关因素的不同状况下，各种出行目的的城市流动人口在市内的出行产生量。根据统计结果，分析这些因素对城市流动人口在市内出行产生的影响等。

（2）出行分布。包括统计境界线内各交通小区之间总的出行，以及分出行目的、出行方式的流动人口出行 OD 量等。

（3）出行方式。包括统计城市流动人口在市内的出行方式结构等。

（4）出行时间及出行距离。包括统计城市流动人口在市内总的和分出行方式的平均出行时间，以及统计流动人口在境界线内各交通小区之间各种出行方式的平均出行时间及出行距离等。

3. 机动车出行 OD 调查

统计分析包括以下主要内容：

（1）出行分布。包括统计机动车所载旅客、各种货物，以及各种机动车的出行 OD 量等。

（2）平均载客（货）量。统计计算各种机动车的平均载客（货）量、平均额载、平均实载率等参数。

（3）出行时间与出行距离。包括统计机动车在各交通小区之间的平均出行时间及出行距离等。

4. 货流出行 OD 调查

统计分析包括以下主要内容：

（1）货流产生。包括统计单位属性、经济指标、职工人数、占地面积等各种相关因素的不同状况下，市内各种货物的产生量。根据统计结果，分析这些因素对市内货物产生的影响等。

（2）货流分布。包括统计境界线内各交通小区之间总的，以及分货种的货流 OD 量等。

（3）出行时间及出行距离。包括统计城市货物运输在市内的平均出行时间，以及统计货物在境界线内各交通小区之间的平均出行时间及出行距离等。

2.5 公共交通客流调查

2.5.1 城市公交客流调查

城市公交客流调查目的是了解公交线路（线网）上客流的时间与空间分布规律。城市公交客流调查的观测数据应尽可能与相关统计资料和信息采集资料等进行比对校核，提高调查成果的可靠性。调查样本数据扩样应以公交客流调查和轨道交通客流调查成果数据为总体，并注意剔除无效样本。

1. 调查内容

公交客流调查包含公交核查线、客运走廊、线路和枢纽的客流调查。其中，公交核查线客流调查是指调查穿越河流、铁路和高速公路（快速路）等城市天然分割线的公交客流量，公交客运走廊客流调查是指调查城市公交走廊主要断面的客流量，公交线路客流调查是指调查公交线路的上（下）客量、断面客流量和站间客流 OD 等，公交枢纽客流调查是指调查公交枢纽的上（下）客量和换乘量等。

2. 调查方法

（1）公交核查线、客运走廊和枢纽等客流调查可采用观测法，记录通过调查点的公交车辆数和车厢客流满载情况，统计公交客流量。

（2）公交线路客流调查可采用驻站调查法和随车调查法两种。

驻站客流调查：在各公交线路的各停靠站上设若干名观测员，记录各公交车辆在各停靠站的上（下）车人数、车内人数（目测）及留站人数。

随车客流调查法是指在公交车辆内设若干观测员，一般一个车门设一个，记录公交车辆在各停靠站的上（下）车人数，还可以记录乘客乘坐公交车辆的起讫点信息，从而获得以公共交通为出行方式的乘客出行分布情况、站点间的断面客流量等。

（3）公交客流调查也可采用信息化技术采集。现阶段常用信息化技术是指通过建立公交 IC 卡与公交车辆 GPS 设备对应关系，统计分析站点上（下）客量、路段客流量和客流站间 OD 等。

2.5.2 城市轨道交通客流调查

1. 调查内容

城市轨道交通客流调查是指调查轨道交通的客流规模，包括进（出）站量、上（下）客量、换乘量、断面客流量、站间客流 OD、换乘次数和平均乘距等。

2. 调查方法

轨道交通客流调查可采用信息化技术采集。现阶段常用信息化技术包括进出闸机客流信息技术和手机用户使用轨道车站基站信息技术等。

2.5.3 公共交通调查资料的整理与分析

调查统计分析报告通过分析主要公交线路的客运量及客流分布、主要干道上的公交客流通过量、主要公交集散点的集散量和公交乘客现状出行行为特征等客流资料，为交通模型建立、各种公共交通专项规划和公共交通政策制定等提供基础性支撑。具体包括如下：

（1）公共交通车辆运行状况，包括列车编组（轨道交通）、车辆类型、发车班次、客位公里、行程车速和满载率等。

（2）公共交通客流特征，包括公交客运量和客运周转量、平均乘距、公交核查线和客运走廊客流量、公交枢纽客流量、轨道换乘车站换乘量、站间客流 OD 和客流时间分布特征等。

（3）乘客出行特征，包括出行目的、时间分布、空间分布、平均出行时耗、换乘次数和接驳方式结构等。

2.6 城市道路交通量调查

对城市道路网络交通流量情况进行调查分析，可以了解现状道路网的交通流量、流向情况，交通量的时间和空间分布规律，以及交通组成情况等，结合道路基础设施调查及路网容量分析，确定路网交通负荷和服务水平，从而为城市道路交通规划与近期交通综合治理提供依据；城市道路交通流量资料是进行现状交通网络评价、交通阻抗函数标定以及未来网络方案确定的重要依据。

2.6.1 城市道路交通量调查内容

1. 道路机动车流量调查

应调查主要道路分车型、分时段交通量。重要路段连续调查 24h，一般路段调查 16h、12h 或 8h，调查时段应覆盖全天的高峰时段。

2. 交叉口机动车流量

应调查主要交叉口分车型、分时段、分流向交通量。流量调查进行16h、14h、12h或8h，调查时段应覆盖全天的高峰时段。流向调查一般应持续2个高峰小时。

3. 慢行交通量调查

应调查主要道路分时段非机动车交通量，主要交叉口分时段、分流向非机动车交通量以及主要行人聚集地区进行分时段、分流向的行人流量调查。流量调查24h、16h、14h、12h或8h，调查时段应覆盖全天的高峰时段。

4. 核查线流量调查

核查线流量用于校核交通预测模型。每条核查线把规划区分成两部分，尽可能利用天然障碍线（如河流、铁路城墙等），核查线与道路相交处需进行流量调查。调查内容应包括一定时间间隔内（推荐为10min或15min）通过被调查道路断面的机动车和非机动车交通量，应包括调查时间、调查方向、车型和交通量，调查车型可参见表2-10。

调查车型分类　　表2-10

序号	车辆类型	说明
1	小客车	指挂蓝色车牌、低于8座（含8座）的客车
2	出租车	出租营运车辆
3	公交车	公交营运车辆
4	大客车（非公交）	指挂黄色车牌的客车，8座以上的客车
5	大货车	指挂黄色车牌的货车
6	小货车	指挂蓝色车牌的货车
7	其他车	特种车（工程车、油罐车、消防车等）、拖拉机等
8	摩托车	两轮或三轮摩托车
9	电动自行车	助力车
10	自行车	

注：根据城市具体营运公交车型，可对公交车型进行细分。

2.6.2　城市道路交通量调查方法

1. 人工计数法

这是我国目前应用最广泛的一种交通量调查方法，只要有一个或几个调查人员即能在指定的路段或交叉口引道一侧进行调查，组织工作简单，人员调配和地点变动灵活，使用的工具除必备的计时器（手表或秒表）外，一般只需手动（机械或电子）计数器和其他记录用的记录板（夹）、纸和笔。

（1）调查资料

1）分类车辆交通量。可以根据住建部门、公安交通管理部门或其他需要来对车辆分类、选择和记录，分类可以很细，调查内容甚至可区分空载或重载、车辆轴数多少、各种不同的分类车辆数、公交车辆的各种分类（如公共汽车或无轨电车，通道车或单车，载客情况，公交路线区别）等。

2）车辆在某一行驶方向、某一车道（内侧或外侧，快车道或慢车道）上的交通量，以及双向总交通量。

3）交叉口各入口引道上的交通量及每一入口引道各流向（左转直行和右转）交通量，各出口引道交通量和交叉口总交通量。对于环形交叉口还可以调查各交织段的交通量。

（2）人工计数法的优缺点和适用范围

人工计数法适用于任何地点任何情况的交通量调查，机动灵活，易于掌握，精度较高（调查人员经过培训，比较熟练，又具有良好的责任心时），资料整理也很方便。但是这种方法需要大量的人力，劳动强度大，冬夏季室外工作辛苦。对工作人员要事先进行业务培训，加强职业道德和组织纪律性的教育，在现场要进行预演调查和巡回指导检查。另外，如需作长期连续的交通量调查，由于人工费用的累计数很大，因此需要较多费用。一般最适于作短期的交通量调查。

2. 机械计数法

自动机械计数装置由车辆检测器（传感器）和计数器两部分组成。自动机械计数法一般采用机械接触、电磁波、超声波、激光、感应线圈等物理探测原理对道路交通量进行检测。

该方法能够大大降低所需要的调查人员数量和劳动强度，调查数据处理方便。但同时，目前这类调查设备对自行车交通量、行人交通量、交叉口内的转向交通流等数据难以采集。

3. 浮动车法

浮动车法一般需要有一辆测试车，尽量不要使用警车等有特殊标志的车，以工作方便、不引人注意、座位足够容纳调查人员为宜。

浮动车法一般需要驾驶员 1 人，观测记录人员 3 人。其中 1 人记录与测试车反向行驶的会车数，1 人记录与测试车同向行驶的超车数和被超车数，另一人记录测试车往返行驶的时间。当交通量较小时，可以减少观测记录人员。行程距离应已知或由里程碑、地图读取，或自有关单位获取，如不得已则应亲自实地丈量。调查过程中，测试车一般需沿调查路线往返行驶 12～16 次（即 6～8 个来回）。根据所调查观测的数据，可按公式计算测定方向上的交通量。

浮动车法观测到（经过计算获得）的交通量是一个平均值，即在整个观测时段内的平均值，而由每一次观测所得数据计算的交通量才是该时段的交通量。

4. 录像法

目前常利用录像机（摄像机、电影摄影机或照相机）作为高级的便携式记录设备。可以通过一定时间的连续图像给出定时间间隔的或实际上连续的交通流详细资料。在工作时要求使用专门设备，并升高到工作位置（或合适的建筑物），以便能观测到所需的范围。将摄制到的录像（影片或相片），重新放映或显示出来，按照一定的时间间隔以人工来统计交通量。这种方法搜集交通量或其他资料数据的优点是现场人员较少，资料可长期反复应用，也比较直观。其缺点是费用比较高，整理资料花费人工多。因此，一般目前多用于研究工作的调查中。

5. GPS 法

GPS 是一种全球性、全天候、连续的卫星无线电定位系统，可提供实时的三维坐标的位置、速度等空间信息和高精度的时间信息。因其具有定位精度高，速度快，不受云雾、森林等环境遮挡的特点，已被广泛应用于军事测绘精密测量、导航定位、交通管理、地球科学研究等国民经济各个领域，成为当今应用最为广泛的卫星定位系统。将 GPS 技术与城市交通管理系统相结合，得到交通状况信息具有重要意义，可实现交通状况的实时检测。

利用 GPS 实时监测实验车，无法直接得到路段的交通量，我们可以根据所测得的路段区间平均车速来反推路段交通流量，交通流量与平均车速、车流密度统称为交通流三要素，其关系式为：

$$Q = v_s K \tag{2-4}$$

式中　Q——交通流量，辆/km；

v_s——区间平均速度，km/h；

K——车流密度，辆/km。

2.7　交通大数据发展及分析

“互联网＋交通”领域中数据开放、资源共建、政务智能服务、智能出行、交通拥堵、绿色出行、交通大数据发展势头强劲，七大热点紧跟时代前沿，符合国家政策导向，且与社会大众的生活就业息息相关。在新常态新形势之下，结合国家“创新、协调、绿色、开放、共享”五大发展理念，“互联网＋交通”领域将重点发展绿色、便捷、安全、经济、高效的大容量公共交通。实践证明，交通大数据是“互联网＋交通”发展的关键支撑，是“互联网＋交通”科学决策的重要依据，是构建智能出行系统，缓解城市交通拥堵，实现绿色出行的基础，因此，在“互联网＋交通”背景下，不仅要关注交通大数据的发展方向与发展形势，如何解决交通大数据的来源、安全、储存及使用效率，充分发挥交通大数据的价值更为关键。

2.7.1　交通大数据的来源分析

“互联网＋交通”的发展促进了传统静态的交通基础数据向交通大数据的演变，互联网技术是获取交通大数据的关键技术，车联网技术则是获取交通大数据的关键途径。研究表明，交通大数据主要来源于基于互联网的公众出行服务数据、基于行业运营企业生产监管数据、基于物联网与车联网的终端设备传感器采集数据三个方面，其中公众出行服务数据主要包括网上售票、城市公交一卡通、公交服务在线查询、网购电商物流等；运营企业生产监管数据主要包括运输企业的客货运班列的运量数据、车辆检修数据等；传感器采集数据主要包括车辆定位数据、运行轨迹数据、车辆能耗数据、车辆性能数据、路网传感线圈与视频监控数据等。

在交通规划方面，交通大数据的主要用途是获取出行 OD。传统的出行 OD 的获取方法是开展交通调查，耗费大量的人力、物力，调查的时间和费用成本都很高且精度有待提高。在大数据时代，出现了多种不需要开展实地调查的获取出行 OD 的数据源，包括手机信令数据、POI 数据、电子导航地图定位数据、公交一卡通、互联网订票数据等，通过大数据可以实现不通过交通调查而对出行 OD 数据的反推（表 2-11）。但在上述多源数据中，应用较为广泛、数据来源较为可靠的仅仅指前三种，即手机信令、车载 GPS 和道路卡口数据，其他的数据来源由于数量及应用范围有限、样本量不够、精度不足等原因，只能用于辅助数据来源。

多源大数据类型对比图　　表 2-11

对比项	手机信令	车载 GPS	道路卡口	公交一卡通	POI	互联网订票数据
数据来源	通信运营商	GPS 记录仪	交通量观测	一卡通	导航地图	线上购票平台
使用范围	手机用户开机且有基站覆盖的地方	安装有 GPS 记录仪的车辆	设置卡口的道路	仅限于乘坐公交的乘客	仅限于使用手机导航的用户	仅限于线上购票平台订票用户
优势	覆盖面广，数据精度高	精确捕捉车行轨迹	可识别车型	获取完整的公交出行信息	定位信息精度高	便于获取分方式城际出行的完整数据
劣势	数据冗余，无法识别出行方式	适用面窄	不适用于乡村地区	多种公交换乘方式导致复杂的运算量	需用户开启导航软件，获取数据时间极为有限	局限于火车、飞机票的购买记录，其他出行方式记录不完整

2.7.2　交通大数据的发展分析

交通大数据采集后，由于其价值密度低的特性，需要对收集的数据进行分析和处理，这就需要构建一套完善的理论体系框架，指导交通大数据开发与利用（图 2-8）。

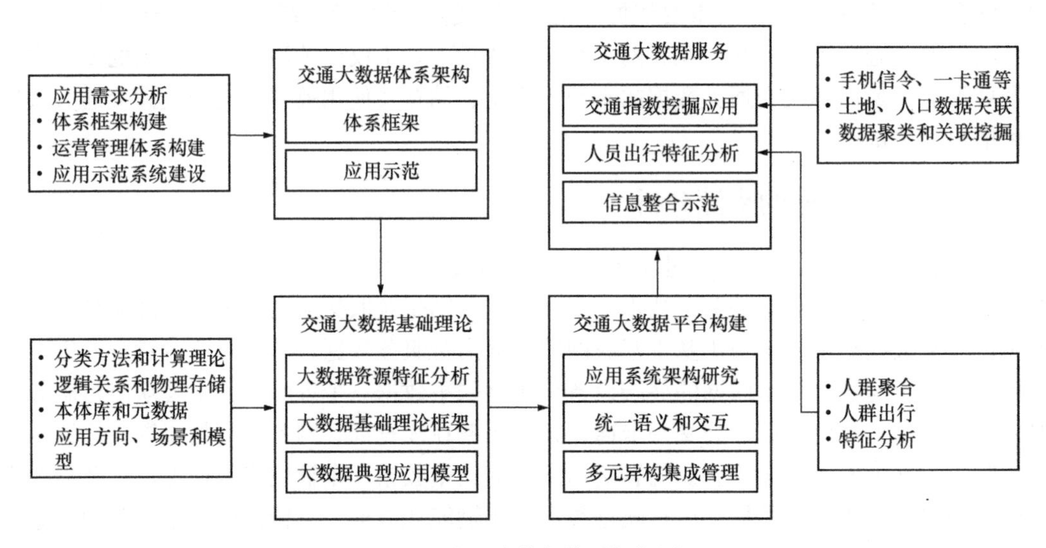

图 2-8　交通大数据体系框架图

根据交通大数据的属性，借助交通大数据理论框架体系，不仅可以构建交通数据语义网络，帮助交通行业发展科学决策提供支撑，而且有助于提高城市交通信息化管理水平，制定科学合理的管理系统与管理方法，缓解城市交通拥堵。

“互联网+交通”的发展催生了交通大数据的产生与发展，并迅速应用于智能交通、智慧城市等各个领域，为社会发展、经济建设的科学决策提供了有力支撑，成为现代城市交通发展的指向标。近年来，随着城市信息化水平的稳步推进及智慧城市建设的强劲发展，交通大数据在智能交通领域的应用取得了丰硕的成果，但随着交通大数据体量的增加，其价值密度、更新速度均发生巨大变化，再加上配套基础设施跟不上，给交通大数据的发展带来一定的挑战。主要体现在以下几个方面：

1. 数据采集问题

交通大数据的采集主要依靠综合交通运输体系中的基础设施联网及自动识别与监控系统实现，然而传统交通基础数据主要掌握在基层管理部门，由于基层管理部门资金补助不到位、信息化建设跟不上、数据采集缺乏统一标准、各部门之间缺乏协作机制等问题，导致采集的基础数据的质量受到影响。

2. 数据安全问题

“互联网＋交通”背景下，交通大数据涉及的内容越来越广泛，不仅包括道路、车辆、驾驶员、交通量等基础数据，而且包括涉及国家安全和个人隐私的数据，因此，数据在开发与利用过程中，如何在充分挖掘交通大数据使用价值的基础上，保障其安全与隐私成为亟待解决的问题。目前，由于交通大数据在开发与利用过程中由于缺乏统一的规范和管理标准，导致交通大数据的传输及与外网之间的互联互通缺乏安全性。

3. 网络通信问题

交通大数据采集后需要数据传输系统与网络通信系统的支撑，目前数据的传输主要采用自建通信专网与租用城市公共通信网络相结合的模式，形成有线通信与无线通信交互使用的通信系统，导致了当前交通大数据的网络通信问题。随着行业发展与交通大数据的深入挖掘，数据的体量将呈量级增加，对未来交通大数据的网络通信问题提出更高要求。

4. 计算效率问题

交通大数据在为用户提供服务的过程中，需要其快速反应，这就对数据的计算效率提出了更高要求。以出行诱导系统为例，用户在提出出行诱导需求时，智能交通系统要在瞬间完成数据的识别、采集、分析、反馈等多个步骤，及时为用户推荐出行比选方案。

5. 数据存储问题

交通大数据的突出特点是“大”，无论是历史沉淀数据，还是新采集的数据及数据的传输均需要数据存储技术的支撑。为缓解交通基础数据的存储问题，当前主要是采用数据滚动存储的办法，即存储系统中只保留固定时段长度的数据，新数据补充后，同样时段长度的历史数据将自动清除，不仅降低了交通大数据的存储质量，而且将对大数据的开发利用造成一定的影响。

第3章 城市交通与土地利用

3.1 城市空间形态及其演变特征

3.1.1 城市空间布局

城市空间变化受到“集聚效应”与“扩散效应”这一矛盾运动的影响。当两者处于动态平衡时，城市也处于相对稳定状态，否则城市必然随其矛盾的运动而发生一系列的变化。世界范围内大城市发展的历程体现了这对矛盾平衡与不平衡交替演变、螺旋上升的规律，即：前城市化（Preurbanization）、集中城市化（Urbanization）、郊区化（Suburbanization）、逆城市化（Conter-urbanization）、再城市化（Reurbanization）。在集中城市化阶段，城市虽然具有一定的离心力，但因城市内聚力大于离心力，城市表现为集中的状态，城市形态结构呈圈层式结构发展。随着城市的发展，城市的离心力加大，向外推的力量冲破内聚力的控制，于是在推动力量最大的地方出现了辐射状的延伸，城市进入郊区化发展阶段，土地利用发展形态呈轴向结构发展。当城市的离心力大到足以使城市的分散表现为一种新的形式，同时由于城市内聚力的存在，在离城市中心区一定距离的区位形成若干大小不一的新城镇，从而使城市的职能分散到若干郊区次中心而形成多中心的城市，在用地形态上表现为团状结构和组团式结构见表3-1。

城市空间布局发展历程表 **表3-1**

城市发展阶段	城市交通发展阶段	土地利用空间结构
集中城市化	生长期	单中心圈层式结构
郊区化、逆城市化	成熟期	轴向发展结构
		团状结构
		组团式结构

（1）圈层式结构

在城市工业化、城市化初期，由于城市边缘城乡接合部的地价较市中心区地价便宜，开发的经济效益高，加上城市交通条件的制约，城市土地利用主要表现为沿城市边缘圈层式的向外扩张，即“摊大饼”式的发展，这是城市向郊区自然渗透的过程中在地域空间结构上的直接表现。

对不同级别、不同地域的现有城市分析表明，以同心圆式的环形道路与放射形道路作为基本骨架的“圈层式”城市发展格局（图3-1）使城市各区域的发展机会均等，城市边界明确，市中心地位突出，城市总体形象完整，市中心过境交通压力小，城市各区域及城乡之间交通联系得以加强等。

但随着城市规模的扩大，这种圈层式的发展模式，从土地资源的有效使用分析，存在

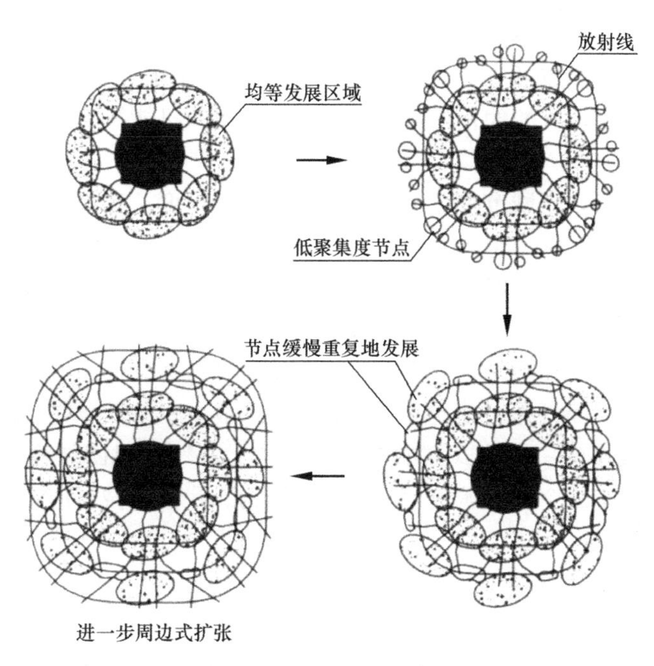

图3-1　城市“圈层式”发展示意

如下问题：

1）对城市新区土地利用效能的影响：城市周边每个新区都将从零开始，几乎同时进行低起点的初级开发，往往造成新区人居聚集度及经济聚集度的吸引率很低，难以支撑高等级、集约化运转的城市设施，低效能、自中心向外发散的各项设施只能在勉强运行的放射线上向外扩散。

2）对新区土地利用的影响：城市道路及各项基础设施的低等级重复建设，意味着城市新增土地的低效能重复开发，抑制了某些新区迅速提升其经济容量的可能性和力度。由于城市发展和用地开发的巨大惯性及土地资源不可再生的特性，城市建设项目难以在短期内拆毁重建。新区土地难以充分利用，造成土地资源流失、浪费的危险性将长期存在。

3）对旧城改造的影响：这种格局对城市核心的“聚焦”客观上要求核心地区具备高度发达的各项设施（如四通八达的高容量交通系统等），容易导致经济容量和城市功能的过分集中，同时又造成新区开发的相对分散。既不利于新城中心的迅速形成，也影响了旧城的更新改造，可能对城市化进程产生不利影响。

（2）轴向发展结构

20世纪40年代以来以城市轴向发展形态作为现代城市发展的一种布局方式，并在规划中加以应用，城乡经济与城市建设的自发性是促成轴向发展的社会基础；城市对外交通干线则是形成轴向发展的基本条件，通过交通纽带，发展地带能方便地同城市中心相联系，并在沿线一定范围内可以充分利用这些交通条件，发挥土地的效用，藉以维持轴向发展的促进条件。此外还有自然环境条件和地理位置对城市轴向发展也有一定影响。

对城市轴向发展形态而言，城市发展轴的选择是十分重要的战略性决策，必须从经济效益、城市布局和城市各个轴向的发展条件进行综合比较论证；同时，轴向发展由于涉及地区性发展的许多问题，在交通基础设施建设与管理、发展走廊与绿楔的维护方面，要从规划、建设、立法、政策等各方面给予措施和保证；另外随着交通的发展和人口的增长，城市中心区出现交通负荷加重，须采取交通疏散（设置环形道路、平行出入口道路等），分散市中心职能，限制轴线的伸长以及充实或改变走廊的机能等措施。

（3）团状结构

在一些超级大城市，当城市中心能量积累到达一定程度，渐进式外延难以满足城市发展要求时会在中心城区相隔一定距离的地点跳跃式发展，形成城市边缘区内成组、成团布局形式，以分散中心城区的功能，减轻其压力，同时也能有效地避免城市“摊大饼”式的蔓延。各集团虽有各自主要发展功能，但各集团生产、工作、生活、居住、娱乐等各项设施齐全，且具有各自的商业和文化中心，并尽可能做到就近工作、就近居住、就近解决日常生活问题。各集团之间既相对独立又紧密联系，形成有机整体，是目前超级大城市土地利用空间结构采用较多的一种形式，如东京“一核七心”的组团结构，北京“一个市中心、十个边缘集团、十二个卫星城镇”分散集团结构。我国大城市用地布局中，单中心团状结构占比较大。

（4）组团式结构

我国百万人口大城市市中心人口密度比西方城市要高，同时我国城市交通网络还不完善，难以形成城市的扩展轴，加上历史以及地理环境等因素，如山川、河流的阻隔，组团式结构成为我国大城市较为典型的发展模式之一，约占10%。组团式结构的城市把大城市建城区分为数个有机的组团，虽然其强调各组团的功能分区，但每个组团基本上具有与组团功能相适应的居民职业构成，且各组团内都有各自的商业中心，几乎每个人都会在他日常工作场所的附近，享受良好的家园生活条件。如广州市三大组团（中心组团、东翼组团、北翼组团）结构。

我国大城市的城市形态模式现状多为单中心连片密集布局，规划以多中心组团式为主发展，详见表3-2。

我国城市现状形态特征及规划模式 表3-2

编号	城市	地理地貌	现状形态特征	规划模式
1	北京	皇城、城墙、内外城、中轴城	单中心子母城	分散集团式
2	天津	海河、铁路	单中心密集连片	多中心分散集团式
3	上海	黄浦江、铁路	单中心密集连片	多中心分散集团式
4	沈阳	京哈、沈吉、沈大铁路线	单中心密集连片	多中心开敞式
5	武汉	长江、汉水	多中心密集	多中心组合式（带状组合式）
6	哈尔滨	京哈、滨洲等铁路线5条、松花江	单中心密集	多中心组合式
7	重庆	长江、嘉陵江、山地	多中心密集	带状多片组合式
8	南京	中轴线Y形、秦淮河、山、湖	单中心块状密集	多心圈层体系组合
9	大连	沿海、沈大线、山地	轴向辐射	多中心组团式
10	兰州	黄河、陇海线	带状密集	带形组团式
11	郑州	京广、陇海铁路	单中心密集	多中心组合式
12	广州	珠江、京广线	单中心密集	带状组团式

3.1.2　城市空间形态演变方式

城市形态变化可分为连续扩展方式和跳跃扩展方式。每个方式都有其相对完整的演化过程，但这两种方式在时间上可以同时发生，在空间上存在交叉，很难将它们截然分开。

(1) 连续扩展方式

连续扩展方式包括由内向外同心圆式连续扩展和沿主要对外交通轴线呈放射状发展。见图 3-2。

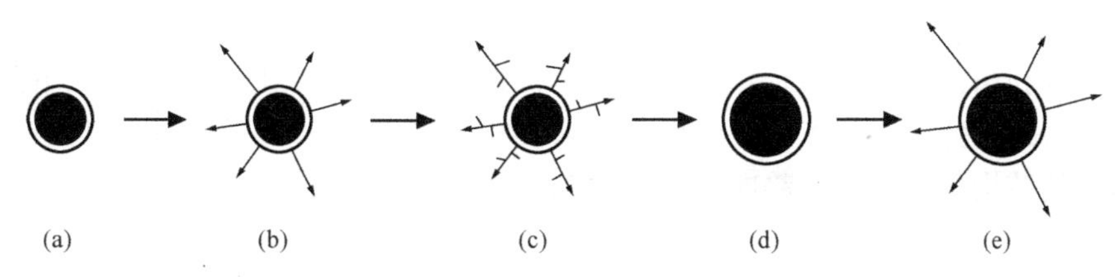

图 3-2　连续扩展方式的城市形态演变
(a) 块状阶段Ⅰ；(b) 星状阶段Ⅱ；(c) 稳定阶段Ⅲ；
(d) 块状阶段Ⅳ；(e) 尾状阶段Ⅴ

在块状形态形成阶段，最初的城市多形成于交通节点和河流港口附近。交通网络的分布、地形和河道等特征决定了城市最初的基形。此阶段主要表现为城市规模小，具有明显的向心集中的趋势，外部形态多为紧凑的团块状，其伸展轴尚未形成。

在带状扩展阶段，当城市作为一定地域中心不断扩大规模时，城市主要向外扩展。此时城市沿交通线向外伸展，并迅速吞没周边乡村，其伸展轴间含有大片未发展的轴间空地，形成星状形态。

当城市沿伸展轴向外伸展到一定程度时，轴向发展的整体效益将低于横向发展。此时城市向外围发展速度逐渐缓慢，城市扩展进入了相对稳定的阶段，城市形态继续保持星状形态。

随后进入内向填充阶段，此阶段城市集中于城区内部的调整和轴间空间的填充，城市内部更新改造，土地利用强度有较大的提高。城市伸展轴间空地逐渐被填实，城市形态转向块状。

当再次进入外向伸展为主的阶段时，随着城市规模和经济实力不断增强，新的交通干线开拓，城市伸展轴被赋予新的活力，城市再次向外延伸，城市形态重新由块状演变为星状。

城市形态演变的主要趋势是由简单变为复杂，并具有明显的周期性特征，即城市形成—沿轴向扩展—稳定—内向填充—再次沿轴线纵向扩展。城市扩展主要依附市中心进行，城市扩展的速度和伸展轴向延伸的快慢直接反映了城市经济和交通发展的状况。

(2) 跳跃式扩展方式

在城市动态的发展过程中，形态演化的方式是多种多样的。城市除了由内向外连续地扩展外，也可跳跃式地扩展。大城市往往由简单的块状形态直接演变为复杂的群组形态。例如在 20 世纪 40～60 年代，西方国家城市由于私人小汽车的发展，商业及城市的各项基础设施向外延伸十分突出，城市边缘区逐步由过去单功能的工业区、住宅区演变为多功能区，独立性的卫星城出现，城市地区由单中心向多核心发展。由此，在城市周围或之间出现卫星城、中间城市，最终出现城市连片或超大城市。

跳跃式扩展按扩散要素的丰富程度可分为三阶段：

1）专业化阶段：城市各功能向外扩散，形成单功能的工业区、住宅区，与市中心联系密切。此时，各功能区对市中心的依赖性很强。

2）多样化阶段：除人口、工业向外扩张外，商业也随之扩散，边缘区功能多样化，地区独立性增强。

3）多核心阶段：地域扩张进入稳定阶段，空间布局上以内部填充为主，为节约成本，多数企业充分利用公共交通系统，在各种放射状和环行交通网之间选址。在再开发的过程中，一些有特殊优势的区位点会吸引更多的人口和产业活动，形成城市边缘区的次一级中心，使其空间结构呈现多核心趋向，见图 3-3。

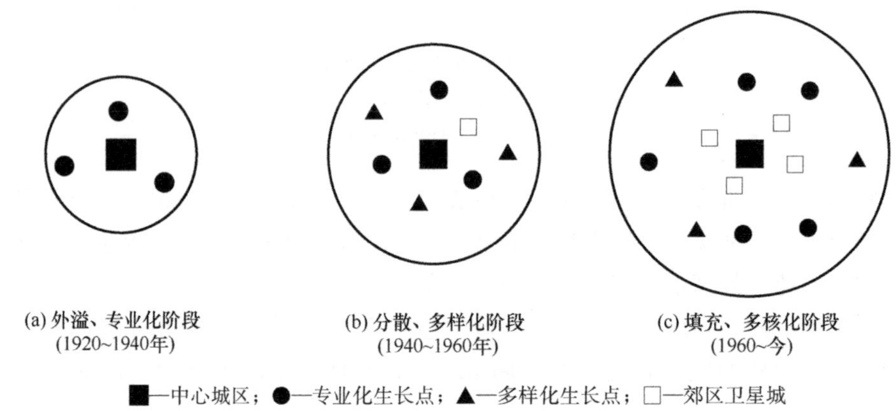

图 3-3　跨越式扩展方式下的城市形态演变

综上两种城市空间发展模式反映以下特征：从交通方面看，城市扩展以现代交通手段为物质条件，如地铁、轻轨及地面铁路等大容量公共交通方式是城市扩展助推器。通过建立大容量交通线路，能缓解成块扩大市区引起的拥挤矛盾和压力。城市沿对外交通线路走廊放射扩展，可以集中力量建设，并充分发挥交通设施的效应，可在扩展轴间留出农田、森林等，有利于城市生态与呼吸，为市民就近提供了游憩环境和场所。对城市土地利用而言，呈分散和集中两种形态。以跳跃式为主的扩展方式常导致分散、多中心的城市形态。多功能中心发展有利于城市部分功能的扩散，能缓解和消除由于高度集聚对中心城区造成的各种城市问题，但呈低密度、蔓延式发展，同类土地利用较多，步行、自行车、公交发展程度低，小汽车的拥有与使用程度较高。以连续式为主的扩展方式常形成更为集中的城市形态，呈高密度、簇状发展特征，多为混合用地结构、多方式的交通系统和用地一体化发展模式，步行、自行车和公交可以充分发挥以满足不同出行需求。以郊区化为例，目前，西方一些发达国家的城市郊区化的方式为前者，处于分散化阶段，而我国大城市的郊区化以后者为主使城市形态更为集中，主要是社会经济发展阶段与发展水平的差异性造成的。由此连续扩展模式适用于城市集聚度高的区域或发展中的城市，保持这一强大市中心依赖于一个容量很大的放射型交通网，并拥有以发达的轨道交通为主的客运交通系统，采用这一模式的城市有巴黎、纽约、芝加哥、东京等。跳跃模式更适用于网络化时代，区域内城市已具有一定规模及功能分工明确且联系密切的城市群。

3.1.3　城市空间结构变迁与交通作用机理

城市空间结构形态与交通之间有着密切的关系。城市结构由地理特征、相对可达性、建设控制、动态作用四个要素组成，而城市外部空间形态和内部空间变动具有城市空间增长的周期性、轴向发展和功能结构互动三大规律。

交通指向概念最早出现在地理学者关于“区位论”的研究中，指在区域发展和城市建设中，发展用地的区位选择受到交通的指向作用。城市形成与交通系统提供的通达时间有关，某一方向如果配置的主要交通工具速度较快，受交通指向性作用，容易形成用地伸展轴，推动城市用地的不断轴向扩展，城市用地轮廓的大小一般不超过主要交通方式 45min 的通行距离。

相对可达性指到达一个指定地点的便捷程度。地理学者将可达性称为潜能。相对可达性较高的地区必然位于城市空间拓展阻力最小的方向。

各种机动化交通工具组成关系（方式结构）决定了城市的机动性，一般分为两类，即小汽车机动性和公交机动性，代表两种典型交通方式结构。基于小汽车交通模式，变化的时空关系推动了城市范围扩大，郊区由于小汽车可达性的提高而得到了发展。对于公交系统，由于其运营存在规模效应，要求车站周边采取紧凑、高密度的开发方式。城市机动性决定了城市空间轴向发展模式，形成了不同的扩展轴，也决定了土地可达性，机动性正是通过可达性来影响城市空间演变模式。

城市用地拓展表现为交通指向性作用的结果，相对可达性决定交通指向性，而相对可达性取决于城市机动性，见图 3-4。

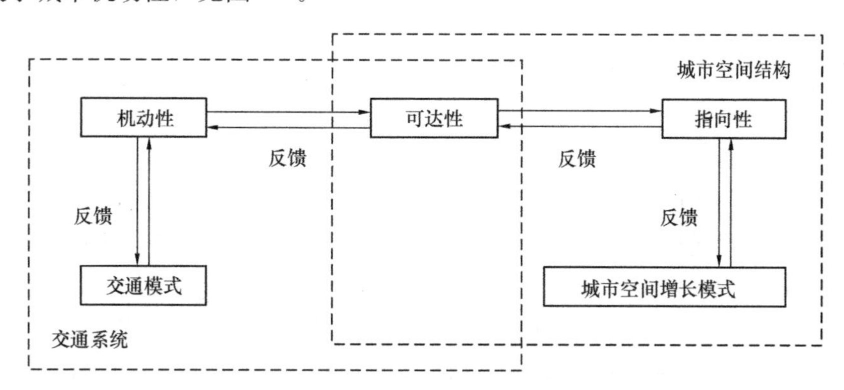

图 3-4　指向性、可达性和机动性相互作用示意图

城市交通与城市土地利用均由一系列不同的特征量所描述，任意两个特征量之间的微观作用机理是不相同的。例如，“交通容量”与“容积率”之间存在相互促进的正相关关系，“土地混合利用程度”与“出行距离”之间存在此消彼长的负相关关系，而“交通容量”与“土地价格”之间则存在一定程度的依存关系。各特征量之间的微观作用机理，共同构成城市交通与城市土地利用之间复杂的互动关系。

交通容量与容积率的关系，是城市交通与城市土地利用互动关系在微观层面的具体体现，如图 3-5 所示。

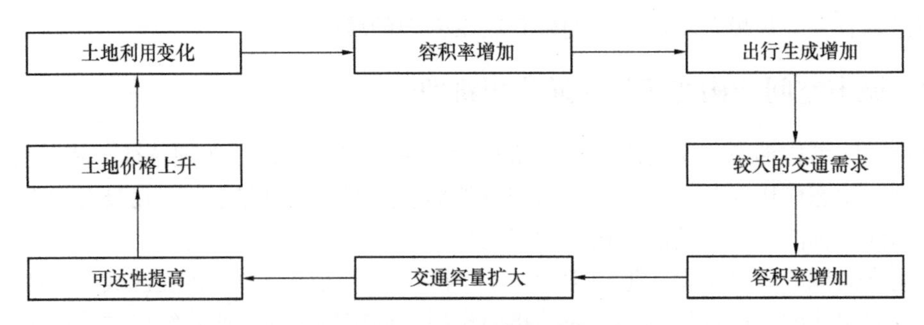

图 3-5　交通容量与容积率的循环反馈关系

在图 3-5 所示的关系链中，任一环节的改变都将给其他环节带来影响。城市中的用地开发，无论是商业、工业还是居住，都会使该地区的容积率增加，从而引发大量的出行生成，该地区随着交通需求的增加，将对交通设施提出更高要求。通过交通设施的改善，交通容量扩大，该地块的交通可达性提高，造成地价上升，又会吸引开发商进一步地开发，交通容量与容积率的互动进入新的循环。该循环过程是一个正反馈的过程，但该正反馈过程不可能无限进行下去。这是因为，城市交通设施发展到一定程度后是难以通过改建来增加其容量的，从而当用地开发超过一定强度时，所引发的交通流将会使得某些路段出现拥堵现象，导致已开发区域可达性下降，土地利用边际效益亦随之下降，该地区的用地开发将会受到抑制。

由此可见，交通容量与容积率之间存在一种相互影响、相互促进的互动关系，二者通过一系列的循环反馈过程，将有可能达到一种“互补共生”的稳定平衡状态。

3.2　交通系统与城市空间形态

3.2.1　交通方式与城市空间形态

随着交通技术创新即交通工具、交通设施两个层面具有历史意义的技术跨越，导致客、货发生空间位移过程中时间和费用大大节省。19 世纪中期以来，世界上城市交通方式经历了五次较大的变化，给城市空间形态变化产生了深刻的影响。

（1）马拉有轨车时代——城市星状形态的出现以及环形结构的重建

1832 年美国出现世界上第一条马拉有轨车路线前，所有的城市活动密集成团，人口高度聚集，经济活动的焦点以及工业、商业和住宅高密度区都在城市中部核心区。大多数家庭不论收入高低，都紧靠就业市场居住。土地类型划分的普遍模式表现为住宅区围绕着工业商业中心，工业、商业与居住地混杂集聚。使用铁轨的马拉有轨车是第一种比步行快的交通模式。它的引入与发展带来了城市空间形态的第一次显著变化。马拉有轨车线最初是以城市中心为起点向外呈辐射状分布。当中产阶级在上述辐射线范围内不断定居时，城市原始的、紧凑的空间形态转变为星形模式。到 19 世纪 80 年代，城市中产阶级的住房需求驱动了更多马拉有轨车道路的修建，众多马拉有轨车路线修建和连通，放射线间隙地区的新住房不断出现。这种填充过程发展到一定程度，城市原来的同心、环状模式又得以重建。

（2）电车时代——城市扇形模式的出现

从19世纪90年代起，电力货车和电力有轨车广泛使用导致城市空间形态第一次最剧烈的演变。电力有轨车相比于马拉有轨车更廉价、更快速的优势，它的应用使市内平均速度提高了两倍，市区外围的土地交通可达性提高。中高收入人群不断向城市边缘和建有有轨车线而原本不发达的更远的郊区迁移，不同收入、不同种族人群的居住区分化更加明显。城市沿着有轨车线路主干道迅速生长，一种独特的扇形模式开始形成。

（3）市际和郊区铁路发展阶段——城市形态扇形模式的强化以及串珠状郊区走廊的生长

进入20世纪，城市旧核心边缘铁路的建设，导致了工业活动的重新配置。许多大型钢铁厂、冶炼厂、堆料场等大运量企业沿新建的铁路迅速集聚，并逐渐形成新的工业核心区。

对大多数城市居民而言，铁路的较大影响是带来了城市的电气化。电力运输车作为新型创新技术，进一步减少了旅行时间和旅行费用，城市更大范围内的可达性提高。沿着主要铁路线，距离城市更远的郊区走廊迅速增长，按照收入水平高低排列的典型的“串珠状”居住地分布模式开始形成。城区和郊区铁路的建设拓展强化了城市的扇形模式。

（4）汽车阶段——郊区化的加速与同心环状结构的再次重建

对城市空间形态冲击最大、影响最深的交通技术创新，莫过于汽车的出现与使用。20世纪20年代，汽车以其无与伦比的灵活性、方便性和舒适性帮助居民第一次摆脱在居住、出行等方面对轨道交通的依赖，伴随汽车数量的剧增，公路建设飞速发展。

第二次世界大战（简称“二战”）前，放射状公路已贯穿、超越老城区范围，到达郊区铁路延伸线以外的非城市化区域，别墅式的低密度居住区开始广泛分布于新的城郊区域，郊区生长速度明显快于城市中心区，现代都市区框架开始形成。

二战后，城市生长速度加快，越来越多的中、高收入人群开始追求郊区舒适的生活环境和方式。市郊别墅式住房需求的增长，导致郊区占用空间的增加，主要公路间隙区域不断被新修的街道和公路所填充。越来越多的居住地通过家庭收入水平予以分化，城市社会阶层分异、分布更加明显，一系列同心居住环得以重建。

随着较大规模区域性购物中心在郊区附近的出现，由汽车导致的城市多核心模式导致投资边际效益在市中心下降而在郊区上升，土地价格模式趋向复杂化。

对货物运输而言，从火车到卡车的革新导致了工业与批发活动对铁路区位依赖性更弱。在很多接近公路的城市外围地区，兴起了诸多的工业园。

（5）高速公路与环形路快速发展时期——城市形态多核模式的出现

20世纪50年代以来，是高速公路与环形路快速发展时期，高速公路增强城郊的空间可达性。城郊居民区以蛙跳形式频繁跨越不太令人满意的城市化区域，众多孤立的，特别是靠近水体或丘陵森林地区的居住核迅速形成。在某些方面，其最终空间形状与沿铁路的串珠状居民地模式类似。然而，这种低密度扩张与间隙地带郊区的生长紧密相连的新模式受交通限制更小。

到20世纪50年代后期，大多数城市中汽车取代了电车成为通用的交通工具，公共交通乘客数连续下降。伴随着人口的分散，就业从中心城市向外扩散，更多生长点形成，大型区域购物中心不断出现，更多企业在郊区寻求有利于发展的区位，而中心城市则被外部经济所困扰。

环形高速路修建最初是为大都市过境车流提供通道，但它们在很短时间内却占据了市际交通主干道的重要地位。到20世纪80年代，这些环路显著加强了大都市郊外与城区的空间可达性，在环线和出入城主干道沿线及其交叉点上，一批新核心迅速成长，吸引大量新的城市活动（数据处理、研究和开发公司、区域性购物商场、医院、剧场、零售商点）分布于此，逆城市化现象开始出现并日益明显。这些变化对都市区形成全面冲击，相对于郊区而言，中心城市的土地价格衰退，距离中心商业区更远地区土地价格却全面上涨，在接近高速公路的地区出现了土地价格的峰或脊。

（6）信息技术

20世纪末的信息改革，Internet使有形交通变为无形的运输，改变了人们出行的行为与出行方式。

在城市形态的集中与分散、集聚与扩散的演化中，交通虽不是最根本的决定因素，但它作为一个极其重要的影响因素作用于城市空间演化的始终。这是因为城市发展即城市形态和空间结构演化的本质是城市经济、社会要素运动过程在地域上的反映。而人类社会经济活动的空间独占性和关联性，即生产和消费、供给和需求普遍存在并在空间上分离的特性决定了作为空间主要联系方式之一的交通运输联系存在的普遍性。可以说，社会经济活动存在的特点及方式决定了城市用地形态和交通之间的内在联系。

3.2.2 交通网络与城市空间形态

现代城市的发展与交通运输网络密切相关，其对城市的布局形态有着直接的影响。交通运输系统对于促进城市中心的发展及中心体系的形成、促进城市发展轴的形成等有着重要作用。不同的城市空间布局决定了城市运输网络形态，城市运输网络形态又影响着城市未来空间布局。不同类型城市空间布局的运输系统与城市空间扩张形态耦合的基本模式分析如下。

（1）团状城市

团状结构的城市通常位于平原地区，城市中心起源于具有优越交通条件的地区，并因此在整个城市中起支柱的作用。团状结构的城市规模一般较大，往往具有一个强大的市中心，围绕着市中心区范围内，分散分布着城市的边缘集团（组团），离CBD更远的地方是城市的卫星城镇。

对团状城市，与城市空间形态相适应的交通运输网络可分为两种类型：一是放射＋环形结构的城市交通运输网络系统；二是混合形结构的城市交通运输网络系统，见图3-6。

放射＋环形结构的城市交通运输网络是由在市中心区两两相交，为中心团块和边缘团块及卫星城镇间提供便捷的放射网状线和内外环线组成。其中放射网状结构的交通运输网络为城市中心团块和边缘团块提供了便捷的联系，加快了城市边缘团块和卫星城镇的发展，减轻了中心团块在用地、就业和交通等各方面的压力，使城市土地利用的空间结构趋于合理化；而中心团块的环形交通运输线既起到截流的作用，又可以提高网络和换乘站的密度，更加刺激了市中心区的高密度混合开发；中心区外围边缘团块的外环交通运输线，可大大提高分区中心的可达性，有助于引导和加快城市副中心的形成。

混合型结构的交通运输网络布局可以是棋盘式，也可以是棋盘＋环线结构等，但必须

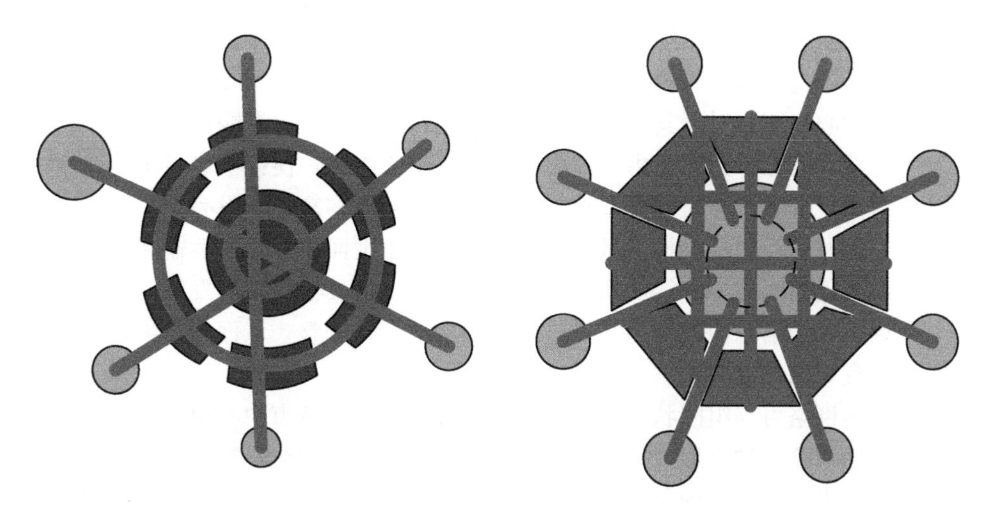

图 3-6　与团状城市空间扩张相适应的交通运输网络

是开放式的，从而提供延伸到边缘集团或城市副中心的交通条件，加快边缘集团或城市副中心的开发；而利用放射结构的区域交通运输线联系各卫星城和中心团块，加快中心团块内人口疏散的进程，促进卫星城镇的发展，并且这种放射结构的区域交通运输线通常并不进入市中心区，而往往是交汇于内环线，通过换乘枢纽站点与内环间相互换乘，以减轻市中心地面交通的压力。

(2) 带状城市

带状结构的城市通常有一个强大的市中心。市中心区往往是城市人口高度密集的地方，商业、金融业、娱乐业等第三产业高度发达，各种齐备而完善的功能设施为市郊居民提供了就业机会和娱乐场所，对城市居民和房地产开发商产生很大的吸引力，加上市中心区面积有限，地价高昂，房地产商往往对市中心区进行高强度的开发。在市郊，轴向结构的城市主要沿交通发展轴发展，带状城市一般沿轴线高密度开发，通过放射网状结构的运输系统支持城市轴向发展结构，引导城市在市中心高密度开发，在市郊高密度的面状开发，形成一种形如掌状的轴向结构的城市。因此，带状发展结构的城市与放射网状结构的运输系统是一种理想的结合模式，通过放射状的运输系统为带状发展结构的城市提供发展轴，城市建设沿轴线加密，轴间不允许再修其他建筑物，保留开敞空间，见图 3-7。

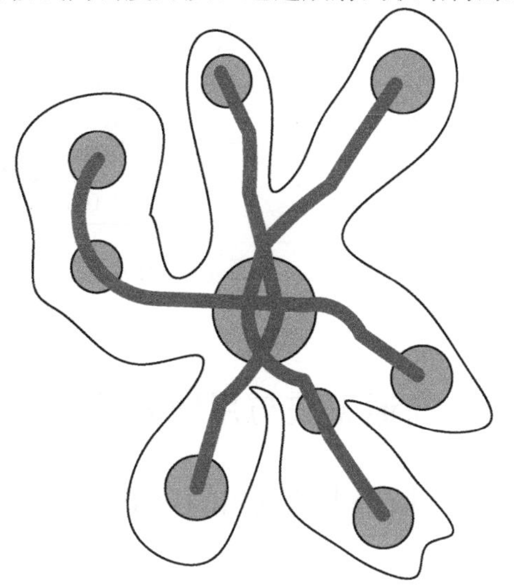

图 3-7　与带状城市扩张相适应的交通运输网络

(3) 分散组团城市

组团式结构城市的形成基本上是由于自然因素造成的，如江河、山川的阻隔，这些城市通常位于当时的交通干道上，如河流的交叉点上等，因此这些城市的老城区通常位于河流的交汇处，但随着城市规模的扩大，原来老城区已无法满足进一步发展的需要，城市就跨过江河与山川形成其他组团，从而形成了组团式结构的城市，如广州、重庆、武汉、宁波等。

对于组团式结构的城市而言，首先，由于其他组团与中心组团在基础设施方面存在着很大的差异，中心组团相对于其他组团而言，无论在就业、还是在购物娱乐、文教卫生等方面具有一定的优越性；其次，由于市中心区位于中心组团，使得中心组团的客流密度远远高于其他组团，加之中心组团开发较早，用地紧张且结构复杂，没有更多的用地用于城市道路建设。因此从组团式结构的城市空间结构发展角度而言，交通运输网络布局应有助于大幅度改善其他组团与中心组团用地的不等价性，加快其他组团的发展，减轻中心组团在就业、交通、社会诸方面的压力，推进城市结构的合理调整，从而为组团式结构的城市居民活动提供良好的相互联系。

放射状运输网络可与组团状城市空间形态良好整合，以城市中心组团为中心，沿着放射状的公共交通线路的站点形成城市次中心，见图 3-8。核心区是高密度发展的商贸和高级办公等用地，沿着放射状的公共交通线路的站点周围是具有吸引力、设计良好、适宜步行的高密度、紧凑发展的办公、居住和商业综合体和混合组团。这些组团内部功能也相对独立，并不完全依赖于 CBD。其他地区是低密度发展的地区，其间增加绿地、道路和广场用地等开敞空间。

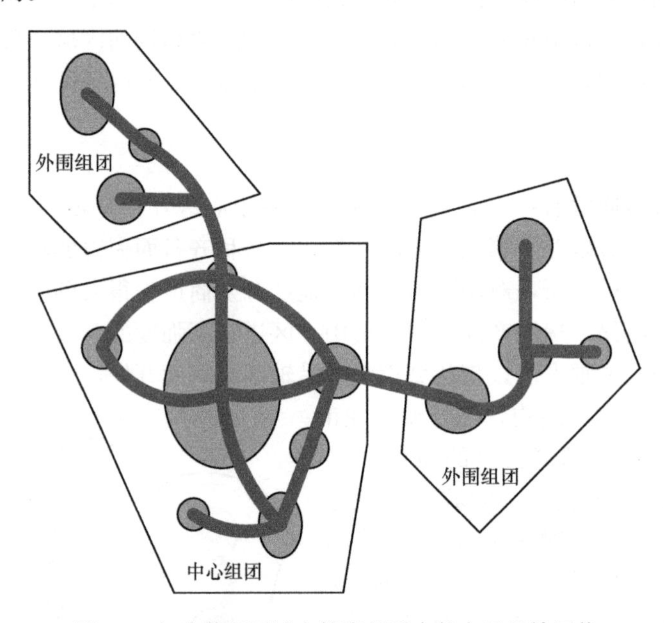

图 3-8 与分散组团城市扩张相适应的交通运输网络

3.3 交通系统与用地开发

3.3.1 城市土地利用的分类

土地利用（Land Use）这一术语来自农业经济学，最初用来描述一块土地以及它的经济学用途（牧场、农田和采石场等），后来被用于城市规划中。“城市土地利用”的一般意义是城市功能范畴（如居住区、工业区、商业区、小商品销售区、政府机关区及休闲娱乐区等）中的空间分布或地理类型。传统上，土地利用是指对地面空间的利用（或建筑物内部的空间利用）。

我国国家标准《城市用地分类与规划建设用地标准》GB 50137—2011用于城市和县人民政府所在地镇的总体规划和控制性详细规划的编制、用地统计和用地管理工作。该标准将市域内用地分为城乡用地（Town and Country Land）和城市建设用地（Urban Development Land）。

城乡用地指市（县）域范围内所有土地，包括建设用地与非建设用地两大类。这两大类又细分为9中类，9中类进而细分成14小类，详细分类及其范围参照《城市用地分类与规划建设用地标准》GB 50137—2011。

城市建设用地指城市和县人民政府所在地镇内的居住用地、公共管理与公共服务用地、商业服务业设施用地、工业用地、物流仓储用地、交通设施用地、公用设施用地、绿地，《城市用地分类与规划建设用地标准》GB 50137—2011中，将城市建设用地分为8大类、35中类、42小类。

《城市用地分类与规划建设用地标准》GB 50137—2019规定了城市规划建设用地结构，如表3-3所示。

城市规划建设用地结构　　**表3-3**

类别名称	占城市建设用地的比例（%）
居住用地	25.0～40.0
公共管理与公共服务用地	5.0～8.0
工业用地	15.0～30.0
道路与交通设施用地	10.0～25.0
绿地与广场用地	10.0～15.0

在表3-3中，交通设施用地对于城市交通规划非常重要，它是保证城市交通设施用地资源得以配置的基础。我国城镇化发展起步较晚，又长期受封建社会思想的影响，单位机关大院式规划、建设和封闭式管理，致使城市交通设施用地资源规划、建设和管理受限，交通设施用地比例过低，本次标准提高了交通设施用地比例，对今后的城市交通设施安排能起到较好的推动作用。

3.3.2　交通方式与用地开发

城市交通方式与用地开发之间是一种循环的作用与反馈关系，二者对城市形态的发展起着极为重要的作用，即城市用地开发是交通方式形成的基础，特定的城市用地开发导致某种相应的交通方式；反之，城市交通方式的选择也会反作用于用地开发，两者互动影响直至平衡。

1. 交通方式与城市密度

各种交通方式有其各自不同的特点，它和城市土地使用的相互关系会不同。步行交通适于短距离活动，是城市形成初期的主要交通方式，城市用地比较紧凑、密度很高，在现代城市则适于紧凑布局的区域，如高密度的居住区、商业区、娱乐区等。自行车作为私人交通，适于步行范围以外的中短途出行，由于体力关系，距离以4～6km为宜，这种方式不会引起城市密度过度降低，是公共交通有益的补充。私人机动车包括摩托车、小汽车，出行距离大，不受体力影响，适应各类距离的低密度分散活动，使城市布局向分散、低密度的方向发展。公共交通包括公共汽（电）车、地铁、轻轨等，适于建筑、活动密集地区中长距离的交通运输，对规模效益要求高，一般与城市中心联系紧密，有促进市中心向高密度与大范围发展的作用；沿线及站点的可达性高，使城市活动密集度由内而外递减，能引起城市以较高密度向外指状发展，各站点与枢纽形成密集区，这种布局也会促进公共交通的使用。各种交通方式各有其优势，而且城市居民的需求各种各样，所以城市布局最好能够满足多方面的交通需求。

各种交通方式对城市用地布局和密度的影响在一定程度上也体现在城市人口密度上。根据联合国《人居环境评论》的资料，按交通方式与城市密度的关系，世界城市可以分为如下三类，如表 3-4 所示。

按交通方式与城市密度的城市类型划分 **表 3-4**

城市类型	人口密度（人/hm^2）
小汽车城市	1000～3000
公交城市	3000～13000
步行城市	13000～40000

人口密度对城市公交的服务方式、服务水平及吸引力具有很强的约束或支持作用。国外有关研究表明，只有居住密度达到 7 户/hm^2，公交运营才有基本的经济可行性；大容量公交需要更高的人口密度水平。美国 25 个人口超过百万的城市，平均人口毛密度只有 17 人/hm^2，特别是美国“阳光地带”城市，人口疏落，对私人小汽车的依赖性很强，公交出行比例很低；而西欧 17 个同等规模城市为 45 人/hm^2，许多亚洲特大城市在 100 人/hm^2 以上，人口稠密，亚、欧城市更加依赖公交，一些亚洲城市的公交出行比例尤其高，如表 3-5 所示。

国内外部分城市市区人口密度比较（单位：人/hm^2） **表 3-5**

北美城市					西欧城市			亚洲城市				
洛杉矶	多伦多	费城	芝加哥	纽约	伦敦	巴黎	米兰	首尔	东京	香港	上海	北京
27	32	50	54	86	75	208	87	166	138	285	229	130

然而，相对同等人口密度的发达国家城市，我国大城市公交出行比例普遍偏低；公交供给不足、服务水平低是其重要原因。一般而言，大城市的城市化进程发展到一定阶段形成一定规模后，若整个城市的公共客运交通系统在单位时间内所能运送的乘客总量占整个城市客运需求总量的比例小于 40%～50%时，公共客运交通系统基本上处于供不应求状况，若公共交通系统扩容，将迅速提高公交出行的比例。国外城市大容量公交所占的比重相当高，而国内城市主要采用常规公交设施及服务方式，从中反映出高密度大城市中常规公交的某些不适应。由此可知，对于特定类型的公交设施，人口密度过低或过高都会对其运营组织产生不利影响。国内城市呈现公交出行比例与平均容积率变化相一致的倾向；一般而言，城市高密度开发具有高比例公交出行，一些城市低层低密度开发具有低比例公交出行特点。

私人小汽车和其他出行方式的相对竞争力也受到人口密度、平均容积率的很大影响，并在公交及城市出行结构的变化中有所体现。因此，为了鼓励或抑制特定的交通方式，调整城市出行方式结构，对这类区位活动和区位设施总体强度指标进行宏观调控十分必要。

2. 交通方式与城市用地强度

城市交通方式与城市用地形态的形成有密切的关系，交通工具的发展和道路条件的改善，减小了居民对居住地与工作地选择受交通条件的制约，进而影响着居住和就业岗位的地点及数量，大大拓展了居民的居住范围，引起了城市空间用地布局和密度的深刻变化。城市主要交通工具的活动量越大，城市内聚力越强，所形成的城市也多呈紧凑布局的形态，如公共交通产生密集的土地利用，而私人小汽车在某种程度上促进城市分散化，见图 3-9。

我国的许多城市在特定的经济条件下形成了紧凑的城市形态和高密度用地混杂的开发模式，形成了特有的交通方式和结构，不同的城市中心之间应通过高效的公共交通系统连接起来，人们可以通过这种交通工具便捷的到达城市各个地区。这种“紧凑”的城市布局将能最大程度地利用城市空间，并可以将对汽车的依赖减少到最低程度，从而达到减少污染、保护环境的目的。

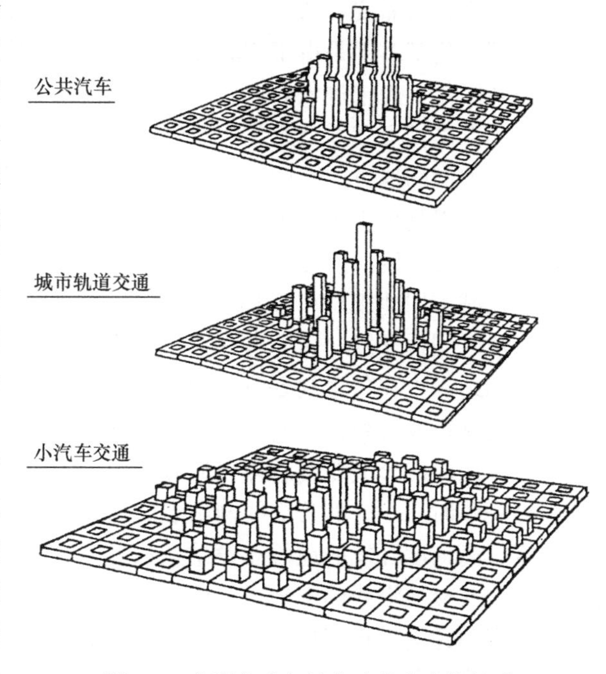

图 3-9　交通方式与城市建筑密度的关系

当前我国城市化和机动化都处于一个快速发展的阶段，特别是机动车的快速发展，导致了城市交通及环境问题的产生。一些城市的城建部门在不断加大基础设施的建设力度，企图以扩大交通设施容量来解决日益增长的机动车行驶需求，以改善城市交通的运行质量。事实上，这种方式是行不通的，因为扩容的速度远远跟不上机动车增长的速度，并且城市的土地是非常有限的。如果不通过合理的规划交通系统，而仅仅靠扩容，就会使得城市的交通环境越来越差，因为，绿色交通建设作为绿色城市建设的一部分应当早日提上日程，以系统工程的方法，实现绿色交通规划，引进先进的交通技术，从根本上改善交通环境，以便绿色交通系统发挥最高的交通效益，以便交通系统与资源、环境和谐发展，真正实现城市的可持续发展。

3. 公共交通为导向的开发模式的城市用地开发

20 世纪，美国一些城市依据公共交通线路开发而建设的位于城市边缘或郊区的集中式居民点非常适合于公共交通服务，即为现代美国学者所称的“公共交通社区”。典型的公共交通社区是半径长度为步行距离的多用途混合用地，以公交车站为门户，公共广场及商业和服务设施围绕站点布置，形成社区中心，周围布置居住或其他建筑。整个社区的建筑密度由中心向外逐渐降低，邻近中心设停车场，方便驾车的人使用中心的设施或换乘公交。同时与公交系统结合的房地产开发更容易获得商业上的成功，不同功能的用地混合布置，有利于提高一个地区的经济活力，吸引居民使用公共交通。在城市中建设一系列公共交通社区就能形成有利于公共交通服务的土地利用形态。这种土地利用形态反过来刺激人流集中的建设用地进一步向公交车站周围集中，因而培育新的公共交通社区，如此不断反复的交互强化作用最终可以保证公共交通在城市中占据主导地位。

城市化发展到一定阶段，城市郊区化的过程不可避免，在我国沿海一些发达城市，如上海、苏州等，都已经出现郊区化的现象。在郊区化的过程中，必须要注意结合公共交通进行有序拓展。北美城市郊区化的教训在于推动城市郊区化对小汽车出行的依赖。其中一个原因在于郊区化的初期土地使用的布局过于单一，不能满足附近居民各种就业、就学、购物和娱乐出行的需要，从而增加了城市长距离的出行，推动了对小汽车的依赖。而我国一些城市郊区化基本上是由于旧城改造和道路建设需要拆迁造成的被动外迁，主要是人口和工业的郊区化，尚未进入商业和办公的郊区化。尽管国内的郊区化与西方有着不同，但城市郊区化带来城市通勤交通和非通勤交通距离的增加，而公共交通的服务水平不高，与西方国家有类似的地方。因此，国内在城市郊区化的过程中，一方面要保证新的郊区住宅的开发密度，提高公交服务水平；另一方面要以郊区住宅为中心均衡布局各类用地，提高土地使用的混合程度，以克服郊区化带来的出行距离和公交不便的问题。

为加强城市用地规划和公共交通规划的协调性，需要把公共交通的发展规划与城市空间结构、片区用地开发、街区（邻里）用地开发的细部设计紧密结合起来，合理布设公共交通线网和站点，在各个规划阶段中倡导具有公交导向的用地形态和布局。

在制定城市发展目标、明确城市发展轴线、合理进行人口和产业布局的同时，合理地规划与之相适应的公交线网总体布局和线路走向，引导城市有序拓展。在充分考虑片区与城市发展关系时，一方面公交线网站点的选址必须根据城市用地现状和规划情况，选择邻近高强度、高密度开发的地段布设站点；另一方面，在充分考虑线路走向和站点布设的基础上，对公共交通沿线的土地进行居住、商贸办公、商业等用地类型的综合规划，均衡沿线各种类型的建设用地规模，合理安排社区的密集空间和开敞空间。在此基础上对各种性质的用地、步行和自行车系统、道路系统、公交系统设计等进行调整和完善，以建立公交友好的社区环境。此外，必须通过各种途径提高城市规划决策人员和规划师的公共交通导向的意识，强化他们对城市规划的前瞻性、系统性、协同性的认识，以保证公共交通导向的用地开发（Transit-Oriented Development，TOD）策略实施的有效性。TOD模式是利用公共交通的发展来驱动城市土地利用的发展，形成与交通建设相协调的城市布局形态、产业结构，使交通资源的供给成为影响交通需求分布和强度的主导因素，将被动的供给压力转化为主动的带动需求发展的牵动力，从根本上消除需求杂乱无章地自然发展而持续形成对交通资源供给的压力。

基于公共交通导向的城市空间拓展及用地开发是一个不断反馈的循环过程如图3-10所示，在具体规划时首先应根据现状城市空间结构，确定规划城市空间结构和干线公交网络的初步方案，再进行空间增长和TOD策略协调性分析，提出干线公共交通网络布局的调整和优化方案，进入下一个循环，直到空间增长和TOD策略协调程度满足规划目标为止，从而得到一个与干线公共交通网络相协调发展、有序增长的城市空间结构。在此基础上进行片区用地开发和街区细部设计。

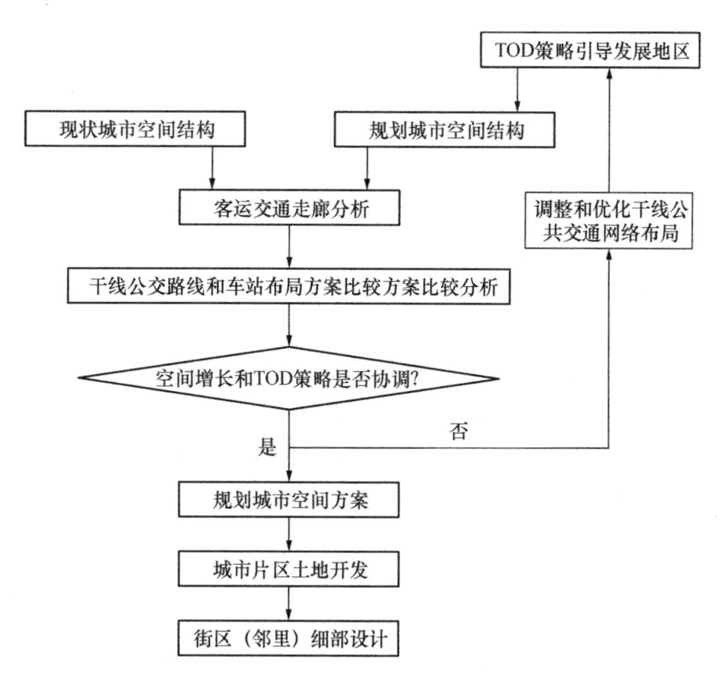

图3-10　基于TOD策略的城市空间拓展及用地开发规划框图

TOD的土地使用策略需满足以下三个原则：

（1）遵循在TOD模式下城市用地混合开发、综合建设的原则

根据卡尔索普TOD模式提出的观点，其核心理念就是土地利用的混合开发，也是低碳城市建设的手段之一。土地利用的混合开发指的是土地从利用属性上混合规划，有居住、商业、休闲娱乐、文化办公、城市绿地等用地规划，可以使城市居民在小范围内的出行满足日常生活的需求，避免了非必要的出行，降低城市交通的负载量。在这种土地利用混合开发模式下，城市规划设计要以公共交通设施为核心，围绕公交站点、地铁站点或是公交枢纽站来布置相关的用地功能。从城市建设的发展历史来看，土地利用功能的混合也是符合历史自然发展规律的，但基于TOD模式下的土地利用混合则是以公共交通为核心，加强城市区域交通的协调性，以此实现城市区域交通和城市用地开发建设的和谐发展。所以，土地利用功能混合的主要手段就是利用TOD模式对地铁沿线站点、场段周边土地进行统一规划、一体开发 。另外，道路的路网密度也决定了用地功能混合的强度，路网密度越低，则街区面积越大，对于步行和慢行系统来说会有局限性，通达性相对较差，缺少生活气息；路网密度越高，则街区面积越小，功能混合丰富，步行交通和慢行交通势必会引到区域外部，前往相邻的街道，使城市生活充满趣味，方便出行。

（2）遵循TOD交通流线周边的用地开发遵循协调综合的原则

在主要交通流的两侧，城市空间的建设采用合理、适度开发的原则，在紧邻主要交通流的区域，规划布置和建设一些强度较高的商业、办公用地，使居民获得良好的通达性。在距离主要交通流线200～500m的区域，则可以规划布置中高强度的城市居住用地，既不影响城市居住区的设施服务性，也不影响城市居民进入交通流的距离。从整个城市空间建设模式来看，整个城市围绕着TOD交通流线布置，形成协调综合的城市形态。从另一

个角度来说，基于交通导向的城市形态就是以城市主要 CBD 为核心，CBD、办公区域布置在城市主要交通流的周边，城市居住区在靠近 CBD 的区域，也同时能享受 TOD 交通的便捷性，其他低强度、低密度的区域则放在城市其他区域。

（3）遵循 TOD 换乘点周边的用地开发建设遵循合理利用的原则

TOD 换乘点主要包括了公交站点、地铁站、公交枢纽站等，根据城市区域交通与用地开发利用之间相互制约、相互发展的关系，在相邻换乘点附近的地价和价值是整个城市中相对较高的。同时，从地块开发强度角度来讲，换乘点周边开发强度则是以同心圆模式依次递减的，这也利于疏散人流，但也要避免一味地追求资本商业利益，过度提高容积率与建筑密度反而会影响城市交通的承载能力。同时在 TOD 换乘点附近的土地利用性质也有所不同，城市核心区附近商业、办公点多，少住宅区，有利于提高城市经济价值及服务价值。但是，在城市新区规划中，TOD 换乘点附近则可多布置为城市居住区，以达到引导新区发展，吸引核心城区人流的作用。

3.3.3 交通网络与用地开发

1. 城市道路网与用地开发

城市道路系统的建立和城市发展的水平是一致的，它表达了城市的发展状况，尽管城市道路系统具有相对的稳定性，但人类仍然力争使它更能适应交通活动的需求，所以一般情况下，城市道路系统网络随着城市的发展而发展。

城市道路网络的结构形式主要包括四种类型：方格网式、环形放射式、自由式、混合式。目前我国大多数城市采用的是方格网和环形放射式道路网络。

（1）方格网式道路网是最常见的干道网的形式，几何图形为规则的长方形，没有明确的中心节点，交通分配比较均匀，整个网络的通行能力大。一些沿江沿海的城市由于要顺应地形的发展，道路系统形成了不规则的方格网干道。方格网式道路网的优点是布局整齐、有利于建筑的布置和方向的辨识，对城市用地开发的地块布置有利；交通组织较为简便，有利于灵活机动地组织交通。缺点是对角线方向的交通不便，道路的非直线系数大。方格网式干道适用于地势平坦的中小城市和大城市的局部地区。方格网式的道路网络容易形成相对均匀强度的用地开发模式，土地的交通生成也较为均匀，便于处置土地使用和交通之间的关系，但土地使用的向心性不够，对于某些希望突出公共性用地的开发效益可能会有所影响。

（2）环形放射式道路网一般都是由旧城区逐渐向外发展，由旧城中心向四周引出放射干道的放射式道路网演变过来的。放射式道路网虽然有利于市中心的对外联系，却不利于其他城区的联系，因此城市发展过程中逐渐加上一个或多个环城道路形成环形放射式道路网。环形放射式路网的优点在于有利于市中心与各分区、郊区、市区周围各相邻区之间的交通联系，非直线系数较小。缺点是交通组织不如方格网式灵活，街道形状不够规则，如果设置不当，在市中心区易造成交通集中。为了分散市中心区的交通，可以布置两个或两个以上的中心或可以将某些放射性道路分别止于二环或三环。由于交通的集中会使得中心区的土地使用强度过高，另外在中心周围由于多条道路的交汇会形成一些畸形的开发地块，一方面土地使用强度过高，另一方面道路网络改善的可能较少，所以处理土地使用和交通之间的关系遇到的困难会比方格网状的道路格局相对较多。该类型路网适用于大城市或特大城市。

（3）自由式道路网以结合城市的地形为主，路线的弯曲没有一定的几何图形。许多山区和丘陵地形起伏大，道路选线时为了减少纵坡，常常沿山麓和河岸布置便形成了自由式的道路格局，街道狭窄有蔓生特征。自由式的道路网络优点在于充分结合了城市的自然地形，节约了道路工程的费用。缺点在于非直线系数大，不规则的街坊多，建筑用地分散。

（4）混合式道路网是上述三种干道网络的混合，既可以发挥它们的优点，又可以避免它们的缺点，是一种扬长避短、较为合理的形式。比如“放格＋对角线”是对方格网道路系统的进一步完善，保证在城市最主要的吸引点之间建立最便捷的联系。

针对不同路网的城市用地特点，公共运输导向下土地利用调整分析如下：

（1）线形或带形道路网：线形道路网是以一条干道为主轴，沿线两侧布置工业与民用建筑，从干道分出一些支路联系每侧的建筑群。这种线网布局往往导致沿干道方向的交通流高度集中，形成狭长的交通走廊，大大增加了纵向交通的压力。对于这样的城市路网形态，可以采取沿干道布置多个建设区的布局：每个建设区中将为居住及行政商业服务中心，两侧各为一个工业企业区，最外侧各有居住区及商业服务副中心将相邻的工业区分开。这种模式使工作地点接近居住地点，组团内交通距离不大，多中心可以分散交通流。此外，为了减轻纵向走廊的交通压力，以中间的干道为主轴，两侧分别建一条与主轴平行的道路作为辅助干道，同时根据公交社区的形式具体布置与干道连接的若干支路，形成一种以纵向干道为主要脉络的带状城市。对于这样的城市布局，适宜在中心采用快速大容量的公交形式，以满足集中的交通流的需要，同时各建设区内要结合主轴的公交联系区内出行，做好辅助连接及承担区内交通的任务。

（2）环形放射式道路网：这种道路网布局的调整原则上应打破同心圆向心发展，改为开敞式，城市布局沿交通干线发展，城市用地呈组团式布置，组团之间用绿地空间隔开。实际上现有的城市规划模式往往是从市中心起向四周一定范围内为居住区，包括工作、生活、商业服务业、娱乐等，市区外围为工业区。这给放射性道路带来了极大的不均衡交通流，给交通组织带来困难。因此理想的用地模式是在组团的用地性质有一定侧重的前提下，尽量完善内部设施，形成多功能小区，提高区内出行比率。在实践中可在原有基础上朝着这个方向努力。对于大城市或超大城市除了可以在原市区范围内建立副中心以分散市中心繁杂的功能外，还可以建设一定的卫星城，对于更大的区域范围，还可组成城市群或城市带，同时建设大容量客运网络以配合城市新体系的建设。

（3）方格形道路网和方格环形放射式道路网：首先选定一定的城市发展轴，原市中心尽量不作较大改动，利用原有公交线路局部作小的调整；对于城市外围，可在原有公交线路的基础上沿城市伸展轴进行延伸，开发用地沿伸展轴布置；城市环圈的不断扩大不是一种好的用地模式，因此对这类有可能不断扩大的环圈建设城市，有必要及早打破不断扩大的城市圈层，在用地模式上给予健康引导。

（4）其他形式道路网：交通走廊形的城市路网有利于公交沿走廊发展，结合多中心的用地布局，可以通过交通把很多发展中心联络起来，走廊将通过开阔的楔形绿地加以分开，又提供了很好的绿色空间。手指式道路网的布局特点是市区以外沿着手指状的道路规划一些重点建设区，每个重点建设区规划一个以行政办公及商业服务业为主的副中心，手指式放射线用几条环路联系起来。此类布局有利于公交的线路布设和公交使用率的提高，是一种较为合理的用地模式，对于受地理位置限制的城市，不失为较好的一种模式，在具体布局时，应把握好建设区内的用地规模、开发强度。

总之，以公共交通为导向的用地开发的调整要兼顾原有道路布局和设施，结合城市具体情况有步骤、有计划地进行，这将是个不断反馈、不断循环的过程，是一项长期而复杂的工作。

2. 城市轨道网与用地开发

20 世纪初期，西方发达国家的城市普遍意识到单中心圈层式发展模式的种种弊端，开始转向多中心轴向发展的规划模式，但由于缺乏交通设施的支持，效果一直不是很理想。而轨道交通方式作为一种大运量、迅速、舒适、现代化的交通方式，提高了沿线的可达性，改变快速轨道吸引范围的区位条件，把大量的商业、居住业、工业活动吸引到快速轨道沿线，有利于市中心区人口的疏散，引导城市土地利用向合理的方向发展。如伦敦、巴黎、柏林、东京、莫斯科等崇尚公交发展的大城市，都有完善的轨道交通网络，并且轨道交通系统对城市用地开发的调整发挥了积极、重要的作用。

城市空间结构与快速轨道线网结构是相辅相成的关系。一方面快速轨道线网的空间结构必须以城市土地利用的空间结构为基本立足点，另一方面快速轨道线网规划应有意识地与未来城市规划空间结构相结合，充分发挥交通的先导作用，有利于促进城市由单中心圈层式结构向多中心轴向结构的城市发展。换言之，一个好的轨道交通规划不应只停留在设计一些线路和交通设施来运送预测的客流量，更为重要的是要有助于城市用地布局规划的调整和整个交通系统设计的结合。

现阶段我国大城市空间结构调整的主要任务是城市内部用地结构的调整和加快郊区化的进程，在这期间城市形态结构的变化主要有两个发展方向：①由蔓延发展转向轴向发展；②由单中心的城市结构转向多中心的城市结构发展。从目前我国大城市交通需求、经济实力和城市布局特征来说，迫切需要发展轨道交通方式的城市从未来用地发展形态上分析，可分为团状结构和组团式结构两类城市。

（1）团状结构的城市轨道线网结构

虽然我国团状结构的城市正在加快内城区的改造和边缘区的扩展，但目前团状结构的城市空间结构主要具有以下特点：老城区人口密度变化不大，中心团块无论在就业密度、居住密度、交通密度方面都远远地高于边缘集团和卫星城镇，城市大规模的郊区化，即人口从老城区向郊区的迁移并没有真正开始，中心团块在众多人口的积聚下，不得不表现为圈层式地向外扩展。

现阶段我国已规划轨道线网的团状结构的城市主要有北京（图 3-11）和上海，其中上海市的轨道线网结构为“放射＋环线”结构，北京市为“棋盘＋环线”结构。

从目前我国团状结构城市发展的角度来看，实现建设国际化大都市的目标，首先必须加快土地利用结构的调整，把中心团块不合理的工业和居住用地迁移到边缘团块和卫星城镇中去，提高第三产业的用地比例，使市中心区成为名副其实的 CBD。这就需要加快团状结构的特大城市联系中心团块和边缘集团的地铁线网以及加快联系中心团块和卫星城镇的区域快速铁路线网或市郊铁路的规划和建设，充分发挥交通的先导作用，利用轨道交通系统对各边缘集团和卫星城镇交通条件的改善，减少团状结构城市土地利用的级差效应，从而有助于各边缘集团、卫星城镇的开发，减轻中心区的压力，加快团状结构城市有机分散的步伐，促进多中心的城市结构形成，为团状结构城市发展进入相对稳定期打下坚实的基础。

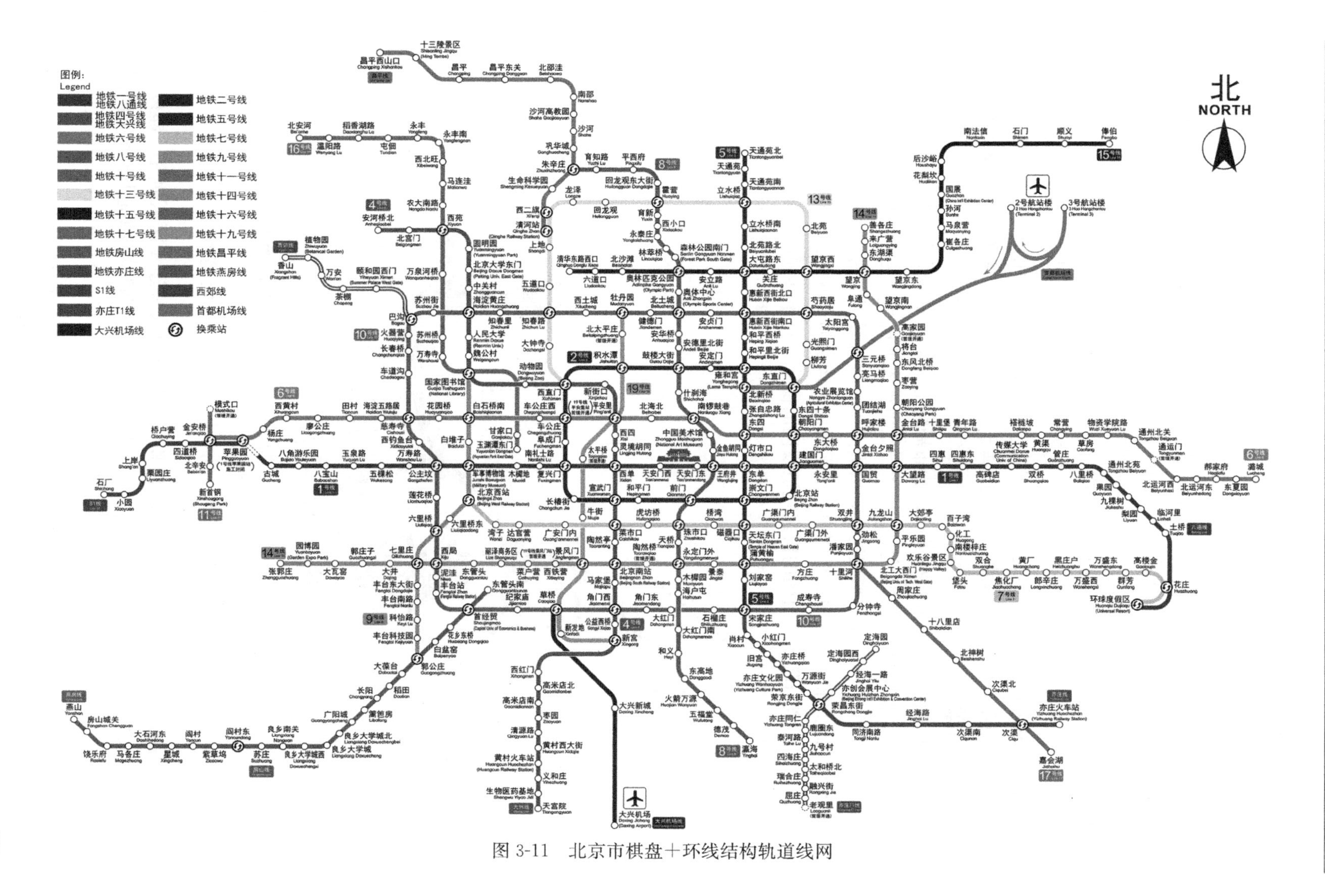

图3-11　北京市棋盘+环线结构轨道线网

(2) 组团式结构的城市轨道线网结构

组团式结构的城市中心组团特别是中心组团的中心区与各边缘组团在早晚高峰时存在着大量的长距离的通勤客流，联系中心组团与其他组团间的城市交通干道上交通负荷过大，通勤出行占有很大份额。且由于市中心区位于中心组团，使得中心组团的客流密度远高于其他组团，加之中心组团开发较早，用地紧张且结构复杂，没有更多的用地用于城市道路建设，中心组团城市交通组织困难。因此从组团式结构城市空间结构发展的角度而言，组团式结构的城市快速轨道线网布局应有助于大幅度改善其他组团与中心组团用地的不等价性，加快其他组团的发展，减轻中心组团在就业、交通、社会等方面的压力，扩展组团式结构的城市发展空间，推进城市结构的合理调整，从而为组团式结构的城市居民活动提供良好的相互联系，为城市各组团创造适于生活和安静的居住条件，给整个城市提升功能秩序和工作效率。

由以上分析的我国组团式结构城市现状布局特征和未来发展特点，其放射状基本线网应能方便各组团间的联系，特别是中心组团与其他组团的联系，通过放射状的轨道线路在中心组团的城市中心区相交，形成网络，以提高市中心区线网的密度，分散市中心集中的客流，在此基础上重点解决中心组团内的大运量的客运交通，其线网的布局应以客流分析为基础，并且注意与联系各组团的快速轨道线网的衔接。对于环线的规划应根据组团式结构城市的其他边缘组团的发展情况以及客流需求来确定，如图 3-12 所示。

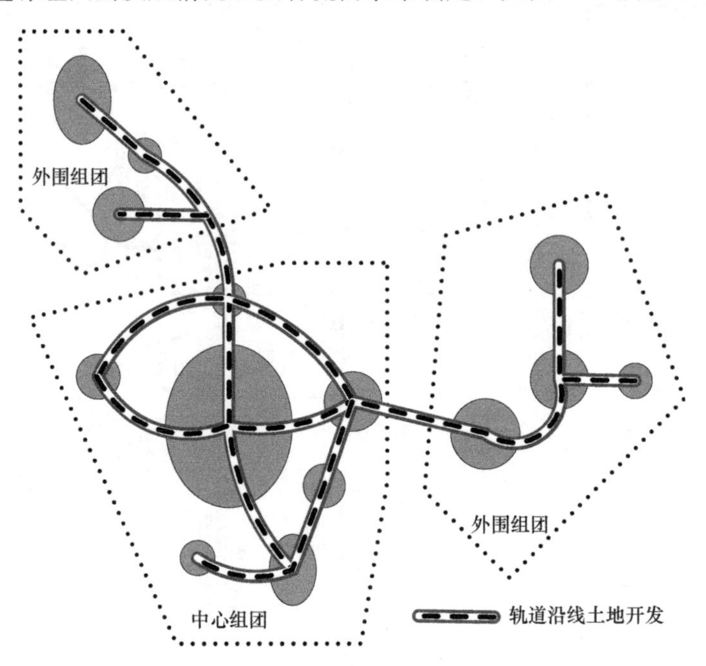

图 3-12 组团式结构城市的放射状轨道交通线网示意图

一种可行的以轨道导向的城市空间结构和用地开发模式被逐步深入研究，即以 CBD 为中心、以沿着放射状的轨道交通线路站点为次中心、疏密相间的多中心城市空间结构与开发模式(图 3-13)。在 CBD 地区是高密度发展的商贸和高级办公等用地，沿着放射状的轨道交通线路的站点周围是具有吸引力、设计良好、适宜步行的高密度、紧凑发展的办公、居住和商业综合体和混合组团。这些组团内部功能也相对独立，并不完全依赖于

CBD。其他地区是低密度发展的地区，其间增加绿地、道路和广场用地等开敞空间。

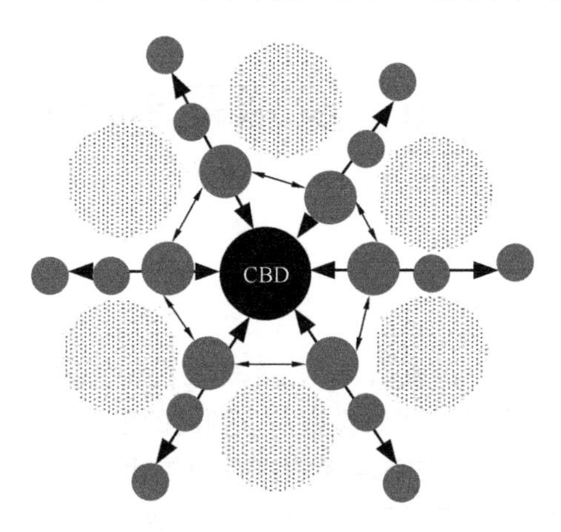

图 3-13　轨道交通导向下的组团式结构城市用地开发模式

依据上述用地模式，总体上组团之间功能互补，但是每个组团本身又相对独立，以减少不必要的出行，有利于实现城市中心区与次组团之间渐进的、放射状的扩张方式，避免原有的平面的、“摊大饼”式的低密度蔓延。既节约了土地，也提供了鼓励社会交往和便捷生活与工作的可能，为市民提供了宜人的工作和生活空间。

第 4 章　交通需求预测

4.1　概述

20 世纪 50 年代，随着西方国家私人小汽车的发展和郊区化的扩张，需要新建大规模的道路网络来支撑这种发展趋势。当时交通需求预测的根本目的是服务于新建道路网络的规划设计。1962 年，美国芝加哥市交通规划研究中提出的“生成—分布—方式划分—分配”的预测方法标志着“四阶段”交通预测模型的形成。该模型将每个人的出行按交通小区进行统计分析，从而得到以交通小区为单位的集计模型。“四阶段法”由于其清晰的思路和模型结构、相对简单的数据收集和处理，在世界各地的交通规划中扮演着重要角色。20 世纪 70 年代以来，“四阶段”理论体系逐渐趋于成熟。随着计算机技术的进步，国内外一大批优秀的计算机软件得以应用。代表性的有美国的 CUBE、TransCAD，加拿大的 EMME，以及我国东南大学自行研究开发的 TranStar 等。这些系统软件中交通需求预测的完成均基于“四阶段”模式。

交通需求预测是交通规划中的核心内容之一。交通发展政策的制定、交通网络设计以及方案评价都与交通需求预测有密切的联系。本书主要介绍传统交通需求预测的“四阶段”模式。传统交通需求预测的“四阶段”模式是指在居民出行 OD 调查的基础上，开展现状居民出行模拟和未来居民出行预测。其内容包括交通的发生与吸引（第一阶段）、交通分布（第二阶段）、交通方式划分（第三阶段）和交通分配（第四阶段）。从交通的生成到交通流分配的过程，因为有四个阶段，所以通常被称为“四阶段预测法”，过程示意图如图 4-1 所示。“四阶段预测法”是目前被世界公认的经典方法，在实际工程项目中获得

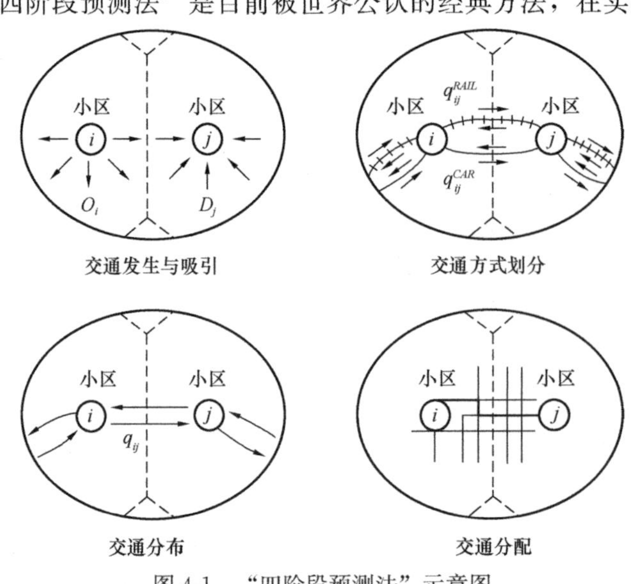

图 4-1　“四阶段预测法”示意图

了非常广泛的应用。

图 4-2 为马里兰州交通部（Maryland Department of Transportation，MDOT）与国家理性增长研究中心（National Center for Smart Growth Research and Education）及柏诚公司（Parsons Brinckerhoff，Inc.）合作开发的交通需求预测模型 MSTM（Maryland Statewide Transportation Models）结构图。其中个人出行需求整合了区域模型的跨州出行估计结果，以及州域模型的州内短距离出行模拟结果。货运需求中长距离货运交通估计基于联邦货运分析框架（Freight Analysis Framework，FAF）数据，短距离货运交通则利用简明货运手册（Quick Response Freight Manual，QRFM）推荐方法预测。随后，整合的客货运交通需求按 4 个时段划分，即早高峰（6：30～9：30）、晚高峰（15：30～18：30）、午间（9：30～15：30）、夜间（18：30～6：30）。最后分配各时段交通需求，加载流量至多方式交通网络。MSTM 基于商业交通规划软件 Cube 平台，直接采用 Cube 代码二次编程开发，工作基本流程如图 4-3 所示。

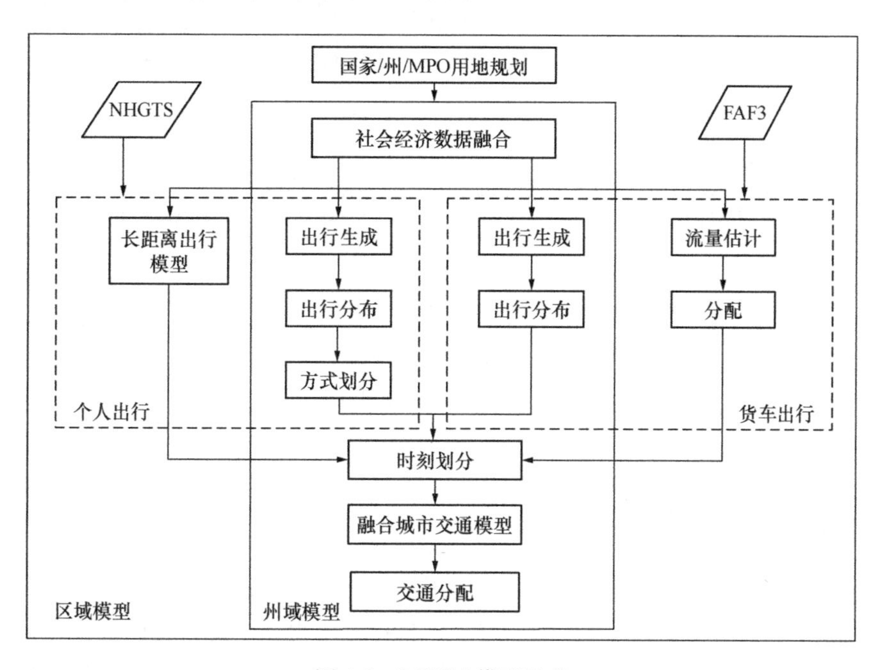

图 4-2　MSTM 模型组成

MSTM 为改进的四阶段需求模型，首先基于出行生成率数据采用迭代比例拟合算法，计算 6 类出行目的和 5 种居民收入水平的交通小区发生吸引数据；专门采用重力模型估计交通出行分布，其他出行目的和收入水平的出行终点选择行为则利用多项式 Logit 模型模拟；方式选择模型为嵌套 Logit 模型，涵盖小汽车与公共汽车、BRT、轨道交通等 11 种方式；采用出行时间分布系数细分得到 4 个时段的 OD 矩阵；最后利用 Cube Voyager 进行道路网络上多类出行分配。在此基础上，MSTM 还与用地模型（例如 Lowry 模型）、机动车污染排放模型（Motor Vehicle Emission Simulator，MOVES）相结合，实现了用地—交通一体化规划、交通污染排放评价等功能。

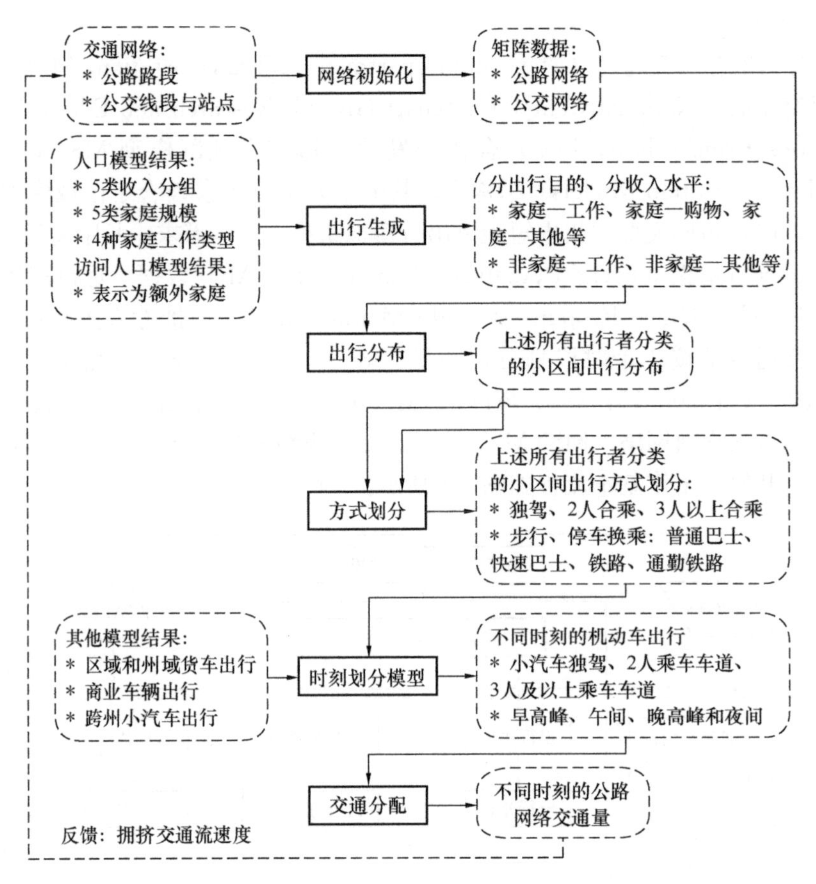

图 4-3 MSTM 模型工作流程图

4.2 交通生成预测

交通生成预测是交通需求四阶段预测中的第一阶段，是交通需求分析工作中最基本的部分之一，目标是求得各个对象地区的交通需求总量，即交通生成量（Trip Generation），进而在总量的约束下，求出各交通小区的发生（Trip Production）与吸引交通量（Trip Attraction）。出行的发生、吸引与土地利用性质和设施规模有着密切的关系。发生与吸引交通量预测精度将直接影响后续预测阶段乃至整个预测过程的精度。

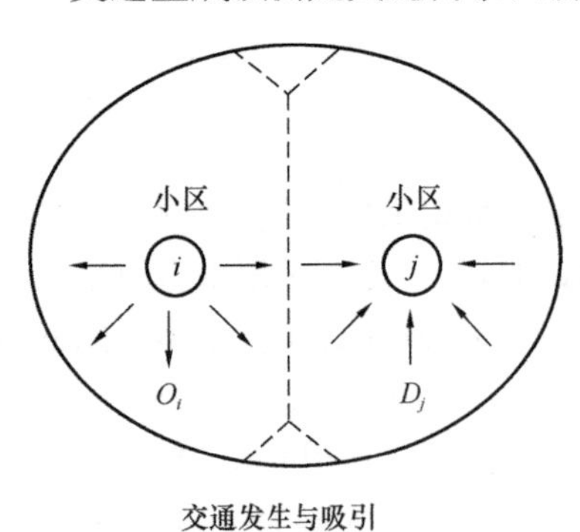

图 4-4 交通小区出行的发生与吸引示意图

图 4-4 表示了交通小区 i 的发生和交通小区 j 的吸引交通量。O_i表示由小区 i 的发生交通量（由小区 i 出发到各小区的交通量之和）；D_j表示小区 j 的吸引交通量（从各小区来小区 j 的交通量之和）。

4.2.1 交通生成预测的影响因素

1. 土地利用

交通与土地利用（Land Use）有着不可分割的互动关系，土地利用是影响出行产生的主要因素之一。按照我国国家标准《城市用地分类与规划建设用地标准》GB 50137—2011规定，城市土地利用分8大类，分别为：①居住用地；②公共管理与公共服务设施用地；③商业服务业设施用地；④工业用地；⑤物流仓储用地；⑥道路与交通设施用地；⑦公共设施用地；⑧绿地与广场用地。

（1）居住用地是交通的主要发生源和居民出行的主要起讫点。该用地的发生与吸引交通量通常用居住面积、住户数、人口、住户平均人数等指标表示。与住宅用地相关的出行有通勤出行（上班、上学）、弹性出行（购物、娱乐、探亲访友等）和回程等。

（2）公共管理与公共服务设施用地包括行政办公用地、文化娱乐用地、体育用地、医疗卫生用地、教育科研设计用地和文物古迹用地等。当然，它也是交通的主要发生源之一。该用地的发生与吸引交通量通常用办公面积、营业面积、从业人口等指标表示。与公共设施用地相关的出行有上班、上学、娱乐、公务和回程等。

（3）工业用地是工作日上班交通的主要发生源。该用地的发生与吸引交通量通常用从业人口、产值等指标表示。与工业用地相关的出行有上班、公务和回程等。

（4）物流仓储用地是货物的主要集散点，因此是货物交通的主要发生源。该用地发生与吸引交通量通常用仓库面积、货物吞吐量等指标表示。与仓储用地相关的出行有上班、公务和回程等。

可以说，土地利用与交通是互为因果关系。人们活动的活跃（交通的发展）拉动土地利用的发展，相反，土地利用的发展（城市建设）又会诱发人们的出行。对于该方面的研究已经构成了新的研究领域，可以参考相关书籍。

2. 家庭规模和家庭成员的构成

家庭是构成人们出行的基础，上班、弹性出行（探亲访友、购物等）多以家庭为出发点。

家庭规模和成员构成是影响家庭出行的主要因素。随着家庭规模的增大，人均出行次数减少，如购物可由一人代替。有老人和幼儿的家庭其看病出行多，年轻夫妇的家庭购物、娱乐和上班等出行多。

3. 年龄和性别

由于性别和年龄的不同，人们的出行次数和内容也不相同。调查结果显示，受体力、工作性质等影响，男性以20～45岁之间的出行率（平均出行次数）高，女性20～40岁的出行率高，但是随着国民健康水平的不断提高和人口老龄化的进展，出行率有向高龄化发展的趋势；出行率也随着居民生活水平和机动化程度的提高而增大。图4-5表示1986年北京市居民平均出行次数情况，图4-6表示2000年北京市居民平均出行次数情况。表4-1表示两个年份男女出行率调查结果。

比较两个年份的调查结果可以看出，2000年北京市居民出行率较1986年有了较大程度的提高，不同性别的出行率也是如此，并且具有明显向高龄化进展的趋势。

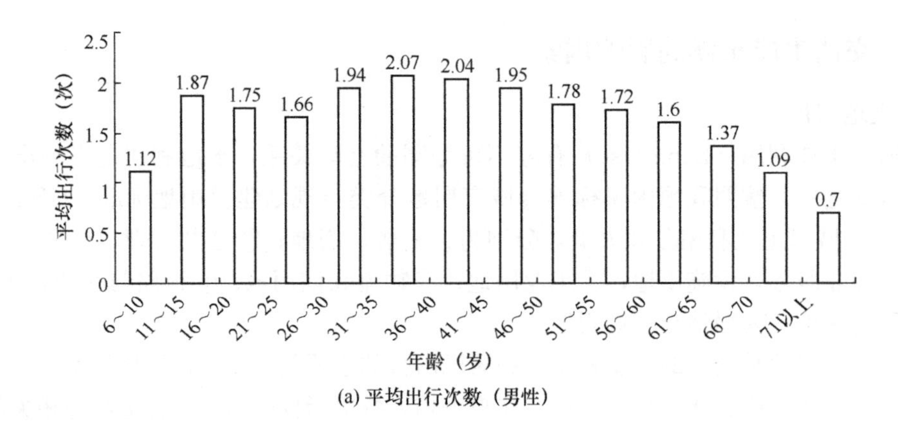

(a) 平均出行次数（男性）

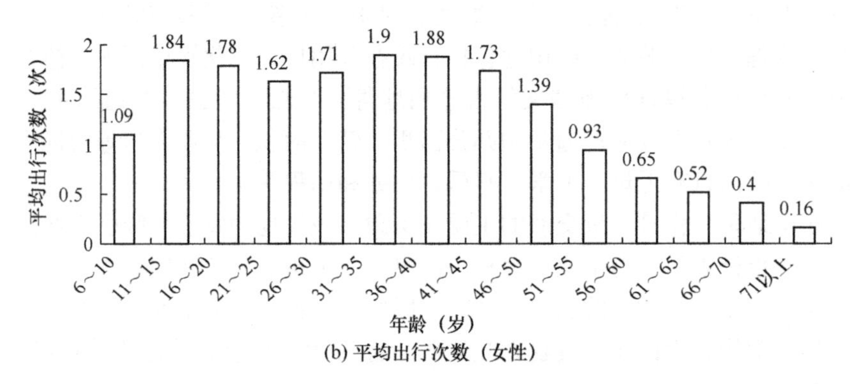

(b) 平均出行次数（女性）

图 4-5　不同性别、不同年龄平均出行次数（1986 年，北京）

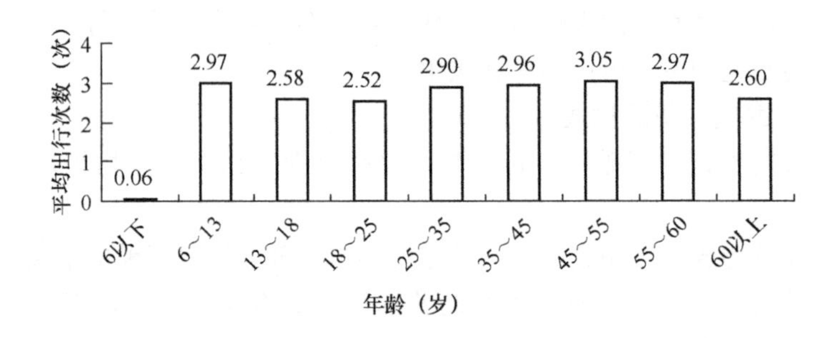

图 4-6　不同年龄平均出行次数（2000 年，北京）

北京市不同性别居民出行率　　**表 4-1**

指标	1986 年		2000 年	
	男	女	男	女
[次/(人·d)]	1.62	1.26	2.83	2.80

4. 汽车保有率

汽车保有率增加，人口出行次数增加，其原因有：

(1) 出行需求高的人群购买车辆需求高，出行次数多；

(2) 购买车辆以后更容易诱发出行。

通常，汽车保有率用汽车保有量或户均汽车保有量指标表示和评价。随着我国城镇居民生活水平的不断提高，汽车购买力的上升和汽车价格的不断下调，私人汽车保有量将逐渐成为影响城市道路交通的主要因素之一。表4-2为2004年北京市居民出行抽样调查中，对是否持有驾照和是否拥有车辆的统计结果，可以看出，持有驾照和拥有车辆的居民的出行率均较高。

驾照和车辆持有与否的出行率情况（2004年，北京）　　**表4-2**

是否拥有驾照	出行率［次/(人·d)］	是否拥有车辆	出行率［次/(人·d)］
是	2.49	是	2.45
否	2.28	否	2.30
平均	2.35	平均	2.35

5. 自由时间

这里将自由时间定义为从一天的24h中，除去睡眠、饮食等生活必需时间和工作、学习等约束时间的剩余值。显然，自由时间增加后，用于出行的时间增加，购物、娱乐等弹性出行也会增加。研究表明，弹性出行次数与自由时间可以用以下线性方程表示，即：

$$T = at + b \tag{4-1}$$

式中　T——弹性出行次数；

t——自由时间；

a，b——分别为系数和常数。

表4-3表示北京市近年居民出行调查各年龄段人群的出行率情况。可以看出，60岁以后的人群由于大多已经退休，自由时间较多，从而仍然保持着较高的出行率。

北京市不同年龄人群出行率的变化　　**表4-3**

年龄组	2000年	2002年	2003年	2004年
6～12岁	2.97	2.52	2.11	2.26
13～18岁	2.58	2.33	2.15	2.07
19～25岁	2.52	2.44	2.24	2.15
26～35岁	2.90	2.53	2.43	2.36
36～45岁	2.96	2.76	2.59	2.41
46～55岁	3.05	3.00	2.39	2.41
56～60岁	2.97	3.15	2.40	2.73
61～70岁		3.27	2.39	2.42
71～80岁	2.60	3.02	2.03	2.41
81岁及以上		2.70	2.00	2.17
总计	2.81	2.82	2.40	2.35

6. 职业和工种

职业和工种的不同是造成出行量不同的主要原因之一，各国的居民出行数据都表明了这一点。专业驾驶员、推销员、采购员、业务员的平均出行多，工人、学生、教师、行政管理人员的平均出行少。图4-7和图4-8分别给出了北京市1986年和2000年的居民出行调查不同职业人员日出行次数调查结果。

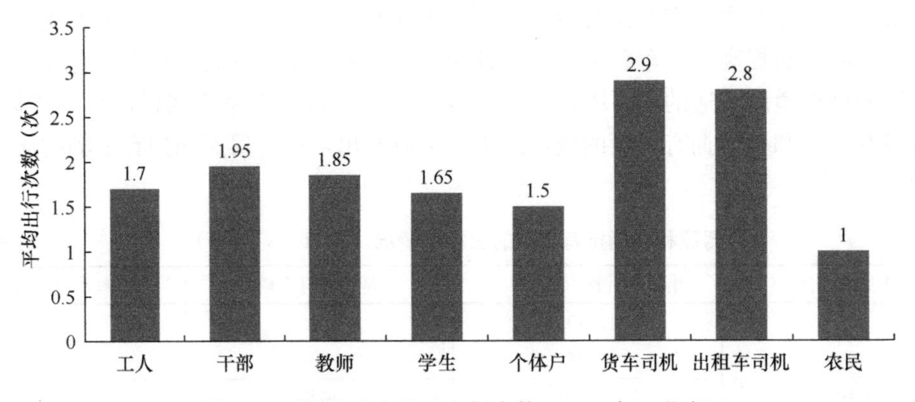

图 4-7　不同职业人员日出行次数（1986 年，北京）

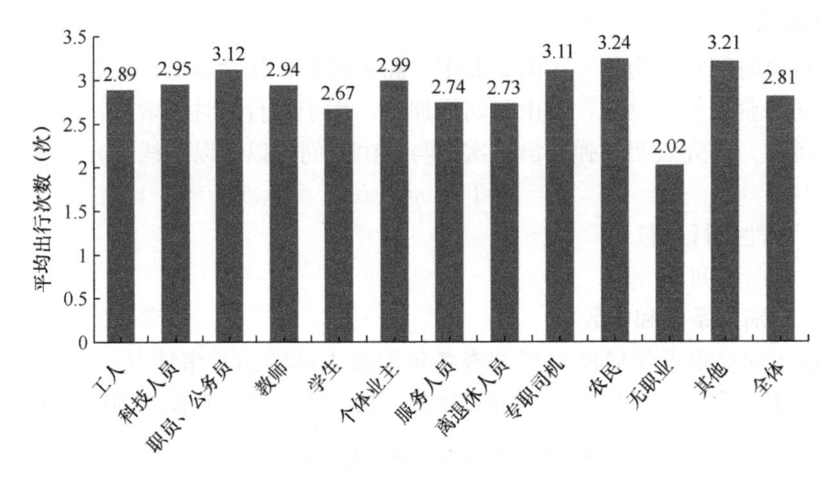

图 4-8　不同职业人员日平均出行次数（2000 年，北京）

7. 外出率

外出率是工作中外出业务占总业务的比率。它因工种、年龄的不同而异。

8. 企业规模、性质

一般来说，企业大，业务处理量大，外出率高。

9. 家庭收入

家庭收入也是影响出行，尤其是影响弹性出行的主要因素之一。高收入家庭，汽车购买率高，购物、娱乐等需求也高，平均出行次数多。

10. 其他

天气、工作日、休息日和季节等的不同也影响居民的出行。雨雪天出行不便，出行量小；周一至周五工作日出行量大且时间集中，周六、周日等休息日出行量小且分散；炎热的夏天和寒冷的冬天出行量小，春秋天气候宜人出行多。

4.2.2　交通生成总量预测

出行可分为基于家（Home Based）的出行和非基于家（Non Home Based）的出行。前者又可分为上班与非上班。如按出行目的细分，则又有上班、上学、弹性（购物、社交）、公务等出行之别。出行生成又分为以机动车为基本单位的出行和以人为基本单位的出行。在大城市中，交通工具复杂，一般都以人的出行次数为单位，小城市交通工具较为简单，英、美等国家以小汽车为单位。车辆出行与人的出行之间可以互相换算。

出行生成包括出行产生与出行吸引。由于两者的影响因素不同，前者以社会经济特性为主，后者以土地利用的形态为主，故有些方法需将出行产生和出行吸引分别进行预测，以确保精确，也利于下一阶段出行分布预测的工作。当社会经济特性和土地利用形态发生改变时，也可用来预测交通需求的变化。而交通生成量通常作为总控制量，用来预测和校核各个交通小区的发生和吸引交通量，故交通生成量的预测通常又称作交通生成总量预测。

交通生成总量的预测方法主要有原单位法、增长率法、交叉分类法和函数法。除此之外，还有利用研究对象地区过去的交通量或经济指标等的趋势法和回归分析等方法。

1. 原单位法

原单位是指单位指标，它的求得通常有两种，一是用居住人口或就业人口每人平均的交通生成量来进行推算的个人原单位法，另一种就是以不同用途的土地面积或单位办公面积平均发生的交通量来预测的面积原单位法。不同方法对应的选取的原单位指标也不同，主要有：

(1) 根据人口属性以不同出行目的单位出行次数为原单位进行预测。

(2) 以土地利用或经济指标为基准的原单位，即以单位用地面积或单位经济指标为基准对原单位进行预测。

在居民出行预测中经常采用单位出行次数为原单位，预测未来的居民出行量，所以也称为单位出行次数预测法。单位出行次数为人均或家庭平均每天的出行次数，它由居民出行调查结果统计得出。因为人口单位出行次数比较稳定，所以人口单位出行次数预测法是进行生成交通量预测时最常用的方法之一。日本、美国多使用该方法。不同出行目的有着不同的单位出行次数，图 4-9 中所示的就是根据 1986 年北京市调查得到的不同出行目的的人均出行次数。

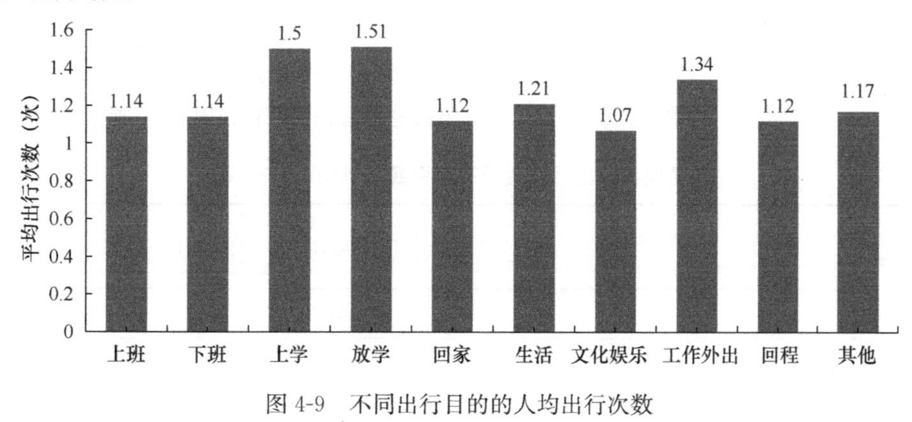

图 4-9　不同出行目的的人均出行次数

预测不同出行目的的交通生成量可以采用如下方法：

$$T = \sum T_k \quad T_k = \sum_l a_l^k N_E \tag{4-2}$$

式中　a_l^k——某出行目的和人口属性的平均出行生成量；

N_E——某属性的人口；

T_k——出行目的为 k 时的交通生成量；

T——研究对象地区总的交通生成量；

l——人口属性（常住人口、就业人口、工作人口、流动人口）；

k——出行目的。

原单位法预测的出行生成量除由人口属性按出行目的的不同预测外，还可以以土地利用或经济指标为基准预测。从调查中得出单位用地面积或单位经济指标的发生与吸引交通量，根据规划期限内各交通小区的用地面积（人口量或经济指标等）进行交通生成预测。

根据交通调查可得到交通需求预测所需的原单位指标值，但像北京、上海、广州、南京等这样的大城市，大规模的居民调查几年甚至十几年才能进行一次，小城市这方面的数据就更是匮乏，这种情况容易造成预测所需要的数据比较缺乏或陈旧。在数据资料不足的情况下，也可以采用下述简易方法对研究区域进行数据采集或标定。对于一个居住小区，可以在其出入口放置计数器或人工计数器，测出每天进出该区的车辆数或人数，然后除以其户数，就是每天产生的出行原单位。如果知道住户数或土地利用的建筑面积，将其与相应的原单位相乘及将分区所有的项目相加，则可求得该区总的出行生成量。

对于预测生成交通总量而言，如何决定生成原单位的将来值是一个重要的课题。根据以往的研究成果，通常有以下几种做法：

（1）直接使用现状调查中得到的原单位数据。

（2）将现状调查得到的原单位乘以其他指标的增长率来推算，即增长率法。

（3）最常用的也是最主要的为函数法。通常按照不同的出行目的预测不同出行目的的原单位。其中，函数的影响因素（或称自变量）多采用性别、年龄等指标。

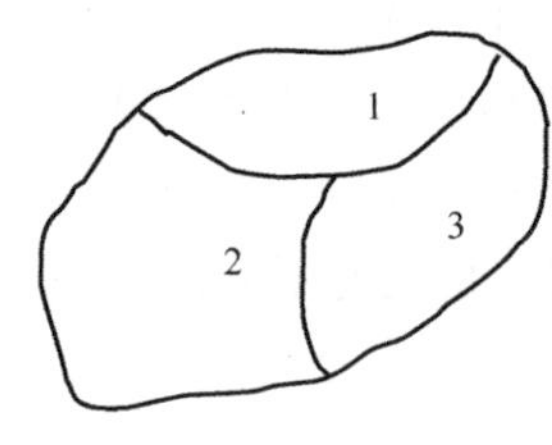

图 4-10　某对象区域小区划分示意图

例 4-1　图 4-10 是分有 3 个交通小区的某对象区域，表 4-4 是各小区现状的出行发生量和吸引量，在常住人口原单位不变的情况下，采用原单位法预测其将来的出行生成量。

各区现在的出行发生量和吸引量（单位：万次/d）　　**表 4-4**

O \ D	1	2	3	合计	人口（万人）（现在/将来）
1				28.0	11.0/15.0
2				51.0	20.0/36.0
3				26.0	10.0/14.0
合计	28.0	50.0	27.0	105.0	41.0/65.0

【解】根据上表中的数据，可得：

现状出行生成量 $T=28.0+51.0+26.0=28.0+27.0+50.0=105.0$ 万次/d

现状常住人口 $N=11.0+20.0+10.0=41.0$ 万人

将来常住人口 M=15.0+36.0+14.0=65.0 万人

常住人口原单位 T/N=105.0/41.0=2.561 次/(人·d)。

因此，将来的生成交通量 $X = M\times(T/N) = 65.0\times2.561 = 166.5$ 万次/d

由于人们在对象区域内的出行不受区域内小区划分的影响，所以交通生成量的原单位与发生/吸引的原单位比较，具有时序列稳定的特点。

如上所述，将原单位视为不随时间变动的量，而直接使用居民出行调查结果。然而，原单位因交通参与者的个人属性（年龄、性别、职业、汽车拥有与否等）不同而有所变动。

2. 交叉分类法

交叉分类（Cross-Classification or Category Analysis）是出行生成预测的另一个可选用的模型，它突出以家庭作为基本单元，用将来的出行发生率求得将来的出行量。它与原单位法有很多相似之处，但又存在很大不同。

20世纪70年代后，出行生成分析产生了从应用交通分区统计资料的回归分析转移到个体（非集计）资料的交叉分类的趋势。交叉分类首先在美国的普吉湾（Puget Sound）区域交通调查中获得应用，是一个基于土地利用的出行生成模型。其基本思想是把家庭按类型分类，从而求得不同类型家庭的平均出行率。该研究认为小汽车拥有量、家庭规模和家庭收入是决定交通发生量的3个主要影响因素。因此，根据这些变量把家庭横向分类，并且由家庭访问调查资料计算每一类的平均出行生成率，预测时以将来同类型家庭的预测值乘以相应的出行率。

（1）交叉分类法必须服从的假定

1）一定时期内出行率是稳定的。

2）家庭规模的变化很小。

3）收入与车辆拥有量总是增长的。

4）每种类型的家庭数量，可用相应于该家庭收入、车辆拥有量和家庭结构等资料所导出的数学分布方法来估计。

（2）构造交叉分类模型的步骤

1）有关家庭的横向分类：澳大利亚根据其中西部的交通调查，规定家庭大小、家庭收入各分为6类，家庭拥有小汽车数分为3类。我国家庭中自行车使用比较广泛，可以考虑作为分类的项目，上海曾以住宅类型、家庭人口及自行车拥有量作为分类项目研究出行发生模型。

2）把每个家庭定位到横向类别：就是对家庭访问调查资料进行分类，把每个家庭归入其所属类别。

3）对其所分的每一类，计算其平均出行率。用调查的每类出行发生量除以每类的家庭总数，则可分别得出每类家庭的平均出行率。

4）计算各分区的出行发生。把分区每一类的家庭数乘以该类的出行发生率，并将分区中所有类别的家庭总加起来，得到出行总量。

例4-2　澳大利亚城市类别产生率。根据家庭规模、收入及家庭拥有小汽车数可将研究对象内的家庭分成不同的类别，表4-5给出的就是根据调查得到的不同类别家庭的平均出行率。

不同类别家庭的平均出行率［单位：人次/(户·d)］ 表 4-5

收入	低收入		中等收入		高收入	
小汽车拥有率＼家庭规模	1～3人	4人及以上	1～3人	4人及以上	1～3人	4人及以上
无	3.4	4.9	3.7	5.0	3.8	5.1
1辆	5.2	6.9	7.3	8.3	8.0	10.2
2辆及以上	5.8	7.2	8.1	11.8	10.0	12.9

已知：低收入、无小汽车、每户3人100户；低收入、无小汽车、每户4人200户；中等收入、有1小汽车、每户4人300户；高收入、有2小汽车、每户5人50户。

则总出行为：100×3.4＋200×4.9＋300×8.3＋50×12.9＝4455人次/d

在20世纪60年代伦敦进行的交通规划中，采用的就是交叉分类法，按照地理条件和家庭属性，分为108个类型。根据调查求得各类型的平均出行率。用这些平均出行率和各类型家庭数的将来预测值，分别按3种不同交通方式（驾车者、坐车者、利用公共交通系统者）和6个不同出行目的（上班、公务、上学、购物、社交活动、非基于家的出行）进行了预测。

根据交叉分类法来预测居民出行生成的方法，在FHWA（美国联邦公路管理局）的出行预测模型中已被采用。该模型由连续的四个子模型组成，其应用程序可从美国交通部城市交通规划的计算机程序中查到。

对交叉分类法而言，说明变量在统计学意义上的检验方法的欠缺是一个主要问题。当然如何正确地预测108个类型的户数的将来值也是一个不可忽视的问题。

（3）交叉分类的优缺点

该方法的优点包括：

1）直观、容易了解。人们容易接受出行发生与住户特性关系的观念，不像回归分析那样必须了解相关性、参数值等因素。

2）资料的有效利用。从现有的OD调查中就可获得完整的资料，即使没有，也可通过小规模调查得到。

3）容易检验与更新。出行发生率很容易通过小规模抽样调查与小区的特性分析而校核其正确性。

4）可以适用于各种研究范围。由于出行发生基于住户的特性，出行吸引基于土地利用特性。因此，其出行生成、吸引率可以用于各种范围研究，如区域规划、运输通道规划和新发展区规划。

该方法的缺点包括：

1）每一横向分类的小格中，住户彼此之间的差异性被忽略。

2）因各小格样本数的不同，得到的出行率用于预测时，会失去其一致的精确性。

3）同一类变量类别等级的确定是凭个人主观，失之客观。

4）当本方法用于预测时，每一小格规划年的资料预测将是一项繁杂工作。

综上所述，交叉分类法以估计给定出行目的每户家庭的出行产生量为基础，建立以家庭属性为变量的函数。并且突出家庭规模、收入、拥有小汽车数分类调查统计得出相应的出行产生率，由现状产生率得到现状出行量，由未来产生率得到未来出行量。

3. 个人分类方法

个人分类方法（Person-Category Approach）是对基于家庭的分类模型的一种替代方法。如果令 t_j 表示出行率，即在某一段时间内 j 类人中平均每人的出行次数；T_i 表示 i 小区各类居民的总出行数；N_i 为 i 小区的居民总数；a_{ji} 为 i 小区的 j 类居民的百分率。从而可得到 i 地区的出行发生量：

$$T_i = N_i \sum_j a_{ji} t_j \tag{4-3}$$

它与前述的基于家庭的类别分析法相比具有如下优点：

（1）个人出行产生模型同经典的交通需求模型的其他部分完全兼容，它们都是基于出行者而不是基于家庭。

（2）也可采用交叉分类方法。

（3）建立个人分类模型所需要的样本数比基于家庭模型少几倍。

（4）很容易考虑人口统计的变化。如在基于家庭的模型中无法兼顾某些关键的人口变量（如年龄）。

（5）个人分类较家庭分类预测起来更容易。因为后者需要预测家庭构成、大小等。

4.2.3 发生与吸引交通量的预测

与交通生成总量的预测方法相同，发生与吸引交通量的预测方法分为原单位法、增长率法、交叉分类法和函数法。

1. 原单位法

利用原单位法预测发生与吸引交通量时，首先需要分别计算发生原单位和吸引原单位，然后根据发生原单位和吸引原单位与人口、面积等属性的乘积预测得到发生与吸引交通量的值，分别可用下式表示：

$$O_i = bx_i \quad D_j = cx_j \tag{4-4}$$

式中 i，j——交通小区；

x——常住人口、白天人口、从业人口、土地利用类别、面积等属性变量；

b——某出行目的的单位出行发生次数，次/(人·d)；

c——某出行目的的单位出行吸引次数，次/(人·d)；

O_i——小区 i 的发生交通量；

D_j——小区 j 的吸引交通量。

一般来说，在交通需求预测时，要求各小区的发生交通量之和与吸引交通量之和相等，并且各小区的发生交通量或吸引交通量之和均等于交通生成总量。如果它们之间不满足上述关系，则可以采用如下方法进行调整。

（1）总量控制法

在实际计算中，各交通小区的推算量的误差是不可避免的，从而造成其总和的误差量。为此，我们应当用根据区域的交通生成总量对推算得到的各个小区的发生量进行校正。

假设交通生成总量 T 是由全人口 P 与生成原单位 p 而得到的，则：

$$T = p \times P \tag{4-5}$$

如果交通生成总量 T 与总发生交通量 $O = \sum_{i=1}^{n} O_i$ 有明显的误差，则可以将 O_i 修正为：

$$O'_i = \frac{T}{O} \times O_i (i = 1, 2, \cdots\cdots, n) \tag{4-6}$$

为了保证 T 与总吸引交通量 $D = \sum_{j=1}^{n} D_j$ 也相等，这样发生交通量之和、吸引交通量之和以及交通生成总量三者才能全部相等，为此需将 D_j 修正为：

$$D'_j = \frac{T}{D} \times D_j (j = 1, 2, \cdots\cdots, n) \tag{4-7}$$

（2）调整系数法

在出行生成阶段，要求满足所有小区出行发生总量要等于出行吸引总量。当上述条件不满足时，一般认为所有小区出行发生总量（$O = \sum_{i=1}^{n} O_i$）可靠些。从而，可将吸引总量乘以一个调整系数 f。这样可以确保出行吸引总量等于出行发生总量。

$$f = \frac{\sum_{i=1}^{n} O_i}{\sum_{j=1}^{n} D_j} \tag{4-8}$$

例 4-3 假设各小区的发生与吸引原单位不变，试用例题 4-1 的数据求出将来的发生与吸引交通量。

【解】（1）求出现状发生与吸引的原单位

小区 1 的发生原单位：28.0/11.0=2.545 次/(人・d)

小区 1 的吸引原单位：28.0/11.0=2.545 次/(人・d)

同理，可以计算其他交通小区的原单位，结果如表 4-6 所示。

现状各小区发生与吸引的原单位 [单位：次/(人・d)] **表 4-6**

D / O	1	2	3	合计
1				2.545
2				2.550
3				2.600
合计	2.545	2.500	2.700	

（2）计算各交通小区的将来发生与吸引交通量

小区 1 的发生交通量：15.0×2.545=38.175 万次/d

小区 1 的吸引交通量：15.0×2.545=38.175 万次/d

同理，小区 2 和小区 3 的发生与吸引交通量计算结果如表 4-7 所示。

各小区未来的出行发生与吸引交通量（单位：万次/d）　　表 4-7

D O	1	2	3	合计
1				38.175
2				91.800
3				36.400
合计	38.175	90.000	37.800	

（3）调整计算

可知，各小区发生交通量之和不等于其吸引交通量之和，所以，需要进行调整计算。调整的目标是使得上述两者相等，即满足下式：

$$\sum_j D_j = \sum_i O_i$$

调整方法可以采用总量控制法，即使得各小区发生交通量之和等于其吸引交通量之和，且都等于将来的交通生成总量 166.5 万次/d。根据总量控制法的式（4-6）和式（4-7）可推导得到：

$$O'_i = O_i \times T \Big/ \sum_i O_i^N \qquad D'_j = D_j \times T \Big/ \sum_j D_j^N$$

按上式的计算结果如下：

$O'_1 = 38.175 \times 166.5/166.375 = 38.204$　$D'_1 = 38.175 \times 166.5/165.975 = 38.296$

$O'_2 = 91.800 \times 166.5/166.375 = 91.869$　$D'_2 = 90.000 \times 166.5/165.975 = 90.285$

$O'_3 = 36.400 \times 166.5/166.375 = 36.427$　$D'_3 = 37.800 \times 166.5/165.975 = 37.920$

调整后的结果如表 4-8 所示。

各小区未来的出行发生与吸引交通量（单位：万次/d）　　表 4-8

D O	1	2	3	合计
1				38.204
2				91.869
3				36.427
合计	38.296	90.285	37.920	

由表 4-8 可以看出，调整以后，各小区的发生与吸引交通量之和相等，均等于交通生成总量 166.5 万次/d。

如前所述，在交通需求预测时，要求发生交通量与吸引交通量相等。对于例题 4-3，调整后的同一小区的发生与吸引交通量不相等的情况，还可以继续调整。调整方法是取同一小区发生与吸引交通量的平均值，这里省略此步骤。

在用原单位法按不同出行目的分类预测时，以下方法比较实用。即上班出行交通量使用常住人口；上学出行交通量使用常住人口；弹性出行交通量使用常住人口和就业人口；公务出行交通量使用就业人口；回程出行交通量利用上班和上学交通量的返回乘以一个系数，该系数从居民出行调查数据统计得出，一般为接近于 1.0 的值。

例 4-4 某交通小区有 172 家独户住宅，287 家集体住宅，550 家公寓房屋，其产生率分别为：2.38 车次/户、2.38 车次/户、2.31 车次/户；另有 40000m^2 商业中心，平均每 1000m^2 有 2.2 个雇员，其吸引率为 1.82 车次/雇员。用原单位法计算该小区的出行发生量与吸引量。

【解】 出行发生量：$O_1=2.38\times(172+287)+2.31\times550=2363$ 车次/d

出行吸引量：$D_1=2.2\times(40000/1000)\times1.82=160$ 车次/d

对于有多个小区时：如果 $\sum_j D_j \neq \sum_i O_i$

根据式（3-9），可令调整系数 f 为：

$$f=\frac{\sum_i O_i}{\sum_j D_j}$$

可得：$O'_i = O_i \times f \quad D'_j = D_j \times f$

并依此进行调整。

2. 增长率法

增长率法考虑了原单位随时间变动的情况，它是用其他指标的增长率乘以原单位求出将来交通生成量的方法。

$$O'_i = F_i \cdot O_i \tag{4-9}$$

式中 F_i——发生与吸引交通量的增长率，例如：$F_i=\alpha_i \cdot \beta_i$

其中 $\alpha_i=\dfrac{\text{目标年度小区 } i \text{ 的预测人口}}{\text{基准年度小区 } i \text{ 的人口}}$

$\beta_i=\dfrac{\text{目标年度小区 } i \text{ 的人均车辆拥有率}}{\text{基准年度小区 } i \text{ 的人均车辆拥有率}}$

增长率法的特点是可以解决原单位法和函数法难于解决的问题，它通过设定交通小区的增长率，可以反映因土地利用的变化引起的人们出行的变化以及对象区域外的交通小区的发生与吸引交通量。对于前者，前面已经讲述；对于后者，由于原单位法和函数法都是基于实际调查数据的方法，而对象区域外的交通小区没有实际测量数据和预测目标年度的自变量数据，所以选用增长率法。增长率法可以预测对象区域外小区的将来交通量。比如，可以设定：

$$F_j = R_j \cdot R \tag{4-10}$$

式中 F_j——对象区域外交通小区 j 的发生、吸引交通量的增长率；

R_j——对象区域外交通小区 j 的常住人口的增长率；

R——对象区域内全体的常住人口的增长率。

例 4-5 设某区域现在共有 500 户家庭，其中 250 户每户拥有 1 辆小汽车，另外 250 户没有小汽车，有汽车家庭出行生成原单位为 6.0 次/d，无汽车家庭为 2.5 次/d。假设未来所有家庭都有 1 辆小汽车，家庭收入和人口数不变，用增长率法求出规划年的出行发生量 T_i。

【解】 根据出行生成原单位，易得：

该区域现在出行量：

$$T=250\times2.5+250\times6=2125\text{次/d}$$

假设未来所有家庭都有1辆小汽车，家庭收入和人口数不变，则增长系数F_i为：

$$F_i=\frac{C_i^d}{C_i^c}=\frac{1.0}{0.5}=2.0$$

其中，C_i^d为该区域未来的汽车保有率，C_i^c为该地区现在的汽车保有率。

因此，得该区域未来出行量为：$T_i=2\times2125=4250$次/d。

可见，增长系数法比较简单，是早期城市交通规划采用的方法之一。经验得出该方法计算的结果偏大，西方一些规划专家们推荐用此方法预测研究区域外部的出行。

3. 交叉分类法

在交通生成总量预测中，学习了交叉分类法。它不仅可以预测交通生成总量，同时也是发生与吸引交通量预测中的一种常用且有效的方法。

例4-6　假设规划调查区的土地利用特性如表4-9所示，以小区1为抽样点，在不同小汽车占有的情况下，上班出行1h的原单位计算如表4-10所示。以小区1为抽样点，得到上班出行1h内，出行吸引量与职位数的关系如表4-11所示，计算出行的发生与吸引量。

规划调查区的土地利用特征　　表4-9

小区	发生特征C（小汽车拥有户数）				吸引特征C（职位数）	
	0	1	2	3	基础工业	服务行业
1	10	30	20	15	400	300
2	25	60	40	30	500	600
3	15	50	50	30	250	350

出行发生情况　　表4-10

小汽车拥有（辆/户）	上班出行1h发生次数	户数	发生原单位（次/h）
0	55	10	5.5
1	360	30	12.0
2	310	20	15.5
3	255	15	17.0

出行吸引量与职位数的关系　　表4-11

行业	上班出行1h吸引次数	职位数	吸引原单位$\overline{Q_i}$
基础工业	900	400	2.25
服务业	525	300	1.75

【解】由于出行生成量是土地利用、社会经济特征的函数，正确把握它们之间的关系，便可预测出行生成量。

以交叉分类法为例，由假设条件表4-10与表4-11（可认为它代表了整个规划调查区），应用计算小区出行发生公式可算出该规划调查区内各交通小区上班出行1h的发生量O_i，如表4-12所示。

出行发生量　　表 4-12

	0 $\overline{Q}_c=5.5$	1 $\overline{Q}_c=12.0$	2 $\overline{Q}_c=15.5$	3 $\overline{Q}_c=17.0$	出行发生量 O_i
1	55	360	310	255	980
2	137.5	720	620	510	1987.5
3	82.5	600	775	510	1967.5
合计	275	1680	1705	1275	4935

同样的方法可以算出各交通小区的吸引交通量。此前，先修正表 4-11 的吸引原单位，目的是使该调查区域的发生与吸引的总量相平衡（计算略）。修正后的吸引原单位 $\overline{Q}_{c1}=2.324$，$\overline{Q}_{c2}=1.81$。于是，最后算出该调查区域内各交通小区上班出行 1h 的出行吸引量 D_j，如表 4-13 所示。

出行吸引量　　表 4-13

	1 $\overline{Q}_c=2.324$	2 $\overline{Q}_c=1.81$	出行吸引量 D_j
1	929.5	543	1472.5
2	1162	1086	2248
3	581	633.5	1214.5
合计	2672.5	2262.5	4935

4. 函数法

函数法是利用函数式预测将来不同出行目的的原单位的方法，是发生与吸引交通量预测中最常用的方法之一。函数法中人们多采用多元回归分析法，所以有时被直接称为多元回归分析法（Regression Analysis），其模型如下：

$$\begin{aligned} O_i^p &= b_0^p + b_1^p x_{1i}^p + b_2^p x_{2i}^p + \cdots\cdots \\ D_j^p &= c_0^p + c_1^p x_{1j}^p + c_2^p x_{2j}^p + \cdots\cdots \end{aligned} \tag{4-11}$$

式中　b，c——分别为回归系数；

p——出行目的；

x——自变量，常取的变量有交通小区内平均收入、平均汽车保有率、家庭数、人口、就业人数、土地利用面积等。

使用多元回归分析法，一般先用实际调查数据和最小二乘法回归出系数 b 和 c，然后将各交通小区预测目标年的自变量值代入式（4-11），求出各交通小区的发生与吸引交通量。

这里，假设已经得到关系式为：

$$T_i = -0.59X_{i1} + 0.74X_{i2} + 0.88X_{i3} - 0.39X_{i4} + 112$$

式中　T_i——交通小区 i 的上下班的出行次数；

X_{i1}——交通小区 i 的家庭数；

X_{i2}——交通小区 i 的就业人口数；

X_{i3}——交通小区 i 的汽车保有量；

X_{i4}——交通小区 i 与市中心的距离。

由此则可根据 X_{i1}、X_{i2}、X_{i3}、X_{i4} 目标年度的预测值求得目标年度的 T_i。

选用多元回归分析法时，应该注意自变量之间的相互独立性。该方法也不能表现因土地利用的变化带来的人们出行行为的变化以及由于交通条件的改善引起人们出行能力的增强。

利用回归分析方法预测发生与吸引交通量在我国已经相当普及。特别是一元线性回归的计算相对简便，多元、非线性回归分析的复杂计算也可以通过计算机完成。回归预测的规范步骤可分为建立模型、检验模型和实施预测三个阶段。

（1）建立模型阶段

1）准备和整理必要的资料数据，资料应该全面、完整。

2）确定因变量和自变量，尤其是自变量。确定时采用定性和定量相结合的方式，更能体现水平。

3）根据资料数据作出散点图。直观分析其相关程度，例如强弱、正负相关，非线性关系等。

4）确定模型形式，即选择方程的线性、非线性，一元或多元。

5）求解回归系数，计算估计误差和相关系数。

（2）检验模型阶段

1）初步经验检验，即考察模型是否符合基本常识和公认的理论，如交通量随经济发展反而下降等，对于此类情况则必须检查原因。

2）统计检验包括离散系数（$V=S/Y^*$，标准差/因变量实际均值一般在10%～15%之间）、相关系数 R（一般 $R>0.7$）等检验，以及 t 检验和 F 检验；这是从数理统计角度考察已有模型的特征值，并给出评价标准。

3）判定预测效果。测定模型的预测功效，简易的方法是把非样本期内的因变量实际值与同期的预测值比较，如果误差不大，说明模型的预测功效良好，反之，则需重新修订该模型。

（3）实际预测阶段

通过上述检验后，进入实际预测，提供有价值的信息。

交通生成预测还有一些其他的方法，如弹性系数法、时间序列分析等，由于篇幅所限，本书不讲述。随着交通研究的不断深入，将不断产生新的分析模型和分析方法。如基于出行链的交通需求研究为交通发生与吸引预测提供了新的思路，该方法已成为交通领域比较受关注的研究热点。

4.3　交通分布预测

交通分布预测是交通规划四阶段预测模型的第二步，是把交通的发生与吸引量预测获得的各小区的出行量转换成小区之间的空间OD量，即OD矩阵。

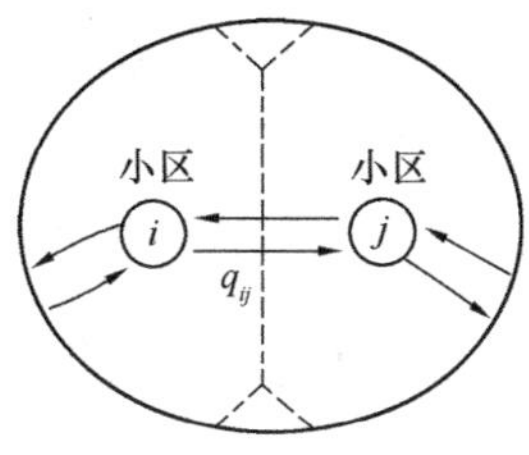

图4-11为交通小区 i 和交通小区 j 之间交通分布的示意图。q_{ij} 表示由交通小区 i 到交通小区 j 的交通量，即分布交通量。同样，q_{ji} 则表示由交通小区 j 到交通小区 i 的交通量。

小区　小区　i　j　q_{ij}

交通分布

图4-11　交通分布示意图

交通分布中最基本的概念之一是OD表，O表示出发地（Origin），D表示目的地（Destination）。交通分布通常用一个二维矩阵表示。一个小区数为 n 的区域OD表，一般表示成

表 4-14所示形式。

OD 表 **表 4-14**

O / D	1	2	……	j	……	n	发生量
1	q_{11}	q_{12}	……	q_{1j}	……	q_{1n}	O_1
2	q_{21}	q_{22}	……	q_{2j}	……	q_{2n}	O_2
⋮	⋮	⋮	⋮	⋮	⋮	⋮	⋮
i	q_{i1}	q_{i2}	……	q_{ij}	……	q_{in}	O_i
⋮	⋮	⋮	⋮	⋮	⋮	⋮	⋮
n	q_{n1}	q_{n2}	……	q_{nj}	……	q_{nn}	O_n
吸引量	D_1	D_2	……	D_j	……	D_n	T

表中，q_{ij}为以小区 i 为起点、小区 j 为终点的交通量；O_i为小区 i 的发生交通量；D_j为小区 j 的吸引交通量；T 为研究对象区域的生成交通量。

对此 OD 表，下面各式所示守恒法则成立：

$$\sum_j q_{ij} = O_i,\ \sum_i q_{ij} = D_j,\ \sum_i \sum_j q_{ij} = \sum_i O_i = \sum_j D_j = T \tag{4-12}$$

交通分布预测要解决的问题是在目标年各交通小区的发生与吸引交通量一定的条件下，求出各交通小区之间将来的 OD 交通分布量。求得的 OD 交通量也是一个二维 OD 表，也同样要满足式（4-12）的约束条件。交通分布预测是交通规划的主要步骤之一，是交通设施规划和交通政策立案不可缺少的资料。

交通分布预测的方法一般可以分为两类，一类是增长系数法，另一类是综合法。前者假定将来 OD 交通量的分布形式和现有的 OD 表的分布形式相同，在此假定的基础上预测对象区域目标年的 OD 交通量，常用的方法包括常增长系数法、平均增长系数法、底特律（Detroit）法、弗雷德（Frator）法等；后者从交通分布量的实际分析中，剖析 OD 交通量的分布规律，并将此规律用数学模型表现，然后用实测数据标定模型参数，最后用标定的模型预测交通分布量，其方法包括重力模型法、介入机会模型法、最大熵模型法等。由上述可知，增长系数法的应用前提是要求被预测区域有完整的现状 OD 表。对于综合法来说，如果模型已经标定完毕，则不需要现状 OD 表。当然，一般来说，模型参数的标定需要对象区域的实际数据，也就是说 OD 表还是需要的。然而，此种情况即使没有完整的 OD 表也可以进行模型参数的标定。因此，同增长系数法相比，综合法的应用范围更广些，但对于模型的标定有一定的难度，特别是介入机会模型和最大熵模型，在实际规划中不常使用。本书主要介绍增长系数法和重力模型法。

4.3.1 增长系数法

增长系数法是一种比较简单的预测方法，包括：常增长系数法、平均增长系数法、底特律（Detroit）法、弗雷德（Frator）法。

1. 增长系数法的思路

具体的增长系数法有多种，它们的基本思路相同，不同的是各自采用不同的增长系数。首先我们给出描述共同基本思路的算法，然后就不同的增长系数讨论各个具体的增长系数方法。

增长系数法的基本思路可用以下算法描述：

步骤1：用 q_{ij}^0 表现状分布量，P_i^0、A_j^0 表现状产生量、吸引量：P_i、A_j 为规划年产生量、吸引量的预测值，令 $k=0$。

步骤2：计算各分区第0次产生增长率、吸引增长率：

$$F_{pi}^0 = \frac{P_i}{P_i^0}, F_{aj}^0 = \frac{A_j}{A_j^0} \tag{4-13}$$

步骤3：设 $f(F_{gi}, F_{aj})$ 为增长函数，计算第（$k+1$）次预测值：

$$q_{ij}^{k+1} = q_{ij}^k \cdot f(F_{gi}^k, F_{aj}^k) \tag{4-14}$$

步骤4：检验预测结果：计算新的产生量和吸引量

$$P_i^{k+1} = \sum_j q_{ij}^{k+1}, \quad A_j^{k+1} = \sum_i q_{ij}^{k+1} \tag{4-15}$$

$$令 F_{pi}^{k+1} = \frac{P_i}{P_i^{k+1}}, \quad F_{aj}^{k+1} = \frac{A_j}{A_j^{k+1}} \tag{4-16}$$

在允许一定误差率（如3%）的前提下，对所有的 i 和 j 考察：$F_{pi}^k \approx 1, F_{aj}^k \approx 1$？若是，$q_{ij}^{k+1}$ 为之所求，令 $q_{ij} = q_{ij}^{k+1}$，停止；否则进行下一步骤迭代，令 $k=k+1$，转至步骤3继续。

2. 各种增长系数法

（1）常增长系数法

该方法认为：q_{ij} 的增长仅与 i 区的产生量增长率有关。增长函数为：

$$f_{常}(F_{pi}, F_{aj}) = F_{pi} = \frac{P_i}{P_i^0} \tag{4-17}$$

这种方法只单方面考虑产生量增长率对增长函数的影响，忽视了吸引量增长率的影响。由于产生量与吸引量的不对称性，因此这种方法的预测精度不高，是一种最粗糙的方法，有时甚至不能保证迭代过程一定能收敛。

（2）平均增长系数法

该方法认为：q_{ij} 的增长与 i 区产生量的增长及 j 分区吸引量的增长同时相关，而且相关的程度也相同，即：

$$f_{平}(F_{pi}, F_{aj}) = \frac{1}{2}(F_{pi} + F_{ai}) \tag{4-18}$$

此法明显比第一种方法合情理一些，这是一种最常用的方法。在实际运用时，因迭代步数较多，使计算速度稍慢，但有计算机帮忙也很好用。

（3）底特律（Detroit）法

该方法认为，q_{ij} 的增长与 i 分区产生量增长率 F_{pi} 呈正比，而且还与 j 分区吸引量增长占整个区域吸引量增长的相对比率呈正比。全区域在现年和规划年的吸引总量分别为

$\sum_j A_j^0$ 、$\sum_j A_j$ ，因此全区域的吸引量增长率为 $\sum_j A_j / \sum_j A_j^0$ 。于是 Detroit 增长函数为：

$$f_D(F_{pi}, F_{aj}) = F_{pi} \cdot \frac{F_{aj}}{Q/Q^0} = \frac{P_i}{P_i^0} \cdot \frac{A_j/A_j^0}{\sum_j A_j / \sum_j A_j^0} \tag{4-19}$$

该方法是在底特律市 1956 年规划首次被开发利用，收敛速度较快。

(4) 弗雷德（Frator）法

1954 年 Frator 提出了分别从产生区和吸引区两个角度分析计算 q_{ij}，然后平均的方法。

先从产生区考虑：

1）Frator 认为：q_{ij} 与 i 区出行量中 j 分区的“相对吸引增长率” b_{ij} 呈正比。由于规划年从 i 区产生的出行量中被分区 j 吸引去的出行量为 $q_{ij}^0 F_{aj}$ ，因此，这个相对吸引增长率为：

$$b_{ij} = \frac{q_{ij}^0 F_{aj}}{\sum_j q_{ij}^0 F_{aj}} \tag{4-20}$$

2）Frator 还认为：q_{ij} 也应与 i 分区规划年的产生量 $P_i (= P_{ij}^0 F_{ij}^0)$ 呈正比；

3）综上两点，得：

$$q_{ij}^{1'} = P_i \cdot b_{ij} = P_i^0 \cdot F_{pi}^0 \cdot \frac{q_{ij}^0 \cdot F_{aj}^0}{\sum_j q_{ij}^0 \cdot F_{aj}^0} \tag{4-21}$$

再从吸引区 j 分区的角度分析，同样，类似于以上三步，得：

$$q_{ij}^{1''} = A_j^0 \cdot F_{aj}^0 \cdot \frac{q_{ij}^0 \cdot F_{pi}^0}{\sum_j q_{ij}^0 \cdot F_{pi}^0} \tag{4-22}$$

由于上两式的 $q_{ij}^{1'}$、$q_{ij}^{1''}$ 是表示同一个量 q_{ij}^1 ，故预测值应取其平均值：

$$\begin{aligned} q_{ij}^1 &= \frac{1}{2}[q_{ij}^{1'} + q_{ij}^{1''}] = \frac{1}{2}\left[P_i^0 \cdot F_{pi}^0 \cdot \frac{q_{ij}^0 F_{aj}^0}{\sum_j q_{ij}^0 F_{aj}^0} + A_j^0 \cdot F_{aj}^0 \cdot \frac{q_{ij}^0 F_{pi}^0}{\sum_i q_{ij}^0 \cdot F_{pi}^0}\right] \\ &= \frac{F_{aj}^0 \cdot F_{pi}^0}{2} \cdot q_{ij}^0 \cdot \left[\frac{P_i^0}{\sum_j q_{ij}^0 \cdot F_{aj}^0} + \frac{A_j^0}{\sum_i q_{ij}^0 F_{pi}^0}\right] = q_{ij}^0 F_{pi}^0 \cdot F_{aj}^0 \cdot \frac{L_i^0 + L_j^0}{2} \end{aligned} \tag{4-23}$$

其中 $L_{pi}^k = \dfrac{P_i^k}{\sum_j q_{ij}^k F_{aj}^k}$、$L_{aj}^k = \dfrac{A_j^k}{\sum_i q_{ij}^k F_{pi}^k}$ 分别称为第 k 轮分区 i 的“产生位置系数”、分区 j 的“吸引位置系数”。

故 Frator 增长函数为：

$$f_F(F_{pi}^k, F_{aj}^k) = F_{pi}^k \cdot F_{aj}^k \cdot \frac{L_{pi}^k + L_{aj}^k}{2} \tag{4-24}$$

Frator 法的计算比较麻烦，但它的收敛速度快，应用还是比较广泛。

例 4-7 表 4-15 是一个只有四个分区的现状 PA 表，表 4-16 给出了规划年的各个分区的出行产生量和吸引量。试分别用平均增长系数法和弗雷德（Frator）法求出规划年 PA 矩阵。

现状 PA 表　　**表 4-15**

P \ A	1	2	3	小计
1	200	100	100	400
2	150	250	200	600
3	100	150	150	400
小计	450	500	450	1400

规划年产生量和吸引量　　**表 4-16**

P \ A	1	2	3	小计
1				1000
2				1000
3				1250
小计	1250	900	1100	3250

【解】(1) 平均增长系数法

用式（4-13）算得第 0 次的三个分区产生增长率 F_{pi}^{0} 分别为：2.500，1.667，3.125；三个分区的吸引量增长率 F_{aj}^{0} 分别为：2.778，1.800，2.444。从而，算得各个平均增长率［即增长函数 $f(F_{pi}^{0},F_{aj}^{0})$］，见表 4-17。由式（4-18）可得第 1 次迭代值见表 4-18。从表 4-18 可见，第 1 次迭代值的行和列的小计与表 4-15 中规划年的产生量、吸引量差别较大，故须进一步进行第 2 次迭代运算。一直进行了 6 次迭代运算后，得到的结果与表 4-16 中的值基本一致，收敛误差小于 1%。结果见表 4-19，所以此表即为所求的规划年出行分布预测结果。

平均增长系数法计算结果表　　**表 4-17**

$f(F_{pi}^{0},F_{aj}^{0})$	1	2	3
1	2.639	2.150	2.472
2	2.223	1.734	2.056
3	2.952	2.463	2.785

平均增长系数法第 1 次迭代结果　　**表 4-18**

P \ A	1	2	3	小计
1	525	215	250	990
2	335	435	410	1180
3	295	370	415	1080
小计	1155	1020	1075	3250

平均增长系数法第 6 次迭代结果 **表 4-19**

P \ A	1	2	3	小计
1	565	190	250	1005
2	310	330	360	1000
3	370	385	490	1245
小计	1245	905	1100	3250

（2）弗雷德（Frator）法

首先求第 0 次位置系数，结果见表 4-20，在此基础上，算得第 1 次迭代结果见表 4-21。与平均增长系数法的第 1 次迭代结果相比，此时的结果近似程度要高。实际上，用该法只须进行两次迭代，就可以求出满足收敛要求的结果，见表 4-22。

弗雷德（Frator）法第 0 次位置系数计算结果表 **表 4-20**

分区 \ L	产生位置系数 L_{pi}^{0}	吸引位置系数 L_{aj}^{0}
1	0.408	0.424
2	0.443	0.440
3	0.437	0.428

弗雷德（Frator）法第 1 次位置系数计算结果表 **表 4-21**

P \ A	1	2	3	小计
1	580	190	255	1025
2	300	330	355	985
3	375	370	495	1240
小计	1255	890	1105	3250

弗雷德（Frator）法第 2 次位置系数计算结果表 **表 4-22**

P \ A	1	2	3	小计
1	565	190	250	1005
2	305	340	355	1000
3	375	375	495	1245
小计	1245	905	1100	3250

可见与平均增长率法相比，弗雷德（Frator）法的收敛速度要快得多。

3. 增长系数法的优缺点

（1）优点

1）结构简单、实用，不需要交通小区之间的距离和时间。

2）可以适用于小时交通量或日交通量等的预测，也可以获得各种交通目的的 OD 交通量。

3）对于变化较小的 OD 表预测非常有效。

4）预测铁路车站间的 OD 分布非常有效。这时，一般仅增加部分 OD 表，然后将增加的部分 OD 表加到现状 OD 表上，求出将来 OD 表。

（2）缺点

1）必须有所有小区的 OD 交通量。

2）对象地区发生如下大规模变化时，该方法不适用：①将来的交通小区分区发生变化（有新开发区时）；②交通小区之间的行驶时间发生变化；③土地利用发生较大变化。

3）交通小区之间的交通量值较小时，存在如下问题：① 若现状交通量为零，那么将来预测值也为零；② 对于可靠性较低的 OD 交通量，将来的预测误差将被扩大。

4）因为预测结果因方法的不同而异，所以在选择计算方法时，需要先利用过去的 OD 表预测现状 OD 表，比较预测精度。

5）将来交通量仅用一个增长系数表示缺乏合理性。

4.3.2　重力模型法

重力模型法（Gravity Model）是一种最常用的方法，它根据牛顿的万有引力定律，即两物体间的引力与两物体的质量之积呈正比，而与它们之间距离的平方呈反比类推而成。

重力模型法预测出行分布考虑了两个交通小区的吸引强度和它们之间的阻力，认为两个交通小区的出行吸引与两个交通小区的出行产生量与吸引量呈正比，而与交通小区之间的交通阻抗呈反比。在用重力模型进行出行分布预测时，可采用以下几种模型。

1. 无约束重力模型

重力模型是 Casey1955 年提出的，当时是受物理学中牛顿万有引力定律的启发，其形式也很像万有引力公式，故因此而得名。最早的重力模型：

$$q_{ij} = K \cdot \frac{P_i \cdot P_j}{R_{ij}^2} \tag{4-25}$$

式中　q_{ij}——i、j 分区之间的出行量（i 为产生区，j 为吸引区）预测值；

$P_i \cdot P_j$——分别表示 i 小区和 j 小区的人口；

R_{ij}——两分区间的交通阻抗；

K——系数。

该模型在实际应用中发现也有较大的误差，后人将它改进为：

$$q_{ij} = K \cdot \frac{P_i^{\alpha} \cdot P_j^{\beta}}{R_{ij}^{\gamma}} \tag{4-26}$$

式中 α、β、γ、K 是待定系数，假定它们不随时间和地点而改变。据经验，α、β 取值范围 0.5～1.0，多数情况下，可取 $\alpha=\beta=1$。

交通阻抗 R_{ij} 可以是出行时间、距离、油耗等因素的综合，但大多数情况下，为了简便起见，只取其中某个主要指标作为交通阻抗，在城市交通中取时间的情况较多，而在某种方式的地区交通规划取距离的情况较多。

例 4-8　对例 4-7 的问题用引力式（4-26）进行出行分布预测，假定分区之间交通阻抗（时间）见表 4-23。

【解】 首先标定式（4-26）中的参数 γ、K。

用一元线性回归，$\ln t_{ij} - \ln P_iA_j = \ln k - \gamma \ln R_{ij}$。令 $Y=\ln q_{ij} - \ln(P_iA_j)$，$X=\ln R_{ij}$，$b_0=\ln K$，$b_1=-\gamma$。得：$Y=b_0+b_1X$。用一元线性回归方法求得：$b_0=-5.627$，$b_1=0.5224$，从而得 $K=0.0036$，$\gamma=-0.5224$。模型为：

$$q_{ij} = 0.0036 \cdot \frac{P_i \cdot A_j}{R_{ij}^{0.52}} \tag{4-27}$$

再用表 4-16 的 P_i、A_j 及表 4-23 的时间距离 R_{ij} 预测得见表 4-24 $[q_{ij}]$。

分区间的阻抗 R_{ij} **表 4-23**

	1	2	3
1	14	32	40
2	32	16	22
3	40	22	12

引力模型的计算结果 q_{ij} **表 4-24**

P \ A	1	2	3	小 计	原预测值
1	1134	534	581	2249	1000
2	742	766	794	2202	1000
3	826	812	1360	2998	1250
小计	2702	2115	2745	7449	
原预测值	1250	900	1100		3250

2. 单约束重力模型

通过例 4-7，我们发现无约束重力模型无法保证：

$$\sum_j q_{ij} = P_i \tag{4-28a}$$

$$\sum_i q_{ij} = A_j \tag{4-28b}$$

为了寻找满足式（4-28）的重力模型将式（4-26）带入式（4-28a），得：

$$\sum_j q_{ij} = \sum_j K \frac{P_iA_j}{R_{ij}^{\gamma}} = KP_i \sum_j \frac{A_j}{R_{ij}^{\gamma}} = P_i \tag{4-29}$$

从而得：

$$K = \frac{1}{\sum_j A_j / R_{ij}^{\gamma}} \tag{4-30}$$

对一般的阻抗函数 $f(R_{ij})$，式（4-30）就可写成：

$$K = \frac{1}{\sum_j A_j f(R_{ij})} \tag{4-31}$$

此时，有：

$$q_{ij} = K \cdot P_i \cdot A_j \cdot f(R_{ij}) = \frac{P_i \cdot A_j \cdot f(R_{ij})}{\sum_j A_j f(R_{ij})} \tag{4-32}$$

从而，PA 表的第 i 行元素相加，得：

$$\sum_j q_{ij} = P_i \cdot \sum_j \frac{A_j f(R_{ij})}{\sum_j A_j f(R_{ij})} = P_i \tag{4-33}$$

这样，使用式（4-31）的系数 K 后，预测得到的 PA 表每行 q_{ij} 相加，正好等于小计列的产生量 P_i，也就是说，通过式（4-31）定义的系数 K 就对分布量 q_{ij} 从行的角度进行了约束，因此式（4-31）所定义的 K 就叫"行约束系数"。但其结果仍不能保证 $\sum_i q_{ij} = A_j$。如果欲从列的角度进行约束，类似地，可以定义一个"列约束系数"：

$$K' = \frac{1}{\sum_j P_i f(R_{ij})} \tag{4-34}$$

引进了行约束系数或列约束系数的引力模型叫单约束重力模型。引进行约束系数后，重力模型变成：

$$q_{ij} = \frac{P_i \cdot A_j \cdot f(R_{ij})}{\sum A_j \cdot f(R_{ij})} \tag{4-35}$$

此模型的参数标定问题要比前面少一个参数，无须单独标定靠 K，只要标定 $f(R_{ij})$ 中的参数，因为只要它标定了，由式（4-31）可算出 K 来。

3. 双约束引力模型

同时引进行约束系数和列约束系数的引力模型叫双约束引力模型。双约束引力模型的形式是：

$$q_{ij} = K_i \cdot K'_j \cdot P_i \cdot A_j \cdot f(R_{ij}) \tag{4-36}$$

$$K_i = \left(\sum_j K'_j \cdot A_j \cdot f(R_{ij})\right)^{-1} (i = 1, \cdots\cdots, n) \tag{4-37}$$

$$K'_j = \left(\sum_i K_i \cdot P_i \cdot f(R_{ij})\right)^{-1} (j = 1, \cdots\cdots, n) \tag{4-38}$$

式中 K_i、K'_j 分别为行约束系数、列约束系数。

不难证明，式（4-36）的 $[q_{ij}]$ 同时满足行、列约束条件式（4-28）。下面是以 $f(R_{ij}) = R_{ij}^{-r}$ 为例的参数标定算法。

步骤 1：给参数 γ 取初值，可参照已建立该模型的类似城市的参数作为估计初值，此处令：$\gamma=1$。

步骤 2：用迭代法求约束系数 K_i、K'_j：

2-1：首先令各个列约束系数 $K'_j = 1 (j = 1, \cdots\cdots, n)$；

2-2：将各列约束系数 $K'_j (j = 1, \cdots, n)$ 代入式（4-37）求各个行约束系数 K_i；

2-3：再将求得的各个行约束系数 K_i（$i=1, \cdots, n$），代入式（4-38）求各个列约束系数 K'_j；

2-4：比较前后两批列约束系数，考察：它们的相对误差 $<3\%$？若是转至步骤 3；否则返回 2-2 步。

步骤 3：将求得的约束系数 K_i、K'_j 代入式（4-36），用现状 P_i、A_j 值求现状的理论分布表 $[\widehat{q_{ij}}]$。

步骤 4：计算现状实际 PA 分布表的平均交通阻抗 $\overline{R} = \frac{1}{Q} \cdot \sum_i \sum_j q_{ij} R_{ij}$；再计算理论

分布表的平均交通阻抗：$\hat{\bar{R}} = \frac{\sum_i \sum_j \hat{q}_{ij} \cdot R_{ij}}{Q}$。求两者之间相对误差 δ。

当 | δ | <3%，接受关于 γ 值得假设，否则执行下一步。

步骤 5：当 $\delta < 0$，即 $\hat{\bar{R}} < \bar{R}$，这说明理论分布量小于实际分布量，这是因为参数 γ 太大的缘故，因此应该减少 γ 值，令 $\gamma = \gamma/2$；反之增加 γ 值，令 $\gamma = 2\gamma$。返回步骤 2。

在式（4-36）时中，有两批参数需要标定：约束系数 K_i、K'_j 和 $f(R_{ij})$ 中的参数。在算法中用了两层循环，步骤 2 是内循环，任务是求 K_i、K'_j；外循环的任务是标定 $f(R_{ij})$ 中的参数。都是采用试算法。

下面是一个参数标定实例，在此例中，产生区吸引区是不同的，两者的数目也不同。

例 4-9 有 2 个居住区（1、2 号，作为出行产生区）和 3 个就业分区（3、4、5 号，作为出行吸引区），它们的现状分布表和作为阻抗的出行阻抗表 $[R_{ij}]$，见表 4-25，求其双约束引力模型：

$$q_{ij} = K_i \cdot K'_j \cdot P_i \cdot A_j \cdot R_{ij}^{-\gamma} \tag{4-39}$$

$$K_i = \left(\sum K'_j \cdot A_j \cdot R_{ij}^{-\gamma}\right)^{-1} \tag{4-40}$$

$$K'_j = \left(\sum K_i \cdot P_i \cdot R_{ij}^{-\gamma}\right)^{-1} \tag{4-41}$$

例 4-9 的现状分布表和出行阻抗表 **表 4-25**

现状 PA 出行分布量					交通阻抗 R_{ij}			
P \ A	3	4	5	小计	P \ A	3	4	5
1	150	100	50	300	1	3	2	5
2	400	100	200	700	2	3	5	4
小计	550	200	250	1000				

【解】

第一步：给参数 γ 取初值，令：$\gamma = 1$。

第二步：用迭代法求约束系数 K_i、K'_j。

首先，令列约束系数 $K'_3 = K'_4 = K'_5 = 1$ 代入式（4-40）求两个行约束系数：

$$K_1 = \left[\frac{1 \times 550}{3} + \frac{1 \times 200}{2} + \frac{1 \times 250}{5}\right]^{-1} = 0.003, K_2 = 0.003499$$

再将求得的 K_1、K_2 代入式（4-41）中求 K'_3、K'_4、K'_5：

$$K'_3 = \left[\frac{0.003 \times 300}{3} + \frac{0.03499 \times 700}{3}\right]^{-1} = 0.8958, K'_4 = 1.0640, K_5 = 1.2621$$

至此第一遍迭代完。再将新的 K'_j（$j=3$，4，5）值代入式（4-40）求第二遍迭代值 K_i：

$$K_1 = \left[\frac{0.8958 \times 550}{3} + \frac{1.064 \times 200}{2} + \frac{1.2621 \times 250}{5}\right]^{-1} = 0.002996, K_2 = 0.003501$$

由新的 K_1、K_2 求 $K'_3 = K'_4 = K'_5$：

$$K'_3 = 0.8957, K'_4 = 1.0643, K'_5 = 1.2618$$

第二遍迭代结束。再进行第三遍迭代，求得 $K_1 = 0.002996$，$K_2 = 0.003501$。它们与第二遍的完全相同（其实只要相对误差小于 3%即可）迭代达到收敛，停止迭代。得：在 $\gamma = 1$ 的前提下，$K_1 = 0.002996$，$K_2 = 0.003501$；

第三步：把以上参数代入式（4-39），根据现状 P_i、A_j 值可算得现状分布理论值：

$$\widehat{q_{13}} = \frac{K_1 \cdot K'_3 \cdot P_1 \cdot A_j}{R_{13}} = \frac{0.002996 \times 0.8957 \times 300 \times 500}{3} = 147.6$$

其他结果见表 4-26。从表 4-26 可见 $\widehat{q_{ij}}$ 虽不一定等于 q_{ij}，但 $\widehat{P_i} = P_i, \widehat{A_j} = A_j$。

第四步：检验。考察 $\widehat{q_{ij}}$ 与 q_{ij} 的相差程度。

针对现状实际 PA 表的理论分布表求各自的平均交通阻抗：

$$\overline{R} = \frac{150 \times 3 + 100 \times 2 + 50 \times 5 + 400 \times 3 + 100 \times 5 + 200 \times 4}{1000} = 3.4, \ \widehat{\overline{R}} = 3.3996$$

因 $\dfrac{|\overline{R} - \widehat{\overline{R}}|}{\overline{R}} < 3\%$，可认为 $\gamma = 1$ 可接受。

例 4-9 的理论分布表　　　　**表 4-26**

P \ A	3	4	5	$\widehat{P_i}$
1	147.6	95.7	56.7	300.0
2	402.4	104.3	193.3	700.0
$\widehat{A_j}$	550.0	200.0	250.0	1000.0

4. 重力模型法的优缺点

（1）优点

1）直观上容易理解。

2）能考虑路网的变化和土地利用对人们的出行产生的影响。

3）特定交通小区之间的 OD 交通量为零时，也能预测。

4）能比较敏感地反映交通小区之间行驶时间变化的情况。

（2）缺点

1）模型尽管能考虑到路网的变化和土地利用对出行的影响，但缺乏对人的出行行为的分析，跟实际情况存在一定的偏差。

2）一般而言，人们的出行距离分布在全区域并非为定值，而重力模型将其视为定值。

3）交通小区之间的行驶时间因交通方式和时间段的不同而异，而重力模型使用了同一时间。

4）求交通小区内部交通量时的行驶时间难以给出。

5）交通小区之间的距离小时，有夸大预测的可能性。

6）利用最小二乘法标定的重力模型计算出的交通分布量必须借助于其他方法进行收敛计算。

4.4 交通方式划分

4.4.1 概述

交通方式划分是四阶段法中的第三阶段。在人们的日常生活中，经过各种交通方式的组合完成一天的工作和生活。因此各种交通方式之间有着很强的相互关系，离开了对这种关系的讨论，交通规划就难于成立。所谓交通方式划分（Modal Split），就是出行者出行时选择交通工具的比例，它以居民出行调查数据为基础，研究人们出行时的交通方式选择行为，建立模型，从而预测基础设施或交通服务水平等条件变化时，交通方式间交通需求的变化。

交通方式划分模型的建模思路有两种：其一是在假设历史的变化情况将来继续延续下去的前提下，研究交通需求的变化；其二是从城市规划的角度，为了实现所期望的交通方式划分，如何通过改扩建各种交通设施引导人们的出行，以及如何制定各种交通管理规则等。新交通方式（新型道路运输工具、轨道交通等）的交通需求预测问题属于后者，其难点在于如何量化出行行为选择因素及其具体应用。

交通方式预测方法主要有转移曲线法、重力模型转换模型、回归模型、非集计模型以及其他一些实用方法。本节主要介绍转移曲线法和非集计模型。

1. 交通方式划分方法

（1）多层或单层划分

可以从不同的角度对交通方式进行划分。从结构层次来看，可分为多层划分和单层划分。以城市交通的人员出行为例，可作以下划分：

1）多层划分（二者选一）

- 全方式
  - 非机动
    - 步行
    - 自行车
  - 机动车
    - 个人机动交通
      - 摩托、助动车
      - 小汽车（含出租车）
    - 公共交通
      - 普通公交（公共汽、电车）
      - 轨道交通（地铁、轻轨等）

2）单层划分（多者选一）

将上述六种基本（最低层）方式——步行、自行车、摩托车（含助动车）、普通公交、轨道交通——作为选择对象。

（2）根据服务提供者划分

有时为了问题简化，或从具体问题的需要出发，也从提供交通方式的直接服务者来划分交通方式。如以城市交通的人员出行为例，可归结为两种：公交方式——直接服务者是公交公司，非公交方式——直接服务者是道路部门。我国目前进行的交通方式划分大多采用这种划分办法，简单粗略地分为：公共交通和个人交通两种方式。

- 全方式
  - 公共交通
    - 公共汽、电车
    - 城市轨道交通（地铁、轻轨等）
  - 个人交通
    - 私人交通 —— 步行、自行车、私家车、单位车
    - 出租车

2. 影响出行方式选择的因素

不同国家或地区因实际情况千差万别，出行者的出行方式选择的比例结构也就不同，也就是说，影响出行方式划分的因素因国家而异。就我国的实际情况而言，城市交通中，影响人员出行方式选择的主要因素有11项，这些因素是可归纳为三个方面的特性。

（1）出行者或分区特性

1）家庭车辆拥有情况。主要指自行车、助动车、摩托，以后将会要加入小汽车，如以分区为分析单位时，则应取车辆拥有量的平均值，下同。

2）出行者年龄。不同年龄阶段的出行者偏好于不同的交通工具，如老人、小孩偏好于公共交通，而较少骑车。

3）收入。高收入者偏向于坐出租车，而低收入者偏向于公共交通或骑自行车。

4）分区的可达性。包括两个方面：道路密度、公交网密度。

（2）出行特性

1）出行目的。上班、上学偏向于公交车，购物、社交等偏向于出租车或私人交通。

2）出行距离。近者偏向于步行和非机动车。

（3）交通设施的服务水平

1）费用。对公共交通，指车票；对个人交通，指汽油费、车耗等。

2）时间。含坐车、等车、转车以及上下车前后、换乘步行的时间。从这个角度来说，具有门对门特点个人交通优于公共交通。

3）舒适度。包含坐与站的区别，以及坐椅的舒适程度、站立的宽松程度。

4）可靠性。指车辆到离站的准时性，显然准时准点的轨道交通优于一般公共汽车。

5）安全性。

城市交通中，货物出行基本上都是使用汽车，因此这一般不存在方式划分问题。

大交通中，影响人员出行的因素基本上是上述11项因素中的后9项，因为目前我国居民很少有私人小汽车，在长途出行时几乎不用私人交通方式；另外，出行者的年龄对长途出行交通工具的选择也没有什么影响。所以，前两项（家庭车辆拥有情况与出行者年龄）不作为影响因素。在余下的9项中，具体的内容与城市交通也有所区别。如分区的可达性，对大交通而言，就是指一个分区是否有铁路及车站、是否有航线及机场、是否有航道及码头等。

大交通中，货物出行也存在方式划分问题。影响货物出行方式划分的因素有：

1）货物的类型，如：笨重类（煤炭、矿石、钢铁、粮食、木材、建材、机械等），一般工业产品类，特殊类（危险品、冷藏品、鲜活品、贵重品）。

2）分区的可达性。

3）出行特性，主要是指出行距离和起讫点之间是否有陆路连通。

4）交通运输设施的服务水平，主要是指费用、时间和安全性。不同类型货物对这三个指标的要求程度各不相同，例如笨重类货物对安全性要求不高，而特殊类货物对安全性

的要求就较高；又如鲜活货物对时间要求很高。

3. 方式划分方法

最早的交通规划理论没有研究交通方式划分，只研究交通发生、交通分布、交通分配。20 世纪 60 年代中叶，由日本学者首先提出方式划分问题。早期主要从集计的角度研究该问题，20 世纪 70 年代以来，以 McFadden 为代表的一批学者将经济学中的效用理论引用过来，并以概率论为理论基础，从非集计的角度对方式划分问题展开了研究。相比而言，方式划分的集计模型比较简单，而非集计模型要复杂得多，直到目前为止，非集计模型仍是一个研究热点。

所谓的集计方法，就是以一批出行者作为分析对象，将有关他们的调查数据先作统计处理，得出平均意义上的量，然后对这些量作进一步的分析和研究，交通发生、交通分布都属于集计模型。而非集计模型则是以单个出行者作为分析对象，充分利用每个调查样本的数据，求出描述个体行为的概率值。相对于集计方法，非集计方法要求样本小、预测精度高、模型复杂。

4.4.2 转移曲线法

转移曲线是根据大量的调查统计资料绘出的各种交通方式的分担率与其影响因素之间的关系曲线。较为简单、直观的交通方式预测是用转移曲线诸模图。

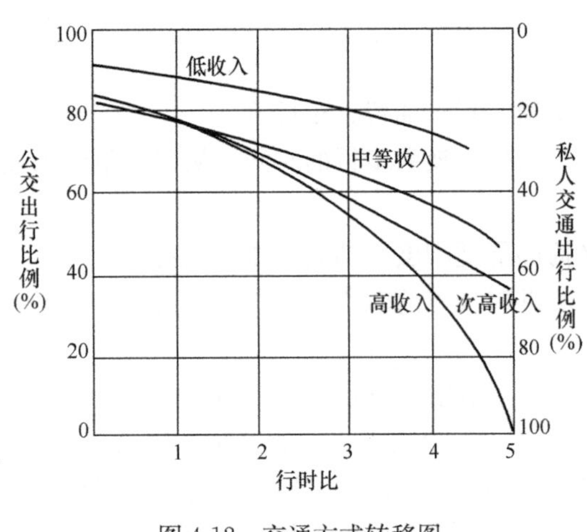

图 4-12　交通方式转移图

例如图 4-12 是美国运输研究公司建立的华盛顿公共交通与私人交通分担率的转移曲线之一，考虑了出行者的经济条件（按收入分为五个等级）、出行目的（分为工作、非工作、上学）两种方式所需行程时间的比例（称为行时比）、两种方式所需费用的比值（称为费用比）、两种方式非乘车所耗时间的比值（称为服务比）五个影响因素。该曲线的服务比为 1.25，费用比为 0.25，出行目的为高峰小时出行。

转移曲线法是目前国外广泛使用的交通方式分担预测方法，在国外交通方式较为单一、影响因素相对较少的情况下，该方法使用简单、方便，应用效果较好。在我国交通方式众多、影响因素复杂的情况下，绘制出全面反映各交通方式之间转移关系的转移曲线，其工作量巨大，且资料收集较为困难。同时，由于它是根据现状调查资料绘出的，只能反映相关因素变化相对较小的情况，即超过现状调查所反映的范围不能较大。这使得该方法的应用受到一定限制。

4.4.3 非集合 Logit 模型

非集合 Logit 模型是建立在消费者选择的经济目标是追求效用极大化这一理论的基础之上。在经济学中，效用是指人们从消费选择中获得的愉快，或者需要的满足。非集合行为模型假设出行者是交通行为意志决定的最基本单位。选择模型的基础函数是基于某人在特定的选择状况下，选择其所认知到的选择方案（Alternative）中效用（Utility）最大的方案的理论建立的。并且认为：选择某方案的效用因该方案所具有的特性和某出行者的属性（如年龄、性别、职业等）而异。具体地说，就是考虑到费用、时间等交通方式的服务特性，出行者的年龄、职业、收入等社会经济特性以及出行目的、出行时间带等出行特性等与交通行为有关的特性将对效用函数产生影响。

多项 Logit 模型的一般式如下：

$$P_{in} = \frac{e^{V_{in}}}{\sum_{j \in A_n} e^{V_{jn}}} \tag{4-42}$$

式中　P_{in}——出行者 n 选择交通方式 i 的概率；

A_n——出行者交通方式选择方案集合；

V_{in}——出行者 n 选择交通方式 i 的效用的固定项；

V_{jn}——出行者 n 选择交通方式 j 的效用的固定项。

多项 Logit 模型具有如下性质：

$$0 \leqslant P_{in} \leqslant 1, \ i \in A_n \tag{4-43}$$

$$\sum_{i \in A_n} P_{in} = 1 \tag{4-44}$$

当选择方案仅有两个时的二项 Binary Logit（BL）模型的形式如下：

$$P_{1n} = \frac{1}{1 + e^{(V_{2n} - V_{1n})}} \text{ 或 } P_{1n} = \frac{e^{V_{1n}}}{e^{V_{1n}} + e^{V_{2n}}} \tag{4-45}$$

$$P_{2n} = 1 - P_{1n} \tag{4-46}$$

二项选择模型就是给出在两个选择方案中，选择其一的概率模型。二项选择的实际例子有：选择私人轿车或公共交通工具，购买住宅或放弃，报考研究生或直接参加工作，在某特定的地区开设工厂或放弃，生孩子或放弃，投票或弃权等。

效用函数 V_{in} 中包含有多种变量。其中较为的重要变量有：表示选择方案 i 的特性的变量和表示出行者 n 的特性的变量，这些统称为特性变量。前者包括交通方式所需的时间、费用等，后者包括家庭的构成、职业、收入等。通常，最简单而且最常用的形式为：

$$V_{in} = \theta' X_{in} = \sum_{K=1}^{K} \theta_k X_{ink} \tag{4-47}$$

式中　X_{ink}——出行者 n 的第 i 个交通方式选择的第 k 个特性变量；

X_{in}——出行者 n 的选择方案 i 的特性向量，$X_{in} = [X_{in1}, \cdots\cdots, X_{ink}]$；

K——特性变量的个数；

θ_k——第 k 特性变量的参数；

θ'——参数向量，$\theta' = [\theta_1, \cdots\cdots, \theta_k]'$。

4.4.4　交通方式预测实用方法

各种方法都有其特点和适用范围，在我国复杂的交通方式结构情况下，对不同特点的不同种类交通方式可采用不同的预测方法。根据各种交通方式的特点，交通方式可分为自由类、条件类和竞争类三种，三类交通方式有不同的影响因素和分担规律。因此应采用不同的模型、方法对其进行预测。

1. 自由类交通方式及其预测方法

这类交通方式主要是指步行交通，只要人们的身体条件许可，均可自由选择步行作为其出行方式。

影响人们选择步行出行方式的因素主要是出行目的、出行距离以及气候条件等，人们一般不会因为考虑经济而不得不采用步行。

因此，只要建立起步行与出行目的、出行距离这两个主要因素之间的关系，即可进行步行方式预测。

2. 条件类交通方式及其预测方法

这类交通方式主要是指单位小汽车、单位大客车、私人小汽车、摩托车等交通方式，人们不能自由选择这类交通方式，只能对特定的人员、特定的目的才可以选择这类交通方式，其基本条件是必须拥有相应的交通工具。

影响选择这类交通方式的外在因素主要是有关政策和社会、经济的发展水平，内在因素包括车辆拥有量、出行目的以及出行距离等。

按照这类方式的影响因素，可以认为其出行占各种交通方式的总比例取决于其车辆的拥有量，而在一定的出行总比例下，各交通区之间的分配比例则取决于交通区之间的出行目的结构和出行距离。因此，对这类交通方式的预测可采用先预测车辆的拥有量，再预测其出行总比例，最后预测各交通区之间的出行比例的程序。

3. 竞争类交通方式及其预测方法

这类交通方式包括自行车、出租车、公共汽车、地铁等，人们对它们的选择是通过比较其便利程度确定。

影响人们对这类交通方式选择的外在因素主要包括交通政策、地理环境等；内在因素则主要包括出行时间、交通费用、舒适程度、生活水平等。

对这类交通方式，只要建立起交通方式选择与其内在因素之间的关系模型，通过考虑外在因素对内在因素的影响，即可对这类交通方式进行预测。而前述非集计模型、重力模型转换型正是这种关系模型，所以，这类交通方式预测可利用这几种模型进行。影响这类交通方式的内在因素即是构成其交通阻抗的因素。在这些因素中，交通时间、费用等均可直接定量，生活水平可采用人均国民收入等指标，但舒适程度、方便程度等则需设法用定量指标表示，其确定方法可采用专家评议或直接调查用户。同时各种交通方式的各项有关阻抗因素的确定应考虑从交通起点到终点的整个交通过程，例如城市公共交通方式的交通时间应考虑从起点交通区重心到公交车站的步行时间、乘车时间以及从终点公交车站到终点交通区重心的步行时间等。

4. 简化预测方法

上述三类交通方式中，竞争类交通方式在理论上有诸多模型，但这些模型的使用必须首先有较合适的交通阻抗关系模型，而这种关系模型的建立是不易的，因此，还需有一种更为简单实用的方法。

（1）自由类交通方式

如上所述，只要我们建立起步行与出行目的和出行距离两个因素之间的关系，即可进行步行方式预测。而这种关系可根据居民出行调查等资料统计得出。

（2）条件类及竞争类交通方式预测

如上所述，这两类方式的影响因素是有区别的，但从实用简化的角度出发，从宏观上考虑，影响人们选择这些方式的因素均可分为宏观因素和微观因素两类。宏观因素如社会经济发展水平、车辆拥有量、交通政策等，而不同的方式可能有不同的宏观因素。微观因素则一般均为出行目的和出行距离。宏观因素决定了出行方式的总结构，而微观因素则决定着各交通区间出行的具体选择。因此，对这些出行方式的预测可采用先考虑宏观因素预测其总比例，再考虑微观因素预测各交通区间出行方式的分担率的方法。

（3）出行总比例预测

如前所述，对于条件类方式的出行总比例主要取决于供给，即相应的车辆拥有状况。对于竞争类交通方式，其出行总比例的确定可分为两种情况：一是主要取决于需求，如出租车等。在市场经济的环境下，其发展主要取决于需求，也即社会经济的发展速度、人们的经济条件。因此，对这种交通方式的出行总比例预测一是可根据有关的社会经济发展目标，结合其发展的实际状况，通过综合分析，利用有关预测方法进行；二是主要取决于有关的发展政策，如公交车等，对这种交通方式的出行总比例可按照有关的发展策略，根据已有基础进行规划确定。

（4）各交通区间的出行比例预测

如前所述，各交通区间某种出行方式的出行比例取决于该出行方式的总比例、出行目的结构和出行距离，通过分析假定，可建立起相应的预测模型，然后利用模型并根据出行调查的资料统计分析，拟合建立现状关系曲线，即可进行预测。

4.5　交通分配

在传统交通规划中交通分配是四阶段交通预测的最后一步，在现代交通规划中它是方案设计的理论基础。最优化理论、图论、计算机技术的发展，为交通分配模型和算法的研究和开发提供了坚实的基础。所谓交通分配是指将各分区之间出行分布量分配到交通网络的各条边上去的工作过程。

4.5.1　基本概念

1. 路径与最短路径

（1）路段：交通网络上相邻两个节点之间的交通线路称作“路段”。

（2）路径：交通网络上任意一对PA点之间，从产生点到吸引点一串连通的路段的有序排列叫作这对PA点之间的路径。一对PA点之间可以有多条路径。

（3）最短路径：一对PA点之间的路径中总阻抗最小的路径叫“最短路径”。一对PA点之间的最短路径也可能不只一条，用$M(r, s)$表示点对(r, s)间的最小阻抗。最短路径和最小阻抗的求法是这个交通分配的基本问题，它们的求法将在后面专门讨论。

2. 交通阻抗

交通阻抗是指交通网络上路段或路径之间的运行距离、时间、费用、舒适度，或这些因素的综合。具体到不同交通网络其含义随人们的关注点不同而有所偏重，或为了简单起见，干脆单指其中某个因素。如对城市道路网一般指出行时间，对公路网较多地指距离。

交通阻抗由两部分组成：路段上的阻抗和节点处的阻抗。

（1）路段上的阻抗

在诸多交通阻抗因素中，时间因素是最主要的。对于单种交通网络，出行者在进行路径选择时，一般都是以时间最短为目标。有些交通网络，路段上的走行时间与距离呈正比，与路段上的流量无关，如城市轨道交通网。此时用时间或距离作为阻抗是等价的，为量测方便起见，选用路段的距离较好。有些交通网络，路段上的走行时间与距离不一定呈正比，与路段上的交通流量有关，如公路网、城市道路网。此时就选用时间作为阻抗。这类走行时间与距离、流量的关系比较复杂，本书以公路网为例，重点研究这类时间阻抗。

车辆在公路路段上所需走行时间是随着该路段上交通流量的增加而增加，其走行时间与交通流量的关系可表达为：

$$t_a = f(q_a) \tag{4-48}$$

式中 t_a——路段 a 的所需时间；

q_a——路段 a 上通过的交通流量。

对于公路走行时间函数的研究，既有通过实测数据进行回归分析的，也有进行理论研究的。其中被广泛应用的是由美国道路局（BPR-Bureau of Public Road）开发的函数，被称为 BPR 函数，形式为：

$$t_a(q_a) = t_a(0)\left[1+\alpha\left(\frac{q_a}{\mathrm{e}_a}\right)^{\beta}\right] \tag{4-49}$$

式中 e_a——路段 a 的交通容量，即单位时间里可通过的最大车辆数；

$t_a(0)$——道路 a 上的平均车辆自由走行时间；

α 、β——待标定的参数，BPR 建议取：$\alpha=0.15$，$\beta=4$，也可有实际数据用回归分析求得。

（2）节点处的阻抗

车辆在节点处也是要花费或多或少时间代价的，如机动车在城市道路信号灯交叉口等待绿灯。节点处的阻抗可分为两类：

不分流向类——在某个节点各流向的阻抗基本相同，或者没有明显的规律性的分流向差别。对这类问题比较好处理，其总阻抗可以用下式表示：

$$t_{ij} = d_{ij} + y_j \tag{4-50}$$

式中 t_{ij}——车辆在相邻交叉口 i、j 所花的总时间；

d_{ij}——车辆在路段上（i，j）的行驶时间；

y_j——车辆在节点的延误。

分流向类——不同流向的阻抗不同，且一般服从某种规律。车辆在城市道路的交叉口一般有三个流向：直行、左转、右转，所延误的时间差别明显，且一般服从规律：右转＜直行＜左转。

4.5.2 平衡分配方法

对于交通分配，国内外均进行过较多的研究，数学规划方法、图论方法以及计算机技术的发展，为合理的交通分配模型的研制及应用提供了坚实的基础。国际上通常将交通分配方法分为平衡模型与非平衡模型两大类，并以 Wardrop 第一原理、Wardrop 第二原理为划分依据。

Wardrop 第一原理指出：网络上的交通以这样一种方式分布，就是使所有使用的路线都比没有使用的路线费用小。Wardrop 第二原理认为：车辆在网络上的分布，使得网络上所有车辆的总出行时间最小。

如果交通分配模型满足 Wardrop 第一、第二原理，则该模型为平衡模型，而且，满足第一原理的称为用户平衡分配模型（User-Optimized Equilibrium），满足第二原理的称为系统最优分配模型（Syetem-Optimized Equilibrium）。如果交通分配模型不使用 Wardrop 原理，而是采用了模拟方法，则该模型为非平衡模型。

1. 用户平衡分配模型

满足 Wardrop 第一原理的交通分配模型称为用户平衡模型，1956 年由 Beckmann 提出了一种满足 Wardrop 第一原理的数学规划模型，正是这个模型奠定了研究平衡分配方法的基础。后来的许多分配模型都是在 Beckmann 模型的基础上扩展得到的。下面简要介绍 Beckmannde 用户平衡分配模型。

Beckmannde 用户平衡分配模型的基本思想：在交通网络达到平衡时，所有被利用的路径具有相等而且最小的阻抗，未被利用的路径与其具有相等或更大的阻抗。其模型的核心是交通网络中的用户都试图选择最短路径，而最终使被选择的路径的阻抗最小且相等。

Beckmannde 提出的数学规划模型是：

$$\min Z(X) = \sum_a \int_0^{x_a} t_a(w)\mathrm{d}w \tag{4-51}$$

$$s.t. \qquad \sum_k f_k^{rs} = q_{rs}, \ \forall r,s$$

$$f_k^{rs} \geqslant 0, \ \forall r,s \tag{4-52}$$

$$x_a = \sum_{r,s}\sum_k f_k^{rs}\delta_{a,k}^{rs} \quad \forall a \tag{4-53}$$

式中　x_a——路段 a 上的交通量；

t_a——路段 a 的交通阻抗；

$t_a(w)$——路段 a 的以交通量为自变量的交通阻抗函数；

f_k^{rs}——点对（r，s）间第 k 条路径的交通流量；

$\delta_{a,k}^{rs}$——路段—路径相关变量，$\delta_{a,k}^{rs} = \begin{cases} 1, \text{如果路段 } a \text{ 在}(r,s)\text{间的第 } k \text{ 条路径上} \\ 0, \text{其他情况} \end{cases}$；

q_{rs}——点对（r，s）之间的 OD 量。

模型中约束条件（4-52）是“出行量守恒”，即任意点对间的出行分布量等于它们之间各路径上流量之和。

2. 系统最优分配模型

系统最优原理比较容易用数学模型表示，其目标函数是网络中所有用户总的阻抗最小，约束条件与用户平衡分配模型相同。

$$\min \widetilde{Z}(X) = \sum_a x_a t_a(x_a) \tag{4-54}$$

$$s.t. \qquad \sum_k f_k^{rs} = q_{rs}, \ \forall r,s$$

$$f_k^{rs} \geqslant 0, \ \forall r,s,k \tag{4-55}$$

$$x_a = \sum_{r,s} \sum_{k} f_k^{rs} \delta_{a,k}^{rs} \ \forall a \tag{4-56}$$

式中，变量含义同式（4-51）、式（4-52）、式（4-53）。该模型称为系统最优分配模型，可简写为 SO（System Optimization）。相应的，Beckmann 模型简写为 UE（User Equilibrium）。

4.5.3 非平衡分配方法

非平衡模型具有结果简单、概念明确、计算简便等优点，因此在实际工程中得到了广泛的应用。非平衡模型根据其分配手段可分为无迭代和有迭代两类，就其分配形态可分为单路径与多路径两类。具体非平衡模型可分为表 4-27 所列的四类形式。

非平衡模型分类 表 4-27

分配手段 / 形态	无迭代分配方法	有迭代分配方法
单路径型	最短路（全有全无）分配	容量限制分配
多路径型	多路径分配	容量限制-多路径分配

1. 最短路交通分配方法

最短路交通分配是一种静态的交通分配方法。在该分配方法中，取路权为常数，即假设车辆的平均行驶车速不受交通负荷的影响。每一 OD 点对的 OD 量被全部分配在连接该 OD 点对的最短线路上，其他道路上分配不到交通量。

这种分配方法的优点是计算相当简便，其致命缺点是出行量分布不均匀，出行量全部集中在最短路上。这种分配方法是其他各种交通分配方法的基础。

由于在最短路分配过程中，每一 OD 点对的 OD 量被全部分配在连接该 OD 点对的最短线路上，因此通常采用最短路分配方法确定道路交通的主流向。图 4-13 为最短路分配方法流程图。

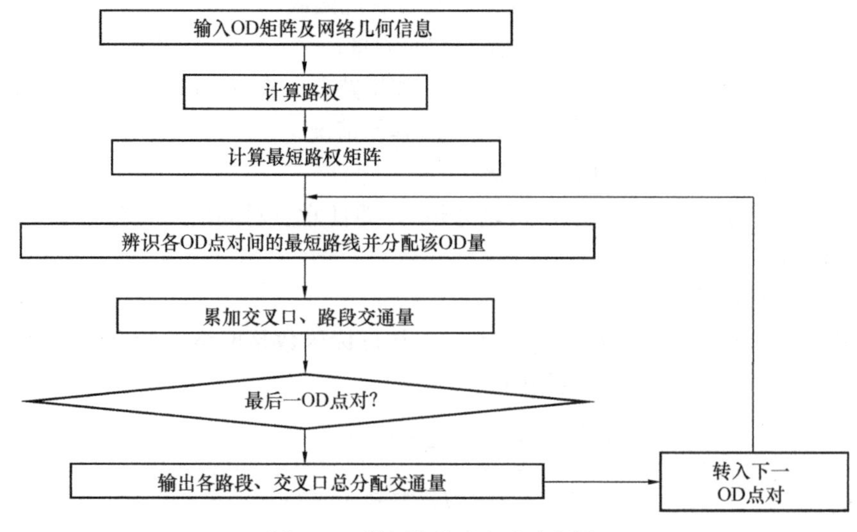

图 4-13 最短路分配方法流程图

例 4-10 在图 4-14 所示的交通网络中，交通节点 1、3、7、9 分别为 A、B、C、D 四个交通区的作用点，四个交通区的出行 OD 矩阵如表 4-28。试用最短路法分配该 OD 矩阵。

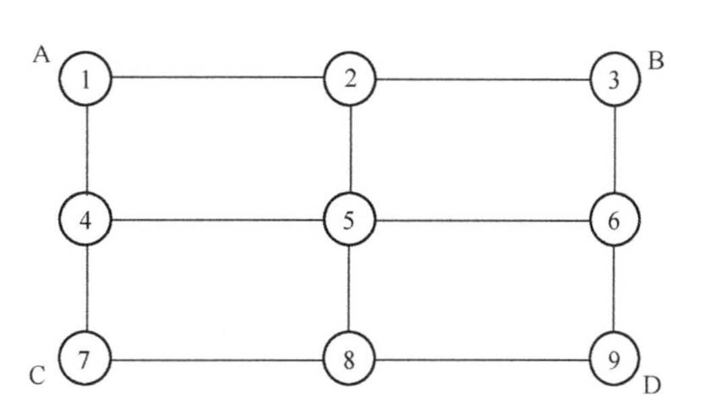

图 4-14 交通分配网络

【解】（1）确定路段行驶时间

用最短路法分配交通量时，首先要确定路段行驶时间 $t(i, j)$，在该法中取行驶时间 $t(i, j)$ 为常数。对于现状网络的交通分配，可根据现状网络的实测路段车速与路段长度确定；对于规划网络的交通分配，可根据路段设计车速确定行驶时间。在本例中确定的路段行驶时间 $t(i, j)$ 见图 4-15。

OD 矩阵（单位：辆/h） **表 4-28**

起点＼终点	A	B	C	D
A	0	200	200	500
B	200	0	500	100
C	200	500	0	250
D	500	100	250	0

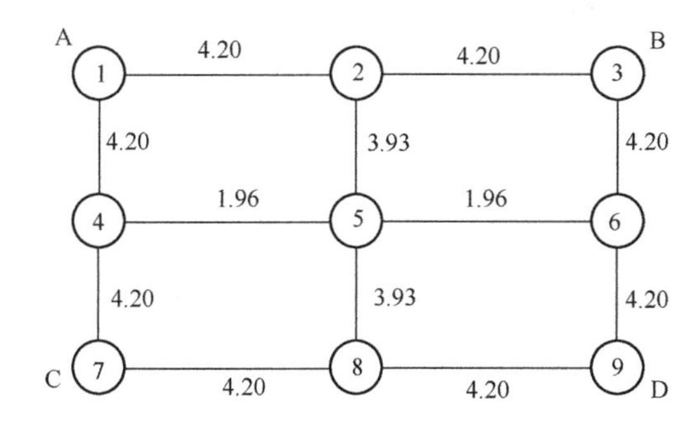

图 4-15 路段行驶时间（单位：min）

（2）确定最短路线

各 OD 量作用点间的最短路线可用寻找最短路的各种方法确定，最短路线见表 4-29。

短路线表 **表 4-29**

OD 点对	最短路线节点号	OD 点对	最短路线节点号
A-B	1-2-3	C-A	7-4-1
A-C	1-4-7	C-B	7-4-5-6-3
A-D	1-4-5-6-9	C-D	7-8-9
B-A	3-2-1	D-A	9-6-5-4-1
B-C	3-6-5-4-7	D-B	9-6-3
B-D	3-6-9	D-C	9-8-7

（3）分配 OD 量

将各 OD 点对的 OD 量分配到该 OD 点对相对应的最短路线上，并进行累加，得到如图 4-16 所示的分配结果。

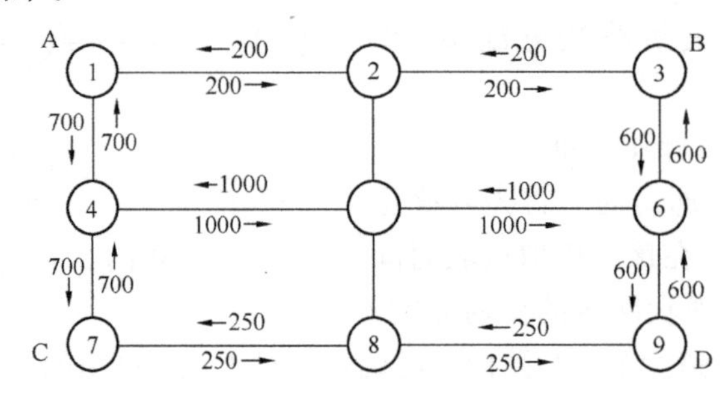

图 4-16　分配交通量（单位：辆/h）

2. 容量限制交通分配方法

容量限制交通分配是一种动态交通分配方法，它考虑了路权与交通负荷之间的关系，即考虑了道路通行能力的限制，比较符合实际情况，该方法在国际上比较通用。

采用容量限制分配模型分配出行量时，需先将 OD 表中的每一 OD 量分解成 K 部分，即将原 OD 表（$n \times n$ 阶，n 为出行发生、吸引点个数）分解成 K 个 OD 分表（$n \times n$ 阶），然后分 K 次用最短路分配模型分配 OD 量，每次分配一个 OD 分表，并且每分配一次，路权修正一次，路权采用路阻函数修正，直到把 K 个 OD 分表全部分配在网络上，分配过程如图 4-17 所示。

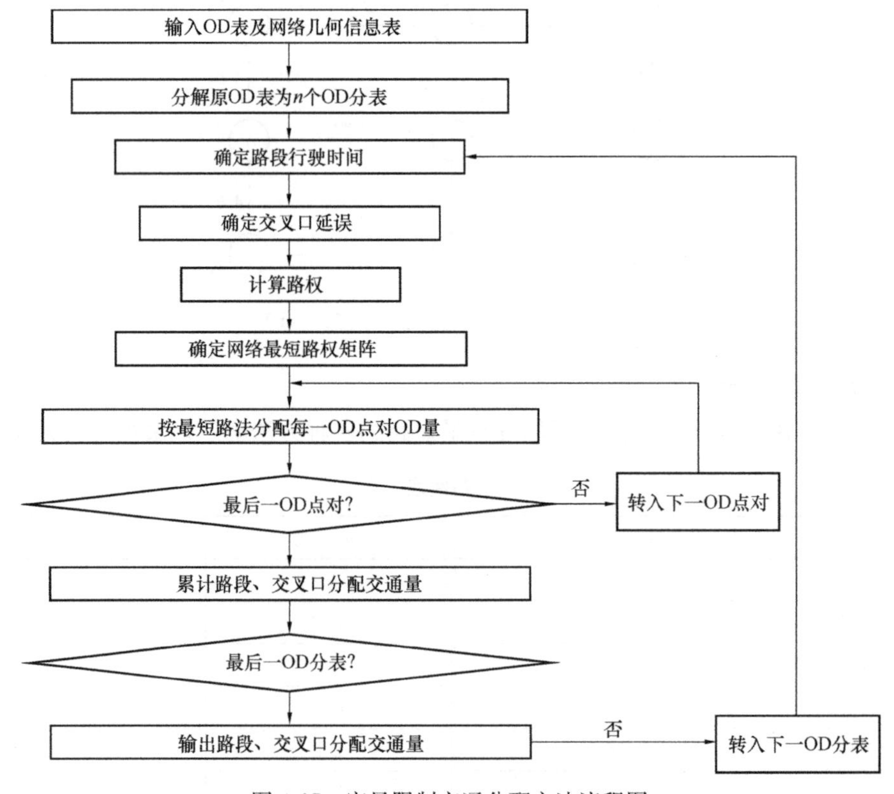

图 4-17　容量限制交通分配方法流程图

在具体应用时，视道路网络的大小，根据表 4-30 选取分配次数 K 及每次分配的 O-D 量比例。

分配次数 K 与每次的 O-D 量分配率（单位：%）　　　　**表 4-30**

分配次数 K	1	2	3	4	5	6	7	8	9	10
1	100									
2	60	40								
3	50	30	20							
4	40	30	20	10						
5	30	25	20	15	10					
10	20	20	15	10	10	5	5	5	5	5

例 4-11　用容量限制分配方法求解例 4-5 交通分配问题。其中，设主干线 4-5-6，2-5-8 的单向自行车交通量均为 3000 辆/h，其他路段的单向自行车交通量均为 2000 辆/h。

【解】 本例采用五级分配制，第一次分配 OD 量的 30%，第二次分配 25%，第三次分配 20%，第四次分配 15%，第五次分配 10%。

每次分配采用最短路分配模型，每分配一次，路权修正一次，采用美国联邦公路局路阻函数模型对路权进行修正。

分配结果如图 4-18 所示。

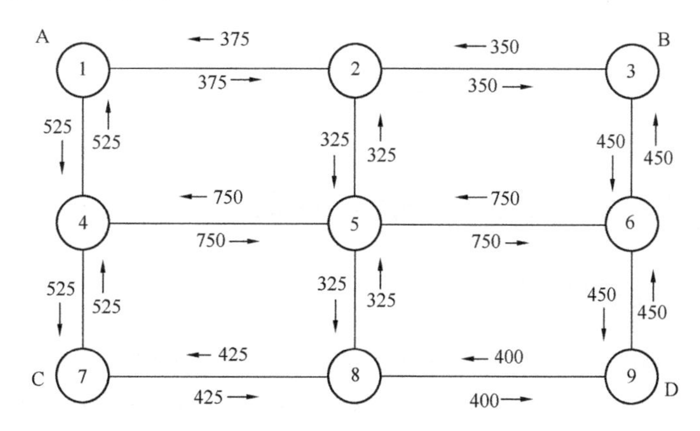

图 4-18　分配交通量（单位：辆/h）

第 5 章　城市交通发展战略规划

交通发展战略是交通事业发展的纲领，是对交通系统规模、交通方式结构、交通服务水准、交通管理体制、交通投资与价格、交通环境等一系列重大问题进行宏观性、全局性、前瞻性的判断和决策。

城市交通发展战略规划是在城市总体发展战略的大背景下，在对城市交通发展历程和现状总结分析、对未来发展趋势总体预测和判断的基础上，宏观把握城市交通发展的方向，关注城市交通发展的大局，制定科学合理的交通政策和规划措施。交通战略的确定，不仅要以城市总体规划为依据，而且还将涉及政治、经济、文化、教育、气候和环境等方面的内容，与一个城市所在的区域、国家乃至国际社会的综合环境都有着密切的联系。制定城市交通发展战略的目的在于综合考虑城市发展的社会经济、区域环境、政治环境等诸多因素，根据城市的自身特点确定城市交通未来发展的重点和方向。

城市交通发展战略规划主要关心的是城市交通需求总量、交通方式结构、整个交通网络用地布局、密度、建设水平以及相配套的交通政策、投资方向等，同时由于城市交通运行方式的多样化，不同的方式结构决定不同的城市交通运行效率，这决定了城市交通发展战略规划的核心是交通模式的选择，即促使各种交通方式形成最合理、最符合实际情况的组合状态，以获得最佳的运行效果。它通常采用简化的交通分析方法或模型，着重于宏观上分析城市土地利用与交通系统发展的相互影响。

5.1　交通战略规划的任务、特点与原则

5.1.1　交通战略规划的任务

城市交通发展战略规划的主要目的在于全面系统地分析检验各种不同的城市发展模式、方向、政策以及每一比较方案的交通含义，拟定城市远期交通发展规模、布局、功能结构和相应的政策，它的基本任务是：

（1）分析城市交通发展的背景、条件、制约，鉴别城市未来发展的各种模式，预测城市远期发展规模、水平、结构，特别是城市的经济水平、产业结构、人口规模、就业岗位等。

（2）明确城市交通发展战略的指导思想和基本原则。

（3）综合估测规划期城市交通发展的客货运输总需求的数量、构成及主要流向分布。

（4）确定城市主要道路结构，纵、横、环、径及对外交通干道与快速干道的综合体系。

（5）确定各种交通运输方式在现代化城市交通系统中的地位和作用。

（6）确定城市主要对外交通站场及运输枢纽的布置与规模。

（7）提出城市总体布局规划的修正与调整方案。

（8）制定全市性主要交通用地、交通走廊的发展规划与主要交通方式的选定。

（9）拟定有关城市交通基本政策与法令及实施的建议。

（10）拟定城市交通运输的营运和管理体制。

5.1.2　交通战略规划的特点

城市交通发展战略规划的特点可以归纳为：综合性、政策性、宏观性、预见性和具有充分的弹性。

（1）综合性

城市交通发展战略规划无论从其内容、因素、地域上讲，还是从其方法、技术、政策上讲，均具有很强的综合性。城市交通发展战略规划的编制，既要对城市历史、现状和未来交通系统供需状况进行分析、预测、规划和评价，也要对城市未来总体发展战略、土地利用规划、土地利用与城市交通互动关系进行分析、研究和反馈论证。

（2）政策性

城市交通发展战略规划既要以国家和地方政府有关政策为依据，如国家在城市建设方面的方针、政策，国民经济总体战略和政策，国家的区域经济战略和布局政策、产业政策、人口政策和投资政策等。同时，城市交通发展战略规划本身在某种意义上就是一系列政策的集合，如城市交通管理体制改革政策、城市交通行业政策、交通工具发展政策、交通结构发展政策、交通基础设施投资开发政策、客货交通市场经营管理政策等。

（3）宏观性

战略规划着眼于城市长远整体发展，因此侧重于宏观整体研究，应抓住影响城市整体发展的全局性的重大问题和环节。对局部性、战术性的细节不宜花费大量的人力、物力，这些问题应在中长期综合交通体系规划与近期交通治理规划中深入研究。

（4）预见性

战略规划属于城市长远发展规划，一般需要考虑20～30年，甚至更长远时间的发展。因此，如何把握发展的方向、速度和重点，如何提高对城市未来发展的预见能力，对于城市交通发展战略规划来说是至关重要的。交通发展战略规划对城市的长远发展影响重大，既要从现实着手，抓住城市的特点和问题的重点，又要着眼于未来的发展，把握好发展的可能、发展的机遇、发展的方向和发展的途径。

（5）弹性

由于总体发展战略规划着眼于未来，而未来既有发展规律性又有不确定性，而且有些因素难以直接预见，因此在进行城市交通发展整体战略规划时，无论对其总需求的预测，还是交通用地的规划和设施的布置都必须留有一定的余地，保留一定的弹性。

5.1.3　交通战略规划的基本原则

城市交通发展战略规划是对城市交通系统发展建设的长远性和全局性的谋划，必须站在战略的高度，以系统工程的观点，在比较广阔的地域空间上和长久的时间期限内，在城市与区域社会经济发展战略和空间布局发展战略的背景下，对城市交通系统的发展作出总体部署；应明确树立交通先行、超前引导的观点；应以取得城市的综合效益和有序发展为最高准则。

城市交通发展战略规划的基本原则来自于战略规划的目标和指导思想，其作用是协调和规范城市交通发展战略规划的拟定和执行，有助于总体战略规划目标的实现。具体原则包括：

（1）与城市上位规划相一致并有明确的目标。根据城市总体规划的内容，明确城市的性质、发展规模及用地规划等，这样才能使城市总体规划和城市交通发展总体战略规划相互协调、相互反馈。

（2）要有系统工程观点和发展观点。城市交通，尤其是大城市交通是一个复杂的巨系统，规划工作必须从全局和整体的观点出发，将城市交通视为一个相互联系的有机整体，进行全面的综合分析，从整体上、系统上进行宏观控制，这样才能提高城市交通发展总体战略规划的综合效益和整体质量。

要用发展的观点也就是说要用动态的观点来分析、研究城市交通发展总体战略规划。系统的演变是以连锁反应的形式进行的。城市建成区的发展会影响到郊区以及周边城镇，反之，建成区周围地区的发展也会影响建成区的交通。

（3）要有公众意识和注重“以人为本”。城市交通问题涉及各个部门、各个行业，关系到整个城市发展的各个环节，关系到每个市民的切身利益，因此，创造性的总体战略规划工作必然是一项集体工作，需要许多不同专业的专家参加。同时，交通是为人服务的，任何交通战略的制定都应该把对人的关怀放在首位，同时还需要广泛听取民众意见和建议，即让公众参与规划。

（4）要注重城市环境保护，增强可持续发展能力。环境保护是当今世界备受瞩目的议题，保护环境、改善环境成为交通发展战略规划需要坚持的重要原则。坚持了环境保护的原则，也就在很大程度上保证了城市的可持续发展。

（5）要进行多方案的比选，规划方案及实施要有一定的适应性和滚动性。城市交通发展总体战略规划是指明城市交通将来的发展方向，而将来具有不确定性，因此，规划应列出几个比较方案，并请政府部门和公众参与评估、优选。

经过评估所选择的方案是按一种最可能的发展趋势来进行的规划，考虑到城市交通的发展可能存在几种趋势和不确定性，规划方案应该对不同发展趋势有一定的适应性，在规划的实施过程中要不断检验规划的合理性，必要时还应进行适当的滚动规划。

5.1.4 交通战略规划的基本程序

城市交通发展战略规划着重于对土地利用与交通系统之间的互动关系的宏观分析，因此，也可以称为战略的土地利用—交通规划。具体过程见图 5-1。

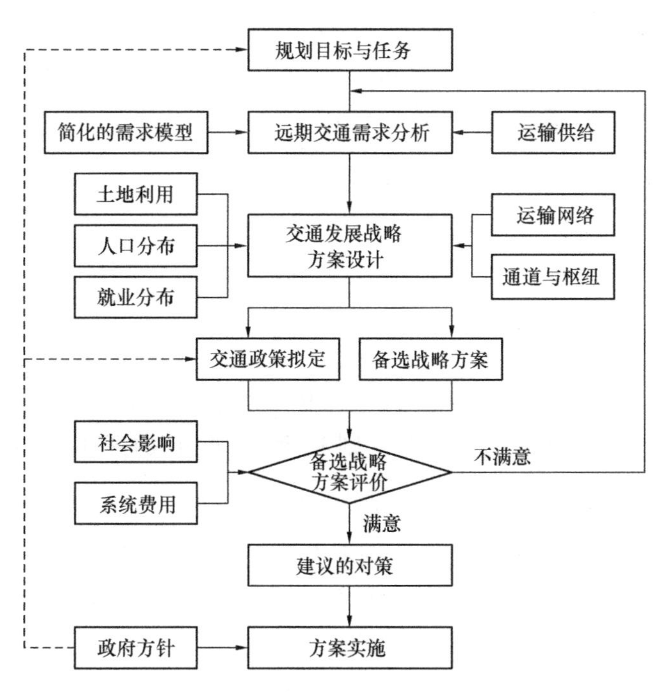

图 5-1　城市交通发展战略规划过程

5.2　城市远期交通需求分析

城市远期交通需求分析是为城市交通发展战略规划提供研究基础的工作，一般采用简化的四阶段交通预测分析方法，体现在交通分区、建模方法、预测详细度等方面的简化，侧重于宏观的数据分析。城市远期交通供需分析的交通分析区划分应与城市用地布局规划相衔接和协调，以城市主要功能区的分布为依据，以有利于主流向分析和走廊交通分析为原则。一般每个交通分析区面积以 4～8km^2、人口以 6 万～15 万人为宜。交通分析区的面积可以随土地利用强度或建筑面积系数等值的减少而增大，一般在城市中心区宜小些，在城市郊区或附近郊县可大些，交通分析区分界也应尽可能利用行政区划的分界线，以利于相关基础资料收集工作的开展。

5.2.1　客运出行生成预测

城市客运需求总量是指城市区域范围内每天发生的客流总量，即总的一日客流 OD 量。城市客运需求总量预测可采用总体预测法以及类比法等简化的方法进行。总体预测方法如式（5-1）所示：

$$Q=(1+\eta)\alpha\beta P \tag{5-1}$$

式中　α——居民日平均出行次数，次/(d・人)；

β——大于 6 岁人口占总人口的百分率；

$1+\eta$——流动人口修正系数，η 即为流动人口的百分率；

P——建成区常住人口，万人；

Q——城市一日客流总量，万人次/d。

类比法是参考其他性质、地理条件和交通条件等较为相似城市的总体客流量预测值，再根据两城市建成区人口之比值按正比例近似估算，如式（5-2）所示：

$$\frac{Q_1}{Q_2}=\frac{P_1}{P_2} \tag{5-2}$$

式中　P_i——城市 i 建成人口，万人，$i=1$，2；

Q_i——城市 i 总流量，万人次/d，$i=1$，2。

5.2.2　客运出行分布预测

交通发展战略规划的交通分布预测主要采用双约束重力模型公式详见式（4-39），由双约束重力模型求得交通分布 T_{ij}，则这种分布下的平均出行距离为 $D'=\sum\limits_i\sum\limits_j T_{ij}d_{ij}\Big/\sum\limits_i\sum\limits_j T_{ij}$，比较 D' 与实际平均出行距离 D 的大小，并以此为基础对假设的 α 值进行修正，并重新进行以上计算，直到求得合适的 α 以及在该 α 值下的交通分布。城市的平均出行距离与城市的规模有关，对部分城市的平均出行距离和城市规模进行回归分析，可得城市的出行距离与城市人口之间的关系如式（5-3）所示：

$$D=K\sqrt{S} \tag{5-3}$$

式中　D——平均出行距离，m；

K——不同类型城市出行距离修正系数，K 按表 5-1 取值；

S——城市人口数量，人。

不同类型城市出行距离修正系数 K　　**表 5-1**

城市类型	团状	稍不紧凑	不紧凑	明显不紧凑	典型带状
K	0.68	0.75	0.81	0.87	0.93

5.2.3　客运交通方式结构预测

影响客运交通结构的因素很多，社会、经济、政策、城市布局、交通基础设施水平、地理环境及生活水平等均从不同侧面影响城市交通结构。随着国民经济稳步高速发展，快速城市化、机动化使得这些因素在一定时期内变得不稳定，演变规律很难用单一的数学模型或表达式来描述，传统的转移曲线法或概率选择法很难适用。就城市远期交通结构分析而言，应该综合考虑城市交通政策、城市未来布局特征及规划意图、城市规模和性质、城市自然条件、交通设施建设水平等方面的因素，预估城市远期客运交通结构可能的取值范围。

（1）城市交通政策

城市交通政策决定了城市未来长时期交通设施建设投资趋向、规模、建设水平、网络布局与结构，以及城市交通工具发展方向、交通系统运行管理策略等方面。这些政策的确定和实施，将直接影响甚至决定了城市未来整体的交通需求格局、客运交通发展特征、客运交通结构发展趋势和水平。

（2）城市用地布局特征及规划意图

城市用地布局及规划意图是城市客运交通方式划分预测的重要因素。城市土地利用布局是城市社会经济活动在城市不同区位上的投影，决定了城市的人口分布、就业岗位分布，从而决定了城市客流分布，居民出行距离和时间，也对居民出行交通方式选择有着重要的影响。

（3）城市规模和性质

城市规模越大，城市公交出行比例越高，特大城市公交出行比例大多在 10%以上或 10%左右，而大中城市公交出行比例大多小于 10%。万人拥有公共电汽车的水平也越高，居民出行距离越长，公交线网密度越高，居民采用公交车出行比例也越高。从城市性质来看，功能单一性的城市自行车出行比例要高于综合性质的城市，而一些旅游城市采用出租车出行的比例要明显高于其他城市。

（4）城市自然条件

城市自然条件指城市所处的地理位置，城区内的地势，城市建成区平面形状与城市建成区内被海湾、河流、铁路等阻断的状况以及气候条件等，这些外部条件对城市居民出行行为选择有重要影响。

（5）交通设施建设水平

交通设施建设水平和布局形态是影响城市交通结构的重要因素。通过对道路交通设施的规划改造，增加投入，重点加强公共交通基础设施建设，可以在不同程度上改变人们出行行为的选择，改变城市客运交通结构。

5.2.4　道路交通设施需求预测

未来城市交通设施建设规模和建设水平是城市交通发展战略规划所要确定的最重要的控制性指标。在以上对未来城市社会经济土地利用分析预测、交通结构和交通工具发展分析预测基础上，以城市交通个体时空消耗和交通网络广义容量理论为依据，来推算城市未来各类交通设施的需求规模。

（1）非机动车道面积需求

设规划年城市自行车拥有量预测值为 $N_{\rm bic}$（万辆），自行车日平均出行次数为 $n_{\rm bic}$，高峰小时出行比例为 $PHR_{\rm bic}$，自行车平均出行时间为 $t_{\rm bic}$，自行车出行动态面积为 $a_{\rm bic}$，高峰小时自行车出行时间不均匀系数为 $PHF_{\rm bic}$，则未来城市自行车出行总的时空消耗为：

$$C_{\rm bic} = N_{\rm bic} n_{\rm bic} PHR_{\rm bic} t_{\rm bic} a_{\rm bic} PHF_{\rm bic} \tag{5-4}$$

又设城市自行车道空间综合折减系数为 $K^{\rm s}_{\rm bic}$，高峰小时时间利用综合折减系数为 $K^{\rm t}_{\rm bic}$，则城市未来自行车道路面积需求预测模型为：

$$S_{\rm bic} = C_{\rm bic} / 60 K^{\rm s}_{\rm bic} K^{\rm t}_{\rm bic} \alpha_{\rm bic} \tag{5-5}$$

式中　$\alpha_{\rm bic}$——自行车交通网络总体设计饱和度。

（2）机动车道面积需求

首先推算机动车出行时空消耗总量。可由两种途径来推算，即一种为按机动车拥有量直接推算，另一种为按客、货运输量（出行量）来推算。

1）直接法。设城市未来各种机动车辆拥有量预测值为 N_i，相应的各种机动车平均日出行次数为 n_i，高峰小时出行比例为 PHR_i，每种车平均出行时间为 t_i，出行动态面积为

a_i，高峰小时系数不均匀系数为 PHF_i，则城市总的机动车出行时空消耗需求为：

$$C_{\text{veh}} = \left(\sum_{i=1}^{l} N_i n_i PHR_i t_i a_i PHF_i\right)(1+k) \tag{5-6}$$

式中　k——外地车辆与市内车辆的比。

2）间接法。

对客车，设城市总人口为 P，人均出行系数为 n，乘坐第 i 种机动车的旅客出行比例为 F_i，第 i 种客车每车平均载客人数为 Z_i，则城市未来客车出行时空消耗总量为：

$$C_{\text{veh}}^{\text{p}} = \left(\sum PnF_i PHR_i t_i a_i PHF_i / Z_i\right)(1+K_{\text{p}}) \tag{5-7}$$

式中　K_{p}——流动人口与城市人口的比，其余符号同前。

对货车，设城市未来汽车货运总量为 G，每辆货车平均载货量为 Z_{f}，货车在市区平均出行距离为 t_{f}，平均动态面积为 a_{f}，高峰小时货车出行比重为 PHR_{f}，高峰小时货车出行不均匀系数为 PHF_{f}，则城市未来货车出行时空消耗总量为：

$$C_{\text{veh}}^{\text{f}} = \frac{G}{Z_{\text{f}}} PHR_{\text{f}} t_{\text{f}} a_{\text{f}} PHF_{\text{f}}(1+K_{\text{f}}) \tag{5-8}$$

式中　K_{f}——出入境及过境货运量（汽车）与城市货运量的比。

这样，城市未来机动车出行总的时空消耗为：

$$C_{\text{veh}} = C_{\text{veh}}^{\text{p}} + C_{\text{veh}}^{\text{f}} \tag{5-9}$$

城市未来机动车道用地面积需求总量为：

$$S_{\text{veh}} = C_{\text{veh}} / 60 K_{\text{veh}}^{\text{s}} K_{\text{veh}}^{\text{t}} \alpha_{\text{veh}}^{\text{t}} \tag{5-10}$$

式中　$K_{\text{veh}}^{\text{s}}$——机动车道空间利用综合折减系数；

$K_{\text{veh}}^{\text{t}}$——机动车道时间利用综合折减系数；

$\alpha_{\text{veh}}^{\text{t}}$——机动车交通网络总体设计饱和度。

（3）公交网络总容量或公交车辆数

借用推广的广义容量模型推算城市未来公交网络总容量（客位数）或公交车辆数。

设城市未来总人口为 P，人均出行次数为 n，其中公交出行比例为 F_{p}，平均出行时间为 t_{p}，高峰小时公交出行比重 PHR_{p}，高峰小时公交出行不均匀系数为 PHF_{p}，则城市未来公交出行总的时空消耗为：

$$C_{\text{trs}} = PnF_{\text{p}} PHR_{\text{p}} PHF_{\text{p}}(1+K_{\text{pt}})t_{\text{p}} \tag{5-11}$$

式中　K_{pt}——乘公交出行的流动人口与城市公交出行人次的比。

又设每辆公共交通工具高峰小时时间利用综合折减系数为 $K_{\text{trs}}^{\text{t}}$，公交网络总体设计饱和度为 α_{trs}，则城市未来总的公交可谓需求量为：

$$U = C_{\text{trs}} / 60 K_{\text{trs}}^{\text{t}} \alpha_{\text{trs}} \tag{5-12}$$

城市未来总的公交客车拥有量应为：

$$V = U(1-K_{\text{r}}) / Z_{\text{trs}} \mu_{\text{trs}} \tag{5-13}$$

式中　K_{r}——城市快速轨道交通总容量占城市未来总的公交客位需求的比；

Z_{trs}——城市未来每辆公交车平均载客人数；

μ_{trs}——每辆公交车高峰小时平均发车次数。

（4）静态交通设施需求

1）机动车社会停车面积。设城市未来各种机动车拥有量为 N_i，相应的各种机动车平

均日出次数为 n_i，高峰小时出行比例为 PHR_i，利用社会公用停车场的比例为 β_i，平均停车时间为 t_i，每车停车面积为 a_i，则城市总的机动车社会停车面积需求为：

$$S_{vp} = \alpha \sum N_i n_i PHR_i \beta_i t_i a_i (1 + K)/60 \tag{5-14}$$

式中　α——考虑停车场各服务设施、停车过道、安全空隙等因素的扩充系数；

K——入境外地车辆与市内车辆数之比。

2）自行车社会停车面积。设城市未来自行车保有量为 N_{bic}，每辆自行车每天用于弹性出行（购物、娱乐、求医、存钱取款等）的次数为 n_{el}，自行车弹性出行比例为 β_{el}，每辆自行车停车面积为 a_{bp}，高峰小时弹性出行比例为 PHR_{el}，平均停车时间为 t_{bp}，则未来城市自行车社会停车面积为：

$$S_{bp} = N_{bic} n_{el} PHR_{el} \beta_{el} a_{bp} t_{bp}/60 \tag{5-15}$$

5.3　城市交通发展战略方案设计

城市交通发展战略方案设计是检验未来城市各种土地利用规划方案下的交通发展方向以及不同交通网络布局对城市社会经济活动、土地利用开发的影响，方案设计的重点是高快速路系统和大中运量公共交通系统等运输网络形态和布局规划，及拟定相应的交通政策。

5.3.1　城市空间布局形态情境分析

远期城市社会经济发展、活动区位分布、土地利用布局决定了城市交通需求规模和交通需求，从而从宏观上确定了城市交通结构、城市交通设施应有的建设水平和可能的布局形态。随着经济的发展及人口的不断增加，城市空间布局形态不断演变，且具有较多的不确定性因素。在众多因素影响下对城市未来发展定位进行准确预测较为困难，一般采用情景分析的方法对城市空间布局形态可能存在的情况进行模拟。可在把握城市空间布局演变主体方向的基础上，根据城市在远期发展可能出现的几个分支选项，做出几组不同的假设，也就形成所谓的几个不同的发展“情景”，作为下一步交通战略方案设计的基础。

情景分析的整个过程是通过对交通发展环境的研究，识别影响交通发展的外部因素，模拟外部因素可能发生的多种交叉情景分析和预测各种可能前景，通过预测各种土地利用发展趋势对交通规划的影响，分析出几种合理的预测结果及其引起这些结果的内在原因，以便找到一套灵活的运输网络方案。在城市空间形态情境分析过程中，若考虑到所有城市发展形态的组合，涉及的情境过多，可在情境分析过程中，对所涉及情境进行初步的筛选，形成未来城市发展可能形成空间形态。筛选的依据主要是城市空间演变的规律特征。

在城市的人口、物资、信息、文化等诸子系统中，城市空间布局系统既是各种系统活动的载体，也是各种系统活动的综合作用结果。城市人口、经济和空间存在规模效应的问题，反映在城市空间上的规模效应是规模正效应和规模负效应的叠加。随着城市空间布局的演变，规模效应由慢到快上升，但到一定程度时，规模负效应超过规模正效应，即遇到规模门槛，城市空间布局演变结束，直到越过规模门槛才重新开始城市空间布局的演变。

城市空间发展到一定程度，受到基础设施、资源、交通以及土地等方面的限制，这些限制标志着城市规模的极限，常规的投资是无法解决问题的，需要一个跳跃式的突增。在城市特定时期内，整体系统存在着一个最佳运行状态，将较长时间内保持一定的规模，即存在一个特定的规模门槛，但此种规模不是一个机械的、孤立的和不变的数据，规模门槛往往随着城市的发展、整体条件变化，对原有规模门槛的跨越，又产生新的合理规模，引发的城市扩张。规模门槛是多级的，不断产生规模效应的过程就是不断跨越规模门槛的过程，跨越门槛之后，城市的建设和经营费用的成本效益比会大幅度下降。城市空间布局整体呈现的阶段性特征，主要是由于规模效应的门槛造成的。

在跨越规模门槛之后，城市空间布局演变过程是一个通过竞争选择相适应的空间发展区位的过程，即一个对优势区位开拓与占有的过程。这里的区位条件既包括物质环境条件、又包括社会文化条件，还包括经济条件。从物质环境方面分析，城市不同地段在投资环境，交通运输、信息交流、资源输入，自然地形等方面具有不同的区位条件，如大型基础设施优势带、资源优势区位、中心地优势区位等。从社会文化角度分析，城市的发展不能单由经济利益所驱动，一些社会资本虽然没有直接的经济价值，但却为社会所承认，具有重要的社会效益，由此产生的隐形效益也直接影响城市空间布局的区位条件，比如历史资源就是重要的社会条件之一。

在规模门槛和区位择优双重作用下，城市空间布局形态和区位用地开发都不断的变更，主要体现三个方面特征：城市空间布局形态呈现出城市空间开发呈现从开放到封闭；城市空间区位发展呈现从极化到平衡；区位用地也呈现出从单一用地类型向复合用地类型功能转换的过程。

城市空间开发从开放到封闭过程是指，在突破规模效应之后，城市空间首先呈现开放式的发展状态，减少城市空间生长的约束，最大限度地吸引利用外部环境的资源。空间封闭是对空间发展范围进行限定。城市空间布局的发展并非在发展的任何时段和条件下都是有利的，当增长到一定程度，达到规模效应某一值时，需要一定的封闭限制，而转向内部进一步充实、调整。

在城市空间开放式发展过程中，城市空间区位发展过程中首先是在区域中有目的地建立发展极，利用空间极化效应，使发展极空间快速增长，促使空间快速增长。在增长极发展到一定程度后，开始对周围地区扩散，即转化为平衡发展状态。往往通过城市规划和建设干预对增长极的增长应开始控制，限制其机械增长，引导空间建立一系列新的增长极，制定各自先后的生长顺序，本质要求就是削弱核心—边缘结构和空间梯度分布，或使其控制在一定的波动范围内。

与城市空间开发从开发到封闭相对应的就是用地功能类型从单一到混合。在城市空间开放扩张中，大多以单一用地类型为主导的组团式向外推进，其呈现出明显的功能分区特点。如由于地价低廉和交通可达性提升，城市外围地区开发了大量的房地产项目，由于国家对“园区”开发的扶持、用地条件的宽松以及大型综合交通枢纽建设带来的交通区位优势，“经济开发区”“科技园区”等产业园在城市外围迅速形成。城市空间封闭式内填中，多种用地性质开始在同一功能区混合，用地发展进入功能完善阶段。如吸引了大量的居民入住，也带动部分大型零售与批发类的商城也在边缘地区集聚，部分产业园区由于体系完善，职居相对平衡，转型为综合性产业新区或新城。

城市空间扩张总体上可按照单核扩张、有选择地开发重点近郊新区、城市近郊新区全面开发、近郊区新区功能完善、城市都市圈有重点地开发远郊新城、城市远郊新城全面开发、城市远郊新城功能完善的顺序进行。当城市大都市圈格局建立完毕，城市空间布局将在较长时间内保持稳定。如图 5-2 所示。

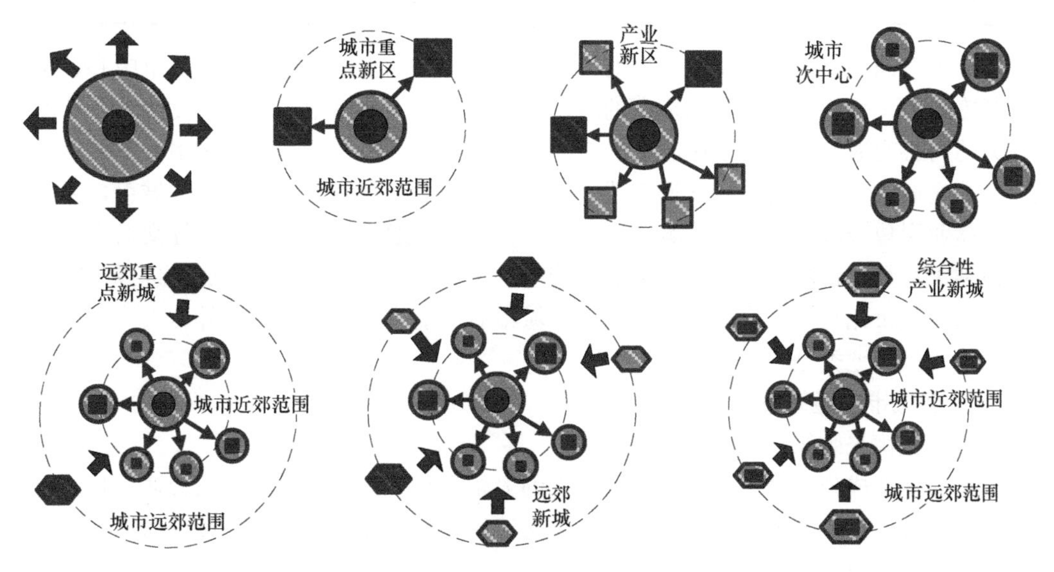

图 5-2　城市空间从中心城区到大都市区的演变历程

城市空间布局情境分析也应注意类比国内外城市空间发展经验。从国际国内众多城市中寻找与其具有较强类比性的城市，吸取其城市空间布局和交通发展战略拟定中的经验教训，总结吸取国内外类似城市既有的成功发展经验或发展意向。

5.3.2　城市交通政策拟定

1. 城市交通政策拟定的影响因素

城市交通政策的拟定需要充分考虑国家宏观交通政策、城市规模、用地形态等的差异，选择符合国情背景，适应城市类型特点的交通政策。

国家层面影响交通方式发展的核心政策主要包括公交优先政策、汽车产业政策和绿色交通政策。三项政策分别给予公共交通、小汽车交通和慢行交通等不同类型交通方式不同程度的扶持力度，明确了城市必须坚持多种交通方式协调发展的策略，交通方式发展需要因地制宜，任意一种交通方式均不能盲目偏废。应结合不同城市的实际情况，协调相关政策。

从城市人口规模方面来看，大城市尤其是 100 万人口以上的大城市，因其地位、功能与中小城市不同，从而呈现出与中小城市截然不同的交通供求特性，将直接决定着城市交通系统构成的不同选择。从空间地理规模来看，不同空间规模下居民出行时耗也是交通方式选择的重要依据。据相关研究表明，居民对通勤的出行时耗能容忍的极限时间是 45min。根据调查，愿意承受较长时间出行的人不管是采用自行车、步行、摩托车，还是其他交通工具，出行时间为 45min 的很少，这就存在最大出行时耗的问题。交通方式发展的拟定，如是否要发展以高运速为主要特征的轨道交通和 BRT 应该考虑到居民出行时耗的影响。不同类型城市最大出行时耗如表 5-2 所示。

不同类型城市最大出行时耗要求　　表 5-2

城市规模	特大城市	大城市	中等城市	小城市
最大出行时耗	50～60min	40～50min	30～40min	30min 以下

同一规模的城市影响其交通特性的关键因素是城市的土地利用形态，如单中心、密集连片紧凑布置、集约型土地利用形态的城市，人口密度大，市中心岗位高度集中，从而形成强大的向心交通流，为保证中心区的交通可达性与易达性，不得不采用集约式的运输方式、公共交通成为城市的主导交通方式。用地相对松散，没有明显市中心的城市，人口密度小、就业岗位分散，不能形成客流走廊，私人个体交通将成为城市的主导交通方式。城市土地利用特征，也将在较大程度上决定着一个城市可能的交通系统构成的选择。除少数经济发达、城市化与机动化同步发展的中小城市有可能采用松散型用地外，大多城市基本上采用集约型用地类型。

2. 典型城市交通政策

（1）公交优先政策

道路拥挤造成公共交通可达性和可靠性的大幅下降，为人们疏远公共交通工具的重要原因之一。公交优先发展主要包括扩大公共交通系统运输能力、提高公共交通出行效率以及保持公共交通票制票价吸引力三个方面。

扩大公共交通运输能力的关键是结合城市交通发展模式完善城市公共交通系统构成，加强公共交通基础设施建设。大城市应加强包括轨道交通和 BRT 等大中运量公共交通系统的建设，构建多层次一体化的公共交通系统。中小城市也应尽快形成公共交通干线和公共交通支线合理衔接的公共交通系统。以中国香港为例，公交地铁、专营巴士、有轨电车、轮渡、的士和缆车等，基本覆盖了从低收入阶层到高收入阶层的大部分服务群体。同时，通过高效的换乘枢纽建设，使公交的吸引力进一步增强。目前，公交在香港城市交通出行结构中所占的比重已经高达 90%。

时间保障是公共交通服务竞争力的核心之一，应尽一切努力缩短公共交通出行时间，公共交通出行时间通常包括从家（或工作地点）出发到车站的步行时间、等候时间、车内时间、换乘时间四类。缩短步行时间的主要方式是整合公共交通运输系统与城市空间布局，从根源上实现缩短步行行时间，提高公交出行分担率的目的。另一方面可通过增加公共交通支线网密度，保证公交线路可以深入街巷，在较短的步行距离服务更多的居民出行，也可以吸引更多的客源，为此应对公交线网的密度和站点覆盖率进行控制。为了保证公交线路深入街巷，居住区支路网加密应是前提条件。减少候车时间通常需要公开交通信息，比如行车时刻表，以促使人们按照规定的时间有选择性地出行。但是在高峰时间，由于客流量大，往往需要增加车辆以保证需求。减少车内时间通常需要充分保证公交系统的路权，建设公交专用道和保持公交信号优先是关键，最大程度降低小汽车交通对公共交通运行的干扰。减少换乘时间主要依靠公交线路和站点的布置需有利于减少步行时间并方便换乘，一般来说，公交车与地铁换乘距离不超过 150m，公交车之间的换乘不超过 80m 为宜，为实现该目标分级枢纽的建设应是重点关注问题。对于大城市，在轨道交通站点也应设置 P+R 设施，鼓励小汽车交通换乘公共交通出行。

公交服务对象首先是广大工薪阶层和大中小学生，同时要尽可能吸引中高收入阶层乘用公交，要照顾低收入市民和老弱病残乘用公交。无论上述哪一类人群，票价“磁性”（即公交票价对乘客的吸引力）对他们都是十分重要和敏感的。公共交通作为城市必备的公共服务和公益事业，更重要的是作为解决未来城市交通问题最根本手段，公交票价（包括地铁票价）都要保持相对低廉。公交票价的制定和调整首先要考虑乘客的可承受性和可接受性，其次才适当考虑运营的投入产出。由于公共交通服务带有很强的公益性，同时可以起到有效减少个体机动交通对交通时空资源的消耗和对交通供求的调控作用，应对公共交通给予扶持和必要补贴。公交企业必须转变传统计划经济体制下的经营观念，按照市场规则，引入营销策略，大力推行多元化票制和优惠折扣，来锚固大部分长期公交客源，不懈地吸引各种潜在的公交客源。德国的“联合运营”政策将铁路、地铁、路面电车、公交车等不同体制的经营主体组织起来，成立公共交通工具统一管理和运营的组织，统一票价制度和折扣尺度可为城市公共交通票制票价改革提供参考。

（2）私人汽车调控政策

小汽车交通的调控手段总体说来可分为调控小汽车拥有量和限制小汽车使用两方面，具体采用的政策手段也可分为物理方法、法规制度方法和经济方法等。这些控制方法，仅靠某一种方法来实现机动车消减量的目标很困难，只有几种方法并用才相对有效。如果提高了汽车的燃油税，汽车的利用量就必然会减少，但单凭这一方法又很难控制高峰时的交通流量。只采用单方的控制方法，让汽车驾驶者直接承受影响，就很难得到他们的理解。通常与公共交通优先政策相结合，并加大宣传力度，得到普通市民的理解。

由于汽车产业政策的影响，小汽车交通政策基本采取控制其使用，而非控制拥有的方式，但对于部分特大城市，交通运行矛盾突出，也可借鉴国外城市的发展经验，适度采用小汽车交通拥有量控制政策。新加坡等国家采用包括强化控制驾驶执照的发放、限制汽车总量和高额的私家车税收政策可为部分城市提供政策制定上的参考。其具体实施手段包括采用提高考取驾驶执照的年龄，或严格考试制度以及强化对违规者吊销驾驶执照等做法；每年由政府决定允许登记的汽车数量，新车购买指标要参加每月举办的拍卖会，购车许可证必须在中标后才能获得，即将限制手段和经济手段并用来控制汽车拥有量；新加坡等国家采用的对于购置汽车，拥有汽车的人，通过征税来增加经济负担，达到控制机动车保有量的目的。

小汽车交通使用控制应是城市小汽车交通发展核心调控方式，一般通过限制小汽车出行的社会经济成本来实现，包括行驶速度、行驶路权、行驶区域加以限制或提高小汽车出行经济费用以及限制停车等，如表5-3所示。

控制行驶速度早期应用在居住区宁静化措施实施的方法，逐步应用于城市内或城市之间的干道，不同区域干道均采用了差别化的行驶速度控制标准；行驶路权控制可分为空间上的路权控制和时间上的路权控制两方面。空间上路权控制主要将部分机动车道改步行道，并增加公交、自行车的专用车道的数量，道路宽度的构成和沿途道路功能随之修改，也称为“道路空间的再分配”；行驶区域限制是在一定的地区或道路区间，禁止特定的车辆进入，分别有“车牌号限制”“许可证制”“限制单人驾驶制”等方法。

提升小汽车出行经济成本可以通过对行驶车辆征收道路使用费，购买在规定区域内只允许在短期内使用的汽车许可证，或对所有穿过规定区域边界道路的车辆征收过境费。在拥挤地区内车辆的行车距离、行驶时间征收税金的“直接征税方式”，也就是对车辆及其造成的交通堵塞、污染等影响程度征收相应的税金；也可通过燃油税控制非必要性驾驶出行，由于柴油比汽油对大气的污染容易，而柴油费用比汽油高，可以通过提高柴油的税率，消除柴油与汽油的差价，达到控制柴油车的目的。

控制停车主要是控制机动车的集中量。为避免助长违章停车，要与有效的监管结合起来实施。主要包括强化对路边停车的监管，加重对违章车辆的罚款来控制机动车的使用，限制路边停车场容量。根据道路交通运行条件，采用不同时间、地点以及出行目的差异化停车收费标准。

小汽车交通调控方法 **表 5-3**

分类	物理方法	法规方法	经济方法
控制机动车保有量	—	① 强化对考取驾照的限制； 提高年龄限制； 严格考试制度； 重罚违规行为。 ② 限制汽车拥有数量； 限制家庭拥有数量	③ 提高对汽车拥有的税收； 加强对购置、登记汽车的税收
控制机动；车的使用	① 限制行驶速度和交通容量； 静态交通； 空间再分配。 ② 限制道路网络； 交通区域系统化。 ③ 控制路边停车场的容量； 控制停车容量	④ 限制进入道路区间或地域； 限制车牌号进入方式； 采取许可证进入方式； 限制单人驾乘。 ⑤ 禁止路边停车； 加强取缔违法停车； 加强惩罚力度	⑥ 对利用道路空间征收费用； 实行道路定价。 ⑦ 征收燃油税； 提高燃油税； 调整轻油和汽油税收的差价。 ⑧ 利用停车费来控制； 提高停车收费； 按时间段和停车地点制定； 相应的收费标准

(3) 自行车交通政策

自行车具有使用灵活，准时可靠，连续便捷，可达性好，用户费用低廉，运行经济，节能特性显著，环保效益好，时空资源占用相对较少等优势。在有条件发展自行车城市，必须逐步改善自行车交通利用环境，一般可采用如下措施：

1）针对城市交通流机非混行的特点，尤其是城市中心区几条交通干道上，要规划系统的自行车道路网络，应以提高路网资源的利用率、保障自行车应有的通行权为前提。一方面使自行车交通形成一个独立的子系统，实现机非运行系统的空间分离，减少不同交通因子之间的相互干扰；另一方面是充分挖掘小街小巷的自行车交通的潜力，使自行车流量在路网中均衡分布，以减轻主、次干道上自行车交通的压力和满足自行车交通发展需求。

2）在轨道交通、BRT 等大型换乘站点合理规划非机动车停车场，并给予政策上的支持，倡导 B+R 出行模式，引导居民近距离采用慢行交通方式，中长距离采用公共交通或者“自行车+公共交通”方式出行，与此同时通过大力发展公共交通来提高公交吸引力。

3）重视非机动车停车系统建设，在城市繁华地区、商业区及交通枢纽处规划适当的非机动车停车场。对市区繁华的主干道，应尽可能将自行车停车场设置在道路红线以外，对不得不利用人行道停放自行车时，应将停车地点选择在行人流量小、人行道宽的地点；在商业网点集中地段，可利用商业、服务业周围的胡同、里巷、建筑空地开辟停车场，适当实行有偿服务，计时收费停放自行车。

4）充分结合城市旅游资源，在景区设置自行车观光休闲线路，在景观走廊上规划文体游憩自行车通道，与景观步行走廊共同创造适宜的慢行交通环境。

（4）步行交通政策

步行交通是城市交通的主要组成部分。无论是作为满足人们日常生活需要的一种独立的交通方式，还是作为其他各种交通方式相互连接的桥梁，步行交通是作为其他方式无法替代的系统而贯穿交通出行的始末。从步行者的角度来看，人们需要在城市中享有充分的自由，能够随意地漫步、休息、购物和交流，由此也需要所处的步行环境具有安全、宜人且具有连续性等特点。

安全是步行交通最基本的要求。在步行系统中行走，不希望受到其他机动、非机动交通的干扰。即使在和机动车、非机动车交通发生冲突的地点，也希望通过交通组织赋予步行交通独立的通行权以保障步行者的安全。行人流量集中地区，可将该路段设置“步行专用道”，禁止机动车通过。部分城市把市中心的道路或市政府前等地原有的广场活用为步行广场，在这样的步行空间中，多数只允许公共交通车辆通行，以此控制过往车辆，起到激活中心商业区活力的作用。

宜人是指步行交通环境在设计的过程中，应结合周边环境（包括自然山水、建筑等）一起形成具有鲜明的地方特色和艺术氛围的步行环境，使人们身处其中，能够赏心悦目、心情舒畅地完成自己的出行目的。

连续性即指步行交通系统的连续性。不管是位于城市中心区的商业步行街，还是滨江（河）的步行道、广场，乃至作为道路组成部分的人行道，都需要通过一系列的人行横道、过街地道或天桥连成一个完整的系统，以使步行者能够到达城市中的任何一处。

5.3.3　备选交通战略方案生成

交通发展战略涉及的因素很多，相关的战略要素可分为基础战略因素、核心战略因素与支撑战略因素。基础战略因素是指那些能够形成基础网络框架、客货出行需求的背景因素，包括现有交通网络、相关规划、人口岗位布局情况等。核心战略因素是指那些能够影响到整个战略方向的因素，包括道路运输网络、公交运输网络和城市交通政策。支撑战略因素是指那些不影响主体战略选择，且能帮助实现核心战略的因素，如ITS、静态交通和交通管理等，对它们的细化有助于专项交通战略的制定。

交通发展战略生成的过程就是在基础战略因素的背景下，结合不同情境下的城市空间形态发展情境，分别分析不同类型的以运输网络和交通方式发展政策为主的核心要素战略方案，并提出配套的支持要素的战略方案。在战略方案生成过程中的关键是对基础战略要素进行分析和生成。对备选战略方案的测试同样也是以核心战略因素为主体。

结合不同的城市空间发展情境，制定骨架路网方案、公交运输网络方案、并拟定相关交通政策，形成若干比选方案。具体战略方案生成方法可采用SWOT分析方法。交通发展优势（S）和劣势（W）主要指现阶段已经取得的一些交通建设进展和交通存在的问题，主要针对交通系统自身的条件分析，交通发展机遇（O）与挑战（T）主要指宏观社会经济环境为未来交通合理发展带来有利条件和制约因素，主要针对交通系统外部环境的分析。一般包括发展环境分析、因素影响力度分析、类型确定和发展战略确定四个环节。

1. 发展环境分析

对城市交通战略目标所涉及的影响因素划分为内部因素和外部因素两个方面，进一步明确所面临的优势、劣势、机遇和挑战，制定 SWOT 分析表格。通过调查与分析，确定各要素的权重及强度，并通过层次分析或数理统计方法计算各影响因素的影响力度，如表 5-4 所示。；

SWOT 发展环境分析　　表 5-4

	优势分析	权重		机遇分析	权重
内部因素	$S1$	K_{S1}	外部因素	$O1$	K_{O1}
	$S2$	K_{S2}		$O2$	K_{O2}
	……	K_{S}……		……	K_{O}……
	劣势分析	权重		挑战分析	权重
	$W1$	K_{W1}		$T1$	K_{T1}
	$W2$	K_{W2}		$T2$	K_{T2}
	……	K_{W}……		……	K_{T}……

2. 因素影响力度分析

将影响优势、劣势、机遇及威胁发挥作用的各因素 j 的实际水平定义为强度，按照 1～9 标定，采用专家打分法对各因素的强度进行打分。将专家评估表的同一因素强度值进行加权平均，作为各因素对应平均强度值。对于优势和限制来说，某一影响因素的影响力度等于权重评价分数；对于机遇和挑战来说，某一影响因素的影响力度等于出现的概率评价分数。将 SWOT 各要素分别求和可得到 SWOT 力度，如表 5-5 所示。

因素影响力度评价矩阵　　表 5-5

内部因素——优势	权重	强度	综合评价值	合计
$S1$	K_{S1}	A_{S1}	B_{S1}	M_{S}
$S2$	K_{S2}	A_{S2}	B_{S2}	
……	K_{S}……	A_{S}……	B_{S}……	
内部因素——劣势	权重	强度	综合评价值	合计
$W1$	K_{W1}	A_{W1}	B_{W1}	M_{W}
$W2$	K_{W2}	A_{W2}	B_{W2}	
……	K_{W}……	A_{W}……	B_{W}……	
外部因素——机遇	权重	强度	综合评价值	合计
$O1$	K_{O1}	A_{O1}	B_{O1}	M_{O}
$O2$	K_{O2}	A_{O2}	B_{O2}	
……	K_{O}……	A_{O}……	B_{O}……	
外部因素——威胁	权重	强度	综合评价值	合计

续表

T1	K_{T1}	A_{T1}	B_{T1}	M_T
T2	K_{T2}	A_{T2}	B_{T2}	
……	$K_{T……}$	$A_{T……}$	$B_{T……}$	

3. 类型确定

建立SWOT要素坐标系，在S轴、W轴、O轴和T轴上分别标注已经计算出的各要素的力度值，连接各坐标轴的力度值形成四边形。

四边形的重心坐标 $P=(X,Y)=\left(\sum_{i=1}^{4}x_i/4,\ \sum_{i=1}^{4}y_i/4\right)$，所在的象限决定类型。

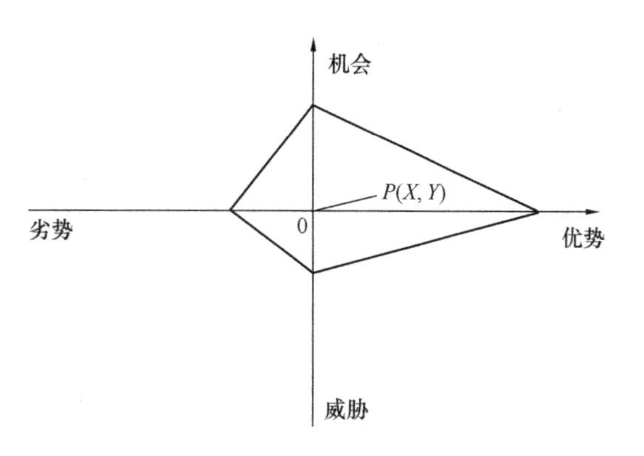

图5-3　四边形分析示意

引入方位变量区分方位类型，设 α 表示方位角，$\tan\alpha=Y/X$，其中 $0\leqslant\alpha<2\pi$，根据 α 的大小选择具体类型。具体如图5-3所示。

四个象限将整个平面分成4个区域，按方位域分为8种类型，如表5-6所示。

交通发展战略类型与方位关系　　表5-6

第一象限		第二象限		第三象限		第四象限	
开拓型战略区		争取型战略区		保守型战略区		抗争型战略区	
类型	方位域	类型	方位域	类型	方位域	类型	方位域
实力	0，π/4	争取	π/2，3π/4	退却	π，5π/4	调整	3π/2，7π/4
机会	π/4，π/2	调整	3π/4，π	回避	5π/4，3π/2	进取	7π/4，2π

4. 交通战略方案生成

SWOT分析法在要素本身和要素间进行分析和交叉分析，归纳生成相应的战略。城市交通系统自身的优势和限制，以及所面临的外部的机遇和挑战，进行单要素的归纳，可以得出初步交通发展战略，再通过各要素间的交叉分析，同时通过复合要素的“碰撞”，制定出不同类型的交通发展战略，具体如图5-4所示。

交通备选战略方案一般可按照交通方式发展导向来分类，形成小汽车交通导向战略方案，轨道交通导向方案，常规公交导向方案以及公共交通与小汽车交通协调发展导向方案等。也可按照对某种交通方式发展导向分类，形成高强度公交优先方案、中等强度公交优先方案和低强度公交优先方案，或高强度小汽车控制方案、中等强度小汽车控制方案和低强度小汽车控制方案。或按照基础设施投资水平来分类，形成高强度投资方案、中等强度投资方案和低强度投资方案。

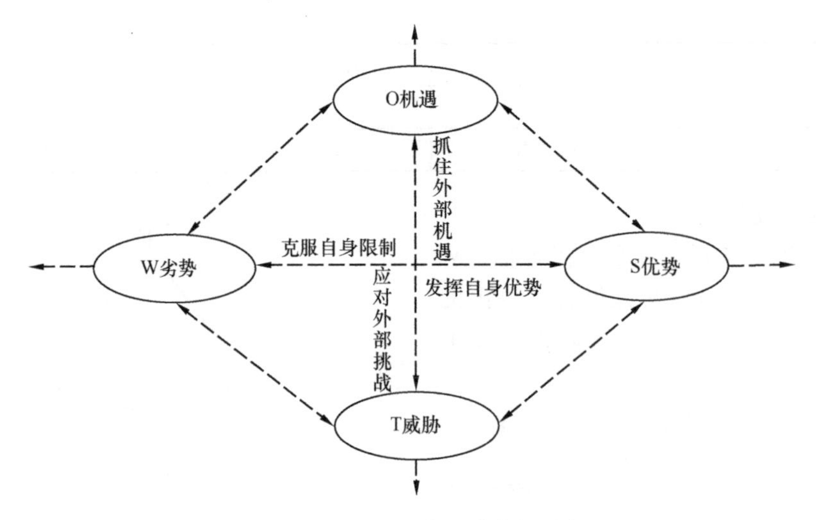

图 5-4　SWOT 要素归纳分析示意

5.4　城市交通发展战略测试及优选

城市交通战略测试面向不同情景下的城市空间布局以及相对应的城市交通发展战略，一般利用交通战略测试模型来完成对战略方案的比选工作，为方案提供可比选的定量指标并给出差别化的数据，优选出最终的战略方案。交通战略测试模型主要关注一些宏观测试对象，具体测试对象的选择主要依据战略目标设计要求，一般包括居民分方式出行总量、区域的可达性、关键通道服务水平、骨干道路网络的规模以及城市交通尾气排放和能源消耗总量等。

5.4.1　战略测试基础模型

交通战略测试基础模型与远期交通需求预测较为相近，但有所差异。远期需求预测是在交通战略方案未生成的前提下进行的，只是初步的交通需求分析，其目的是指导不同情境下交通发展战略的生成。交通战略测试模型是在已经有具体的交通战略方案的前提下，对战略方案必选，在测试的过程中，需要考虑到交通发展战略方案对需求格局的改变。其精度要求介于远期需求分析与四阶段交通需求分析之间。

交通战略测试基本模型的作用是进行交通出行生成、吸引，交通分布，交通方式划分和交通分配四方面的测试，得出交通出行量总量、交通分布量、交通方式结构，公交线路客流量、道路车流量、行车速度、道路和公交服务水平等基础指标。交通战略测试基本模型以四阶段预测模型为基础，所需的数据类型和调查方法类似。但由于交通战略是对交通宏观发展方向把握，具体模型构建可以以第 4 章提出的交通需求预测模型为基础，在参数选择方面对传统的四阶段预测模型加以改进。

（1）基础网络

四阶段预测法基础网络基于城市综合交通规划方案不同等级道路网络和不同类型公交网络；战略模型的研究阶段仅涉及城市交通骨架网络的初步分析，并测试对象是城市重大基础设施的战略方案，模型拟定主要基于初步定义或总体规划定义的高快速路系统、主干路系统和骨干公交网络。

（2）小区划分

四阶段预测法小区划分大致规模为 1～2km^{2}左右，由于战略测试的对象主要是包括轨道交通、BRT 以及骨架路网等城市重大交通基础设施和宏观城市交通发展方向，战略测试中小区划分与常规四阶段预测的交通小区划分相比范围可以较粗，以次干路为基础路网的小区规模可以在 3～6km^{2}左右，以主干路为基础路网的小区规模可以在 6～10km^{2}左右。

（3）出行生成

四阶段预测法出行生成主要基于土地利用现状和规划方案，对交通出行目的划分相对较细，而战略测试的精度要求相对较低，基于土地利用现状和规划方案进行出行生成预测时可只考虑上班、上学和回程三种出行目的即可。

（4）出行分布与方式划分

四阶段预测法进行出行分布和交通方式划分主要基于不同居民对不同出行目的、出行距离以及相应的出行工具的偏好来选择参数，在交通战略测试主要目的之一是对交通政策的比选，部分战略测试模型应考虑到不同类型交通政策在选择不同交通出行工具附加的广义出行费用的影响，比如不同的公交优先强度（收费、专用道密度等）、停车收费标准、燃油税等。

（5）交通分配

四阶段预测法在交通分配时主要是将道路等级而产生的行程时间作为交通阻抗，战略测试阻抗标定涉及交通管制措施而产生的交通阻抗而引起的交通流或客流在交通网络上的重新分布。

5.4.2　交通战略测试典型模型

由于战略目标设计的多元性，道路和公交运行的基本指标不能完全完成战略方案优选任务，交通战略测试模型还应包括对特殊战略目标的选择进行测试。根据一般城市综合交通规划战略目标的设计，本书列举四个典型战略测试模型。

1. 通道服务水平测试模型

通道服务水平测试模型一般用来分析通道总供应和总需求之间的相互关系。一般可以从两个方面着手，一方面计算通道的总需求及总供给，另一方面计算两者的协调关系及矛盾程度。

客流总需求可用组团间客流联系强度 q_{ij} 表示，交通基础设施总供给表示通道的道路交通资源供给情况，具体可用式（5-16）计算：

$$P = \sum_{i=1}^{m} R_i / c \tag{5-16}$$

式中　P——通道总供给值，标准车道数；

m——各级道路数，个；

R_i——各级通道的理论通行能力，pcu/h；

c——平均每车道理论通行能力，pcu/h。

通道服务水平可用小汽车出行需求与道路交通资源供应情况的比值反映，这里采用 φ

来评价通道的供需情况，可用式（5-17）计算：

$$\varphi = \frac{q_{ij} \cdot \alpha}{P \cdot c} \tag{5-17}$$

式中 φ——通道服务水平，pcu/h；

q_{ij}——通道所承担的客流量，pcu；

α——组团间小汽车出行比例，表示通道所采用交通方式，%。

2. 路网容量测试模型

路网容量是城市道路设施在理想状况下单位服务时间所能容纳的最大车辆数，一般用来测试骨架路网容量战略方案的合理性。可从道路设施时空总资源和交通个体时空消耗两方面来分析。车辆在行驶中占有一定的道路净空面积，在一次出行时间内以动态方式只占有一次，每辆车出行使用的道路面积在单位服务时间内又可提供给其他车辆重复使用。因此，城市道路设施时空总资源 TR_s 可用式（5-18）计算，机动车个体时空消耗 TR_d 可用式（5-19）计算，理论路网容量值可用式（5-20）计算。

$$TR_s = L \cdot T \tag{5-18}$$

$$TR_d = h_s \cdot t = \frac{l_p}{c} \tag{5-19}$$

$$C_{ap} = \frac{TR_s}{TR_d} = \frac{TR_s \cdot c}{l_p} \tag{5-20}$$

式中 L——机动车道路总长度或总面积，m 或 m^2；

T——城市道路单位服务时间，一般取 1h；

h_s——车辆行驶过程中的平均车头间距，m；

t——车辆一次出行平均出行时间，h；

l_p——车辆平均出行距离，m。

c——路段单车道运行交通量，取路段单车道可能通行能力，veh/h。

3. 可达性模型

可达性表示到达某一特定区域的方便性，具体交通含义较为丰富，可从城市交通网总体角度上来理解可达性指标，也可从城市某一点或某一区域来理解可达性指标，可以分析从城市其他地区到所研究区域的方便性，也可以分析从所研究区域到城市其他地区的方便性。为此，引入可动性指标、易达性指标、通达性指标描述多方面的可达性内涵。

可动性指标针对各区居民日常生活、工作出行，以某一区 i 的居民出行最短平均距离或最短平均时间表征。S_i 和 T_i 的值越高，表示该区居民的可动性越差，反之可动性则越好。

$$S_i = \sum_{j=1}^{n} S_{ij} \cdot M_{ij} / \sum_{j=1}^{n} M_{ij} \tag{5-21}$$

$$T_i = \sum_{j=1}^{n} T_{ij} \cdot M_{ij} / \sum_{j=1}^{n} M_{ij} \tag{5-22}$$

式中 S_i——第 i 区居民出行最短平均距离，km；

T_i——第 i 区居民出行最短平均时间，min；

S_{ij}——i 区到 j 区的最短路长度，km；

T_{ij} ——i 区到 j 区的最短路时间，min；

M_{ij} ——i 区到 j 区的家基出行人数，即出发点或终点为家的出行人数。

易达性指标针对市中心、商业中心等重要交通集散地的吸引力，以城市各区居民到城市某地区需经过的最短路程或时间的加权平均值表征。S_j 和 T_j 的值越高，易达性越差，反之则越好。

$$S_j = \sum_{i=1}^{n} S_{ij} \cdot M_{ij} / \sum_{i=1}^{n} M_{ij} \tag{5-23}$$

$$T_j = \sum_{i=1}^{n} T_{ij} \cdot M_{ij} / \sum_{i=1}^{n} M_{ij} \tag{5-24}$$

式中　S_j——城市各区居民到城市某一区最短路程的加权平均值，km；

T_j——城市各区居民到城市某一区最短时间的加权平均值，min。

通达性指标针对全市居民总体可达性，以城市居民出行最短平均距离或时间表征。对于不同的城市来说，居民出行最短平均距离和时间反映了不同城市居民的方便性、可达性；对于同一城市来说，道路交通体系的改善立即可以由式（5-25）、式（5-26）反映出来居民出行方便程度的改善。S 和 T 越高，通达性越差，反之则越好。

$$\overline{S} = \sum_{i=1}^{n} \sum_{j=1}^{n} S_{ij} \cdot M_{ij} / \sum_{i=1}^{n} \sum_{j=1}^{n} M_{ij} \tag{5-25}$$

$$\overline{T} = \sum_{i=1}^{n} \sum_{j=1}^{n} T_{ij} \cdot M_{ij} / \sum_{i=1}^{n} \sum_{j=1}^{n} M_{ij} \tag{5-26}$$

式中　$\overline{S}$——城市居民出行最短平均距离，km；

$\overline{T}$——城市居民出行最短平均时间，min。

不同类型城市和服务于不同出行目的，可动性、易达性和通达性评判标准应有所差异，表5-7给出一套不同城市规模、不同出行目的的可达性标准建议值，对于同一规模类型城市，人口较多，用地分布较分散的城市可选取高值，反之，人口较少，用地分布较为紧凑的城市可选取低值。

可达性指标评价标准建议　　**表5-7**

出行目的		上班	上学	购物	回程
特大城市	可动性	$\frac{5.0\sim8.0}{25\sim40}$	$\frac{2.0\sim4.0}{10\sim20}$	$\frac{5.0\sim10.0}{25\sim50}$	$\frac{5.0\sim8.0}{25\sim40}$
	易达性	$\frac{5.0\sim8.0}{25\sim40}$	$\frac{2.0\sim4.0}{10\sim20}$	$\frac{5.0\sim10.0}{25\sim50}$	$\frac{5.0\sim8.0}{25\sim40}$
	通达性	$\frac{4.0\sim7.0}{20\sim35}$	$\frac{1.5\sim3.5}{10\sim18}$	$\frac{4.0\sim8.0}{20\sim40}$	$\frac{4.0\sim7.0}{20\sim35}$
大城市	可动性	$\frac{3.0\sim6.0}{15\sim30}$	$\frac{1.5\sim3.5}{8\sim18}$	$\frac{3.0\sim6.0}{15\sim30}$	$\frac{3.0\sim6.0}{15\sim30}$
	易达性	$\frac{3.0\sim6.0}{15\sim30}$	$\frac{1.5\sim3.5}{8\sim18}$	$\frac{3.0\sim6.0}{15\sim30}$	$\frac{3.0\sim6.0}{15\sim30}$
	通达性	$\frac{2.0\sim5.0}{10\sim25}$	$\frac{1.0\sim2.5}{6\sim12}$	$\frac{2.0\sim5.0}{10\sim25}$	$\frac{2.0\sim5.0}{10\sim25}$

续表

出行目的		上班	上学	购物	回程
中等城市	可动性	2.0～4.0 / 10～20	1.0～2.5 / 7～12	1.5～4.0 / 8～20	2.0～4.0 / 10～20
	易达性	2.0～4.0 / 10～20	1.0～2.5 / 7～12	1.5～4.0 / 8～20	2.0～4.0 / 10～20
	通达性	1.5～3.5 / 8～18	0.8～2.0 / 6～10	1.0～3.0 / 7～15	1.5～3.5 / 8～18
小城市	可动性	0.8～2.5 / 6～12	0.5～1.5 / 5～8	0.5～2.0 / 5～10	0.8～2.5 / 6～12
	易达性	0.8～2.5 / 6～12	0.5～1.5 / 5～8	0.5～2.0 / 5～10	0.8～2.5 / 6～12
	通达性	0.5～2.0 / 5～10	0.5～1.5 / 5～8	0.5～2.0 / 5～10	0.5～2.0 / 5～10

注：表中可达性标准以居民平均出行距离（km）/时间（min）计。

4. 环境消耗模型

环境消耗模型主要用于分析城市交通环境消耗是否超出了预期的环境消耗目标值。在划分交通小区后，环境消耗可分为两部分内容，一部分是区内出行的机动车环境消耗，另一部分是跨区出行的机动车环境消耗。

交通跨区出行和区内出行排放量与交通分布量、交通结构、实载率、分区距离和排放因子相关，排放量等于各种交通方式需求量与出行距离和排放因子的乘积，由于 CO 排放量远高于其他污染物的排放量，一般主要考虑 CO 的排放因子，排放因子可只考虑小汽车和公交车的排放因子即可。具体如式（5-27）所示：

$$W_{ij}=\sum_{m}\frac{Q_{ij}\cdot P_m}{\lambda_m}\cdot d_{ij}\cdot\delta_W(V_m) \tag{5-27}$$

$$W'_i=\sum_{m}\frac{Q'_i\cdot P_m}{\lambda_m}\cdot f_m(R_i)\cdot\delta_W(V_m) \tag{5-28}$$

式中 P_m——居民出行选择第 m 种交通方式概率，%；

λ_m——第 m 种交通方式实载率，人/pcu；

d_{ij}——第 i 分区与第 j 分区的距离，km；

$\delta_W(V_m)$——第 m 种交通方式排放因子，mL/(km·veh)，为该种交通方式运行速度的函数；

R_i——第 i 分区的当量半径，m；

$f_m(R_i)$——第 i 分区第 m 种交通方式区平均出行距离，m，可用第 i 分区当量半径表示。

Q_{ij}——第 i 分区到第 j 分区的跨区出行交通量；

Q_i' ——第 i 分区的区内出行交通量；

W_{ij} ——第 i 分区到第 j 分区的交通跨区出行排放量；

W_i' ——第 i 分区到第 j 分区的区内出行排放量。

5.4.3 城市交通发展战略优选

1. 交通战略评估对象

交通发展战略优选的过程就是对不同备选交通战略方案评估的过程，主要衡量交通战略对城市、社会、经济、交通系统等方面产生的影响的综合效益。交通战略评估的对象主要包括对交通发展战略实施可行性评估、效果评估、效应评估以及效率评估这四方面的评估。

交通发展战略可行性评估主要考虑交通发展战略与国家、地方政策的协调性，可接受性，公平性及交通政策的执行难度等。交通发展战略与国家、地方政策的协调性主要分析所形成的交通发展战略是否符合国家和地方的交通发展政策，如有矛盾，是否可以进行协调。公平性主要分析交通战略采取的政策在交通资源分配上是否照顾到城市的各个阶层、各种收入居民的利益。可接受性主要分析交通政策的实施是否符合居民交通出行的意愿，能否为城市居民所接受。执行难度主要考虑政策实施过程中的技术和社会问题解决的难度，和对管理部门素质提高的要求。

交通发展战略效果评估主要是对交通战略实施后对交通系统和出行者两方面可能产生的影响，比如出行方式结构，交通机动车总拥有量等，评价以定量分析为主，一般结合交通发展战略模型进行测试。效应评估主要针对交通发展战略应用后对城市、社会和经济所引起的反响，评价对象以定性为主，一般采用专家打分方法进行，比如交通对环境的影响程度，与城市空间布局发展的协调性等。交通战略的效果评估和效应评估标准主要应结合城市交通战略目标设计的要求而制定。

交通战略效率评估是衡量战略取得的效果所耗费的外部资源的数量，它通常表现为投入与效果之间的比例。效率评估与效果评估和效应既有区别，又有联系。效果和效应关心的是有效执行战略，达到预定目标，效率标准关心的是如何以最小的投入得到最大的产出。交通战略效率评估与效果与效应评估之间有时并不统一。战略的效率必须建立在交通战略的效果与效应评估的基础上。效率评估阶段的重点是对交通发展战略实施成本进行分析，交通发展战略的成本主要交通基础设施建设成本和交通运行成本开展分析，前者主要包括道路和骨架公共交通线路的建设成本，后者主要包括出行距离和时间成本。

2. 交通战略方案综合评估方法

交通战略评估方法主要针对效果评估和效应评估两方面。一般采用“前-后”交通战略评估法和“有-无”交通战略评估方法。“前-后”交通战略评估法，就是将交通战略在实施前可以衡量出的状态与接受交通战略作用后可以衡量出的新状态之间进行对比，从中得出交通战略效果，进而据此对交通战略的价值做出判断。图 5-5 中 A1 代表交通战略执行前的效果，A2 代表交通战略执行后的效果，(A2-A1) 表示交通战略实际效果。该方法的优点是操作简单，不足之处是它无法将被评估战略的“纯效果”与该项政策以外的因素所产生的效果分离出来。

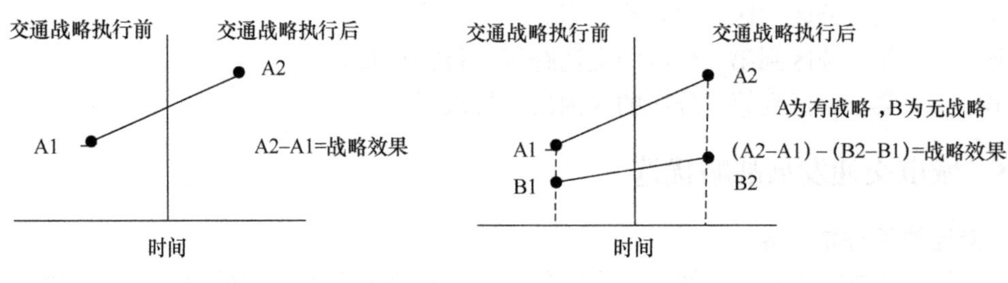

图 5-5 “前-后”交通战略评估法　　　　图 5-6 “有-无”交通战略评估法

“有-无”交通战略评估方法是在交通战略执行前和执行后这两个时间点上，分别就采取交通战略和不采取交通战略两种情况进行前后对比，然后再对两次对比结果进行比较，以确定被评估的交通战略的效果。图 5-6 中，A1 和 B1 分别代表现状有无交通战略两种情况，A2 和 B2 分别是未来有无交通战略的两种情况。（A2－A1）为有交通战略条件下的变化结果，（B2-B1）为无交通战略条件下的变化结果。（A2－A1)－(B2－B1）便是交通战略的实际效果。这种方法需要补充大量的现状分析数据，操作便捷性叫“前-后”对比法相对较差，但能够比较有效地将被评估交通战略的“纯效果”从战略执行后产生的总效果中分离出来，降低外界因素的干扰。

第 6 章　城市道路网规划

城市道路网规划应以合理的城市用地功能组织为前提，根据城市现状及自然环境特点，经济合理地规划道路网络，同时区分不同功能的道路性质，结合具体城市的用地情况组成道路系统。

规划的城市道路网既要满足客货车流、人流的安全畅通，同时还要反映城市风貌、历史和文化传统，为地上地下工程管线和其他设施提供空间，并满足城市日照通风与城市救灾避难要求。在进行城市道路网系统的规划时，应对上述功能综合考虑，相互协调。

6.1　城市道路网规划基本要求

6.1.1　规划理念与要求

1. 规划理念

（1）“宽马路、疏路网”理念

20 世纪 90 年代我国开始进行大规模道路建设，为不断增长的机动车交通提供畅通的通行空间，是许多城市建设的优先目标。其中一个重要现象就是城市道路的建设中过度追求道路的宽度，既存在旧城区道路的拓宽，也存在新城区新建宽马路。在经济发展的过程中又受扭曲的政绩观的影响，为吸引投资，各个城市加大形象工程建设，争创“第一路”。

（2）“窄马路、密路网”理念

2016 年 2 月 6 日中共中央、国务院发布《关于进一步加强城市规划建设管理工作的若干意见》，其中提到树立“窄马路、密路网”的城市道路网布局理念。建设快速路、主次干路和支路级配合理的道路网系统，打通各类“断头路”，形成完整路网，提高道路通达性。科学、规范设置道路交通安全设施和交通管理设施，提高道路安全性。

2. 规划要求

（1）组织城市用地和空间布局，引导和促进城市发展，推动用地结构和产业布局调整

从城市规模来看，快速路和主干路是形成城市骨架的基础设施；从地区规模来看，道路起到划分邻里居住区、街坊等局部地块的作用。

城市各级道路是划分城市各分区、组团、各类城市用地的分界线。城市道路作为城市用地的重要组成部分，同时作为城市活动的技术支撑空间，尤其需要协调好与城市活动的基本空间的关系。城市次干路和主干路可能成为划分大街坊或居住区的分界线；城市支路和次干路可能成为划分小街坊或小区的分界线。因此，城市道路网系统应能适应今后城市用地扩展、空间结构以及产业布局的调整，便捷联系城市各主要功能区。

（2）充分加强道路网络的系统性，满足城市交通运输的需求

满足交通运输要求是道路网规划的首要目标，是指随着城市活动产生的交通需要中，对应于道路交通需要的通过和进出交通功能，是行人与车辆来往的专用地。为达到此目标，道路网络系统应满足以下要求：道路网必须“功能清晰，结构合理”，为组成一个合理的交通运输网创造条件，使城市各分区之间具有“方便、快捷、安全、高效和经济”的交通联系；道路功能必须同毗邻道路的用地性质相协调；城市道路系统完整、交通均衡分布；道路网络要有利于实现交通分流；道路系统应与对外交通有方便的联系。另外，应充分考虑公交发展需求，为公交优先发展提供条件。

（3）注重与环境的关系，与城市景观相协调，满足市政工程管线布设的要求

城市道路作为城市带状景观轴线，对形成城市的视觉走廊，丰富城市景观都起到很好的效果。城市道路应与城市绿地系统、城市主要建筑物、街头绿地相配合，形成城市绿色系统的景观环境。因此，道路系统规划时，要满足城市绿地系统规划对道路绿化的要求。

城市道路是安排绿化、排水及城市其他市政工程基础设施（地上、地下管线）的主要空间。城市道路应根据城市工程管线的规划为管线的敷设留有足够的空间。

6.1.2 规划内容

城市道路网规划主要分为四个方面：城市道路网布局规划，以确定城市道路网的结构形式；各级城市道路规划，由快速路系统规划、主干路网规划、次干路网规划和支路网规划组成；城市道路设施规划，分为城市道路横断面规划和城市道路交叉口规划；城市道路网规划方案评价，分为技术评价、经济评价和社会环境影响评价。

城市道路网规划，还需包括：在确定道路网络总体结构、道路网络主骨架的情况下，对不同等级的道路进行使用功能划分；对干道网中每一条道路，根据其等级及使用功能进行横断面设计（板块形式、是否设置非机动车道、非机动车道的宽度、人行道的宽度、隔离物的形式与宽度）；确定道路红线控制范围；提出快速路、干道之间交叉口的型式（立交还是平面相交、采用何种形式的立交）并对主要干道之间的平面交叉口进行规划设计；对支路系统提出改善方案，确定支路的使用功能、支路的红线宽度，交通管理的要求（是否设置单行道、是否为非机动车专用路、支路与主要干道交叉口的交通组织与管理）。

6.1.3 规划程序

城市道路网规划工作程序框图如图 6-1 所示。城市道路网络规划首先分析影响城市道路交通发展的外部环境，从社会政治、经济发展、人口增长、有关政策的制定和执行、建设资金的变化等方面来确定城市道路交通发展的目标和水平，预估未来城市道路网络的客货流量、流向，确定道路网络的布局、规模等，并落实在图纸上。城市道路网规划具体程序如下：

1. 现状调查，资料准备

（1）城市地形图：包括城市市域范围和中心城区范围两种地形图。市域地形图应能反映区域范围内城市之间的关系，河湖水源、公路、铁路与城市的联系等。地形图比例尺可为 1∶50000～1∶10000。另为定线校核之用，还需有 1∶1000（或 1∶2000）的地形图。

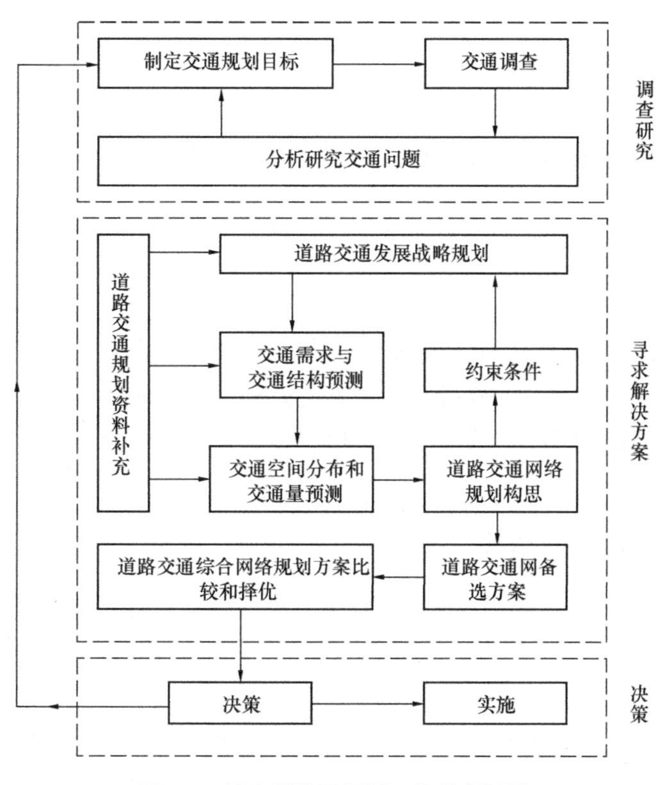

图 6-1　城市道路网规划工作程序框图

（2）城市用地布局和交通规划初步方案：即在城市总体规划中作出的城市土地使用和交通系统规划的初步方案。

（3）城市发展社会经济资料：包括城市性质、规模、人口、经济及交通发展资料、城市发展阶段及期限等。

（4）城市道路交通现状调查资料：包括城市历年机动车、非机动车拥有量资料，城市主要干道及交叉口交通流量、流向分布资料。

（5）城市道路交通现状存在的问题：路网结构、主要干道、通行能力等方面不适应程度以及存在问题的主要原因等。

2. 道路网规划初步方案确定

根据交通规划和城市总体规划的要求，考虑城市的发展和用地的调整，从“骨架”和“功能”的角度提出道路网规划初步方案。

3. 修改道路系统规划方案

对初步方案进行全面分析比较，对社会、经济、交通的影响和效益进行分析，修改道路网规划及重要交通节点的规划方案。

4. 编制道路系统规划方案说明

对整个道路系统规划设计工作做必要的方案说明，一般应包括规划的原则、各项指标及参数的确定、道路网带来的交通及社会经济效益的简要分析结论、道路网分期实施方案以及其他需加以说明的内容。

6.2 城市道路网布局规划

6.2.1 城市道路网布局影响因素

城市道路系统是组织城市各种功能用地的“骨架”，又是城市进行生产和生活活动的“动脉”。城市道路系统布局是否合理，直接关系到城市是否可以合理、经济地运转和发展。城市道路系统一旦确定，实质上决定了城市发展的轮廓、形态，即使遇到自然灾害或战争的破坏，在恢复和重建城市时，也较难改变。这种影响是深远的，在一个相当长的时期内发挥作用。影响城市道路系统布局的因素主要有三个：城市在区域中的位置（城市外部交通联系和自然地理条件）、城市用地布局形态（城市骨架关系）、城市交通运输系统（市内交通联系）。

6.2.2 城市道路网布局结构

历史上形成的城市道路系统形态主要有棋盘式路网、放射形路网、环放射形路网等，相关性能见表 6-1。

典型城市道路网布局及其性能　　表 6-1

类型	图式	特点与性能
棋盘式		布局严整、简洁，有利于建筑布置，方向性好，网上交通分布均匀，交叉口交通组织容易但非直线系数大，通达性差，过境交通不易分流，对大城市进一步扩展不利。改进的方式是增加对角线道路，有时亦组织环形线路。适用于地形平坦的城市
放射形		交通干线以市中心为形心向外辐射，城市沿对外交通干线两侧发展，形成“指状”城市。这种布局具有带形布局的优点，同时缩短了到市中心的距离。缺点是中心区交通压力过大，边缘区交通联系不便，过境交通无法分流。改进的布局是增加环线并使放射性干线不集中于市中心
环放射形		这种布局具有通达性好，非直线系数小，有利于城市扩展和过境交通分流等优点，一般用于大城市，但不宜将过多的放射线引向市中心，造成市中心交通过分集中。缺点是对建筑布置不利

随着城市的发展，在典型的城市道路网布局的基础上发展延续出九种道路网络布局形式，现归纳分析如下。

1. 方格形道路网

方格形道路网或称棋盘式路网，如北京、西安老城区道路网，成都、桂林、太原中心区（老城）的道路网，具有如下特征：

（1）道路使用均衡，车流可以较均匀分布在所有街道上，路网容量被均衡利用，市中心的交通负担不会过重。

（2）从交通方面来看，这类路网不会形成太复杂的交叉口，多为十字形或丁字形交叉口，交通组织简单便利。

（3）在重新分配车流方面具有较大的灵活性，当某一条街道受阻，车辆可选择的绕行路线较多，行程时间不增加。

（4）城市街道布局严整、简洁，有利于建筑物布置，方向性好。

但方格形道路网对角线方向交通联系不便，非直线系数较大，一般为1.2，高时可达1.4，增加了居民的无效出行距离，加重了路网负担；干道网的密度一般较高，存在很多的交叉口，既影响车速，又不易于交通管理和控制；把城市交通分配到全部道路上，不能使主次干路明确划分，限制了主次干路按功能发挥作用。

为改善对角线方向上车流绕行距离过长的问题，可在方格网中适当加入对角线方向的干道，形成棋盘对角式路网。这样对角线方向交通可以缩短30%左右的出行距离，增加了可达性。但由于斜向干道的穿越，会形成近似三角形的街坊和交叉口，给建筑布置和交通组织带来不利。

2. 环线放射式道路网

环线放射式道路网，由从城市中心起向四周的若干条放射线和以城市中心为圆心的几条环形线所组成。城市中心即为中心区，四周分布几个副中心，比较理想的布局方式是从中心向四周一定范围内布置居住区，包括工作、生活、商业服务业、娱乐等，市区外围为工业区，城市各组团间由城市干道和绿化带分隔。

环线放射式道路网起源于欧洲以广场组织城市的规划手法，最初是几何构图的产物，多用于大城市。这种道路系统的放射状干道使市中心和各功能区以及市区和郊区间有便捷的交通联系，增强了市中心可达性，有利于形成吸引力强大的市中心，保持市中心的繁荣；环状干道又有利于外围市区及郊区的相互联系，并疏散过境交通，以避免对市中心产生过大的压力。

但是，放射状干道容易把外围的交通迅速地引入市中心地区，易造成中心区的交通紧张，中心区路网超负荷，而外围路网容量得不到充分利用，浪费了路网时空资源，其交通机动性较方格网差。如在小范围内采取这种形式，则易造成一些不规则的小区和街坊，给建筑布局和朝向带来困难。这种形式一旦形成，如果规划管理不当，就可能变成连片密集型发展模式，形成城市用地的“摊大饼”。环形干道也容易引起城市沿环道发展，促使城市呈同心圆式不断向外扩张。

为了充分利用环线放射式道路系统的优点，避免其缺点，国外一些大城市在原有的环线放射路网基础上部分调整改建形成快速路系统，对缓解城市中心的交通压力，促使城市沿交通干线向外发展起了十分重要的作用。

3. 自由式道路网

自由式道路网通常是由于地形起伏变化较大，道路结合自然地形呈不规则状布置而形成的。这种类型的路网没有一定的格式，变化很多，非直线系数较大。如果综合考虑城市用地的布局、建筑的布置、道路工程及创造城市景观等因素精心规划，不但能取得良好的经济效果和人车分流效果，而且可以形成活泼丰富的景观效果。

国外很多新城的规划都采用自由式的道路网。美国阿肯色州 1970 年规划的新城茅美尔（Maumelle），城市选在一片丘陵地，在交通干道的一侧布置了工业区，另一侧则结合地形、河湖水面和绿地安排城市用地，道路呈自由式布置，形成很好的居住环境。

我国山区和丘陵地区的一些城市也常采用自由式道路系统，道路沿山脉或河岸布置，如青岛、重庆等城市。但这种布置多是从工程角度出发，有的道路仿照盘山公路修建，不自然。而且，在传统的规划思想下，只要有一些平地，都尽可能采用方格式的道路系统。

4. 混合式道路网

混合式或综合式道路网系统是根据城市所在地区的地形和交通需求将城市不同区域的各个道路系统有机结合起来，使道路网既能满足交通需求，又能满足经济和建筑上的需求。混合式是多种形式的组合，是城市分阶段发展的体现。

这种路网形式考虑了自然历史条件，有利于因地制宜地组织交通，使城市得到一个完整而统一的建筑规划结构，因为它全面考虑了城市中的基本组成要素，使它们在城市用地上协调配合。如果规划合理，是一种扬长避短的形式。

经历了不同发展阶段的大城市的这种混合式道路系统，如果在好的规划思想指导下，对城市结构和道路网进行认真地分析和调整，因地制宜规划，仍可以很好地组织城市生活和城市交通，取得较好的效果。

5. 线形或带形道路网

线形道路网是以一条干道为轴，沿线两侧布置工业与居民建筑，从干道分出一些支路联系每侧的建筑群。线形道路网布局又可分为两种方式：一种方式是干道一侧为居住区，另一侧是工业区，干道的中部为中心区，两侧各有一个副中心；另一个方式是沿干道为一个或多个建设区，中间为居住，有行政、商业、服务业中心，两侧各为一个工业区，最外侧各有居住区及商业服务业副中心，和工业区分开布局。

还有一种和线形道路网布局相似的带形城市道路网，这种布局往往以中间的干道为主轴，两侧各有一条和主轴平行的道路作为辅助干道，这样以三条道路为主要脉络和一些相垂直的支路，组成类似方格形的道路网。

6. 方格环形放射式道路网

这种道路网中心区为方格形，向四周呈环形放射式发展，因历史原因我国城市道路网多采用这种布局形式。随着城市化进程加快，区域之间交往增加，过境交通增大，编制总体规划中的道路网络，自然需要利用改造原有的放射线和发展新的放射线，同时为了便利各条放射线之间的联系，缓解疏散中心区的交通环路便应运而生，大城市一般都建一定数量环路，至于放射线的数量，随着城市大小、地理位置以及和相邻城市的关系而有所不同，大体上内地城市放射线较多，沿海城市放射线较少。

7. 手指状（巴掌式）道路网

这种道路网以多条放射线呈手指状发展，市区以外沿着手指状的道路两侧规划一些重点建设区，每个重点建设区规划一个以行政办公及商业服务业为主的副中心，各重点建设区之间以楔形绿化带分隔，手指式放射线通过几条环路联系起来。

8. 星状放射式道路网

星状放射式道路网是和子母城市的布局（即城市由市区和卫星城所组成）相配套的，道路网从城市中心起呈放射状联系多个卫星城市，而城市由几个层次的同心圆所组成。

9. 交通走廊式道路网

城市中心区道路网形成之后，城市沿着放射干道发展，形成交通走廊式道路网。

6.2.3　城市道路网布局规划流程

道路网布局规划中可采用先确定道路网规划指标和道路网空间布局形式，然后进行道路网系统性分析，最后进行检验与调整的过程，见图 6-2。

1. 道路网规划指标的确定

道路网布局规划中首先需要明确的是规划指标，主要包括人均道路用地面积、车均车行道面积、道路网密度、道路等级结构、道路网连结度、非直线系数等。

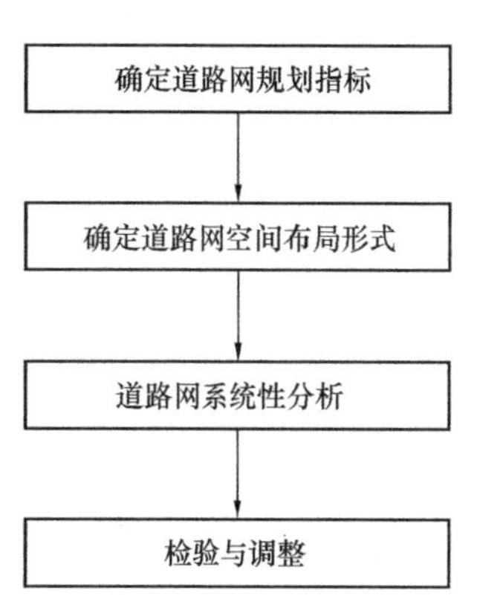

图 6-2　道路网布局规划程序

2. 道路网空间布局形式

在社会经济、自然地理等条件的制约下，不同城市的道路系统有不同的发展形态。从形式上看，常见的城市道路网布局有四种典型类型：方格形道路网布局、环线放射式道路网布局、自由式道路网布局、混合式道路网布局。

仅仅从每种道路网布局的特点出发是难以决定其优劣与取舍的，规划中应尊重已经形成的道路网布局，考虑原有道路网的改造和发展，从城市地理条件、城市布局形态、客货运流向及强度等方面确定城市的道路网布局，不应套用固定的模式。道路网空间布局形式的确定是一个定性分析与定量分析相结合的过程。

3. 道路网系统性分析

道路网的系统性表现在城市道路网与城市用地之间的协调关系、与对外交通系统的衔接关系以及道路网系统内部各组成要素之间的协调配合关系。道路网布局的系统分析有以下几个方面的内容：

（1）城市道路系统与城市用地布局的配合关系

主要分析城市各相邻组团间和跨组团的交通解决情况、主要道路的功能是否与两侧的用地性质相协调、各级各类道路的走向是否适应用地布局所产生的交通流及是否体现对用地发展建设的引导作用等。

（2）城市道路网与对外交通设施的配合衔接关系

主要分析城市快速道路网与高速公路的衔接关系、城市常速交通性道路网与一般公路的衔接关系、城市对外交通枢纽与城市交通干道的衔接关系。考虑到高速公路对城市交通有着重大影响，在规划的层次上应将高速公路交通影响分析纳入交通规划研究内容。

（3）城市道路系统的功能分工及结构的合理性

主要分析道路网中不同道路的功能分工、等级结构是否清晰、合理，各级各类道路的密度是否合理等。为保障交通流逐级有序地由低一级道路向高一级道路汇集，并由高一级道路向低一级道路疏散，应避免不同等级道路越级相接。

4. 道路网布局的检验与调整

经过以上过程所初步拟订的道路网需经过检验，见图 6-3。检验的标准是拟订的道路网是否能满足道路交通需求和环境质量要求。检验的基础是道路交通需求预测技术、道路网络分析技术和道路交通环境影响分析技术。道路网规划方案的调整分为两个层次，当道路服务水平质量和环境质量状况不符合规划要求时，首先调整道路网布局规划方案，对调整后的道路网布局规划方案重新进行检验，如经过多次调整后仍不能满足规划要求时，应对城市总体交通结构进行反馈，提出修改意见。

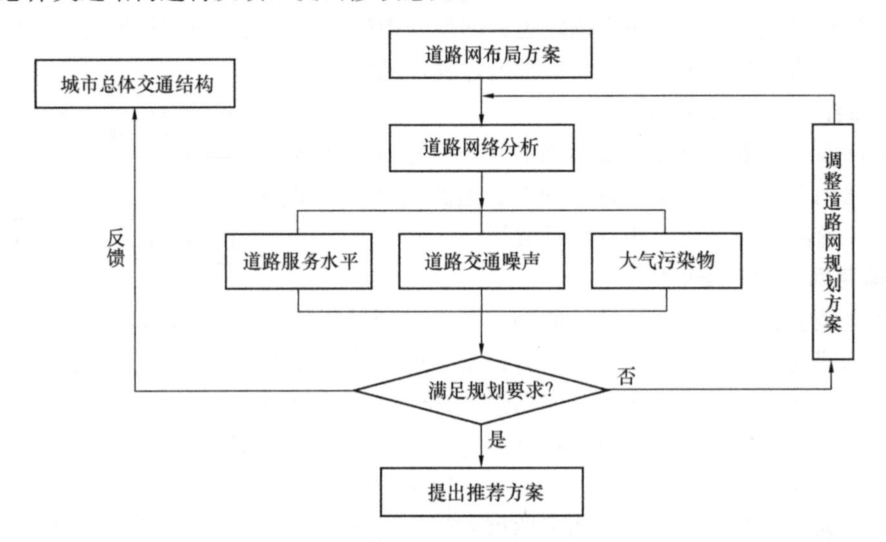

图 6-3 道路网布局的检验与调整

6.3 各级城市道路规划

6.3.1 快速路系统规划

城市快速路系统规划是城市交通规划的一个核心内容和城市发展规划的重要组成部分，随着我国经济建设的不断发展，城市功能不断加强和完善，城市建设规模不断扩大，城市交通需求越来越大，造成很大的交通压力。作为城市道路网的主骨架，建设城市快速路系统，以缓解交通压力，提高城市交通系统的服务水平，已成为越来越多的城市所采取的重要措施。

1. 快速路规划原则

快速路是承担高车速、长行程汽车交通的重要道路，适宜在大城市或组团式城市内设置，并与城市出入口道路和市域高等级公路有便捷的联系。

（1）联络城市各个功能分区或组团，满足较长距离的交通需求

随着城市的发展及用地功能的再调整，城市由密集型布局转向分散的功能组团方向发展。为保证城市的正常功能，提高城市的运行质量和效率，必须通过快速路系统使城市各个组团之间的空间距离，从时间上加以缩短，使城市的概念在时空上得到统一。

（2）进行城市内外交通转换，屏蔽过境交通

城市快速路系统一般由环状道路和放射状道路组成。放射道路是城市对外交通的主通道，城市的内外交通联系主要通过放射道路加以实现。过境交通的混入，是造成许多城市路网特别是中心区交通压力增大、交通混乱的重要原因。通过将过境交通引入快速路系统中，可以极大提高城市的运输效益和运行质量，使快速路系统起到中心区交通保护圈的作用。

(3) 调整城市路网交通量

由于快速路系统能够提供高效率和较高服务水平的交通环境，随着现代化动态交通管理水平的提高，驾驶员可以根据路网交通负荷的变化情况及时调整自己的行驶路线，选择能够快速到达快速路系统的路径，从而使路网的交通量分配更加合理，交通运行更为有序。

(4) 形成城市建设的风景带，带动沿线的土地开发

快速路在城市交通体系中所起到的特殊作用，必将引导和制约沿线的城市建设布局及土地的综合开发利用，从而体现与快速路系统配套的城市设计风貌，形成城市建设一道亮丽的风景带。

2. 快速路系统组成要素

(1) 快速路道路特征

快速路一般存在于规划人口在200万人以上的大城市和长度超过30km的带形城市，与其他干路构成系统，与城市对外公路有便捷的联系。快速路的设计车速为60～80km/h。严格控制与快速路交汇的道路数量，快速路穿过人流集中的地区，应设置人行天桥或地道。

快速路是提供不间断交通流的交通设施，交通流较少受到信号灯或停车管制的交叉口的外部干扰。快速路中行驶车辆运行情况主要受交通流中车辆间的相互作用，以及快速路几何特征的影响。此外，车辆运行也受到环境条件和人为的影响。

(2) 快速路典型横断面组成

城市快速路一般采用双幅路和四幅路两种形式。一般建议快速路双向机动车道条数最好超过四条，两侧一般不设置非机动车道，可设有辅道，辅道和快速路之间采用分车带隔离。

(3) 沿线道路相接形式

快速路与快速路、主干路、部分次干路相交时，规划设置立体交叉口。根据交通功能和匝道布置方式，立体交叉口分为分离式和互通式两类。快速路与次干路相交时，有时采用平面交叉口，平面交叉口的进出口均设展宽段，并增加车道条数。展宽段的长度，在交叉口进口道外侧自缘石半径的端点向后展宽50～80m。

(4) 交织区

两条或多条车流沿着快速路一定长度，穿过彼此车行路线的快速路路段。交织路段一般由合流区和紧接着的分流区组成。当快速路驶出匝道紧接驶入匝道，且两条匝道由一条连续的辅助车道相连接时，也会形成交织区。交织区的运行情况对交通流的上下游均有影响。

(5) 变速车道

变速车道是加速车道和减速车道的总称。加速车道是为保证驶入快速道的车辆，在进入快速道车流之前，能安全加速以保证汇流所需的距离而设的变速车道。减速车道是为保证车辆驶出快速道时能安全减速而设的变速车道。变速车道有直接式和平行式两种。加速

车道一般多用直接式，有的也用平行式；减速车道原则上用直接式。变速车道的宽度一般为3.5m。

（6）匝道

匝道是起连接两条相交道路作用的道路。匝道有三个相关的几何因素：匝道与快速路的连接点；匝道车行道；匝道与道路的连接点。

（7）匝道连接点

驶入及驶出匝道与快速路的连接点。由于汇集了合流或分流的车辆，因而形成的连接点是一个紊流区。匝道连接点的运行情况对交通流的上下游均有影响。

3. 快速路形式及适用性

（1）高架式

高架式快速路是以高架桥梁方式在道路上空形成连续通行的快速道路，它与所有横向交叉道路均呈立体交叉，与地面交通互不干扰。优点是使用道路立体空间，能够增加道路有效使用面积，尤其在市中心区，能减少大型立交桥建设，减少占地、拆迁。高架式快速路的最大缺点是噪声和光污染、破坏城市景观、防灾效果差、引起道路两侧土地降值和商业萧条。

高架式快速路适用于建筑密集、地价昂贵、交通繁重、地形条件受限制、红线宽度较窄、沿线交叉口多和横向干扰大的路段。建议我国大城市，尤其是国家级历史文化名城，不到万不得已不要建高架式快速路。

（2）地面式

地面式快速路的车行道与相邻建筑基本位于同一平面上。它适用于：地势平坦城市；沿铁路与河流的路段；横向交叉道路间距较大的城市外围地区路段以及新建城区和结合城市改造，用地较容易，能满足横断面布置的路段。

地面式快速路的缺点是分割城市，道路两侧居民过街不易，沿线单位必须右进右出，进出不易。地面式快速路路段必须设置行人、自行车过街设施。

（3）半地下式

半地下式快速路车行道低于临街道路路面，快车道与地面道路的高差不小于车辆净空要求，辅路与两旁街道处于同一平面，并相互连接。半地下式快速路的优点是可以减少车流对沿街地区的干扰和噪声，横向道路可以跨越，有利于交通控制。

半地下式快速路适用于地势平坦、少雨、地下水位低、河道少、桥梁少、排水设施好、卫生条件好的城市。

（4）地下式

地下式快速路一般适用于：丘陵城市中穿越山岭；平原城市中穿越江河；穿越铁路站场；穿越环境敏感地区。

地下式快速路的优点是对环境影响小。缺点是造价高，对通风、事故排除等要求条件高。因此，除敏感地段外，我国城市不建议采用地下式快速路系统。

（5）路堤式

路堤式路段是指路基高、中或低填土路段。路堤式快速路适用于：城市外围横交道路间距较大，用地富裕且便于取用填土材料的地段；利用沿河沿江防汛路堤、桥头高填土引道路段；丘陵城市利用路堑段挖方填筑的路堤路段。

对于平原水网城市的郊区快速路，低路堤是首选形式。一方面填方少，软土地基处理工程量小，另一方面节点容易处理，快车道纵断面线形较好，相交道路下穿或上跨快速路容易。

(6) 立体交叉加封闭式

立体交叉加封闭式是在主要交叉口修建互通立交桥或跨线桥，次要路口采取顺向出入的交通管制，路段采取限制穿越、封闭的方式，达到车辆快速行驶的目的。该方式的优点是车辆出入快速路方便，对城市景观影响较小。缺点是立交桥占地、拆迁量大，快速路对横向道路切割严重。北京市的几条环路建设主要采取这种方式。

4. 快速路系统规划特点

快速路是为车速高、行程长的汽车交通连续通行设置的重要道路，快速路应设置中央分隔带，以分离对向车流，并限制非机动车进入。部分控制快速路两侧出入的道路，快速路上出入道路的间距以不小于 1.5km 为宜。快速路两侧不应设置吸引大量人流和车流的公共建筑物出入口。

(1) 城市快速路的布局形式一般多为环线放射式，不同快速路系统的差别主要体现在环的大小、形状、层数等方面；

(2) 高架道路横断面形式的选用应慎重，应全面权衡其利弊。认真研究上下匝道的设计问题，使车辆上下通畅，尽量减少其对地面交通流的不利影响；

(3) 快速内环可设在旧城区内部，甚至可有切割内环的径向放射线，但应在横断面形式选取、高架桥墩柱设计、交通防噪、景观设计等方面采取一体化的综合措施；

(4) 快速路平纵线形、立交设计标准要与城市道路网整体协调，在快速路主线与匝道的合流、分流点处应采取措施避免通行能力与主线较大差异。

6.3.2 主干路网规划

主干路是城市道路网络的骨架组成部分，是连接城市各主要分区的交通干线，以交通功能为主，与快速路共同承担城市的主要客、货流量。

主干路上机动车与非机动车应实行分流，主干路两侧不宜设置吸引大量人流、车流的公共建筑物出入口。主干路与主干路相交时，一般采用立交或平交方式，近期交通量较大交叉口采用信号控制时，应为以后修建立交留出足够的用地；主干路与次干路、支路相交时，可采用信号控制或交通渠化。

我国习惯将主干路建得很宽，中间车行道上的汽车和自行车交通量很大，在主干路的两旁设置大型商店和公共建筑，吸引大量人流。当道路上的车辆交通量不大时，行人可利用车辆间空当穿梭；当车辆交通日益增加，穿行的人流迫使车速下降，车流密度增加，反过来进一步降低了车速；此外，沿路两侧建筑物前的自行车停车问题也日益严重。目前许多城市采用栅栏纵向分割的办法阻止行人穿越道路，来提高车速并保证交通安全，但对商店顾客和公共交通乘客造成了极大的不便。为此，建议将吸引人流多的商店和公共建筑设置在次干路上，使主干路主要发挥通行车辆的交通功能。国外也有沿主干路建造吸引大量人流公共建筑的经验，在离交叉口较远的路段中建造 1～2 座行人天桥，直接伸入沿路两侧的高层公共建筑或多层商店内，天桥下设公共交通停靠站，使市民的步行交通组织在另一个连续的层面内，穿过道路时不再干扰快速的车辆交通，也不再争夺交叉口的用地，交叉口四周可以有较开阔的空间和宽敞的绿地。

主干路规划应符合下列要求：

（1）自然环境

主干路网是有机连接市区、保证其活动的交通设施，需要考虑河流、山体等自然条件的限制和影响；主干路除将市区连成整体外，还会影响市区的发展，主干路网的规划一定要充分研究自然地形，按照目前和未来市区的发展方向进行规划。

（2）历史环境

除开发新型城市的情况下，城市的风格是人们在长年生活中建立起来的。城市中还积累了大量的社会财富（如道路等）。在规划主干路网时，一定要考虑和原有道路网的连接，并和历史环境相协调。

（3）经济和社会环境

城市活动与周围城市和本身的经济、社会地位有关，根据在城市地区建立的经济、社会地位，其发生的交通性质不同。

城市分为大城市范围内的中心城市、卫星城市、独立的地方城市等。在规划主干路网时，必须考虑这些城市的经济和社会特点。

（4）交通特点

主干路网的基本作用是满足城市之间、城市内部的交通出行需求。为此，应优先考虑交通功能，以较高的标准设计，并构成简单的网为宜。路线位置要避开幽静的住宅区，对沿线环境及土地利用必须充分考虑。

从城市道路规划的观点来看，城市的自然环境、历史环境、经济和社会环境、城市规划上的问题等均是不同的。在规划主干路时，一定要分析各城市的固有问题，制定适合于各个城市特点的规划。

（5）城市规划

主干路网除具交通功能外，还具有城市防灾、城市空间、城市构成等功能。主干路网的规划要考虑这些功能的相互协调，并作为未来城市基础设施进行规划。

6.3.3 次干路网规划

次干路是介于城市主干路与支路间的车流、人流主要交通集散道路，宜设置大量的公交线路，广泛联系城内各区。次干路两侧可以设置吸引人流与车流的公共建筑、机动车和非机动车的停车场地、公交车站和出租车服务站。次干路与次干路、支路相交时，可采用平面交叉口。

次干路规划应符合下列要求：

（1）次干路的布置规划，必须与该地区的土地利用相结合。住宅区、商业区、工业区对次干路要求的功能各不相同，必须区别考虑。

（2）从交通功能看，在居住区，次干路的布置一定要能达到为整个居住区服务的水平；为保障生活环境，有时也要控制和主干路的接入口数量与衔接方式，这种情况下，道路的连接形式可采用T形或U形。

（3）另外，在商业区和工业区，为繁荣商业、加强工业活动，必须处理大量发生、集中的交通量，同时还要为汽车交通提供便利。在这种地区，为了保证从外部驶入、顺利地处理交通，道路布置应采用十字形交叉。

（4）次干路规划间距和从次干路到最远住宅区的距离、公共汽车站和住宅区的服务距离、上下水道等城市公用设施布设距离有关。

6.3.4　支路网规划

支路是次干路与居住区、工业区、市中心商业区、市政公用设施用地和交通设施用地内部道路的连接线，应满足公共交通线路行驶的要求。支路网规划工作是一项复杂而细致的工作，需要对城市特征、用地形态、道路网现状等信息有较深入的了解。支路网规划有其自身的特点：

（1）支路网规划的实施阶段

干道路网规划在城市总体规划阶段进行，而支路网规划一般在分区规划和控制性详细规划中进行，在分区规划中需要确定密度等指标和网络的骨架层，其后在控制性详细规划中落实具体布局形态。

（2）支路网规划应结合土地利用形态和结构及交通影响分析

支路网规划确定的支路密度等标准，落实到具体地块要结合实际问题对待。建议参照大型土地开发项目的交通影响分析中的有关预测资料和分析，确定其影响区域支路功能和相应标准，使土地开发的容积率与配备道路网的通行能力相协调。同时，支路网规划不应拘泥于满足交通需求。

（3）支路网规划受地形、地物、地质等条件的影响较大

在支路网规划中，房屋拆迁量、特殊地形的穿越、较宽河流的过河通道等都是很敏感的问题，需要重点论证。

（4）"以人为本"的规划思想

城市干道网主要是满足大容量、快速交通通达性的需要，而支路网的规划则立足于"人性化"的特色，真正实现支路美化城市的功能。

支路网最常采用的是两种形式，即方格网式、线形式。方格网式的支路的优点是相互连接性好、易于建筑布置，缺点是视觉方面的单调性、未考虑地形、易受通过性交通影响。对于容量大的小规模网络，采用方格网式支路系统易于组织单向交通。这种形式使支路分工很明确，通常是一条连通性较好的集散性支路承担了主要流量，两侧的用地通过一些支路环线联系，进出口较多。

支路规划涉及的面较广，在实际操作时尤其需要重视一些关键性的问题：

（1）将保护城市历史古迹、维护城市特色放在首要位置，不可片面追求线形的平顺。

（2）分析具体支路的运行功能时建议对车流构成进行必要的调查和分析，尤其要注意大型建筑和规模较大社区的出入口道路。

（3）在支路连接时，避免错位交叉口、K形交叉口、五路以上的多路交叉口，避免出现断头路，尽量利用现已有的支路进行改造。

（4）沿河、沿山体道路要考虑空出必要范围的绿地和公益活动设施用地。

（5）随着城市中心区的不断扩展，中心区原来拥有的一些工厂、学校、机关等大院将会迁往城市外围，新的土地开发客观上要求加密支路。

6.4 城市道路设施规划

6.4.1 城市道路横断面规划

道路是具有一定宽度的带状构筑物。在垂直道路中心线的方向上所做的竖向剖面称为道路横断面。

城市道路横断面由车行道、人行道和绿地等部分组成。红线是指城市中的道路用地和其他用地的分界线。

1. 城市道路红线规划

(1) 红线的意义和作用

我国是发展中国家，城市是发展中的城市，新建地区道路要发展，旧城区道路要改造，对于规划的道路网，所有道路均要确定和实测其红线。城市道路网是城市总体规划的重要组成部分，城市道路红线与城市土地利用及城市布局密切相关。大量的新建筑，尤其是沿街建筑与地下管线的建设等，都与道路红线有直接和不可分割的关系。

所有房屋、道路、地下管线的布置，必须有相应的建设条件，其中主要条件就是以道路红线为依据。成街成片的建设要测定相关的红线，新建一条道路或新建一条地下管线也要测定有关红线。

正是由于道路红线能确定主干路、次干路、交叉口以及广场等的用地范围，既是为解决道路两侧建筑物近远期的修建，也为城市公用设施、各项管线工程的设计及施工提供主要依据，特别是对于旧城改造，使原有随着旧道路系统布置的各种管线设施的调整和改建，以及旧道路系统中建筑物的保留和拆迁等有一定依据，因而在城市建设中起着非常重要的作用。

(2) 道路红线宽度的确定

根据道路的功能与性质，考虑适当的横断面形式和定出机动车道、非机动车道、人行道、绿化等各组成部分的合理宽度，从而确定道路的总宽度，即红线宽度。

红线宽度是道路规划中各种矛盾与争论的焦点，也是整个城市建设中用地矛盾和近远期设计矛盾的焦点之一。红线宽度规划得太窄，不能满足日益发展的城市交通和其他各方面的要求，也给以后道路改建时带来困难；反之，红线定得太宽，近期沿线各种建筑物就要从现在的路边后退很大距离，也会给近期建设带来困难。所以，确定红线宽度时要充分考虑“近远结合，以近为主”的原则。

确定远景道路红线宽度时，应根据各城市各时期在城市交通和城市建设中的特点具体决定，有区别地适当留有发展余地。如现有道路狭窄、交通矛盾比较突出的道路，规划时均应多留有余地，以备将来条件成熟时，逐步加宽；对于目前矛盾尚不大的干道，应根据道路地位的重要程度、流量大小以及两侧建筑物和用地情况，有区别地比现状适当加宽，为将来交通发展留有余地；有些道路沿街建筑确实很好，将来也无条件拓宽或交通量不大、两侧房屋在一段时期内不会改建的支路，红线可维持现状不动。

另外，红线的宽度确定尚应考虑道路两旁建筑物的性质，使其既能满足建筑物的日照、通信、防空、防火、防地震等方面的要求，也能满足建筑艺术方面的要求，同时也要考虑便于沿着道路方向的各种管道埋设（特别是对于工业区的道路），以及城市所在地区的气候、地形和水文地质条件等。

（3）确定道路红线位置

在城市总平面图基本定案的基础上，选择规划道路中心的位置，并按所拟定的道路横断面宽度划出道路红线宽度。

道路红线宽度的实现有两种方式：

1）新区道路：一般是先规划道路红线，然后建筑物依照红线逐步建造，道路则参照规划断面，分期修建，逐步形成。

2）旧区道路：通过近期一次辟筑达到规划宽度，这种情况较简单，但目前只有少数采用；通过两侧建筑物按照规划红线逐步改建、逐步形成。这种方式是常用方式。红线划定后，由于近期交通矛盾尚不突出，或由于拓宽、辟筑没有条件，所以道路暂不改建。但两侧建筑物的新建、改建是经常的，这些都要依照红线建造，这样通过建筑物长期的新陈代谢过程，逐步达到规划宽度。有时完全依靠沿街建筑改造自然形成也比较困难。

2. 城市道路横断面组成要素分析

（1）机动车道宽度及车道数

道路等级不同，行驶车速不同，车型比例不同，车道所处的位置不同，相应的车道合理宽度也不同。《城市道路工程设计规范》CJJ 37—2012 中规定：设计速度大于 60km/h 时，大型车或混行车道宽度为 3.75m，小客车专用道宽度为 3.5m；设计速度小于或等于 60km/h 时，大型车或混行车道宽度为 3.5m，小客车专用道宽度为 3.25m。

对于城市快速路，双向六车道机动车道宽度建议按 25～26m 规划设计，双向八车道机动车宽度建议按 30～31m 考虑；对于城市主干路，机动车道宽度按照平均每个车道宽度 3.5m 规划设计，能够满足车辆正常运行的要求；对于城市次干路，机动车道宽度按照平均每个车道宽度 3.3m 规划设计，能够满足要求；对于城市支路，如考虑公交车通行时，其车行道宽度需按照平均每个车道宽度 3.5m 规划设计；如考虑以小汽车为主时，平均每个车道宽度可以按照 3.3m 考虑，也能够满足车辆正常运行的要求；对于非机动车交通为主的街巷道路，平均每个车道宽度建议按照 3.0m 来考虑。

（2）非机动车道宽度及车道数

一般以自行车作为非机动车道的设计车辆，自行车道路网应由单独设置的自行车专用道、城市干路两侧的自行车道、城市支路和居住区的道路共同构成一个能保证自行车连续行驶的交通网络。

非机动车道宽度包括非机动车车辆宽度、车辆的摆动距离以及与侧石或分隔设施的安全距离。一条非机动车车道宽度为 1m，靠路边和靠分隔设施的一条车道侧向安全距离为 0.25m。非机动车车道路面宽度应按车道数的倍数计算，车道数应按非机动车高峰小时交通量确定。

快速路：一般在快速路上不考虑设置非机动车道，对与快速路平行流向的非机动车流可利用由与快速路平行的支路改造成的非机动车专用道路。

主干路：主干路上近期应考虑设置非机动车道。对于近期非机动车流量较小的道路，非机动车道可以考虑近期宽度按 3.5m 规划设计，远期作为公交专用道；近期非机动车流量较大的道路，非机动车道宽度可以考虑近期宽度按 5.5m 规划设计，远期可以作为一条公交专用道和路边停车带。

次干路：次干路上应考虑设置非机动车道，根据非机动车可能的服务范围，一般非机动车道宽度考虑为 3.5m 以上。

支路：从交通功能上看，支路是道路交通系统“通达”功能实现的主要支柱，同时应考虑在加大支路网密度的同时，设置必要的非机动车出行网络系统，非机动车道宽度考虑为 3.5m 以上。

（3）人行道宽度的确定

人行道的宽度设置应考虑与道路沿线用地性质相匹配，满足道路下管线敷设所需宽度的要求。对于不同类别、不同性质的道路应具有不同的宽度。

快速路：由于道路沿线主要是交通用地，所以一般不考虑设置人行道。但对于有些城市将快速路与主干路功能合并设置时，则需要按照主干路人行道标准考虑。

主干路：对于主干路，应以交通功能为主，两侧避免商业开发和限制出入，因此，没有必要考虑设置过宽的人行道，只需满足城市绿化、管线敷设以及适当的行人通行宽度，建议其宽度为 3～4m，对于景观性道路可以根据沿线用地情况及绿化要求适当加宽。

次干路：对于次干路，由于其沿线用地主要为商业或单位出入口，必须考虑适当规模的人行道宽度，以满足居民出行及出入需要，宽度至少为 4m。对于生活性次干路，宽度至少为 5m。

支路：对于支路，人行道宽度至少为 3m。在步行街区或历史文化街区，道路宽度主要包括人行道宽度、隔离设施以及公用设施宽度。

（4）公交专用道设置

1）公交专用道的设置形式

公交专用道设置形式主要有三种：沿内侧车道设置的公交专用道；沿外侧车道设置的公交专用道；仅设置于交叉口进口道处的公交专用道。

2）公交专用道的设置尺寸

公交专用道宽度与一般车道宽度的确定基本一致，取决于设计车速、车辆宽度和运营特征。典型的公交车辆宽度为 2.5m，因此推荐公交专用道的宽度为 3.0～3.5m；考虑侧向净空的影响，沿道路中央或沿路侧设置的公交专用道，宽度应稍大一些，取 3.5m 左右，路中设置的公交专用道可取 3.0m；对延伸到交叉口进口道停车线处的公交专用道，其宽度应作相应的调整。在交叉口处外围通行区域内，公交专用车道的宽度可随车速的降低减至 3.0m 左右。由于公交车辆在停靠站附近的车速较低，因此停靠站处的车道宽度可以适当压缩，取 2.8～3.0m，以减少对道路空间资源的要求。

（5）分车带

分车带按其在横断面中的不同位置及功能，可分为中间分车带（简称中间带）及两侧分车带（简称两侧带），分车带由分隔带及两侧路缘带组成，侧向净宽为路缘带宽度与安全带宽度之和。分隔带包括设施带和两侧安全带，分隔带最小宽度值是按设施带宽度为 1m 考虑的，具体应用时，应根据设施带实际宽度确定。《城市道路工程设计规范》CJJ 37—2012 中规定分车带的最小宽度应符合表 6-2 的要求。

分车带最小宽度 表6-2

类别		中间带		两侧带	
设计速度（km/h）		≥60	< 60	≥60	<60
路缘带宽度（m）	机动车道	0.50	0.25	0.50	0.25
	非机动车道	—	—	0.25	0.25
安全带宽度（m）	机动车道	0.50	0.25	0.25	0.25
	非机动车道	—	—	0.25	0.25
侧向净宽（m）	机动车道	1.00	0.50	0.75	0.50
	非机动车道	—	—	0.50	0.50
分隔带最小宽度（m）		2.00	1.50	1.50	1.50
分车带最小宽度（m）		3.00	2.00	2.50（2.00）	2.00

（6）人行道绿化带及路侧绿化带

为保证行道树的存活率，单行行道树树穴宽度一般为1.5～2.0m，同时，根据国内一些城市经验，当人行道绿化带宽度大于或等于1.5m时，能满足设置市政设施如路灯、杆线灯、电话亭等要求。因此，建议人行道绿化带宽度为1.5～2.0m，有条件时取大值。

对于不同等级、功能、性质的城市道路，路侧绿化带要求也不同。一般，次干路要求宽度为1m，主干路要求宽度为2m，有特殊要求如路边停车时，至少应为4m。预留轨道交通空间时，考虑到交通走廊空间及减少噪声影响，至少为30m。

3. 横断面规划原则

（1）横断面布置与道路功能协调。如交通性干道应保证足够的机动车车道数和必要的分隔设施，达到双向分流、人车分流以保障交通安全；商业性大街应保证足够宽的人行道。车行道应考虑公交车辆临时停靠的方便。

（2）横断面布置要与当地地形、地物相协调。

（3）横断面形式与各组成部分尺寸的确定需考虑道路现状形式、两侧建筑物性质等，并结合道路交通量（目前和远期的车流量、人流量及流向等）、车辆组成种类、行车速度、地下管线资料等综合分析研究确定。

（4）横断面布置应充分发挥绿化的作用，保证雨水的排除，避免沿路的地上、地下管线、各种构筑物以及人防工程等相互干扰。

（5）横断面布置需要满足近远期过渡的需求。

4. 横断面形式与选择

（1）单幅路

车行道上不设分车带，以路面划线标志组织交通，或虽不作划线标志，但机动车在中间行驶，非机动车在两侧靠右行驶的称为单幅路。单幅路适用于机动车交通量不大、非机动车交通量小的城市次干路、大城市支路以及用地不足、拆迁困难的旧城市道路。当前，单幅路已经不具备机非错峰的混行优点，因为出于交通安全的考虑，即使混行也应用路面划线来区分机动车道和非机动车道。单幅路横断面形式见图6-4。

（2）双幅路

用中间分隔带分隔对向机动车车流，将车行道一分为二，称双幅路。适用于单向两条

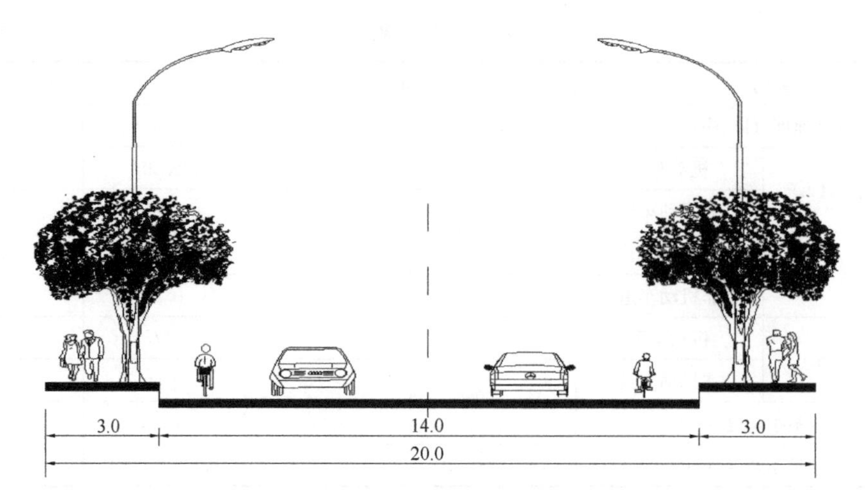

图 6-4　单幅路横断面形式（单位：m）

机动车车道以上、非机动车较少的道路。有平行道路可供非机动车通行的快速路和郊区风景区道路以及横向高差大或地形特殊的路段，亦可采用双幅路。

双幅路不仅广泛使用在高速公路、一级公路、快速路等汽车专用道路上，而且已经广泛使用在新建城市的主、次干路上，其优点体现在以下几个方面：

1）可通过双幅路的中间绿化带预留机动车道，利于远期流量变化时拓宽车道的需要。

2）可以在中央分隔带上设置行人保护区，保障过街行人的安全。

3）可通过在人行道上设置非机动车道，使得机动车和非机动车通过高差进行分隔，避免在交叉口处混行，影响机动车通行效率。

4）有中央分隔带使绿化比较集中的生长，同时也有利于设置各种道路景观设施。

机非混行双幅路横断面形式见图 6-5。

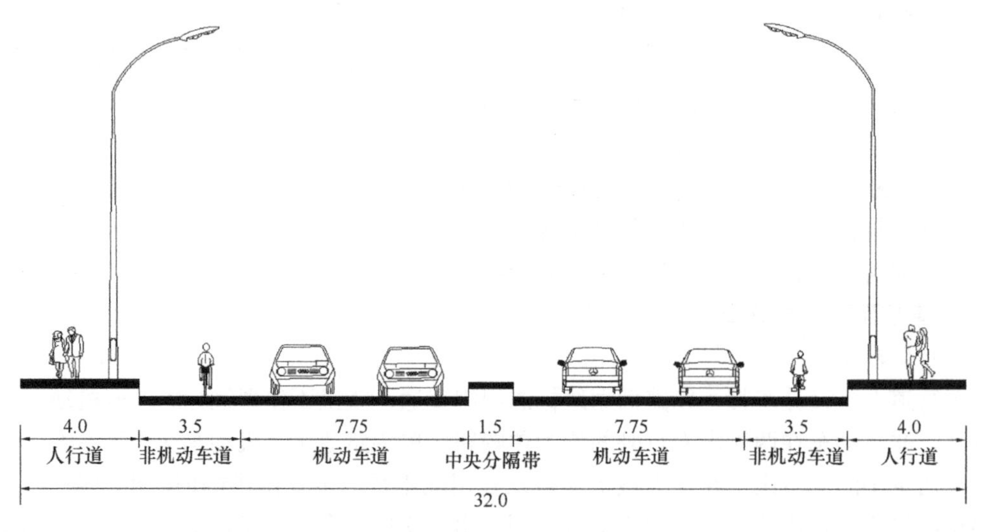

图 6-5　机非混行双幅路横断面形式（单位：m）

（3）三幅路

用两条分车带分隔机动车和非机动车流，将车行道分为三部分，称为三幅路。适用于机动车交通量不大、非机动车多、红线宽度大于或等于40m的主干路。

三幅路虽然在路段上分隔了机动车和非机动车，但把大量的非机动车设在主干路上，会使平面交叉口或立体交叉口的交通组织变得很复杂，改造工程费用高，占地面积大。新规划的城市道路网应尽量在道路系统上实行快、慢交通分流，既可提高车速，保证交通安全，还能节约非机动车道的用地面积。使机动车和非机动车交通量都很大的道路相交时，双方没有互通的要求，只需建造分离式立体交叉口，将非机动车道在机动车道下穿过。对于主干路应以交通功能为主，也需采用机动车与非机动车分行的方式的三幅路横断面，见图6-6。

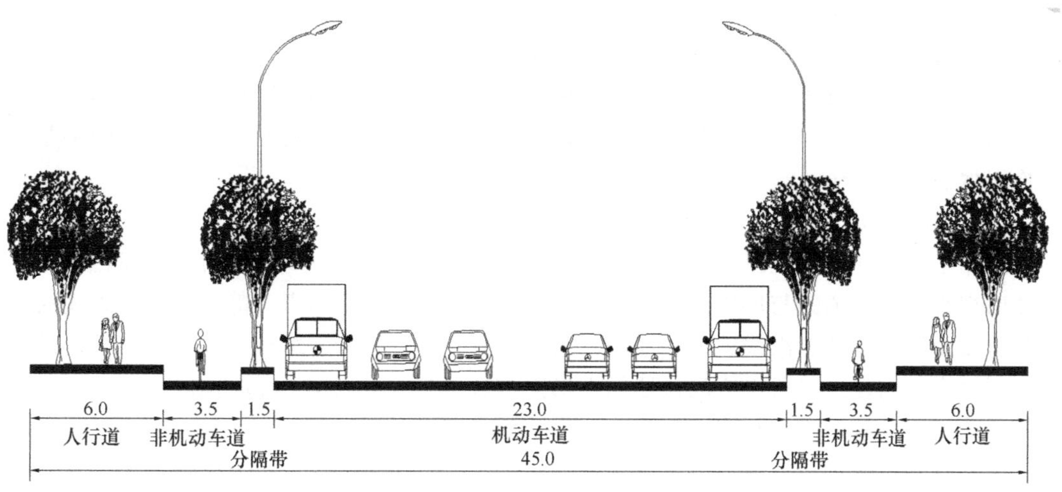

图6-6 三幅路横断面形式（单位：m）

当机动车流量大，不安全时，可在中间设置分隔栅形成四幅路，但非机动车道上应禁止机动车行驶。

（4）四幅路

用三条分车带使机动车对向分流、机非分隔的道路称为四幅路。适用于机动车量大、速度高的快速路，其两侧为辅路。也可用于单向两条机动车车道以上、非机动车多的主干路。四幅路也可用于中、小城市的景观大道，以宽阔的中央分隔带和机非绿化带衬托。四幅路横断面形式见图6-7。

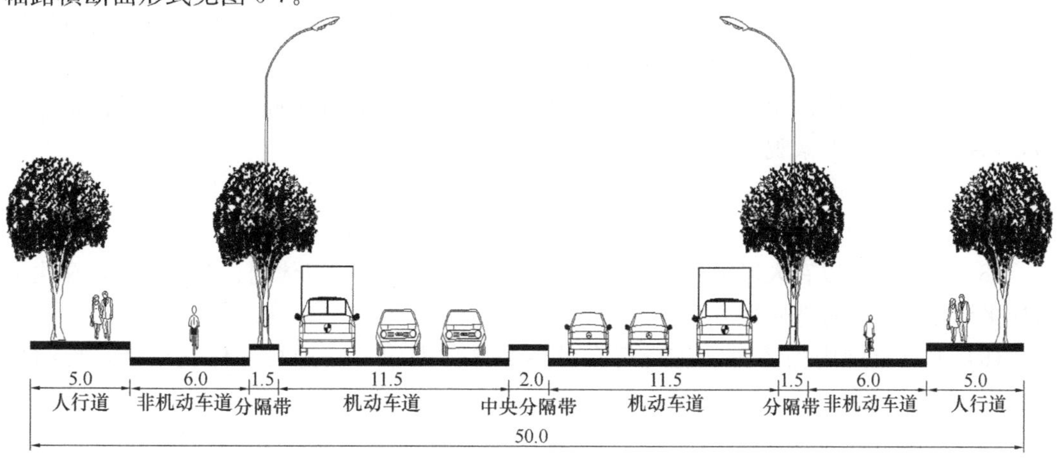

图6-7 四幅路横断面形式（单位：m）

带有非机动车道的四幅路不宜用在快速路上，快速路的两侧辅路宜用于机非混行的地方性交通，并且仅供右进右出，而不宜跨越交叉口，以确保快速路的功能。

随着城市的发展，机动化程度的提高，在一些开放新兴城市中非机动车出行越来越少，非机动车道往往被闲置浪费。而且由于机非分隔带的限制，又不能利用非机动车道增加机动车道数，从而造成道路资源的极大浪费。在总结实践的基础上，有些城市改为双幅路道路（图 6-5）更加符合城市发展的需要，应当成为城市新建和改建道路时的设计模式。

一条道路宜采用相同形式的横断面。当道路断面形式或横断面各组成部分的宽度变化时，应设过渡段，宜以交叉口或结构物为起止。

为保证快速路汽车行驶安全、通畅、快速，要求道路横断面设计选用双幅路形式，中间带留有一定的宽度，以设置防眩、防撞设施。如有非机动车通行时，则应采用四幅路横断面以保证行车安全。

5. 道路景观设计

道路景观指在道路上以一定速度运动时，视野中的道路及视线所及的空间四维景象。静止时视野所及为道路与环境的三维空间景象。前者为动态，后者为静态。道路景观的内容包含城市道路本体、沿线地形、地貌、山脉、河、湖、田野、绿化、森林、植被、建筑物、附属设施与建筑等所组成的自然物理形态与社会历史文物，也包括沿线招牌、广告、雕塑等所组成的线形空间与动态景物。

道路景观的规划设计应符合下列规定：

（1）快速路及标志性道路应反映城市形象。景观设施尺度宜大气、简洁明快，绿化配置强调统一，道路范围视线开阔，应以车行者视觉感受为主。

（2）立交选型应兼顾城市景观要求，立交范围的景观设计应突出识别性，体现城市特点。

（3）主干路、次干路及快速路的辅路应反映区域特色。景观设施宜简化、尺度适中、道路范围视线良好，车行和步行者视觉感受兼顾。

（4）次干路应反映街道特色和商业文化氛围。景观设施宜多样化，绿化配置多层次且不强调统一。尺度应以行人视觉感受为主，兼顾车行者视觉感受。

（5）支路应反映社区生活场景、街道的生活氛围。景观设施宜生活化，绿化配置宜生动活泼，多样化，应以自然种植方式为主。

（6）滨水道路应以亲水性和休闲服务为主，有条件时，在道路和水岸之间宜布置绿地，保护河岸原始的景观。

（7）风景区道路应避免大量挖填，应保护天然植被，景观设计应以借景为主，宜将道路和自然风景融为整体。

（8）步行街应以宜人尺度设置各种景观要素。景观设施应以休闲、舒适为主，绿化配置应多样化，铺砌宜选用地方材料。

（9）道路范围内的各种设施应符合整体景观的要求，宜进行一体化设计，集约化布置。

（10）公交站台应提供宜人的候车环境，宜强调识别性并与周边环境相协调。

6.4.2　城市道路交叉口规划

1. 城市道路交叉口的分类及其选择

根据《城市道路工程设计规范》CJJ 37—2012，城市道路交叉宜分为平面交叉和立体交叉两类，应根据道路交通网规划、相交道路等级及有关技术、经济和环境效益的分析合理确定。

（1）平面交叉口

应按交通组织方式分类，并应满足下列要求：

1）A类：信号控制交叉口

① 平A_1类：交通信号控制，进口道展宽交叉口。

② 平A_2类：交通信号控制，进口道不展宽交叉口。

2）B类：无信号控制交叉口

① 平B_1类：干路中心隔离封闭、支路只准右转通行的交叉口（简称“右转交叉口”）。

② 平B_2类：减速让行或停车让行标志管制交叉口（简称“让行交叉口”）。

③ 平B_3类：全无管制交叉口。

3）C类：环形交叉口

平C类：环形交叉口。

平面交叉口的选用类型应符合表6-3的规定。

平面交叉口选型　　**表6-3**

平面交叉口类型	选型	
	推荐形式	可选形式
主干路-主干路	平A_1类	—
主干路-次干路	平A_1类	—
主干路-支路	平B_1类	平A_1类
次干路-次干路	平A_1类	—
次干路-支路	平B_2类	平A_1类或平B_1类
支路-支路	平B_2类或平B_3类	平C类或平A_2类

（2）立体交叉口

应根据相交道路等级、直行及转向（主要是左转）车流行驶特征、非机动车对机动车干扰等分类，主要类型划分及功能特征宜符合表6-4的规定，分类应满足下列要求：

1）A类：枢纽立交

① 立A_1类：主要形式为全定向、喇叭形、组合式全互通立交。宜在城市外围区域采用。

② 立A_2类：主要形式为喇叭形、苜蓿叶形、半定向、定向一半定向组合的全互通立交。宜在城市外围与中心区之间区域采用。

2）B类：一般立交

立B类：主要形式为喇叭形、苜蓿叶形、环形、菱形、迂回式、组合式全互通或半互通立交。宜在城市中心区域采用。

3）C类：分离式立交

立C类：分离式立交。

立体交叉口选型　　表 6-4

立体交叉口类型	选型	
	推荐形式	可选形式
快速路-快速路	立A_1类	—
快速路-主干路	立B类	立A_2类、立C类
快速路-次干路	立C类	立B类
快速路-支路	—	立C类
主干路-主干路	—	立B类

注：当城市道路与公路相交时，高速公路按快速路、一级公路按主干路、二级和三级公路按次干路、四级公路按支路，确定与公路相交的城市道路交叉口类型。

2. 城市道路平面交叉口规划

在城市道路系统中，除快速路系统和个别主干路上的立体交叉口外，城市中的道路交叉口基本上均为平面交叉口。平面交叉口有“十”“X”“T”“Y”“环形”等多种形式。

平面交叉口的进出口应设展宽段，并增加车道条数；每条车道宽度宜为3.5m，并应符合下列规定：

（1）进口道展宽段的宽度，应根据规划的交通量和车辆在交叉口进口停车排队的长度确定。在缺乏交通量的情况下，可采用下列规定，预留展宽段用地。

1）当路段单向三车道时，进口道至少四车道；

2）当路段单向两车道或双向三车道时，进口道至少三车道；

3）当路段单向一车道时，进口道至少两车道。

（2）展宽段长度，在交叉口进口道外侧自缘石半径的端点向后展宽50～80m。

（3）出口道展宽段的宽度，根据交通量和公共交通设站的需要确定，或与进口道展宽段的宽度相同；其展宽段的长度在交叉口出口道外侧自缘石半径的端点向前延伸30～60m。当出口到车道数条数达3条时，可不展宽。

（4）经展宽的交叉口应设置交通标志、标线和交通岛。

（5）当城市道路网中整条道路实行联动的信号灯管理时，其间不应夹设环形交叉口。中、小城市的干路与干路相交的平面交叉口，可采用环形交叉口。

平面环形交叉口设计应符合下列规定：

（1）相交于环形交叉口的两相邻道路之间的交织段长度，其上行驶货运拖挂车和铰接式机动车的交织段长度不应小于30m；只行驶非机动车的交织段长度不应小于15m。

（2）环形交叉口的中心岛直径小于60m时，环岛的外侧缘石不应做成与中心岛相同的同心圆。

（3）在交通繁忙的环形交叉口的中心岛，不宜建造小公园。中心岛的绿化不得遮挡交通的视线。

（4）环形交叉口进出口道路中间应设置交通导向岛，并延伸到道路中央分隔带。

机动车与非机动车混行的环形交叉口，环道总宽度宜为18～20m，中心岛直径宜取30～50m，其规划通行能力宜按表6-5的规定采用。

环形交叉口的规划通行能力　　表6-5

机动车的通行能力（千辆/h）	2.6	2.3	2.0	1.6	1.2	0.8	0.4
同时通过的自行车数（千辆/h）	1	4	7	11	15	18	21

注：机动车换算成当量小汽车数，非机动车换算成当量自行车数。

规划交通量超过2700辆/h当量小汽车数的交叉口不宜采用环形交叉口。环形交叉口上的任意交织段上，规划的交通量超过1500辆/h当量小汽车数时，应改建交叉口。

3. 立体交叉口控制性规划

在原有道路网改造规划中，当交叉口的交通量达到其最大通行能力的80%时，应首先改善道路网，调低其交通量，然后在该处设置立体交叉口。城市中建造的道路立体交叉口，应与相邻交叉口的通行能力和车速相协调。在城市立体交叉口和跨河桥梁的坡道两端，以及隧道进出口30m范围内，不宜设置平面交叉口和非港湾式公共交通停靠站。

城市道路立体交叉口的形式选择，应符合以下规定：

(1) 整个道路网中，立体交叉口的形式应力求统一，其结构形式应简单，占地面积少。

(2) 交通主流方向应走捷径，少爬坡和少绕行；非机动车应行驶在地面层上或路堑内。

(3) 当机动车与非机动车分开行驶时，不同的交通层面应相互套叠组合在一起，减少立体交叉口的层数和用地。

各种形式立体交叉口的用地面积和规划通行能力宜符合表6-6的规定：

立体交叉口规划用地面积和通行能力　　表6-6

立体交叉口层数	立体交叉口匝道基本形式	机动车与非机动车有无冲突	用地面积（万m²）	通行能力（千辆/h）	
				当量小汽车	当量自行车
二	菱形	有	2.0～2.5	7～9	10～13
	苜蓿形	有	6.5～12.0	6～13	16～20
	环形	有	3.0～4.5	7～9	15～20
		无	2.5～3.0	3～4	12～15
三	十字路口形	有	4.0～5.0	11～14	13～16
	环形	有	5.0～5.5	11～14	13～14
		无	4.5～5.5	8～10	13～15
	苜蓿形与环形①	无	7.0～12.0	11～13	13～15
	环形与苜蓿形②	无	5.0～6.0	11～14	20～30
四	环形	无	6.0～8.0	11～14	13～15

注：1. 三层立体交叉口中的苜蓿形为机动车匝道，环形为非机动车匝道；
2. 三层立体交叉口中的环形为机动车匝道，苜蓿形为非机动车匝道。

当道路与铁路平面交叉时，应将道路的上下行交通分开；道口的铺面宽度应与路段铺面（包括车行道、人行道，不包括绿带）等宽。

6.5 城市道路网规划方案评价

6.5.1 城市道路网方案技术评价

城市道路网络方案技术性能评价主要是评价道路网络建设水平与空间布局的合理性。城市道路网络方案的技术评价指标主要有路网密度、道路面积率、人均道路面积、道路网等级级配、网络连接度、非直线系数等。

1. 路网密度

城市道路网密度以 km/km^2 表示，依道路网内的道路中心线计算其长度，依道路网所服务的用地范围计算其面积。

$$\varphi = \frac{\sum_{S} L}{\sum M} \tag{6-1}$$

式中 φ——路网密度，km/km^2；

$\sum_{S} L$——城市内部道路总长度，km；

$\sum M$——城市用地面积，km^2。

2. 道路面积率

城市道路面积率是反映城市建成区内城市道路拥有量的重要经济技术指标。

$$p = \frac{\sum S}{\sum M} \tag{6-2}$$

式中 p——道路面积率，km^2/km^2；

$\sum S$——建成区内道路用地总面积，km^2；

$\sum M$——城市建成区用地总面积，km^2。

3. 人均道路面积

人均道路面积是城市道路用地总面积与城市总人口之比，反映了出行者与道路的关系，更加鲜明地反映了通行需求。

$$a = \frac{\sum S}{\sum P} \tag{6-3}$$

式中 a——人均道路面积，m^2/人；

$\sum S$——建成区内道路用地总面积，m^2；

$\sum P$——城市总人口，人。

城市人均道路面积推荐值为 7～15m^2/人（其中道路为 6～13.5m^2/人，交叉口、广场为 0.2～0.5m^2/人，公共停车场 0.8～1.0m^2/人）。

4. 道路网等级级配

道路等级比重是各级道路的比例，即快速路：主干路：次干路：支路。依据规范推荐路网密度值推算大城市道路等级比重为快速路：主干路：次干路：支路＝1：2：3：6 。

特大城市的快速路所占比例较多，次干路和支路相对较少；中、小城市则正好相反。

5. 网络连接度

网络连接度是指所有节点连接边数总和与节点的比值。

$$W = \frac{\sum_{i=1}^{N} m_i}{N} = \frac{2M}{N} \tag{6-4}$$

式中　W——道路网连结度；

N——路网节点总数；

m_i——第 i 个节点所连接的边数；

M——网络总路段数。

道路网连结度反映了道路网络的成熟程度，其值越高，表明道路网中断头路越少，成网成环率越高，反之则成网率低。

6. 非直线系数

非直线系数的定义为网络中两节点间的实际道路长度与两点间空中直线距离之比，整个道路网的非直线系数称为道路网综合非直线系数。综合非直线系数可分静态综合非直线系数和动态非直线系数。

$$R_{ij} = \frac{\text{两点间路上距离(时间、费用)}}{\text{两点间空间距离(时间、费用)}} \tag{6-5}$$

$$R_S = 2\sum_{i=1}^{N} \sum_{j=i+1}^{N} R_{ij} / N(N-1) \tag{6-6}$$

$$R_D = 2\sum_{i=1}^{N} \sum_{j=i+1}^{N} R_{ij} T_{ij} \Big/ \sum_{i=1}^{N} \sum_{j=i+1}^{N} T_{ij} \tag{6-7}$$

式中　R_S、R_D——分别为静态和动态非直线系数；

R_{ij}——i、j 两区间的非直线系数；

T_{ij}——由 i 区到 j 区的 OD 出行量；

N——交通小区数。

表 6-7 列出了三种典型路网的静态综合非直线系数、节点间最大非直线系数、节点间最小非直线系数。

不同路网形态的非直线系数　　**表 6-7**

路网形态	非直线系数		
	综合	最大	最小
棋盘式（6×6）	1.13	1.41	1.0
环形放射式（6×8）	1.17	1.39	1.0
蜘蛛网式（任意）	1.0	1.0	1.0

道路网规划时应控制城市道路网综合非直线系数，在地形条件不受制约的城市，非直线系数应控制在 1.3 以下。

6.5.2　城市道路网方案经济评价

1. 评价原则

评价原则应与成本效益的范围对应一致，并且同一价值和同一年限下，采用“有/无”比较法，即拟建项目实施情况下的各种成本和效益与拟建项目没有实施下的各种成本和效益的比较。

2. 评价内容

城市道路网规划评价内容见表6-8。

城市道路网规划评价内容　　表6-8

内容	序号	具体项目	备注
成本	1	道路建设成本	成本和效益的计算均采用万元
	2	道路大修成本	
	3	道路养护成本	
	4	道路管理成本	
	5	残值	
效益	1	道路晋级效益	经济评价中效益的计算仅限于直接经济效益，将间接经济效益纳入社会环境评价中
	2	减少拥挤效益	
	3	缩短里程效益	
	4	节约时间效益	
	5	减少交通事故效益	
	6	减少货物损失效益	

3. 评价指标

经济评价指标有四个：净现值、效益成本比、内部收益率、投资回收期。

(1) 净现值（NPV）

净现值是规划方案的效益现值减去规划方案成本现值所得的差，或者是指规划方案在规划期内各年的净效益折现到基年的现值之和。计算公式为：

$$NPV = \sum_{t=0}^{m} (B_t - C_t)(1+i)^{-t} \tag{6-8}$$

式中　NPV——净现值，万元；

B_t——第 t 年的效益金额，万元；

C_t——第 t 年的费用金额，万元；

i——社会折现率。

(2) 效益成本比（BCR）

效益成本比是建设方案在规划期限内各年效益的现值总额和各年成本的现值总额的比率，其经济含义为每万元的投资成本可获得多少受益。计算公式为：

$$BCR = \sum_{t=0}^{m} B_t (1+i)^{-t} / \sum_{t=0}^{m} C_t (1+i)^{-t} \tag{6-9}$$

式中　BCR——效益成本比；

其余符号意义同上。

当 $BCR>1$ 时，说明该建设方案的效益大于成本；

当 $BCR<1$ 时，说明该建设方案的效益小于成本，方案不可取。

（3）内部收益率（IRR）

内部收益率是指建设方案在规划期限内，假定各年净现值的累计值等于零时对应的折现率，也就是说，使用该折现率可使方案的成本现值总额和效益现值总额相等，收支达到平衡。计算公式为：

$$\sum_{t=0}^{m}(B_t - C_t)(1+IRR)^{-t} = 0 \tag{6-10}$$

根据上式，用试差法可求得 IRR 值，即：

$$IRR = i_1 + (i_2 - i_1) \cdot \frac{|NPV_1|}{|NPV_1| + |NPV_2|} \tag{6-11}$$

式中　i_1，i_2——分别为试算用的低、高折现率；

NPV_1，NPV_2——低、高折现率的净收益，分别为正值和负值。

当 m 很大时，直接计算 IRR 值，手算极不方便，有必要采用电算或近似的简化计算。

（4）投资回收期（N）

投资回收期是指某项方案的净效益方案抵偿方案建设总投资所需时间。投资回收期应包括建设期，计算时需考虑时间价值，采用动态的投资回收期计算，即对建设投资费用和效益采用同一折现率折为现值，然后计算费用和效益相抵的年限。计算公式如下：

$$\sum_{t_1=0}^{m_1} K_{t_1}(1+i)^{m_1-t_1} = \sum_{t_2=0}^{m} AC_{t_2}(1+i)^{-t_2} \tag{6-12}$$

式中　K_{t_1}——第 t_1 年的投资额（$t_1=0$，1，2，……，n_1）；

AC_{t_2}——第 t_2 年的利润额（$t_2=0$，1，2，……，N）；

i——社会折现率。

由以上各指标的计算公式可知，效益成本比和净现值均通过效益现值总额和费用总额的比较来反映方案的获利能力，只是形式不同。净现值是一个绝对指标，效益成本比是一个相对指标，两者各有长短，相互补充，但又都是基于一定的社会折现率，故还须通过内部收益率指标来反映方案投资为国家所做的实际贡献大小。投资回收期的计算原来是与内部收益率类似的，它较为直观地反映了方案投资得到补偿的速度，不过因忽略了回收期以后的效益，因而偏重早期效益好的建设方案。一般地讲，投资回收期短，表明方案的获利能力高，风险较小。

6.5.3　城市道路网社会环境影响评价

道路交通设施的建设和营运对城市和区域的社会经济、自然环境、生活系统等有着直接或间接的影响。这些影响有些是可以定量的，有些只能定性判断；有些是积极有利的，有些则是消极负面的。

道路网的布局应满足环境可持续发展的要求。

表 6-9 是道路交通设施对经济、政治、文化、生活环境的影响因素分析表。

城市道路设施对社会环境的影响因素　　表 6-9

类型	指标	性质	度量	度量单位	理想值
经济环境	改善投资环境	+	定性可能转化成定量化		
	促进旅游资源开发	+			
	提高生产运输效率	+			
政治环境	加强国防安全	+	描述性的		
	促进民族团结	+			
	提高城市声誉	+			
生活环境	噪声	−	车辆噪声	dB	50
	振动	−	车辆振动	dB	70
	大气污染	−	车辆尾气（CO，NO_2）	ppm	国家二级
	水质污染	−	BOD（生化需氧量）	ppm	国家二级
	空气污染	−	灰尘		
	动迁对居民心理影响	−		动迁人数	
	历史遗产	−		处数	
	自然景观	−		处数	

6.6 城市道路网规划案例

集美区位于福建省厦门岛西北面，地貌以丘陵、山地为主，海岸线长约 60km，是西出厦门岛的重要门户。其西北面与漳州长泰交界，东北面与同安区接壤，西南面与海沧区毗邻，东南面由厦门大桥、集美大桥、杏林大桥连接厦门岛，位居厦门行政区域几何中心和厦漳泉三角地带中心位置，区位优势独特。

近年来，集美区坚持以科学发展观为指导，抢抓全面推进跨岛发展、美丽厦门战略规划等重大机遇，紧密围绕“美丽厦门・人文集美”的发展定位，主动融入大局思考发展，立足区情谋划发展，攻坚克难推动发展，凝聚合力加快发展，注重落实有效发展，全区经济社会呈现良好发展态势，各项事业取得新的进步。

6.6.1 道路网规划

1. 规划目标

以城市交通发展战略目标为指导，构建与区域公路合理衔接、与城市空间布局相适应的骨干路网，优化道路网络结构和级配，建立客货运功能明确、与土地利用相协调的城市道路网络。

2. 规划原则

城市道路网络规划遵循以下几点主要原则：

（1）体现对现状和上位规划路网的继承性；

（2）适应“一心四片”城市空间布局的发展，道路网络建设保持与城市空间扩展同步，促进城市空间布局形态的实现；

(3) 实现货运与组团间客流走廊的分离，强化货运与对外交通通道联系和方式转换的便捷性；

(4) 完善道路网络级配，确保道路网络的通行能力与土地开发的容积率相适应，提高路网运行效率；

(5) 重视组团间关键截面的通道供需关系和集约利用，加强重要节点和关键通道的规划控制和预留，保证道路网络的可扩展弹性。

3. 路网层次与功能

集美区城市道路网络由骨架道路、次干路、支路三个层次构成。

(1) 骨架道路同时承担片区间快速连接、组织过境和货运交通，承担连接各功能分区的中长距离交通职能，为城市客货运交通服务；

(2) 次干路对骨架道路起交通集散作用，为居民生活服务；

(3) 支路是直接深入城市用地内部的道路。

对于集美城市空间布局而言，区间通道资源有限，区间通道的职能过于集中，将会带来客货流混行，过境交通对城市交通干扰严重，对城市环境影响大，且不利于道路通行效率的充分发挥。

骨架路网层次的调整主要考虑三方面因素：一是集美新城的快速发展，形成“一心四片”的空间格局，片区间长距离交通联系需求将日益加强，要求构建长距离快速联系的道路通道；二是相邻片区间呈现连绵发展，在南北贯穿通道资源有限的条件下，要求在相邻片区间构建次级快速干道系统；三是针对集美区范围内业区集中分布的形态，要求构建集疏运干道系统，与产业集中区、物流园区、对外货运主通道形成良好衔接。

6.6.2 骨架路网规划

规划期内形成由“两环六横六纵”组成的主骨架道路网络体系（图 6-8）。

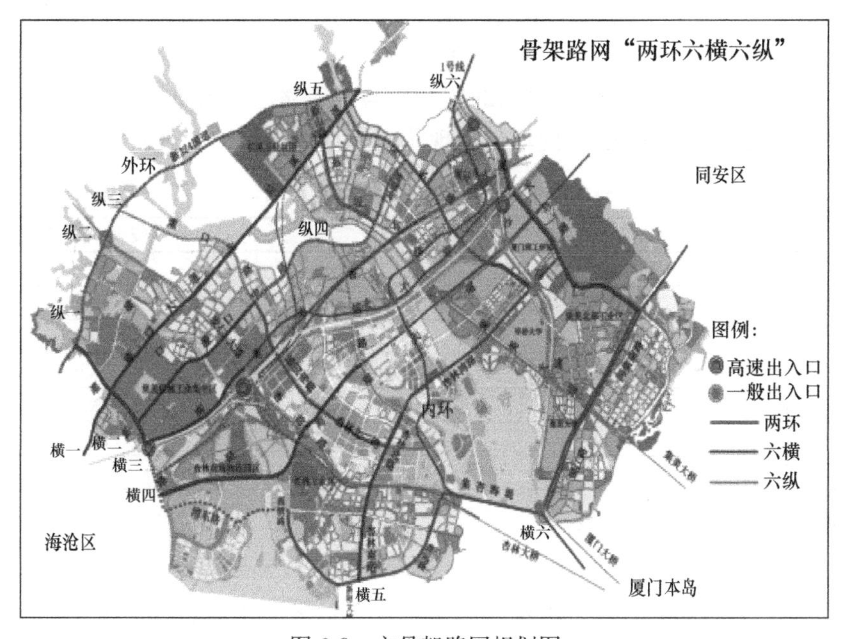

图 6-8 主骨架路网规划图

1. 两环

（1）外环

在功能上，外环位于集美区边界，过境车辆可通过环线过境，减少中心城区交通压力；集美机械工业集中区可以通过灌新路到达新国道324，可以使新国道324成为主要的货运通道；集美旧城、集美北部工业区通过环线将货运转移到新国道324；规划有25条公交线路，西滨路、杏滨路、集杏海堤、银江路、同集南路、天马路设置公交专用道。

其中，新国道324与圣岩路（圣果路至天马路段）已开始建设、近期规划新建灌新路（集美北大道至海翔大道路段）、天水路（圣岩路至新324国道路段）、灌新路（新324国道至集美北大道段）高架；远期规划新建灌新路（海翔大道至马銮湾路段）。外环道路现状与规划情况对比如表6-10所示。

外环道路现状与规划情况对比表 **表 6-10**

道路名称	现状双向车道数	规划双向车道数
新国道324	—	六车道
灌新路	四车道	六车道
湾东路	—	六车道
西滨路	六车道	六车道
杏滨路	六车道	六车道
集杏海堤	四车道/六车道	六车道
银江路	六车道	六车道
同集南路	六车道	六车道
天马路	四车道	六车道
圣岩路	六车道	六车道
天水路	六车道	六车道

（2）内环

在功能上，内环位于集美区中心区域，规划有29条公交线路，天水路、杏林湾路、杏林北路设置公交专用道；方便大学城、灌口、杏林、软件园、厦门北站之间的联系，加强集美区中心区域各部分的联系，提高行车速度，缓解高峰拥堵。

其中，灌口中路（灌口北路—孙坂北路段）与孙霞路已开始建设，近期规划提升杏林北路（杏林北二路—杏锦路段）。内环道路现状与规划情况对比如表6-11所示。

内环道路现状与规划情况对比表 **表 6-11**

道路名称	现状双向车道数	规划双向车道数
灌口中路	四车道	六车道
孙霞路	—	六车道
天水路	六车道	六车道
杏林湾路	六车道	六车道
杏林北路	六车道	六车道
杏林北二路	四车道	六车道
锦园南路	四车道/六车道	六车道

2. 六横

横一：由灌口大道—后溪大道（旧324国道）组成。整条道路现状为双向六车道，全线正在进行改造。横一规划有13条公交线路，设置公交专用道；加强集美机械工业集中区与后溪工业组团的联系，便于后溪工业组团与新324国道的联系，有利于货运车辆疏散。

横二：由灌口中路—孙霞路组成。灌口中路（灌新路—灌口北路段）现状为双向四车道，近期规划提升为双向六车道；近期规划新建灌口中路（灌口北路—孙坂北路段）、孙霞路。横二规划有 13 条公交线路；横向联系灌口片区、软件园三期以及厦门北站片区，将承担片区间大量交通量，同时，孙霞路能够满足附近学校的出行需求。

横三：由集美北大道组成。集美北大道（灌新路—灌口北路段）现状为双向四车道，近期规划提升为双向六车道。横三规划有 9 条公交线路，设置公交专用道；加强灌口组团与后溪组团之间的联系，便于集美东西向的联系，承担集美东西向的集散功能。

横四：由海翔大道组成。海翔大道现状为双向六车道，海翔大道（灌新路—杏锦路段）正在进行路面改造。横四规划有 14 条公交线路；加强集美区各组团之间的联系，有利于杏林前场物流园区的对外联系，承担过境交通的主要集散功能；高峰时段（7：00～9：00、17：00～19：00）限制货运车辆行驶。

横五：由杏林南路—杏林北路—杏林湾路组成。杏林南路和杏林北路现状为双向六车道，近期规划对该路段进行路面改造；杏林湾路现状为双向六车道。横六规划有 29 条公交线路，设置公交专用道；有利于杏林与大学城之间的出行，缓解海翔大道的交通压力。

横六：由银江路—同集南路组成。银江路和同集南路现状为双向六车道，正在进行路面改造。横六规划有 25 条公交线路；可以加强大学城片区、集美老城区与同安之间的联系，分担部分过境交通量。“六横”路网布局图如图 6-9 所示。

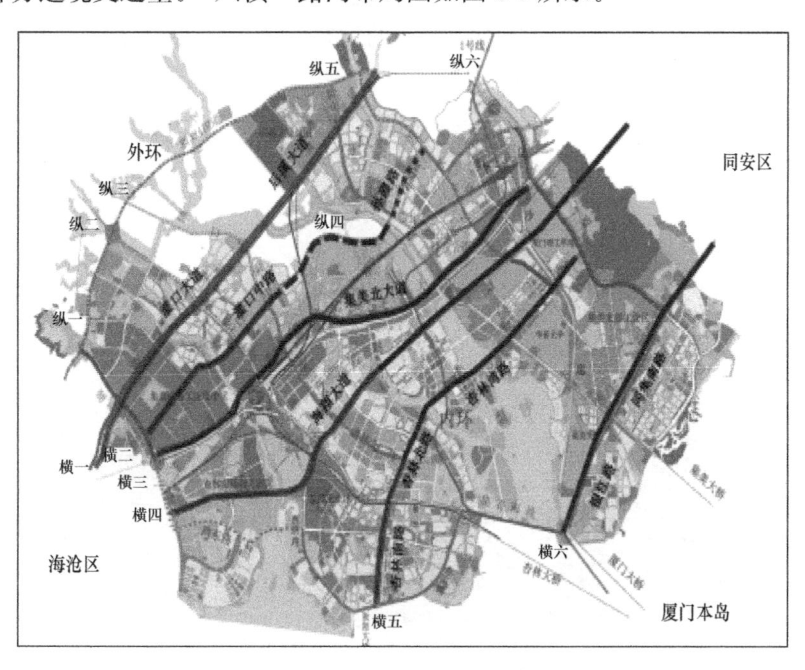

图 6-9　“六横”路网布局图

3. 六纵

纵一：由灌口南路组成。灌口南路在灌口大道—集美北大道路段现状为双向四车道，近期规划新建集美北大道—海翔大道路段，远期规划新建灌口南路（新国道 324—灌口大道段与海翔大道—马銮湾路段）。纵一规划有 7 条公交线路；可以强化灌口工业组团间的联系，加快工业区内物流货运发展速度，与新 324 国道连接便于货物跨区运输。

纵二：由安仁大道—杏前路组成。安仁大道和杏前路现状为双向六车道，近期规划新建安仁大道（新 324 国道—灌口大道路段）。纵二规划有 8 条公交线路，设置公交专用道；使灌口工业组团、杏林前场物流园区与新 324 国道有效连接，能有效实现客货分流。

纵三：由灌口北路—锦园南路—杏林北二路组成。规划新建灌口北路（新国道 324—灌口大道路段）；锦园南路（灌口中路—锦英路段）现状为双向六车道，锦园南路（锦英路—海翔大道路段）为双向四车道，杏林北二路现状为双向四车道。纵三规划有 9 条公交线路；为联系灌口与杏林的重要通道，加强中亚城、杏林与新国道 324 的联系，灌口货运可以通过灌口北路到达新国道 324，减少货运对城市道路的影响。

纵四：由杏锦路组成。杏锦路（海翔大道—集杏海堤路段）现状为双向六车道，杏锦路（灌口中路—海翔大道路段）已开始建设。纵四规划有 15 条公交线路；加强杏林与后溪、软件园三期之间的联系，便于后溪、软件园三期与厦门岛内的联系，同时也是厦门岛内由杏林大桥出岛到厦门北站的快速通道之一。

纵五：由新山路—孙坂北路—集美大道组成。新山路已开始建设；孙坂北路现状为双向四车道，近期规划提升为双向六车道；集美大道现状为双向六车道。纵六规划有 18 条公交线路，设置公交专用道；有利于后溪与集美旧城、厦门岛内之间的联系，是联系集美南北方向的重要通道。

纵六：由天马路组成。纵六规划有 13 条公交线路，设置公交专用道；便于厦门北站与集美旧城之间的联系，是联系集美南北方向的重要通道。“六纵”路网布局图如图 6-10 所示。

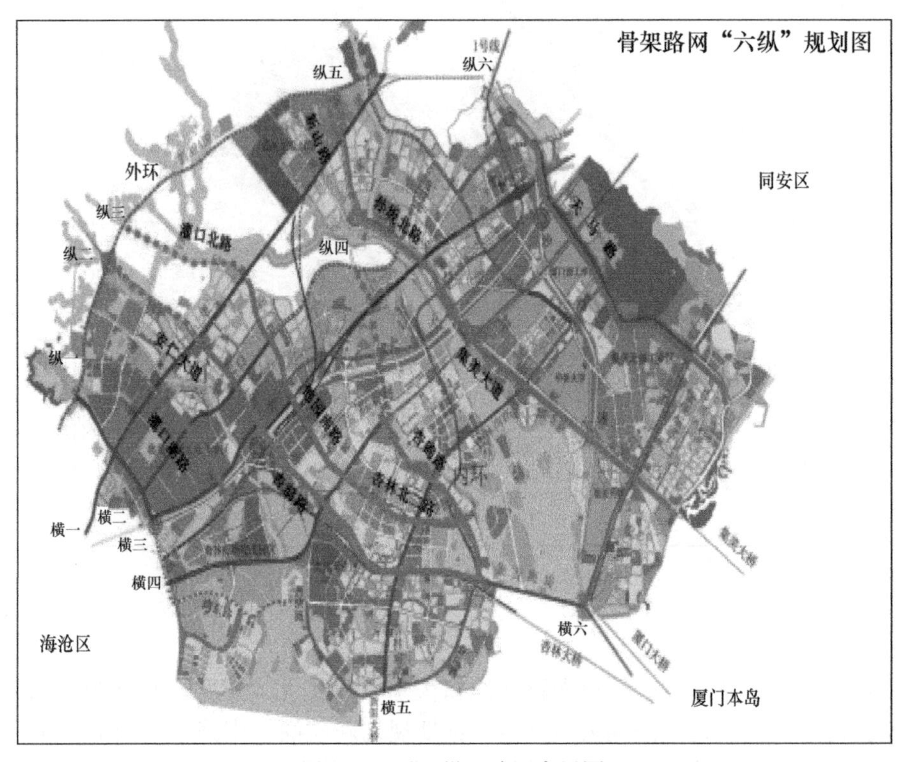

图 6-10　“六纵”路网布局图

6.6.3　次支路网规划

城市骨架路网方案确定以后，次、支路系统只需依据骨架路网系统做相应的调整。调整的原则为：保障连通性，便于公交线路布设。

集美组团及杏林组团发展较早，内部道路系统已经形成，次支道路网络基本完善；新城组团随着新城建设的不断推进，组团内部的路网在不断的建设中，集美北大道、海翔大道、诚毅南路、杏林湾路、锦园南路、杏锦路形成组团内部初步的骨架路网，随着软件园三区的逐步建设，新城组团内部次支道路网将会进一步完善；灌口组团以旧 324 国道为界，以西片区尚未开发建设，道路尚有调整空间，以东片区为灌口老镇区所在地，区内房屋密集，道路调整难度很大；后溪组团生活区道路还多为村道次支路网调整难度较大。

此次规划主要对新城核心片区、软件园三区片区、大学城区、侨英片区、杏林片区、灌口片区次支路网进行调整，确保以上组团道路的通畅性，便于公交线路布设，从而达到便捷当地居民的出行的目的。具体规划内容如下（图 6-11～图 6-16、表 6-12～表 6-17）。

1. 新城核心片区

图 6-11　新城核心片区次支干路建设图

新城核心区次支干路建设项目表　　　　**表 6-12**

序号	道路名称	道路等级	建设性质	建设规模（km）	规划双向车道数
1	九天湖路	支路	新建	0.7	两车道
2	横二西路	支路	新建	2	两车道
3	立言路	支路	新建	2.3	两车道
4	西亭路	支路	新建	2.8	两车道
5	横五路	支路	新建	0.3	两车道
6	诚毅北路	支路	新建	2.1	两车道
7	横二东路	支路	新建	0.4	两车道

续表

序号	道路名称	道路等级	建设性质	建设规模（km）	规划双向车道数
8	诚毅大街	次干路	新建	1.7	两车道
9	新都路	支路	新建	0.8	两车道
10	和新路	支路	新建	1.1	两车道
11	立功路	次干路	新建	3.4	两车道

2. 软件园三区片区

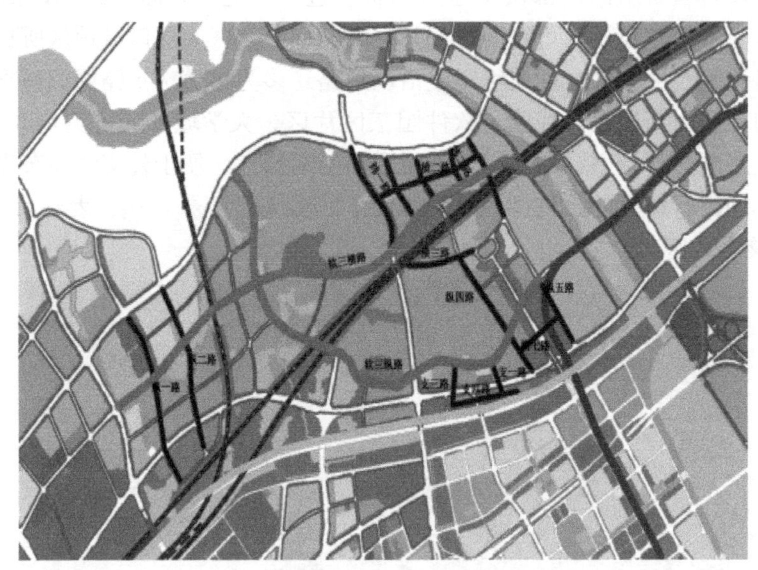

图 6-12　软件园三区片区次支干路建设图

软件园三区次支干路建设项目表　　　　**表 6-13**

序号	道路名称	道路等级	建设性质	建设规模（km）	规划双向车道数
1	纵一路	支路	新建	1.3	两车道
2	纵二路	支路	新建	1.2	两车道
3	软三横路	次干路	新建	4.7	四车道
4	软三纵路	次干路	新建	4.2	四车道
5	纬一路	支路	新建	1.1	两车道
6	横二路	支路	新建	1.2	两车道
7	纬二路	支路	新建	0.4	两车道
8	横三路	支路	新建	0.7	两车道
9	纵四路	支路	新建	2.1	两车道
10	纵五路	支路	新建	1.3	两车道
11	横七路	支路	新建	0.6	两车道
12	支一路	支路	新建	0.3	两车道
13	支三路	支路	新建	0.4	两车道
14	支四路	支路	新建	0.5	两车道

3. 大学城片区

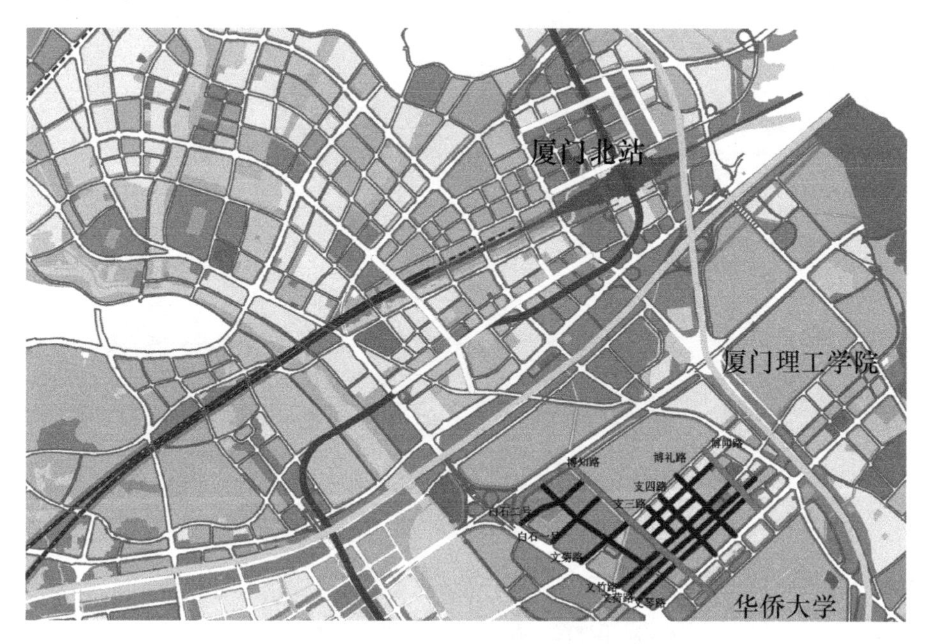

图 6-13　大学城片区次支干路建设图

大学城片区次支干路建设项目表　　　　**表 6-14**

序号	道路名称	道路等级	建设性质	建设规模（km）	规划双向车道数
1	白石二号路	支路	新建	0.8	两车道
2	白石一号路	支路	新建	0.7	两车道
3	文菊路	支路	新建	0.6	两车道
4	文竹路	支路	新建	1.7	两车道
5	文荷路	支路	新建	1.8	两车道
6	文琴路	支路	新建	1.7	两车道
7	博知路	次干路	新建	2.3	两车道
8	支三路	支路	新建	0.3	两车道
9	支四路	支路	新建	0.9	两车道
10	博礼路	支路	新建	1.1	两车道
11	博闻路	次干路	新建	1.1	两车道

4. 侨英片区

侨英片区次支干路建设项目表　　　　**表 6-15**

序号	道路名称	道路等级	建设性质	建设规模（km）	规划双向车道数
1	凤林路	次干路	改建	1.8	四车道
2	凤田路（凤林路—集美大道）	支路	改建	1	两车道
3	凤田路（凤林二路—凤林一路）	支路	改建	0.3	两车道
4	乐天路（凤林路—海凤路）	支路	改建	0.8	两车道
5	乐天路延伸段（海凤路—凤林路）	次干路	新建	1.2	四车道

图 6-14　侨英片区次支干路建设图

5. 杏林片区

图 6-15　杏林片区次支干路建设图

杏林片区次支干路建设项目表　　**表 6-16**

序号	道路名称	道路等级	建设性质	建设规模（km）	规划双向车道数
1	董任路（杏前路—九天湖路）	次干路	改建	2	四车道
2	杏林北三路（中宛路—九天湖路）	次干路	改建	1.5	四车道
3	九天湖路（九天湖西二路—杏林北路）	次干路	改建	2.5	两车道
4	九天湖路（九天湖西二路—海翔大道）	次干路	新建	0.5	四车道
5	中宛路	次干路	改建	2.5	两车道
6	锦园东路	次干路	改建	2.7	两车道
7	新源路	次干路	改建	2	四车道
8	杏美路（西滨路—碑头路）	次干路	改建	2.3	四车道
9	广新南路	次干路	改建	2	四车道
10	广新北路	次干路	改建	1	四车道
11	碑头路（杏林西路—杏美路）	次干路	改建	1.7	四车道
12	马銮路	次干路	改建	2.3	四车道
13	光明路	次干路	改建	1.2	四车道
14	永兴北路	次干路	改建	1	四车道
15	永丰路	次干路	改建	1	四车道
16	瑶山路	支路	改建	0.9	两车道
17	日东路	支路	改建	1.9	两车道
18	九天湖西二路	支路	改建	1.1	两车道

6. 灌口片区

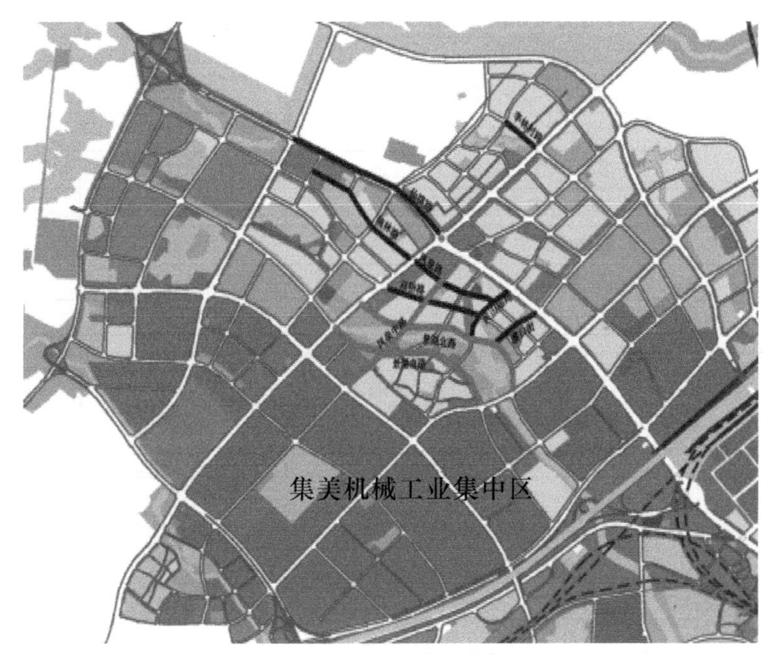

图 6-16　灌口片区次支干路建设图

灌口片区次支干路建设项目表 **表 6-17**

序号	道路名称	道路等级	建设性质	建设规模（km）	规划双向车道数
1	李林村路	支路	改建	0.3	两车道
2	仙祺路	支路	改建	1.9	两车道
3	瑞林路	支路	改建	1.6	两车道
4	双桥路	支路	改建	1.2	两车道
5	凤泉路	支路	改建	1.1	两车道
6	凤山庙路	支路	改建	0.7	两车道
7	灌口街	支路	改建	0.5	两车道
8	凤泉中路	次干路	改建	2.1	四车道
9	景湖南路	次干路	改建	2.2	四车道
10	景湖北路	次干路	改建	2.3	四车道

6.6.4 节点规划

规划区立交节点规划按照立交形式和分布分为全互通立交、简易互通立交两种基本的形式，规划区规划主要立交节点 23 处。其中全互通立交 5 处，简易互通立交 18 处。内外环节点分布如表 6-18 所示。互通立交布局如图 6-17 所示。

内外环节点建设分布表 **表 6-18**

序号	项目分类	项目名称	建设性质	建设形式
1	内环	海翔大道与杏林北二路互通	新建	下穿
		海翔大道与孙坂南路互通	新建	上跨
		孙坂南路与杏林湾路简易互通	新建	上跨
		杏林北路与杏林北二路简易互通	新建	上跨
		锦园南路与集美北大道简易互通	新建	下穿
		天水路与圣岩路简易互通	新建	上跨
		灌口中路与孙坂北路简易互通	新建	上跨
		灌口中路与杏锦路简易互通	新建	下穿
		灌口中路与锦园南路互通	新建	上跨
		灌口中路与天水路简易互通	新建	下穿
2	外环	圣岩路与厦沙高速简易互通	新建	上跨
		灌新路与新 G324 线简易互通	新建	上跨
		灌新路与灌口大道（旧 324 线）简易互通	新建	上跨
		灌新路与灌口中路简易互通	新建	上跨
		灌新路与高速公路互通	新建	下穿
		灌新路与海翔大道简易互通	新建	上跨
		杏滨路与杏林南路简易互通	新建	下穿
		天马路与杏林湾路简易互通	新建	下穿
		天马路与海翔大道简易互通	新建	上跨
		天水路与后溪大道简易互通	新建	下穿
		新 G324 线与新山路简易互通	新建	上跨
		新 G324 线与灌口北路简易互通	新建	上跨
		新 G324 线与安仁大道简易互通	新建	上跨

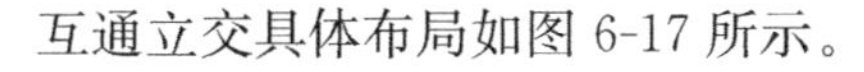

互通立交具体布局如图 6-17 所示。

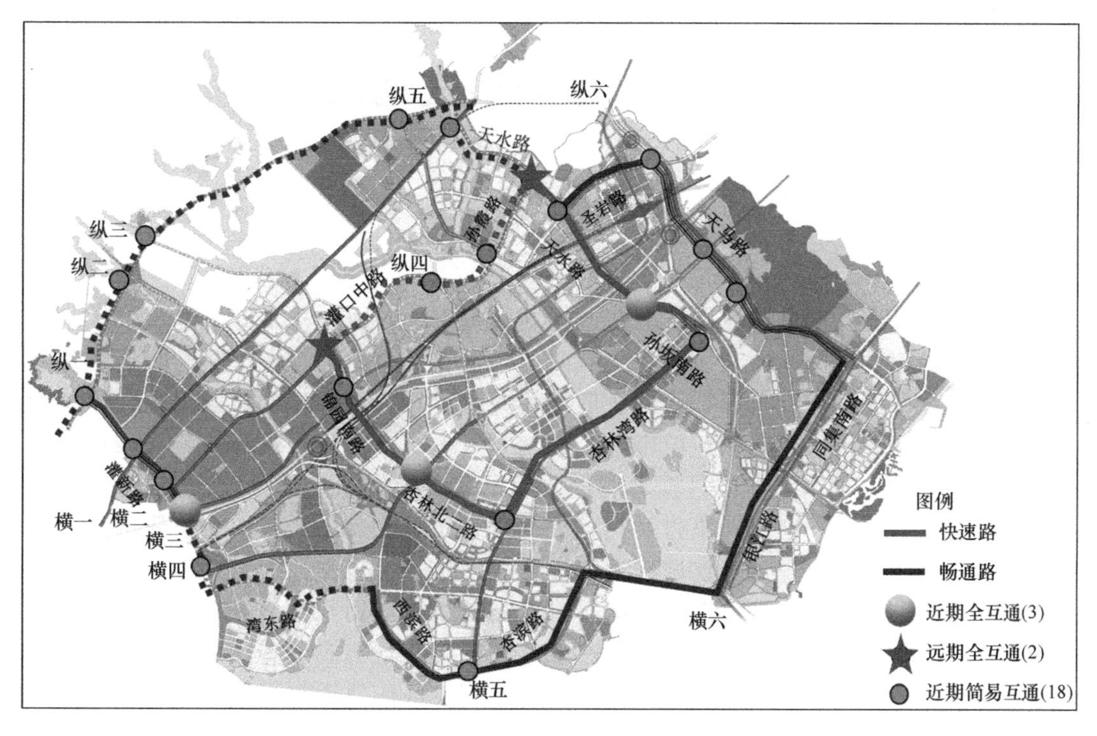

图 6-17　互通立交布局图

6.6.5　方案评价

通过本次规划，远期规划区路网次干道以上城市道路网将达到 231.8km。其城市快速路 97.8km，城市主干路 134km，将形成“两环六横六纵”的骨架道路网。路网规模指标达到了《厦门市优化道路交通规划指引》规定的指标（表 6-19）。

规划区路网规划密度表　　　　**表 6-19**

道路等级	道路长度（km）			道路路网密度（km/km^2）				道路面积率（%）			
	现状值	近期规划值	远期规划值	现状值	近期规划值	远期规划值	规范值	现状值	近期规划值	远期规划值	规范值
快速路	33.6	55	97.8	0.46	0.62	0.90	0.5～0.6	2.17	2.92	4.24	
主干路	116.47	122.31	134	1.60	1.37	1.23	1.0～1.5	6.76	5.83	5.21	
次干路	61.89	110.62	208.09	0.85	1.24	1.91	1.5～1.9	2.28	3.34	5.14	
支路	109.87	189.39	348.42	1.51	2.13	3.20	4～5	2.72	3.85	5.79	
合计	321.83	477.32	788.31	4.42	5.36	7.23	7～9	13.94	15.94	20.37	18～20

注：1. 道路网密度指建成区内道路长度与建成区面积的比值。
2. 道路面积率指建成区内道路面积与建成区面积的比值。

第7章 城市轨道交通规划

7.1 概述

城市轨道交通规划是在现有城市交通规划的基础上，通过科学分析客流的未来发展趋势以及城市轨道交通的应用前景，同时要与城市的自然地理条件相契合，合理且合规范地规划路网，确定轨道交通的发展规模并制定相应的实施对策及交通政策，为城市轨道交通的发展绘制蓝图。城市轨道交通是大型城市基础设施项目，对城市的建设和发展有较大的影响，在项目投资前期阶段国家需要对轨道线网规划、初步（预）可行性研究报告、可行性研究报告及初步设计进行审批。其中，轨道交通线网规划是城市总体规划中的专项规划，在城市规划流程中，位于综合交通规划之后、专项详细控制性规划之前。作为项目建设的前提，轨道交通线网规划和站点规划对建设项目的选择、规划条件的提出、协调与其他交通方式的衔接及与市政工程的配套都有直接作用。本章主要介绍城市轨道交通的客流分析与预测、城市轨道交通线网规划和城市轨道交通站点规划三个方面的具体内容。

7.2 客流分析与预测

7.2.1 客流概念、分类及影响因素

1. 客流的概念与分类

客流是规划轨道交通线网及线路走向、选择轨道交通制式及车辆类型、安排轨道交通项目建设顺序、设计车站规模和确定车站设备容量、进行项目经济评价的依据，也是轨道交通安排运力、编制练车开行计划、组织日常行车和分析运营效果的基础。

所谓客流，就是指在单位时间内，轨道交通线路上乘客流动人数和流动方向的综合。客流的概念表明了乘客在空间上的位移及其数量，同时也强调了这种位移带有方向性且具有起讫位置。客流既可以是预测客流，也可以是实际客流。

根据客流的时间分布特征，轨道交通客流可以分为三种：全日客流、全日分时客流和高峰小时客流。全日客流是指全天的客流量；全日分时客流是指全日各小时的客流量；高峰小时客流是指高峰时段的小时客流量。

根据客流的空间分布特征，轨道交通客流可以分为两种：断面客流和车站客流。断面客流是指通过轨道交通线路各区间的客流；车站客流是指在轨道交通车站上下车和换乘的客流。

根据客流的来源，轨道交通客流可分为三种：基本客流、转移客流和诱增客流。基本客流是指轨道交通线路既有客流加上按正常增长率增加的客流；转移客流是指由于轨道交

通具有快速、准时、舒适等优点，使原来经由其他交通方式出行转移到经由轨道交通出行的这部分客流；诱增客流是指轨道交通线路投入运营后，促进沿线土地开发、住宅区形成规模、商业活动繁荣所诱发的新增客流。

2. 客流影响因素

影响客流的因素包括经济因素和非经济因素，概括起来主要影响因素有：土地利用、人口规模、票价、轨道交通服务水平、政府交通运输政策、线网规模布局、私人交通工具的拥有量等。

（1）土地利用

土地利用与客流的关系是“源”与“流”的关系，城市各区域功能的定位决定了出行活动及出行流量、流向。此外，土地利用规划对城市布局发展模式有着重要影响，在城市由单中心布局发展到单中心加卫星城镇布局，又进一步发展到多中心布局的过程中，通常伴随着客流的大幅增长。

（2）人口规模

城市中的出行量与人口规模、出行率存在密切的关系，因此除了分析常住人口、暂住人口和流动人口的数量外，还应分析人口的年龄、职业、出行目的、居住区域等特征。根据出行调查资料，不同人群的出行率存在差异，一般规律是：常住人口中，中青年人群的出行率高于幼年与老年人群的出行率，上班上学人群的出行率高于退休人群的出行率，市区人口的出行率高于郊区人口的出行率；暂住人口、流动人口中，旅游人群的出行率高于民工人群的出行率以及流动人口的出行率高于常住人口的出行率等。

（3）票价

票价是影响客流的重要因素，但票价对客流的影响与收入水平对客流的影响是综合产生作用的。票价与收入有四种可能的组合：高收入高票价、高收入低票价、低收入高票价和低收入低票价，其中低收入高票价对客流的吸引力最不利。市民的消费能力与收入水平直接相关，轨道交通的客源主要来自中低收入人群，而中低收入人群的消费能力的变动比较敏感，导致其对票价的变动比较敏感，当轨道交通票价支出占收入水平的比例较大时，选择轨道交通方式出行的客流就会下降。在分析票价对客流的影响时，还应注意到乘客会权衡各种出行方式的票价高低及性价比来选择出行方式。在收入水平一定的情况下，只有在轨道交通的性价比高于其他出行方式或替代服务时，轨道交通才具有吸引客流的优势。

（4）轨道交通服务水平

评价轨道交通服务水平的指标主要有列车频率、运送速度、列车正点率、舒适便利和乘客安全等。在收入水平逐渐提高、可选择出行方式增多的情况下，服务水平成为市民选择出行方式时考虑的主要因素，因此服务水平是影响客流及潜在客运需求的关键因素。

（5）政府交通运输政策

大城市确立以公共交通为主、个体交通为辅的交通运输政策，优先发展公共交通、大力发展轨道交通、控制自行车与私人汽车的发展，对引导市民利用公共交通与轨道交通出行有重要意义。而要实现这一交通运输政策，首先要加快公共交通设施的建设，如提高轨道交通线网的密度、建成大型换乘枢纽等；其次要优化现有交通资源，如完善轨道交通与常规公交、自行车、私人汽车的衔接换乘，减少与轨道交通线路走向重复的常规公交线路等。

(6) 线网规模布局

多层次轨道交通线网、合理的线网布局及走向和功能完善的换乘枢纽，对增大轨道交通对出行者的吸引力、提高轨道交通在公共交通中的运量分担比例有重要的作用。此外，从土地利用、运输系统互动、需求与运输供给互动的角度，国外学者提出了通过建设交通运输走廊来推动车站周围地区土地开发利用的 TOD 规划模式。由于轨道交通具有运能大、速度快、能源消耗和空气污染低的优势，TOD 规划模式在轨道交通建设领域得到了较多应用。国外研究发现，根据车站附近地区的土地利用情形不同，TOD 规划模式可降低小汽车车流量 5%～20%，而轨道交通的客流相应增加。

(7) 私人交通工具的拥有量

在客运需求一定的情况下，私人交通工具出行越多，则公共交通出行就越少。在发展个体交通还是发展公共交通问题上，国外的经验教训值得借鉴。西方国家大城市过去曾经对私人汽车的发展不加控制，结果破坏城市生态环境的同时，出现了严重的道路拥挤和出行难问题，最后不得不又转向发展公共交通和轨道交通。因此，从优化出行方式结构、提高公共交通的客运比例出发，应有序控制自行车与私人汽车的发展。在出行的快捷、方便和舒适方面，私人汽车出行无疑是优于公共交通出行，但私人汽车的使用，应通过经济杠杆进行适度控制，鼓励并创造条件让私人汽车使用者以停车—换乘方式进入城市中心区。

7.2.2 客流分析

理解了客流的概念及其影响因素后，接下来就是对客流进行分析。轨道交通的客流是动态流，它的分布与变化因时因地而不同，但这种不同归根结底是城市社会经济活动与生活方式以及城市轨道交通本身特征的反映，因此客流的分布与变化是有规律的。对客流的分布特征与动态变化进行实时跟踪和系统分析，掌握客流状态与变化的规律，有助于经济合理地进行线网规划、运力安排与设备配置，对搞好日常行车组织与运营管理工作具有重要意义。在轨道交通的运营实践中，客流分析的对象既可以是预测客流，也可以是实际客流。客流分析的重点是在客流时间与空间上的分布特征、动态变化规律，以及它们与新车组织、能力配备的关系。

客流的分析有客流的时间分布特征分析和客流的空间分布特征分析两类，客流的时间分布特征分析包括一日内小时客流分布、一周内全日客流分布规律、季节性或短期性客流的不均衡分析；客流的空间分布特征分析内容有线路客流分布特征、上下行方向客流分布特征、各个断面客流的分布特征、各个车站乘降人数分布特征四个部分。

1. 客流的时间分布特征分析

(1) 一日内小时客流分布

小时客流量用以确定城市轨道交通出入口、通道等设备容量，是计算全日行车计划和车辆配备计划的基础。小时客流量随城市生活的节奏变化在一日之内呈起伏分布，夜间客流量稀少，黎明前后渐增，上班上学时间达到高峰，以后客流渐减，至下班或放学时间又出现第二个高峰，进入晚间客流又逐渐减少。

轨道交通的运能、线路走向、所处交通走廊的特点以及车站所在地的用地类型，是影响轨道交通客流时段分布的主要影响因素。根据轨道交通车站类型的不同，可以总结出五种客流小时分布类型，分别是单向峰型、双向峰型、全峰型、突峰型、无峰型。

单向峰型。轨道交通线路所处的交通走廊具有明显的潮汐特征，火车站周边地区用地功能性质单一，车站客流集中分布，有早晚错开的一个上车高峰和一个下车高峰。

双向峰型。车站位于综合功能用地区位时，客流分布与其他交通方式的客流分布一致，有两个配对的早晚上下车高峰。

全峰型。轨道交通线路位于用地已高度开发的交通走廊，或车站位于公共建筑的共用设施高度集中的地区时，客流分布无明显的低谷，双向上下车客流全天都很大。

突峰型。车站位于大型共用设施附近，至活动结束时，有一个持续时间较短的突变上车高峰。一段时间后，其他部分车站可能有一个突变的下车高峰。

无峰型。当轨道交通本身的运能比较小或车站位于用地还没有完全开发的地区时，客流无明显的上下车高峰，双向上下车客流全天都较小。

针对不同的小时客流分布类型，可以采用线路单向分时客流不均衡系数来描述其全日客流分布状况，计算公式如下：

$$\alpha_1 = \frac{\frac{\sum_{t=1}^{H} p_t}{H}}{p_{\max}} \tag{7-1}$$

式中 α_1——单向分时客流不均衡系数；

p_t——单向分时最大断面客流量，人次；

H——全日营业小时数；

$p_{\max}$——单向最大断面客流量，人次。

α_1 越趋近于零，则单向分时最大断面客流不均衡程度越大。当 α_1 较小，即在单向分时最大断面客流不均衡程度较大的情况下，为实现运输组织合理性和运营经济性，可考虑采用小编组、高密度行程组织方式。即在客流高峰时间段开行较多的列车以满足乘客运输需求，而在客流低谷时间段则减少开行列车数以提高车辆平均满载率。

(2) 一周内全日客流分布规律

由于人们的工作与休息是以周为循环周期进行的，这种活动规律性必然要反映到一周内各日客流的变化上。在以通勤、通学客流为主的轨道交通线路上，双休日的客流会有所减少；而在连接商业网点、旅游景点的轨道交通线路上，双休日的客流又往往会有所增加。另外，星期一与节假日后的早高峰小时客流量和星期五与节假日前的晚高峰小时客流量都会比其他工作日早、晚高峰小时客流要大。根据全日客流在一周内分布的不均衡和有规律的变化，从运营经济性考虑，轨道交通系统常在一周内实行不同的全日行车计划和列车运行图。

(3) 季节性或短期性客流的不均衡分析

在一年内，客流还存在季节性的变化，例如梅雨季节、高温、严寒等，另外，在旅游旺季，城市中流动人口的增加又会使轨道交通线路的客流增加。短期性客流激增通常发生在举办重大活动或遇到天气骤然变化的时候。

2. 客流的空间分布特征分析

(1) 线路客流分布特征

城市轨道交通线网的各条线路因其所在的城市客流走廊带不同、沿线用地性质不同，使得客流和分布规律各异。可以通过运营期间的客流统计数据分析各条线路的客流分布特征。

（2）上下行方向客流分布特征

在轨道交通上由于客流的流向原因，上下行方向的客流通常是不相等的。在放射状的轨道交通线路上，早、晚高峰小时的上下行方向客流不均衡尤为明显。可以采用轨道交通线路上下行方向不均衡系数来描述轨道交通线路上下行方向客流均衡程度，计算公式如下：

$$\alpha_2 = \frac{(p_{\max}^{s} + p_{\max}^{x})}{2 \times \max\{p_{\max}^{s}, p_{\max}^{x}\}} \tag{7-2}$$

式中 α_2——上下行方向客流不均衡系数；

$p_{\max}^{s}$——上行方向最大断面客流量；

$p_{\max}^{x}$——下行方向最大断面客流量。

α_2 趋近于零，则上下行方向最大断面客流不均衡程度越大。当 α_2 较小，即上下行方向最大断面客流不均衡程度较大的情况下，直线线路上要做到经济合理地配备运力比较困难，但在环形线路上可采取内、外环线路安排不同运力的措施。

（3）各个断面客流的分布特征

在轨道交通线路上，由于线路行经区域的用地开发性质不同，所覆盖的客流集散点规模和数量不同，因而出行线路各个车站乘降人数不同，线路单向各个断面的客流存在不均衡现象是不可避免的。

轨道交通线路单向各个断面客流不均衡系数可按式计算：

$$\alpha_3 = \frac{\frac{\sum_{i=1}^{K} p_i}{K}}{p_{\max}} \tag{7-3}$$

式中 α_3——单向断面客流不均匀系数；

p_i——单向断面客流量；

K——单向全面断面数；

$p_{\max}$——单向最大断面客流量，人次。

α_3 越趋近于零，则线路单向最大断面客流不均衡程度越大。在 α_3 较小，即在线路单向最大断面客流不均衡程度较大的情况下，可采取在客流量较大的区段加开区段列车的措施。但在行程密度较大的情况下，加开区段列车会有一定难度，并且加开区段列车对运营组织和车站折返设备都会提出新要求。

（4）各个车站乘降人数分布特征。轨道交通线路各个车站的乘降人数不均衡，甚至相差悬殊的情况并不少见。在不少线路上，全线各站总的乘降量集中在少数几个车站上。此外，新的居民住宅行程规模和新的轨道交通线路投入运营，也会使车站乘降量发生较大的变化及带来不均衡的加剧或新的不均衡。

7.2.3 客流预测

1. 预测准备

建立交通需求预测模型需要的基础数据分为两类：第一类为社会经济与土地使用方面的数据，该类数据描述研究区域各交通小区的人口、居民家庭、就业岗位以及分类别的土地使用情况；第二类为交通网络数据，用来描述研究区域的交通系统情况，包括道路网络和公交网络等系统的数据。

对于规划人口超过100万人的城市，应利用本城市5年之内居民出行特征调查数据和3年之内的其他交通调查数据进行模型的标定和检验。规划人口低于50万人的城市、或者规划人口在50万～100万人之间且非机动化方式在客运交通结构中达到70%以上的城市，重要的模型参数应通过居民出行特征调查数据进行标定，一般模型参数在分析论证的基础上可从相似城市借用。

2. 预测内容

客流预测的内容分为四个阶段，分别为线网规划阶段、建设规划阶段、工程可行性研究阶段、工程初步设计阶段。不同阶段的客流预测的工作内容和要求各不相同。

（1）线网规划阶段

线网规划客流预测内容包括城市交通需求分析和线网客流预测，线网客流预测根据研究对象不同又分为比选方案线网客流预测、推荐方案线网客流预测。

线网规划阶段客流预测结果是为了能满足公共交通系统的整体服务水平分析的工作需要，包括出行总体指标、线网及线路层面的客流指标。出行总体指标反映了轨道交通对公共交通内部结构的影响，体现了公共交通体系结构。线网客流指标反映了轨道交通对于乘客出行的直达和便捷程度，为线网整体布局优化和各线路功能定位提供决策依据。线路客流指标反映了轨道交通对客流的吸引力，以及轨道交通线路的运营效益和运输效率，为线路走向优化和系统运量等级分析等提供定量参考。根据线网规划客流预测结果可以确定线网比选方案客流预测的具体内容和城市交通需求预测的具体内容。

（2）建设规划阶段

建设规划阶段客流预测主要内容包括城市交通需求分析、比选方案和推荐方案线网、推荐方案线路客流预测，敏感性分析等。建设规划阶段应综合考虑城市社会经济发展、城市交通运行、公共交通发展等影响因素，在比选方案客流预测结果对比分析的基础上给出推荐方案。

城市交通需求分析是轨道交通客流预测的重要基础，出行时空分布分析将为客流预测结果提供判断依据。比选方案客流预测根据轨道交通出行总量及出行分担率与城市总体规划或综合交通规划中确定的城市公共交通发展目标、轨道交通与公共交通的功能定位及分担比例的对比分析，评价各比选方案的优劣，确定推荐方案。

城市交通需求与主要规划指标分析主要包括分析交通出行总量、出行的时间和空间分布，进行有无轨道交通对出行方式结构和出行时间构成的影响及对道路网络负荷、车公里数、车小时数、平均运行速度的影响分析。其中无、有轨道交通的概念如下：对于原来无轨道交通的城市指新建轨道交通前后，对于原来已有轨道交通的城市指新增轨道交通前后。

线网比选方案客流预测指标主要包括各比选线网方案的客流量、负荷强度、换乘系数、平均乘距、公共交通在全方式中的出行分担率、轨道交通在公共交通中的出行分担率等。

推荐方案远期线网客流预测主要是反映城市轨道交通网络成形和城市发展基本稳定后的情况下线网客流特征指标。推荐方案客流预测指标主要包括推荐线网方案中各线路平均运距、全日及高峰小时客流量、换乘客流量、高峰小时单向最大断面客流量等。推荐方案线路客流指标反映了轨道交通对客流的吸引力，以及轨道交通线路的运营效益和运输效率，为线路系统制式、经济评价分析等提供初步参考。

建设规划阶段客流预测敏感性分析的重点是影响客流总量规模的宏观性影响因素，包括城市人口规模、城市交通发展政策、土地开发时序和进程、票制票价方案等。由于这些因素存在很大的不确定性，又是影响轨道交通客流预测结果的关键因素，因此对其需要进行敏感性分析。该阶段敏感性分析主要分析以上不确定性因素对推荐线网方案的拟建线路的影响程度，不用给出波动范围。其中，城市交通发展政策主要包含采取的公交优先策略相关措施以及针对机动车、摩托车、电动自行车等交通方式的相关政策性导向。

（3）工程可行性研究阶段

由于工程可行性研究阶段客流预测直接为线路、车站设计等技术参数提供定量依据，因此，除了交通需求、线网及线路客流指标等总体层面的指标外，还要重点预测车站的进出站客流和换乘车站换乘客流。

城市交通需求预测内容主要包括：交通出行总量、出行时空分布、交通方式结构等。需要注意的是针对连接新城和中心城的轨道交通线路应针对不同区域加以分析，新城内轨道交通线路应重点分析新城内部的交通需求。

线网客流预测内容主要包括：远期线网客流量、负荷强度、平均乘距、换乘客流量和换乘系数，远期各线路客流量、负荷强度、平均运距、高峰小时单向最大断面客流量。

线路客流预测内容主要包括：开通年至远景年客流成长曲线，三期全日及早、晚高峰小时的客流量、客流周转量、换乘客流量、平均运距、单向最大断面客流量、负荷强度、客流时段分布曲线、日各级运距的客流量；线路的客流高峰不出现在早、晚高峰时段时，应预测分析线路高峰客流出现时段及线路客流指标。针对机场线等特殊线路，其高峰时段可能不出现在早、晚高峰时段，应预测分析线路高峰客流出现时段及线路客流指标。

车站客流预测内容主要包括：三期全日及早、晚高峰小时各车站乘降客流、站间断面客流量、换乘站分方向换乘客流；车站的客流高峰不出现在早、晚高峰时段时，应预测分析车站高峰客流出现时段及车站乘降客流。类似火车站、医院、学校、大型体育场馆等附近的轨道交通站点，其客流高峰可能不出现在早、晚高峰时段时，应预测分析车站高峰客流出现时段及车站乘降客流。与火车站、机场和长途客运枢纽、大型旅游景点、体育场馆或展览场馆等相衔接的轨道交通站点，其客流波动较其他车站较大，客流高峰时间也与其他车站不同，因此，应在大型社会活动期间或节假日，对具有突发客流的特殊车站，单独作特别预测和分析，以确定车站合理布局和规模等。

站间 OD 预测内容主要包含：三期各站点全日及高峰小时站间 OD 矩阵及分区域 OD。分区域站间 OD 矩阵主要用于分析区域交换量。

客流敏感性分析，应根据初期和远期不同影响因素给出全日客流量及高峰小时单向最大断面客流量的波动范围。不同时期的影响因素也有所不同，初期可选用票制票价、发车间隔、交通衔接等因素，远期可选择线路沿线人口与岗位规模等因素，针对不同规模的城市以及郊区线和市区线等不同性质的轨道交通线路可加以具体分析。

（4）工程初步设计阶段

工程初步设计阶段所需要的客流指标更为具体和细致，初步设计阶段客流预测的主要内容在包括工程可行性研究阶段客流预测的主要内容的基础上，根据初步设计阶段研究的需要，增加对换乘站换乘客流、站点乘降量、站点出入口进出客流量的上下行预测，同时对站点高峰小时的换乘站换乘客流、站点乘降量、站点出入口进出客流量进行预测，满足站点初步设计的实际工作需要。

工程初步设计阶段客流预测以工程可行性研究阶段客流预测为基础，除包括工程可行性研究阶段所有内容外，根据初步设计阶段研究的需要，还需包括：换乘车站高峰小时出现时段及高峰小时分方向的换乘客流量、站点高峰小时出现时段及高峰小时分方向乘降量、全日及高峰小时站点各出入口进站客流量和出站客流量、全日及高峰小时站点不同接驳交通方式进站客流量和出站客流量、分出入口分方向的超高峰系数（超高峰系数需符合现行国家标准《地铁设计规范》GB 50157—2013 的规定，具体参见该规范车站建筑等章节）。

3. 预测年限

线网规划阶段客流预测年限应与线网规划的年限一致。《城市轨道交通线网规划标准》GB/T 50546—2009 规定了城市轨道交通线网规划的年限，即城市轨道交通线网规划的年限应与城市总体规划的年限一致，同时应对远景城市轨道交通线网布局提出总体框架性方案。根据《中华人民共和国城乡规划法》规定，城市总体规划的规划期限一般为二十年，同时要求城市总体规划应对城市更长远的发展作出预测性安排。基于此，城市轨道交通线网规划客流预测年限为城市总体规划年限和远景年，其中远景年可和城市远景发展战略规划相结合。

建设规划阶段会根据建设线路的不同以及线路建设时序的不同等情形得到不同的建设方案，并对方案进行比较分析。比选方案线网客流预测是对各比选方案实施后所产生的效果进行分析，因此预测年限应是建设规划的末期年。而推荐方案线网客流预测年限除建设规划的末期年外，还应包括对轨道交通网络成形、城市发展基本稳定后的远景年。推荐方案中安排建设的各线路客流预测年限应含初期、近期和远期，分别为线路建成通车后第 3 年、第 10 年和第 25 年。

轨道交通新线客流培育期一般为开通后 3 年，因此，工程可行性研究阶段客流预测的初期为通车后第 3 年。但线路系统制式、车辆选型和编组、车站规模、运营组织方案等不仅要满足初期客流的需求，更重要的是还要满足未来不同时间的客流变化要求，因此除了初期客流预测外，还需要进行近期（通车后第 10 年）和远期（城市发展进入基本稳定阶段，按通车后第 25 年考虑）客流预测。

工程初步设计阶段客流预测年限应分为初期、近期和远期，三期预测年限应与工程可行性研究阶段一致。即初期、近期和远期分别为线路建成通车后第 3 年、第 10 年和第 25 年。初期客流预测结果主要用于接驳换乘设计，近期客流预测结果主要用于机电设备配置规模，远期客流预测结果主要用于土建设计规模，提供参考依据。

4. 预测模式

对城市轨道交通客流量预测基本上采用交通规划的常规方法，即利用居民出行调查资料，在预测城市客运总需求的基础上通过交通方式划分预测城市轨道交通的客流量。目前轨道交通客流量预测模式主要可以分为以下几类：

（1）基于现状客流分布（OD 分布）的预测模式（“四阶段”预测模型）

基于现状客流分布（OD 分布）的预测模式主要思路为通过居民出行调查，掌握现状全方式的出行分布。在此基础上预测未来年的全方式出行分布，然后通过方式划分和交通分配预测得到轨道交通 OD，即可计算出轨道交通客流量。该方式结合土地利用规划分析城市轨道交通客流，能较好地反映城市远期客流分布，且精确度相对较高，缺点主要在于对数据的要求高、操作复杂。此类预测模型是目前轨道交通客流预测的主要模式。其中方式划分模型是轨道客流预测精确与否的关键，本节主要介绍了 RP 调查与 SP 调查相结合的思路，并进行了轨道交通方式比例的预测。

交通出行行为调查可以分为 RP（Revealed Preference）调查和 SP（Stated Preference）调查。RP 调查也称为行为调查，是对实际行动或已完成的选择性行为进行的调查，通过 RP 调查能得到已经发生的或者可能观察到的行为数据，用这种方法建立的交通行为模型的参数是经过实际数据标定的。SP 调查也称为意向调查，是在假设条件下，选择主体如何选择的以及如何考虑的选择意向调查，由于 SP 调查是在“假定条件下”，因此 SP 调查可以虚拟更加广泛的选择方案供被调查者选择，从而弥补 RP 调查的某些缺陷。

但“四阶段”法若在出行方式划分阶段就划分出了轨道交通方式的 OD 量，再独立轨道交通线网上进行分配，势必会减弱或忽视轨道交通与其他交通方式（特别是其他公交类交通方式）之间的联系。对于传统简单“四阶段”预测方法的这一缺点，国内外学者近年来提出了基于竞争分配的“四阶段”预测思路。基于竞争分配的“四阶段”预测法仍建立在“四阶段”法基础上，首先进行全方式的客流产生和分布预测，但在方式划分和路径选择时考虑了轨道交通方式作为一种交通工具，其与城市中其他交通方式是一种合作竞争的关系。方式划分时先进行预划分（分层次策略性交通方式划分）得到公交类 OD 矩阵（公交类一般包括轨道、常规公交、铁路等），然后在一个综合路网（包括步行网、道路网、轨道网、常规公交网铁路网等）上进行竞争分配（利用联合方式划分交通分配模型）得到最后所要的结果。轨道客流预测流程如图 7-1 所示。表 7-1 反映了各阶段交通需求预测的内容及常用模型。

轨道交通客流预测各步骤结构表　　表 7-1

项目	内容	模型
发生吸引交通量的预测	根据每个地区的人口等社会经济指标，预测该地区未来的出行发生量和吸引量	拟参考国内其他城市居民出行调查资料，通过数据拟合，分析出行率与人均 GDP 及第二产业的关系，进而推荐合理的出行率。或采用增长系数法或回归模型计算交通生成量
分布交通量的预测	将按上述方法预测得到的发生吸引交通量用于总体控制，再根据以各地区地理条件、交通条件为参数的模型公式，预测各小区间的分布交通量，并编制 OD 表	可根据城市特征采用增长系数法、重力模型法、机会介入模型法及系统平衡分析法
各种交通方式交通量的预测	根据能够反映各种交通方式和交通条件的交通方式分担率模型公式，对 OD 表按各交通方式进行划分	随着轨道交通的开通，小汽车、公交车的客流向城市轨道交通转移。因此，拟采用二阶段的步骤，即把出行者的出行分为固定地使用某种方式的部分和可能选择多个选择枝的部分，出行量的竞争选择部分可通过分担率模型进行划分。模型包括分担率曲线法、线性回归模型、Logit 模型等

续表

项目	内容	模型
分配交通量的预测	将轨道交通 OD 表分配到轨道交通线网，集合各条路线的不同区间，预测出各条轨道线路的客流量	分别推算从二轮车（自行车、助力车和摩托车）、公交汽车、非公交机动车转向轨道的转换量；将轨道利用 OD 表采用网络流分配方法在轨道网（轨道网＋道路网）上进行分配计算

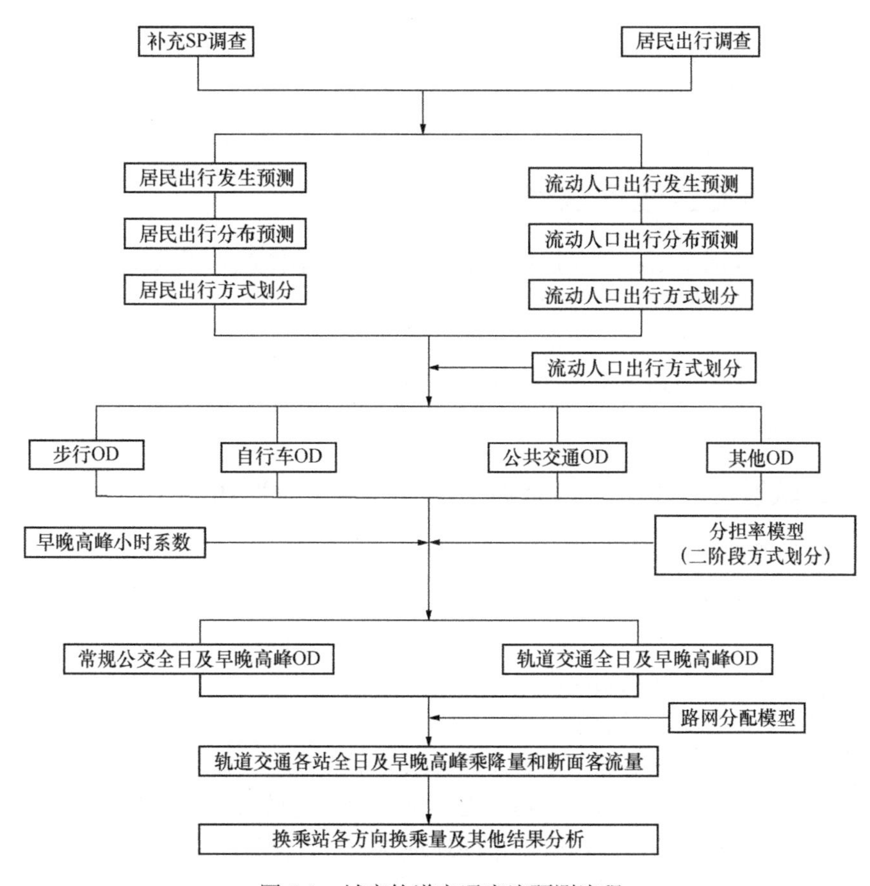

图 7-1　城市轨道交通客流预测流程

(2) 不基于现状客流分布（OD 分布）的预测模式

这类预测模式的主要思路是将相关公交线路的现状客流和自行车流量向轨道交通线路转移得到虚拟的基年轨道交通客流；然后按照相关公交线路的历史资料和增长规律确定轨道交通客流的增长率，推算远期轨道交通需求客流量，或者由公交预测资料直接转换为远期城市轨道交通客流量。因此这一类方法主要为趋势外推，在确定轨道交通客流增长率时可采用指数平滑法、多元回归法等方法。

此类模式属于早期模式，受其原理的限制，以现状公交客流量为预测基础，对现状交通特征的反映较为片面。无法全面地考虑城市用地规模、交通设施、出行结构改变的影响，因此精度较低。但由于操作简单，所以目前常用其他模式预测后的比较验证或作为定性分析的辅助手段。

（3）非集计模型

由于城市轨道交通“四阶段”法缺少明确的行为假说，特别是模型系统本质上并非有关个体行为的，即它不是与个体出行行为相一致的，针对其不足，一些专家提出了非集计模型。非集计模型又称交通特征模型，它着眼于研究个体的出行行为，即以实际产生交通活动的个人为单位，对个人是否进行出行、去何处、利用何种交通工具以及选择哪条线路等活动分别进行预测，并按出行分布、交通方式和交通线路分别进行统计，得到交通需求总量的一类模型。这类模型在理论上利用了现代心理学的成果，引入随机效用的概念，其核心是效用最大化理论。非集计居模型相比传统模型的优势是有明确的行为假说、模型的一致性好、模型有较好的时间和地区可转移性等特点。

7.3 城市轨道交通线网规划

城市轨道交通线网规划就是要根据城市现有条件、总体规划以及城市综合交通规划，在详细分析城市交通发展规律和影响因素的基础上，确定能够适应未来城市交通需求的轨道交通总体规模、线网结构、线路走向、技术制式和建设时序等。简单来说，城市轨道交通线网规划就是在一定线路数量规模条件下，确定路网的形态及各条线路走向的决策过程。并且线网规划具有不可逆性，一经建成不可更改。

7.3.1 城市轨道交通线网规划原则、任务、意义及作用

1. 线网规划原则

城市轨道交通线网规划应满足为了城市发展对交通设施的需求，其设计也应有助于城市的健康发展并向市民提供公平服务。各城市的自然地理环境不同，居民出行习惯也不同，因此城市轨道交通线网规划应满足以下原则：

（1）线网规划要与城市发展紧密结合

城市轨道交通线网规划是城市发展总体规划的重要组成部分。线网规划应与城市总体规划相配合，支持形成合理的城市结构，支持城市发展与城市结构调整战略目标的实现，并与城市的发展走廊相适应。应结合城市的地理结构、人文景观、城市人口规模、用地规模、经济规模和基础设施规模等，来规划城市轨道交通。在制定轨道交通线网规划时，一定要根据城市规划发展方向留有向外延伸的可能性，而且，线网规划要能够适应未来的发展需求，所以要充分考虑土地利用和交通的相互影响关系，处理好满足需求和引导发展的关系。

（2）城市轨道交通线网布线要满足城市主干客流的交通需求

建设城市轨道交通的根本目的是要满足城市发展带来的现在与未来的交通需求，调整城市和交通结构，解决交通拥挤、出行时间长和乘车难的问题。因此线网规划应重点研究城市土地利用形态、人口与产业分布特征、现在及未来路网客流分布的分布特点，使城市轨道交通的各条线路得到充分利用，最大程度地承担交通需求大通道上的客流。

（3）规划线路要尽量沿城市干道布设

城市干道，尤其是主干道的交通最为繁忙，是客流汇集最多的地方，因此，要尽量使线路沿城市干道布设，并且要以最短的路线连接交通枢纽、商业中心、文化娱乐中心等，

以减少线路的非直线系数和缩短居民的出行时间。

(4) 线网中的线路布置要使线网密度适当，方便换乘

居民出行最关心的是“时距”而不是“行距”，尤其是通勤客流，他们对出行距离远近的在意程度远不及一次出行所花费的时间。线网密度、是否方便换乘与出行时间关系极大，并且直接影响对客流的吸引程度。

(5) 城市常规公共交通网与轨道线网要衔接配合好

常规公交通接近门到门的交通服务，与城市轨道交通合理接驳，既方便了乘客，又能为城市轨道交通集散大量客流，使其充分发挥运量大的作用，并充分发挥各自的优势和快速轨道交通的骨干作用。

(6) 线网中各条线路的客运负荷量应尽量均匀分布

线网规划时要避免出现个别线路负荷过大或过小的现象，以提高运营效率和舒适性。

(7) 线网规划要与城市性质、地貌和地形相联系

选择路线走向时，应考虑沿线地面建筑的情况，应考虑地形、地貌和地质条件，尽量避开不良地质地段和重要的地下管线等，以利于工程实施和降低工程造价。

(8) 换线的设置应因地制宜

环线的主要作用是减少不必要到市中心的换乘客流，使乘客能沿着环线直达目的地，以起到疏解市中心区客流的作用，所以，环线的设置应该根据具体情况具体设置，才能最契合所在地区的交通需求。

(9) 安全第一，以人为本

城市轨道交通必须贯彻“安全第一，以人为本”的原则，设计中应确保乘客与行车安全；基于防火、防灾、防恐的需要，应设置相应的报警系统，使事故发生时可以迅速救援和疏散人员，减少事故损失。此外，为适应老龄人的交通需求，城市轨道交通车辆和车站应适当设置无障碍设施。

(10) 线网布局应利于土地综合开发

城市土地资源的紧缺使现代化城市日益向空间和立体方面发展，线网布局应充分考虑土地未来的综合开发，从而防止土地开发不利导致城市的发展受到影响。

(11) 保护城市古迹和文物

每个城市在发展过程中都有独特的历史背景，形成特有的城市轨迹和具有浓郁特色的城市文物。城市轨道交通的建设往往需要进行城市局部建筑的迁移，因此城市轨道交通在进行网络规划时应与城市的建设结合起来，充分考虑到对城市历史文物和古迹的保护。

2. 线网规划任务

轨道线网规划应基本做到“三个稳定、两个落实、一个明确”。“三个稳定”即线路起终点（走向）稳定、线网换乘结点稳定、交通枢纽衔接点稳定；“两个落实”即车辆基地和联络线的位置及其规划用地落实；“一个明确”即各条线路的建设顺序和分期建设规划明确。城市轨道交通线网规划任务在于优化区域轨道交通衔接，带动区域协调发展，提升城市地位；完善轨道交通线网层次体系，合理确定线网发展规模，支撑城市发展；优化轨道交通网络布局，引导城市空间结构调整，协调城市用地开发；改善城市交通方式结构，明确轨道交通枢纽布局规划，构筑一体化的交通体系。

3. 线网规划意义及作用

城市轨道交通线网规划对城市未来发展具有重要意义，具体意义如下：

（1）支持城市总体规划的实施和发展；

（2）有利于城市科学制定经济发展规划；

（3）线网规划有利于城市各项设施的建设；

（4）为控制快轨建设用地提供基础；

（5）为快速轨道工程立项建设提供依据。

线网规划的作用有七点，分别为：

（1）缓解中心区尤其是金融区、商业区（CBD）地区交通的供需矛盾，强化土地资源可能提供的交通供给。

（2）加强主出行方向上（主要交通走廊）系统的速度和容量，以便于主城区外围与中心区的联系。

（3）串联城市大型客流集散点（交通枢纽、商业服务中心、行政中心、规划大型居住区、规划工业区、大学城、娱乐中心等），实现客流的合理疏解。

（4）加强对外交通与市区的联系，方便卫星城镇与市区的联系，增强城市的辐射能力。

（5）以高品质的供给引导交通方式选择的良性转移

（6）节约能源，避免大气污染，改善环境。

（7）启动内需，聚集商贸及房地产开发，支持旧城改造和新区开发，并成为城市产业发展的新增长点。

7.3.2 城市轨道交通线网形态

城市轨道交通线路受城市空间形态、用地布局、建设条件等因素影响，线路间相互组合形成了特定的线网形态结构。基本的线网结构可以总结为三种类型：放射状、网格状、环状，见表 7-2。

轨道交通线网形态对比分析 **表 7-2**

形态	模式	优点	缺点	典型示例
放射状		网络结构简单； 便于市中心的出行； 支撑强中心形成； 适合实际交通需求最大的主要走廊	不同线路间缺少换乘机会； 外围地区之间联系不变； 中心区服务较为重复	伦敦 莫斯科 东京 巴黎 芝加哥 首尔
网格状		能够提供多种换乘方案； 服务密度分布较为均匀； 适合覆盖大范围城区	网络结构复杂， 造成多次换乘； 受地形和城市结构约束	墨西哥城 巴塞罗那 纽约 大阪

续表

形态	模式	优点	缺点	典型示例
环状		提高线路间换乘的可能性； 增强网络连通性和可达性； 适合于多中心布局的城市	除非沿高需求走廊布设，否则会增加出行里程；不利于往返中心区的交通出行	莫斯科 东京 伦敦 马德里 首尔 柏林 名古屋

在选择轨道交通线网形态过程中要考虑线网编织的合理性，高效的轨道交通线网既要满足出行方向的多种选择，也要尽量降低出行中的换乘量，而任意一种线网形态很难同时满足两方面的要求，大城市和特大城市功能结构复杂，轨道交通线网通常是几种形态的组合体。

网格状线网提供了多种换乘可能，但线路连接性较差，不适合作为全网的基本形态，否则造成换乘量加大；通过利用放射线与网格状变形后的“L形”线路组合进行线网编织，同时轨道交通线路在城市大型换乘枢纽上汇合，可以增加乘客出行方向的选择，特别是不同层次线路之间的换乘选择。

因此，大城市通常是各种格状变形线网高密度覆盖中心区，放射线提供外围地区与中心区的联系，如广州的“网格＋放射状”线网；另外部分城市增加环线可串联多条放射线，提高换乘便捷性以及线网整体性，如重庆的“环形＋放射状”线网以及北京、上海的“格网＋放射＋环形”网络。

纵观国内轨道交通的发展历史和现状，可以看出我国线网规划具备以下特征：

(1) 受市场经济特点和城市规划理论特点的影响，我国多数城市的线网规划主要着眼于近期，远期线网如何发展主要根据未来发展具体定度。这种以近期线网规划为基础的线网规划，没有为将来线网工程留有余地，造成远期轨道交通建设投资成本加大，但却使线网更具适应性，更方便轨道交通线路的企业经营。

(2) 部分城市线网规划着眼于远景，从近期到远期逐步实现线网内各条线路。这种线网规划形式可以为远景轨道交通建设留有余地，并且线网整体结构比较合理。轨道交通线网的规划是长远的，实施计划要注意适应城市的发展需求，每条线路都是分期、分段实施，保持工程实施和运营的连续性，以便尽快发挥效益。

轨道交通线网发展已经使轨道交通成为影响特大城市的结构与功能发展的重要因素，概括归纳如下：

(1) 轨道交通线网系统的形成，成为整个城市客运交通的基础和骨架。

(2) 轨道交通线路的布局，成为城市土地利用规划和交通规划的双重核心。

(3) 轨道交通车站分布，将成为吸引大量居民的中心，社会活动的中心和文化、商业聚集的中心，在城市规划结构中占有重要地位。

综上所述，轨道交通的建设相关规划在城市规划和发展中占有重要地位，城市建设的规划和发展紧紧依靠轨道交通的实施，轨道交通已经成为大城市规划和建设的立足点。

7.3.3 城市轨道交通线网规模

在进行城市轨道交通线网规划中，一个十分重要的问题是如何根据城市的现状及发展规划、城市的交通需求、经济发展水平等条件，从宏观上合理地规划轨道交通线网规模。线网规模受城市形态及布局、城市人口、城市交通需求、城市国民生产总值等的直接影响，这些影响因素相互之间又有可能相互制约影响，如城市人口、城市面积、城市形态及布局影响城市交通需求。线网合理规模影响因素层次关系图如图 7-2 所示。

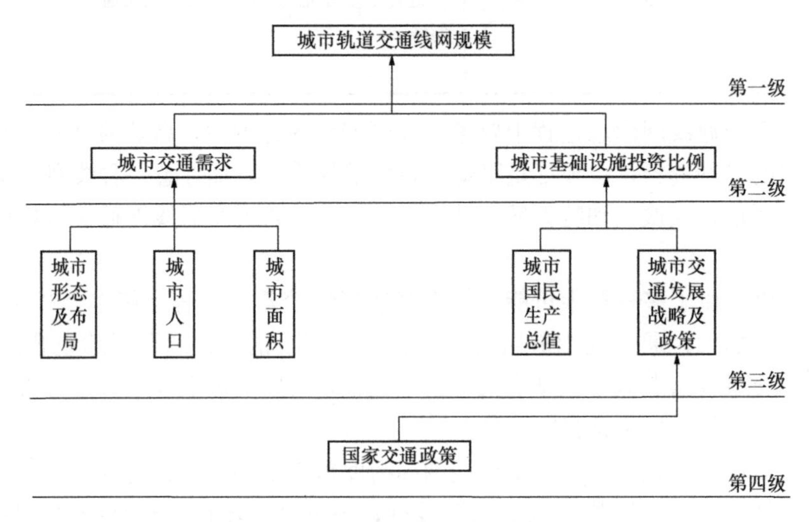

图 7-2 线网合理规模影响因素层次关系图

1. 线网规模指标

城市轨道交通线网规模指标有以下三种：

（1）轨道交通线网总长度

$$L = \sum_{i=1}^{n} l_i \tag{7-4}$$

式中 l_i——城市轨道交通线网第 i 条线路的长度，km；

L——反映线网的规模，由此可以估算总投资量、总运输能力、总设备需求量、总经营成本、总体效益等、并可据此决定相应的管理体制与运作体制。

（2）城市轨道交通线网密度

$$\sigma = \frac{L}{S} \text{或} \sigma = \frac{L}{Q} \tag{7-5}$$

式中 S——城市轨道交通线网规划区面积，km^2；

Q——城市轨道交通线网规划区的总人口，万人；

σ——总的城市轨道交通线网密度，km/km^2 或 km/万人。

城市轨道交通线网密度是指单位人口拥有的线路规模或单位面积上分布的线路规模，是衡量城市快速轨道交通服务水平的一个重要因素，同时对形成城市轨道交通车站合理交通区间的交通组织有影响。实际上由于城市区域开发强度的不同，对交通的需求也不是相对均等的，往往是由市中心外围区呈现需求强度的逐步递减，因此线网密度也应相应递减。评价城市轨道交通线网的合理程度，需按不同区域分别求取密度。

（3）城市轨道交通线网日客运周转量

$$P = \sum_{i=1}^{n} p_i l_i \tag{7-6}$$

式中　l_i——城市轨道交通线网第 i 条线路的长度；

p_i——线网中第 i 条线路的日客运周转量；

P——表达了城市轨道交通在城市客运交通中的地位与作用、占有的份额与满足程度。

城市轨道交通线网的规模在规划实施期内，往往要根据城市发展的需求进行适当调整。相对而言，总长度的调整幅度不应很大。因此，城市轨道交通线网的总长度是一个必须确定也是可以确定的基础数据。

2. 线网合理规模分析

在进行城市轨道交通线网规划中，一个十分重要的问题就是如何根据城市的现状及其发展规划、城市的交通需求、城市经济的发展水平等，从宏观上合理地规划轨道交通线网的规模。一个规模合理的轨道交通线网，不仅可以充分满足城市日益增长的交通需要，提高公交服务水平，而且可以用较小的投入取得最佳经济效益。

所谓合理规模，实际上就是合理的轨道交通方式的供给水平。由于交通需求和交通供给是动态的平衡过程，因此合理规模也是相对的。线网规模是否真正合理，最终应放入交通模型中进行需求和供给的动态检验。但在进行方案构架研究之前，也应对线网规模进行约束，以使多个方案拥有共同的比较基础。线网的合理规模是可以进行静态计算的，其主要方法是将诸多可变因素加以稳定，这需要与其他城市进行类比获得经验，又要根据城市的具体情况进行定性分析。轨道交通线网合理规模的研究就是以城市总体规划及其远景控制规模为基础确定的。

这里重点要考虑影响线网规模的因素，并进行定性分析。同时，要参考国内外一些城市轨道交通线网建设与使用指标，针对城市的具体特点，从城市的交通出行总量和交通结构以及线网的覆盖面和服务水平上进行定量分析，最后匡算城市轨道交通线网总长度的合理范围。当然，如前所述，这里的合理规模只是匡算，而对规模是否合理的最终检验是交通模型的测试结果。

轨道交通线网合理规模的影响因素有：城市规模、城市交通需求、城市财力因素、居民出行特征、城市未来交通发展战略与政策和国家政策等。其中，城市发展的规模又包含城市人口规模、城市土地利用规模、城市经济规模、城市基础设施规模四个方面。轨道交通规模可以从宏观上判断一个城市大概的轨道交通规模范围，不能作为轨道交通各条线路布线的依据。

（1）服务水平法

将规划区分类，类比其他轨道交通系统发展比较成熟的城市的线网密度，或通过线网形状、吸引范围和线路间距确定线网密度，确定城市的线网规模。

（2）出行需求分析法

预测规划年全方式出行总量，并根据拟定线路客流密度确定城市轨道交通线网规模。具体公式如下：

$$L = Q \cdot \alpha \cdot \frac{\beta}{\gamma} \tag{7-7}$$

式中 L——线网长度，km；

Q——城市出行总量；

α——公交出行比例；

β——轨道交通出行占公交出行的比例；

γ——轨道交通线路负荷强度，万人次/（km·d）。

未来居民出行总量 Q：

$$Q = m \cdot \tau \tag{7-8}$$

式中 m——城市远景人口规模（含常住人口和流动人口）；

τ——人口出行强度，次/（人·d）。

（3）吸引范围几何分析法

吸引范围几何分析法是根据轨道交通线路或车站的合理吸引范围，在不考虑轨道交通运量并保证合理吸引范围覆盖整个城市用地的前提下，利用几何方法来确定轨道交通线网规模的方法。它是在分析选择合适的轨道线网结构形态和线间距的基础上，将城市规划区简化为较为规则的图形或规则图形组合，以合理吸引范围来确定线间距，在图形上按线间距布线计算线网规模。该方法在分析影响城市轨道交通网络规模的主要因素的条件下，建立线网规模与各主要相关因素的模型，确定本城市到规划年限所需的线网规模。

$$L = b_0 \cdot P^{b_1} \cdot S^{b_2} \tag{7-9}$$

式中 L——城市轨道交通线路长度，km；

P——城市人口，万人；

S——城市面积，km^2；

b_0，b_1，b_2——回归系数，如对世界 48 个城市轨道交通系统进行回归，其中：$b_0=1.839$，$b_1=0.64013$，$b_2=0.09966$。

7.3.4 线网架构方法及实施性规划要点

1. 线网架构方法

轨道交通线网架构的研究方法主要有点线面要素层次分析法、功能层次分析法、逐线规划扩充法、主客流方向线网规划法四种。

（1）点线面要素层次分析法

这种方法以城市结构形态和客流需求的特征为基本，对基本的客流集散点，主要的客流分布，重要的对外辐射的方向及线网结构形态，进行分层研究，充分注意定性分析和定量分析相结合，快速轨道工程学与交通测试相结合，静态与动态相结合，近期与远景相结合，经多方案比较而成。“点”代表局部、个体性的问题，即客流集散点、换乘节点和起始点的分布；“线”代表方向性问题，即轨道交通走廊的布局；“面”代表整体性、全局性的问题，即线网的结构和对外出口的分布形态。

（2）功能层次分析法

这种方法根据城市结构层次和组团的划分，将整个城市的轨道交通网按功能分为三个层次，即骨干层、扩展层、充实层。骨干层与城市基本结构形态吻合，是基本线网骨架；扩展层在骨干层基础上向外围扩展；充实层是为了增加线网密度，提高服务水平。

（3）逐线规划扩充法

这种方法是以原有的快速轨道交通路网为基础，进行线网规模扩充，以适应城市发展。为此，必须在已建线路的基础上，调整规划已有的其他未建线路，来扩充新的线路、并将每条线路依次纳入线网后，形成最终的线网规划方案。

这种方法的优点是投资效益高，便于迅速缓解城市交通最严重的拥挤路段。缺点是不易从总体上把握线网构架，不易起到引导城市发展、形成合理城市结构的目的。

（4）主客流方向线网规划法

这种方法的要点是根据城市居民的交通需求特点，确定近期最大程度满足干线交通需求，远期引导合理城市结构和交通结构形成的功能特点，进行初期、近期和远期的交通需求空间分布特点的量化分析，并结合定性分析与经验，提出若干轨道交通线网规划方案。具体做法是在现状与未来道路网上进行交通分配，按照确定的原则绘制流量图，根据流量图确定主客流的方向，然后沿主客流方向布线提出若干线网规划方案。

2. 线网实施性规划要点

（1）车辆段及相关基地规划

车辆段及其基地可统称为车场。车场规划一般要达到以下几方面要求：规划研究的重点是根据轨道交通规划的线网进行车场选址，基本明确各车场功能及用地建设规模，达到控制建设用地的目的；根据规范要求，每条线路宜设一个车辆段。当一条线的长度超过20km时，可设一个车辆段和一个停车场。在技术经济合理时，可两条线路共用一个车辆段；车场应靠近正线，以利于运营的需要，同时可减少空驶里程；各车场的功能应从全线网统一规划，合理布局，有序建设。车场一般应设足够长度的试车线；车辆的大中修理一般应集中，以减少设备投资。但日常检修、维修、保养各车场应有能力进行；车场应考虑将来的发展留有适当的余地，同时注意环境保护；应避开居民居住区、文化区与商业区等对环境质量要求较高的区域，要尽量选在市郊较空旷地区、工厂区或仓库区，并具有远期发展余地；保证列车进出正线安全、可靠、便捷、运行经济；要尽量避开工程地质和水文地质不良的地段，并使场地标高具有良好的排水条件；对电力线路和各种管道的引入以及与城市道路的连接比较方便。

（2）线路敷设方式规划

轨道交通线路一般采用三种敷设方式，即地面、高架和地下。线路敷设方式的规划要按照下列基本要求：线路敷设方式应根据城市总体规划的要求，结合城市现状以及工程地质、环境保护等条件；线路敷设的位置，应尽量选择在道路红线以内，以避免或减少对道路两侧建筑物的干扰。当线路偏离红线而进入建筑区的地段，应统一配合规划或作特殊处理；线路敷设方式在旧城市中心区建筑密度大的地区，应选择地下线。为了节省工程造价在其他地区应尽量选用地上线，但必须处理好对城市景观和周围环境的影响；地上线应选择道路红线较宽的街道敷设，其中高架线（包括过渡段）要求道路红线宽度一般不小于50m（困难情况下，区间可降至40m），地面线要求道路红线宽度为60m；线路的敷设方式还要从整个线网协调统一考虑，尤其是在线网上的交织（交叉）地段，要处理好两线间的换乘或相互联络的问题。

（3）车站站位及主要换乘点规划

车站的位置的确定是十分复杂的，一般车站最终位置的确定只有在可行性研究甚至初步设计阶段才可以完成。在线网规划阶段，选择车站位置应从以下几方面考虑：为了获得较好的客流吸引量，车站应与既有或规划的客流集散点、道路系统和其他交通方式枢纽靠近；与周边土地利用性质和发展意图相匹配；满足运营在最短站间距、旅行速度、列车牵引特性等方面的要求；满足工程可实施方面的要求，如线路、土建、设备或施工组织等。

（4）线网建设顺序规划

城市轨道交通系统的线网规划基本是一次完成，然后根据情况变化作调整、完善。但线路项目建设只能逐步进行。首先建设贯通市中心的直径线，因为从轨道交通线网体系和运输效率的角度看，先建设贯穿城市中心的路线比较理想。然后是放射线，改善线网的通达性。最后是环线，使线网的流通性、可达性、机动性、覆盖率等项指标均有较好的改善。

轨道交通建设是一项长期、庞大的工程，在一定的资金、人力、物力等客观条件下，分期建设规模和顺序应充分考虑与城市经济、人口发展、土地开发、重点项目建设以及交通需求紧密结合，还应坚持下述原则：第一，线网实施规划应分步实施，必须有重点、有层次，先建设核心层，再向外延伸，循序发展。第二，实施顺序要讲究实效，应充分考虑工程的连续性和运营的效益性水平，未来的线网实施规模，更应注意需求因素和对城市综合实力的分析。各条线网规划的实施，必须同时考虑车场的配置、列车组织方案以及所需要的配套线路工程。

（5）线网运营规划

运营规划的目的是进一步对线网布局的合理性进行验证。如果说线网构架规划完成了结构布局、线路走向和换乘点的确定，那么运营规划就是要研究每条线的运量等级、运行方式与运行路线，并形成不同等量级的运行系统和规模。因此运营规划应研究内容包括：划分各线运量等级；研究运营组织方式；规划不同等级的运营方式。

各线运量等级的划分应根据地形条件和运量需求，分别选择大运量或中运量的轨道交通系统，相互衔接成网，并与公共汽电车配合有序，共同组成公交客运系统。轨道交通制式的选择应充分考虑国情，尽可能采用成熟技术，立足国内设备，减少工程投资。从运行的经济、调度的方便灵活、车辆设备和零件的统一配置、维修技术一致性等方面考虑，轨道交通各线应尽可能采用统一制式。如果因运量要求，需采用大运量和中运量两种轨道交通制式，从运行的经济考虑，每种制式都应具有一定的规模。在规划阶段，对轨道交通的形式要研究多种可能方案。

（6）联络线分布规划

所谓联络线即是指各自独立运营线之间的辅助线，或为调度两线路之间的车辆的通道，也可作为临时运营线和后期线路建设的设备运输通道。作为临时运营的联络线应按正线标准建设为双线，作为辅助线的联络线按下列要求设置：联络线是一种辅助线路，利用率较低，因此，一般都按单线双向运行设计；为大修车辆运用设置的联络线，要尽可能设在最短路径的位置上，同时要考虑到工程实施的可能性；联络线的设置要考虑线网的修建顺序，使后建线路通过联络线从先建的线路上运送车辆和设备；联络线的布局，应从线网的整体性、灵活性和运营需要综合考虑，使之兼顾多种功能，发挥最大的经济效益；联络线的设置应根据工程条件并考虑和其他建设项目的关系，在确保联络线功能的同时，减少对其他项目的影响；联络线尽量在车站端部出岔，便于维修和管理。困难情况下也可在区间出岔，但应注意避免造成敌对进路；联络线的设置应考虑运营组织方式，要注意线路制式及限界的一致性。

（7）轨道交通和地面交通衔接规划

参考本书第 11 章交通衔接系统规划。

7.4　城市轨道交通站点规划

站点建设是城市景观建设的一部分，其选取及与周围环境的协调程度也是影响站点布局需要考虑的因素。对于同一线路而言，不同的站点分布方案都将影响整个线路的运营效果及客流吸引强度，最终会影响建成后的票价经济收入，本节以城市轨道交通站点的位置确定及站间距确定作为研究目的，旨在通过分析影响城市轨道交通站点布局的相关因素，建立合理的站点布局规划模型并考虑其实用性，希望能为以后的站点规划问题提供思路。

7.4.1　站点规划原则与目标

1. 站点规划原则

线路站点就是轨道交通的车站，是轨道交通建筑中最为复杂的一类建筑物。城市轨道交通站点的布设，除了要满足运输布局的一般原则外，还要考虑其与城市整体规划和整体结构的协调性，一般来讲，站点布设要尽量符合以下几项原则：

（1）选址应考虑主要客流集散点和大型对外交通中心

车站在不影响交通畅通的前提下，应尽量选择设在主要客流集散点和大型对外交通中心，以便能够快速缓解这些区域的客流，而这些区域的大客流也能为城市轨道交通提供基本的客流，使轨道交通运营效果达到最佳。注重与其他交通方式的便捷换乘，设置能够快速与其他交通方式换乘的通道，最大程度地满足乘客换乘的需要，减少旅客出行时间，提高出行服务质量。

（2）站点的设置应合理

要设置合理的换乘出入口通道，站厅的规模大小，自动扶梯和人行楼梯的疏散能力，检售票岗亭数量的设置要合理，避免因高峰客流造成的旅客滞留现象及拥挤现象。考虑城市土地等资源有限性与日益增加的交通需求之间的矛盾，站点的布局和设计，应该要合理确定建设工程量，避免资源的浪费，应尽量减少拆迁工程量从源头节约成本。对于能够利用固有设施要做到物尽所用，对已有规划用途的用地要避免占用。

（3）站点要结合实际情况设置

车站位置选择并非易事，在实际站点布局规划中还会遇到很多问题，要因时、因地制宜，综合整体要求并结合实际情况，权衡各方案利弊，最终确定切实可行的方案。

2. 站点规划目标

城市轨道交通站点规划要合理协调投资者、运营者、乘客三者之间的利益，可以从政府及规划部门、交通运输部门、乘客三个角度来阐述车站规划的目标。

(1) 对于政府及规划部门来讲，站点规划布局要从城市总体规划出发，合理的利用城市土地并提高土地的利用效率，在城市轨道交通建成后能够带动其他方面的发展，对解决城市交通问题和减少城市环境污染作出贡献。

(2) 对于运营部门来讲，站点布局规划要能够最大地惠及更大范围的客流，快速完成输送任务，极大地缓解城市交通压力，能够减轻地面公交系统的负担；同时在满足建设要求和服务水平的基础上降低建设成本和日常运营成本，实现收益最大化，保证城市轨道交通系统健康发展。

(3) 从乘客的角度来看，站点的布局要能减少乘客的换乘次数，更加方便出行，出行总时间和出行成本最小。

7.4.2 站点布设思路及方法

1. 站点布设思路

实现城市轨道交通站点选址的空间模拟决策，主要从站点的等级分类、站点的静态因素、动态因素三个方面来建立。站点布设模型的建立主要分为三个阶段：

(1) 站点的等级分类：在城市轨道交通初级线网生成后，线路的大致走向已经确定，将线路必须经过的锚固点看作A类站点，将锚固点之间的一些客流集散点看作B类站点，将线路两侧500m范围内的客流集散点看作是C类站点，即A、B、C三个等级的站点组成一条线路走向和一个带状面区域。按照一定的规则对三类站点进行归并，去掉不满足条件的站点。

(2) 站点的静态因素：由于站点选址布局也属于规划年的交通需求分析，这一阶段考虑一些不随时间而发生改变的影响因素对车站选址的影响，主要包括地形、地质、主干道路分布等，对其进行空间分析，得出适合站点设置的区域，并结合第一阶段分析的结果，确定了新的站点布置区域。

(3) 站点的动态因素：由于规划年的一些不确定因素，会对城市轨道交通站点选址的准确性产生影响，这些因素会随着时间而发生变化，主要有客流量的分布大小、居民出行强度等。再次进行空间分析，得出新的站点位置，并结合第二阶段的分析结果，最终确定车站的位置。

2. 站点具体分布方法

(1) 确定线路起点和终点。一般车站的起点和终点应设在车站、广场、学校、医院、大型商务中心等客流比较大的重要集散地。

(2) 依据轨道交通站点布设原则，给出起点和终点之间满足设站要求的位置，并进行标注，并确定相邻两站之间的距离。

(3) 以给定轨道交通线路的起点为圆心，结合实际情况，确定线路每两站之间最大、最小站间距，然后以最大、最小站间距为半径画弧，分别交轨道交通线路于两点，将两点之间的备选点确定为理论选择站点。

(4) 若两弧线之间只有一个符合设站的位置，则该位置确定为理论站点且其选取也唯一，若两弧线之间有多个之前确定的符合设站条件的位置，则该两弧线之间站点选取就不唯一。然后分别用两弧线之间的每一个标定位置为起点重复进行第三步，直到完成最后一个站点，这样就能够找到其他符合设站要求的位置。

7.4.3　站点布设模型建立

1. 模型假设

（1）城市轨道交通的走向大致确定，而站点具体分布位置不确定；

（2）只考虑吸引范围内乘客的出行，吸引范围是以站点为圆心的圆；

（3）吸引区人口密度和人均工资与出行量或吸引量成正比；

（4）假定各站点吸引区域内人口连续均匀分布，且密度已知；

（5）满足站间距约束条件。

2. 确定站点数量

为了简化分析，可以将轨道交通看成一条直线，根据线路长度和平均最优站间距可得设站数量：

$$N = \mathrm{int}\left(\frac{L}{\bar{d}}\right) + 1 \tag{7-10}$$

式中　N——线路设站个数；

int()——取整数，取小于或等于括号里数字的最大整数值；

L——线路长度，m；

$\bar{d}$——平均最优间距，即 $d_{\min} \leqslant \bar{d} \leqslant d_{\max}$。

3. 站间距离范围大小确定

根据国内外研究经验，各个城市的站间距上下限一般不同，只能通过城市发展情况并结合实际经验和行车技术条件等因素综合考虑。

按照规范要求，城市轨道交通站间距要保证列车能够正常完成一次启停操作并不应该小于 0.5km，对于站间距的上限取值要根据城市实际情况并参考国内外经验进行界定，但要小于乘客平均的乘行距离。虽然站间距的最小值 $d_{\min}$ 和最大值 $d_{\max}$ 不能具体确定，但是它们之间的跨度可根据具体情况分析。站间距的最小值 $d_{\min}$ 和最大值 $d_{\max}$ 之间的跨度越大，按照上述方法得到的站点方案越多。当 $d_{\min}$ 取给定线路上所有备选站点间距的最小值，即 $d_{\min} = \min d\{X_i, X_{i+1}\}$（$i=1, 2, 3, \cdots\cdots$，$X_i$ 为相邻备选点之间的距离）最大间距取值为 $\bar{d} \leqslant d_{\max} \leqslant \bar{L}$（$\bar{L}$ 为平均乘行距离）时，所形成方案可包含所有可行站点分布方案。

4. 站点分布方案覆盖量确定

根据数据分析，600m 范围内乘客会选择乘坐轨道交通方式出行的概率较大，如乘客所在小区距离某一站点距离越近，该小区居民更倾向于选择前往该站乘坐轨道交通出行，即说明该站点对乘客所在的小区有非常大的吸引作用，所以提出以下算式：

算式 1：

$$w_i = w(x, y) = \frac{1}{\sqrt{x^2 + y^2}} \tag{7-11}$$

式中　w_i——线路上某一备选位置对点 i 的吸引强度；

i——点坐标 (x, y)，在备选点的平均吸引半径为 r 的区域内，即 $(x, y) \in x^2 + y^2 \leqslant r^2$，吸引强度与候选点之间的距离成反比。

算式 2：

$$C(x, y)=\rho(x, y)\times w(x, y) \tag{7-12}$$

式中 $C(x, y)$——线路上备选点在(x, y)的覆盖量，其中点 i 在吸引半径 r 的区域内，$\rho(x, y)$为点(x, y)的"点"人口密度。

求得了"点"覆盖量，就能知道整个吸引区域的覆盖量。

算式 3：

$$C(s)=\sum_{x^2+y^2\leqslant r^2}C(x, y) \tag{7-13}$$

式中 r——线路上备选点的平均吸引半径；

$C(s)$——线路备选点的覆盖量。

利用式（7-11）、式（7-12）、式（7-13），可以将备选点在平均吸引半径为 r 的区域内的覆盖量模型表示如下：

$$C(s)=\iint_{x^2+y^2\leqslant r^2}C(x, y)\mathrm{d}x\mathrm{d}y=\int_{-r}^{r}\int_{-\sqrt{r^2-x^2}}^{\sqrt{r^2-x^2}}\rho(x, y)\times w(x, y)\mathrm{d}x\mathrm{d}y \tag{7-14}$$

设备选点吸引区内人口分布均匀，且平均人口密度为 ρ，因此备选点吸引区域内人口密度 ρ 可用备选点吸引区域内各点的"点"人口密度 $\rho(x, y)$表示，因此利用数学积分思想可以将上述式子简化为：

$$C(s)=4\rho\int_{0}^{r}\int_{0}^{\sqrt{r^2-x^2}}\frac{1}{\sqrt{x^2+y^2}}\mathrm{d}x\mathrm{d}y \tag{7-15}$$

由上式可以得到，当能够求得线路上某一设站位置的平均人口密度分布并且该点的平均吸引区域已知，那么该拟设站位置的覆盖量可根据以上公式计算得到。如果两个相邻候选点之间有一部分区域相互交叉，在最后统计整个线路覆盖量的时候要注意减去相互交叉部分重复计算的部分。

得到了各个备选点的覆盖量，通过求和并减去重复计算的部分就能够得到整条线路的覆盖量，这也是确定整个线路覆盖量最简单的途径之一。

$$C(S_j)=\sum_{i=1}^{N_j}C(s_i) \tag{7-16}$$

式中 $C(S_j)$——第 j 种规划线路方案的客流总覆盖量；

$C(s_i)$为第 j 种规划方案线路上的第 i 个备选站点的覆盖量，其中 $j=1, 2, \cdots\cdots, M$；$i=1, 2, \cdots\cdots, N$。

前面讲到 600m 的范围是乘客选择轨道交通方式出行的合理距离，因此为了使模型更加贴近实际，可以将吸引距离划分为（0，200m）、（200m，400m）、（400m，600m）三个环形区间，则 $r_1=100$，$r_2=300$，$r_3=500$，设 A_1、A_2、A_3 为三个环形区域与交通出行小区相交的面积，则第 j 个方案线路的第 i 个备选点的客流覆盖量可以简化为：

$$C_j(s_i)=\alpha\rho[(A_3-A_2)+w_2(A_2-A_1)+w_1A_1] \tag{7-17}$$

式中 α——定义的常数，其他含义如上。

5. 站点布局方案确定

通过上述方法可以计算出线路中间各拟设站位置的覆盖量，再通过对数据的加减处理得到线路的总覆盖量。用上述方法决定站点布设情况的时候，可能会出现拟设站位置数目相同而具体站点不同的情况，这种情况下选择覆盖量比较大的布设方法，而更多情况是其中包含的拟设站位置数量不同，就不能只是通过比较覆盖量的大小来确定优劣了。假设M个方案中设站数量相同的方案集合有U个，选择覆盖量比较大的布设方法，表示为：

$$C(s)=\max\{C_u(s)\},\ u=1,\ 2,\ \cdots\cdots,\ U \tag{7-18}$$

通过上述方法，会得到包含有不同设站数目的多种最佳方案，需要对得到的各方案选取一定的方法进行比选排序，最终进行站点方案选取还要结合其他规划要求和尊重客观条件限制，按照站点布局规划原则逐一布设站点。

7.4.4　站点规划的影响

城市轨道交通车站设置的合理与否，对城市轨道交通的运营效率、建设和运营费用及沿线土地开发利用等都将产生很大的影响，具体影响如下：

(1) 对吸引客流与乘客出行时间的影响。

对于轨道交通的交通线路，如果是小的站间距，便可以把部分步行吸引范围外的客流转化为吸引范围之内，可以使更多的客流吸引到客运站。而且小的站间距虽然增加了换乘节点，但是从轨道交通吸引的总客流量来说，这样不仅提高了乘客交通出行选择的灵活性，也使总客流量相应增加。

(2) 对工程造价、运营及沿线土地开发的影响。

如果从工程造价角度来分析，减少车站便可以减少投入，这样看来增大站间距可以达到减少车站数量的目的，从而减少对车站的投资。不过这样也会使客流量向邻近车站转移，导致邻近车站规模被迫增大。从列车行驶速度来看，列车旅行速度快的必然是间距大的车站，而列车周转时间与旅行速度呈反比，假设发车间隔不变，所需要的列车数量就减少。而小站间距则正好相反。相应，如果采取大站间距的设站模式，也会适当地减少车站配套设施和管理维护人员，减少了运营费用。从沿线土地开发角度来看，较多的车站可以进一步带动沿线的土地开发，显著特点便是周边土地升值，可以给沿线区域带来更广阔的投资前景。

(3) 对城市轨道交通与其他交通方式衔接的影响。

城市轨道交通是城市交通的主导方式，与其他交通相互配合。城市轨道交通与其他交通方式换乘的主要问题体现在轨道交通与其他交通方式衔接的协调性。目前主要存在的问题就是城市轨道交通与公共汽车换乘的沿线公共汽车的线路走向和站位不能很好地与轨道交通车站相配合。

(4) 城市空间结构和城镇体系布局的影响。

从车站分布对于城市的影响来看，大的站间距可以提高城市土地利用空间结构优化，以轨道交通车站为核心形成具有相当规模的城市次中心，使城市发展模式由单中心结构转向多中心结构。如果站间距设置过小，不仅降低了列车速度，增加城市基础建设、城市管理和公共交通等组织管理的难度，还会导致城市“摊大饼”式发展，造成城市土地集聚效应下降，使得“葡萄串”式的开发模式效应难以发挥。

第8章　城市常规公共交通规划

8.1　概述

城市公共交通是重要的城市基础设施，是关系国计民生的社会公益事业。作为城市客运交通的主体，城市公共交通应为城市居民和流动人口的工作、学习、生活提供安全、迅速、准点、方便、舒适的服务，最大限度地节约人们的出行时间，促进城市经济的发展，提高人民的生活质量。

改革开放以来，随着我国经济的发展、城市的扩大以及人民日益增长的美好出行需求，城市交通拥堵、出行不便等问题日益突出，严重影响了人民群众的正常生活和城市的发展。优先发展城市公共交通，不仅是缓解城市交通拥堵的有效措施，也是改善城市人居环境，满足城市可持续发展的必然要求。

《国务院关于城市优先发展公共交通的指导意见》(国发〔2012〕64号) 中明确指出：我国土地资源稀缺，城市人口密集，群众收入水平总体还不高，优先发展公共交通符合城市发展和交通发展的实际，是贯彻落实科学发展观和建设节约型社会的重要举措。各地区和有关部门要进一步提高认识，确立公共交通在城市交通中的优先地位，明确指导思想和目标任务，采取有力措施，加快发展步伐。要通过科学规划和建设，提高线网密度和站点覆盖率，优化运营结构，形成干支协调、结构合理、高效快捷并与城市规模、人口和经济发展相适应的公共交通系统。要进一步放开搞活公共交通行业，完善支持政策，提高运营质量和效率，为群众提供安全可靠、方便周到、经济舒适的公共交通服务。要充分发挥公共交通运量大、价格低廉的优势，引导群众选择公共交通作为主要出行方式。

常规公交作为公共交通系统中重要的一种交通方式，因其客运量大、能耗低、投资少、效率高等优点，在我国城市公共交通中仍承担着公共交通客运主体的功能。因此，学习掌握城市常规公交系统规划的基本理论和方法具有重要的现实意义。同时，对于有轨道交通的城市，必须充分重视轨道交通接驳公交线路规划，着重解决好轨道交通线网与接驳公交线路的关系。

本章主要介绍常规公交线网规划、公交场站规划、公交车辆发展规划、公交优先规划、公交城乡规划以及公交规划评价六个方面的具体内容。

8.2　公交线网规划

8.2.1　公交线路分类

公交线路根据不同的分类方式，其类型划分也有所不同。

1. 根据线路功能性质划分

根据在城市客运交通中承担的功能与线路性质定位，可以分为：快线、干线、支线、微循环公交及多样化线路。

（1）快线：为城市各组团中心之间和跨区之间的长距离出行提供快速、直达的公交服务，联系各组团间的公交换乘枢纽和主要的客流集散中心。线路主要布设在快速路和外围组团至中心城区的交通性主干道上，服务于长距离客流，主要采用点式运输，在两点之间或有限站点之间提供直达的运输服务，实现停顿少、速度快的特点。

（2）干线：为城市各组团间的中距离出行及沿城市客流走廊集散的乘客提供中速公交服务。因此公交干线走向应基本符合城市主要客流走廊的分布规律，线路主要布设在中心城区及外围组团的交通性及生活性主、次干道上，服务于中长距离客流，主要采用线式运输，采用沿途站站停靠的运输模式。根据线路覆盖范围及区域差异，可将公交干线分为主干线与次干线。主干线作为城市公交客运的骨干网络，为组团间的公交枢纽、场站和商圈等提供中长距离服务；次干线则针对主干线未覆盖的具有较大公交出行需求的居住区及其他功能区提供公交服务。

（3）支线：为城市中各片区内主要居住区、枢纽站、商业区等客流集散点及快线、干线无法深入的小街巷提供短途、直达的公交服务。线路主要布设在城市次、支路网上，服务于短距离客流，采用线式运输，达到加密公交线网，扩大公交服务范围，保证公交服务质量的效果。

（4）微循环公交：覆盖城市局部区域，路程短，站点少，循环速度快，一方面可作为城市轨道交通、公交快线、干线的接驳或公交支线及其补充，另一方面可作为城市商业、生活等场景间出行交通。根据微循环公交不同的服务定位，现在主要可分为三类：一是为地铁、快速公交等提供接驳服务，解决“最后一公里”问题；二是为大型医院、社区、景点、商场等提供“点对点”的出行服务；三是在街道较窄的区域，常规公交无法提供服务时，可通过小型公交满足市民的日常出行服务。

参考《浙江省微循环公交建设指南》（暂行），将微循环公交线路根据上下客需求和道路条件，分为定线不定点、定线定点、不定线不定点三种服务方式。其线网规划需要在常规公交线网规划流程上，对轨道交通、既有常规公交服务与出行发生吸引点进行匹配性分析，以确定公共交通覆盖盲区，使得微循环公交线路能串联各出行发生吸引点与轨道交通站点衔接。

（5）多样化线路：针对目前各大城市居民出行需求日益多样化，而常规公交服务模式单一且覆盖范围优先的现状，城市根据自身发展趋势及居民需求制定多样化路线已成为城市公共交通发展的必然趋势。公交多样化路线包括定制公交、旅游专线等，为出行需求相同的人们提供量身定制的公交服务。

其中，定制公交作为为具有相同出行起讫点和出行时间等出行需求的人群提供的直达、便捷、舒适的高品质公交服务，其线路规划是针对两点之间单一线路的规划，且站点设置均为点对点的形式。规划时，首先，对通勤出行者定制公交需求展开调查分析，明确线路开通的可行性；其次，构建定制公交线路规划的方法模型；最后对定制公交线路进行详细规划，规划出定制公交线路运行方案。

2. 根据运营时间划分

根据运营时间的不同，可以分为全日线、高峰线和夜间线。

(1) 全日线：运营时间从早晨至深夜的公交线路，是公共交通的主要线路类型，承担大部分公共交通的客运任务。

(2) 高峰线：运营时间在高峰时间的公交线路。主要为居民上下班的通勤出行服务，服务对象主要是大型居住区和工业区等主要客流集散点。

(3) 夜班线：运营时间在夜间的公交线路，主要连接火车站、码头、工厂、住宅、医院等地点，满足乘客上夜班、旅客乘车乘船、居民就医等夜间乘车需要，作为公共交通线路在夜间服务的延伸。

8.2.2 规划原则

1. 满足居民出行需求

常规公交作为城市居民出行最基本的公共交通方式，既可作为城市轨道交通及快速公交的辅助客运方式，又可构成城市骨干客运系统。因此，城市公交线网规划应在分析城市客运交通需求基础上进行，使线路走向与主要客流走廊一致，针对重要客流集散点开辟公交线路，满足居民基本出行及其他生活需求。

2. 减少居民换乘次数及出行时间

为提高公交服务水平，便利城市居民出行，应以减少居民出行时间为目的规划公交线网。在城市主要客流集散点开辟直接线路，保证线路长度适中，线路长度一般应控制在10～15km，避免因线路过短而增加居民换乘次数。

3. 层次合理，满足线网规划指标

为满足城市不同区域的出行需求，公交线路应设置不同的层次、等级。对于承担骨干运输功能的线路，应覆盖城市主干路；对于接驳功能为主的线路，应尽可能覆盖城市所有道路，做好与骨干公交的接驳服务，提高公交覆盖范围。在线网层次合理的基础上，应保证公交线网密度、线路长度、线路非直线系数等指标符合相关规范要求。

4. 协调城市规划及发展

公交线网规划依赖于城市道路，城市空间布局及功能分区规划影响了公交线网结构的形式，因此在确定线网结构时，需要从城市规划出发，综合考虑其土地利用情况，选择适配的线网结构。此外，线网规划应适应城市不断增加的人口及出行需求，起到支撑与引导城市发展作用。

8.2.3 规划方法与步骤

1. 规划方法

公交线网规划方法主要有规划手册法、系统分析法、解优法及证优法等。其中规划手册法作为一种主观的经验规划方法，较缺乏科学依据，系统分析法是一种基于公交线网评价的规划方法，但其设计步骤较模糊，因此，解优法和证优法是公交线网规划的两种基本思路。随着公交线网规划研究的不断深入，规划者们提出了“逐条布线，优化成网”法、定组织网法及分层规划法等方法。

（1）解优法

解优法，又称正推法，是根据对城市公共交通需求的预测，通过求特定目标函数的最优解，从而获得公交线网规划。国内外开发了许多公交线网优化方法，而国内目前使用较多的方法是王炜教授于1989年提出的“逐条布线，优化成网”法。该方法是根据一个或几个指标，在所有可行路线中，逐条找出最优的公交线路，迭加成完整的公交线网，具体规划流程的详细介绍见王炜、杨新苗、陈学武等著《城市公共交通系统规划方法与管理技术》（科学出版社，2002）。

（2）证优法

证优法，又称验算法，是对一个或几个线网备选方案进行分析评价，证实或选择较优方案。通常采用“理论与实践相结合”的方法进行公交线网规划方案设计与优化。根据城市交通发展战略、发展目标和公交出行需求预测，在充分分析掌握城市建设与发展、城市道路网规划建设条件的基础上，提出多个备选线网方案。

（3）定组织网法

定组织网法，是首先根据城市人口、交通需求分布及功能划分等情况，在城市形成几个一级的公交枢纽及公交主要客流集散点；以一级公交枢纽及客流集散点为“组”，作为控制点结合客流分布情况，“编织”城市初始公交线网；最后根据客流分析优化来确定公交线网。

（4）分层规划法

针对国内大中城市不断扩大城市范围，出现多中心的发展特征，为了提供相适应的公交网络，多层次的公交线网规划方法得到越来越广泛的应用。分层规划法是在公交客流调查与分析的基础上，根据城市需要将公交线网划分为三到四个层次，之后可按照“定组织网”法、“逐条布线、优化成网”等方法，按照各层次的顺序，确定公交线网。

2. 规划步骤

现状城区公交线网规划通常是在现有公共交通线路基础上，根据客流变化情况、道路建设及新客流吸引中心的需要，对原有线路的走向、站点设置、运营指标等进行调整或开辟新的公共交通线路。除非城市用地结构、城市干道网发生大的变动，如对外客运交通枢纽的迁建、新交通干道的开辟，或开通新的大运量快速轨道交通线路，一般不作大的调整。

对于新建城市或规划期内将有大的发展的城市，公交线网需要密切配合城市用地布局结构进行全面规划。通常按下列步骤进行：

（1）根据城市性质、规模、总体规划的用地布局结构，确定公交线网的结构类型；

（2）分析城市主要活动中心的空间分布及相互之间的关系，如居住区、小区中心，工业、办公等就业中心，商业服务中心、文娱体育中心、对外客运交通中心、公园等游憩中心，以及公共交通系统中可能的客运枢纽等，这些都是城市居民出行的主要发生点和吸引点；

（3）在城市居民出行调查和交通规划的客运交通分配的基础上，分析城市主要客流吸引中心的客流吸引期望线及吸引量；

（4）综合各城市活动中心客流相互流动的空间分布要求，初步确定在主要客流流向上满足客流量要求、并把各主要居民出行发生点和吸引点联系起来的公共交通线路网方案；

(5) 根据城市总客流量的要求及公共交通运营的要求，进行公交线网的优化设计，确定满足各项规划指标的公交线网规划方案；

(6) 随着城市的发展和逐步建成，逐条开辟公交线路，并不断根据客流的变化和需求进行调整。

在实际工程中，公交线网规划方案的产生是一个操作性较强的交互式优化过程。其基本程序如图 8-1 所示。

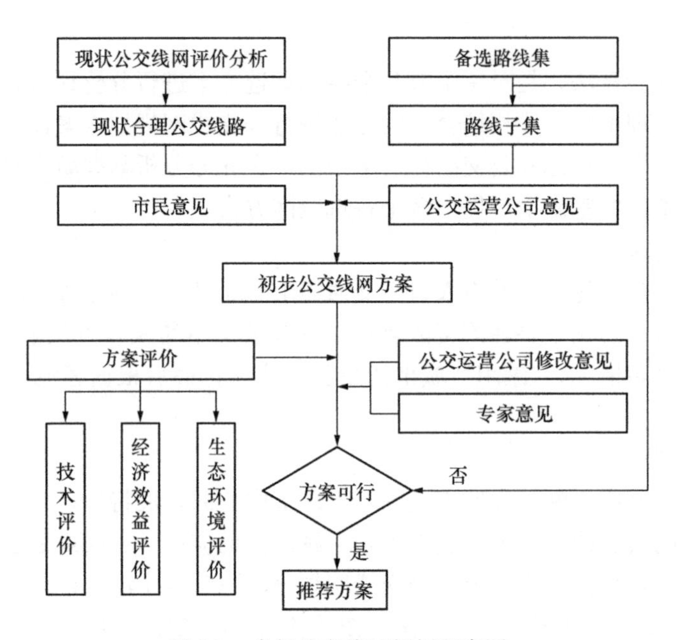

图 8-1　常规公交线网规划程序图

8.3　公交场站规划

公共交通场站是城市公共交通的基础性设施。《国务院关于城市优先发展公共交通的指导意见》(国发〔2012〕64 号) 中明确提出：要加快公共交通基础设施建设。积极发展大容量地面公共交通，加快调度中心、停车场、保养场、首末站以及停靠站的建设，提高公共汽 (电) 车的进场率；推进换乘枢纽及步行道、自行车道、公共停车场等配套服务设施建设，将其纳入城市旧城改造和新城建设规划同步实施。

8.3.1　公交场站分类

城市公交场站根据功能性质可以分为两大类，一类是承担常规公交线路分区、分类运营管理和车辆维修，为车辆提供服务的公交车场，公交车场根据具体功能不同，可以分为公交修理厂与停车保养场；另一类是承担线路运营调度和换乘，为公交客流提供服务的各种车站，包括公交枢纽站、首末站、中途停靠站。

公交场站的分类及主要功能如表 8-1 所示。

公交场站的分类与主要功能　　　表 8-1

<table>
<tr><th colspan="3">分类</th><th>功能</th></tr>
<tr><td rowspan="2">公交车场</td><td colspan="2">公交修理厂</td><td>主要为公交车辆大修服务</td></tr>
<tr><td colspan="2">停车保养场</td><td>为车辆提供停车、高级保养、车辆维修、维修耗材和燃料的储存等服务</td></tr>
<tr><td rowspan="9">公交车站</td><td rowspan="5">公交枢纽站</td><td>综合客运枢纽</td><td>集多种交通工具和多种服务于一身的综合性、多功能客运站，是多种交通方式相互衔接所形成的大型客流集散换乘点，尤其是多种对外交通方式与市内公交衔接点</td></tr>
<tr><td>大中型公交换乘枢纽</td><td>轨道交通线路间换乘；城市中心区客流集散；截流外围城镇、郊区、远郊区进入中心城区的小汽车、城乡公交车</td></tr>
<tr><td>一般公交换乘枢纽</td><td>地面公交之间、地面公交与轨道间的一般换乘</td></tr>
<tr><td>外围重点中心镇集散中心</td><td>主要是服务中心镇周围乡村公交与城乡公交的换乘功能，满足城乡居民日益频繁的交流需求</td></tr>
<tr><td>特色枢纽-旅游交通集散中心</td><td>旅游交通集散中心是主要为游客提供公交旅游专线服务的大型枢纽</td></tr>
<tr><td colspan="2">公交首末站</td><td>每条公交线路的起、终点，为线路上的公交车辆在开始和结束营运、等候调度以及下班后提供合理的停放场地的必要场所。它既是公交站点的一部分，也兼具车辆停放和小规模保养的用途</td></tr>
<tr><td rowspan="3">中途停靠站</td><td>普通式停靠站</td><td rowspan="3">实现旅客的登降、换乘功能，是联系乘客与公交运输服务之间最基本的纽带</td></tr>
<tr><td>港湾式停靠站</td></tr>
<tr><td>多站台式停靠站</td></tr>
</table>

8.3.2　公交场站规划原则

1. 与城市总体规划中用地规划相协调

城市公交场站的规划与布局应在适应城市总体规划的前提下，满足和符合城市总体规划、公交线网规划等其他专项规划的要求合理布设，做到场站用地与城市土地规划相一致，保证公交场站布局规划与城市总体规划相一致。

2. 适度超前

公交场站作为城市常规公交的基础性及保障性设施，其规划与建设需要考虑城市发展趋势，以满足近期及未来城市客运需求为前提，从实际出发，通过科学合理的计算进行适度的超前规划。

3. 新旧兼容、远近结合

公交场站规划应合理利用现有公交场站，并结合城市土地远景开发逐步完善，做好近期规划与远景发展的协调。在规划时充分考虑现有的公交场站用地及设施，对原有场站采取改建、扩建等方式来提高服务能力，易于实施且能有效节省投资。

4. 刚性与弹性相结合

对于城市不同区域，承担不同功能的公交场站，其规划方法与建设要求均有所差异。

规划时，应做到因地制宜，在满足场站规划基本要求的基础上，合理的选择不同的规划模式，体现规划的刚性与弹性。

5. 以人为本

公交场站规划应以减少乘客换乘距离、出行时间，提供方便快捷的公交服务为目标，充分考虑建设区域的人口密度、出行概率、集散方便程度等，在场站的选址及场地布局设计的过程中，贯彻以人为本观念。

6. “软硬”并重

公交场站规划一方面需要满足相关规范要求，保证硬件条件，重视建设质量；另一方面需要构建健全优质的管理体系保障公交场站的顺利高效运行，“软硬”并重，服务为民。

8.3.3 场站规划流程

公交场站布局规划是在城市现有条件下，以提高公交服务水平、保障公交企业经济利润、合理利用城市土地资源为综合系统效益最优为目标进行的。在进行规划时，应遵循“首末站与停车场结合，保养场与停车场分离”的规划思路，以保证科学、合理性为前提，其基本流程如图 8-2 所示，按照以下流程进行：

（1）对现有公交场站及公交场站发展趋势和政策进行总结，调查现状布局，掌握存在问题；

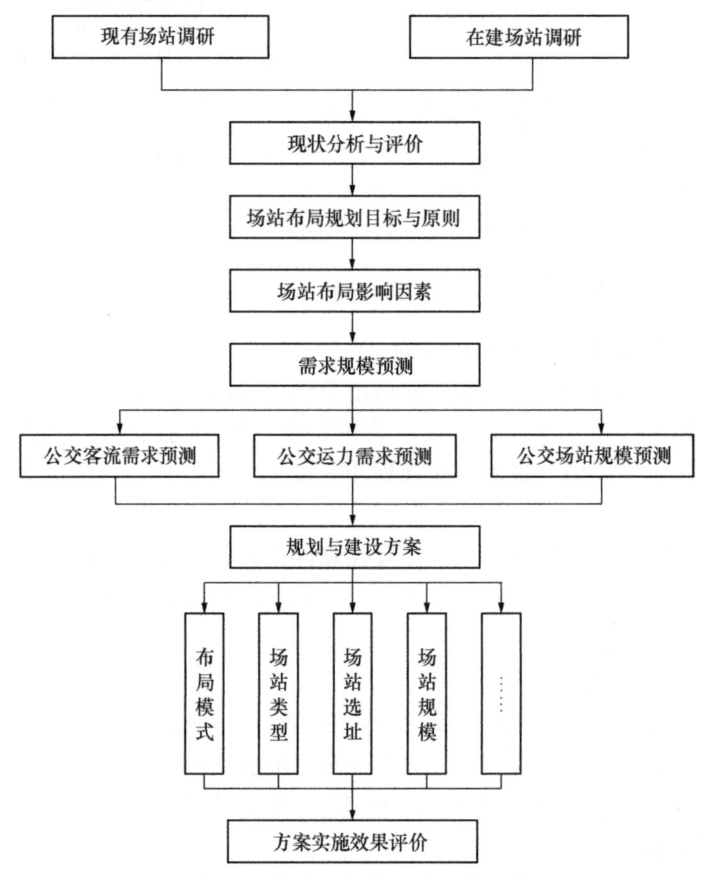

图 8-2　常规公交场站规划程序图

（2）确定场站布局规划目标与原则，公交场站规划应与城市总体规划相协调，以公交系统综合效益最优为目标，从城市实际情况出发，在保障和满足公交运营需求的基础上，因地制宜、合理布局、缩减成本；

（3）分析影响场站布局的因素；公交场站规划与城市发展定位、城市空间结构与用地布局、城市道路网规划、经营管理机制等因素密切相关，在规划时应充分考虑城市社会、经济、文化、自然等因素，为公交场站的规划布局提供参考；

（4）预测公交场站规模，公交场站的规模应当要满足公交营运的需要，预测时从城市公交客流需求规模出发，科学、合理的对公交线路进行规划，计算出配套公交车辆的运力规模，从而最终确定公交场站的规模；

（5）确定具体规划建设方案，根据场站需求规模确定场站类型、布局模式等，可采用连续型选址、离散型选址、专家咨询法选址等方法进行场站选址，并根据实际情况不断调整布局方案；

（6）评价方案实施效果，常采用层次分析法、TOPSIS法、多级可拓评价法等方法评价场站规划方案对布局选址的合理性、公交服务水平、城市居民出行等方面的影响。

8.3.4　规划主要内容

1. 公交枢纽站

公交枢纽站提供公交系统内部不同模式之间、不同层次线网之间、市内公交与对外交通之间的接驳、换乘及中转，服务于城市主要客流发生和吸引点的客流集散。规划时应遵循以下原则：

（1）多条道路公共交通线路共用首末站时应设置枢纽站，多种交通方式之间换乘应设置综合交通换乘枢纽站，城市中客流较多的地方常有若干公交线路通过，这些集散点上换乘的乘客多，为满足高峰小时客运负荷需要，也应设为公交枢纽站。

（2）在以下地方应布设公交枢纽站：火车客运站、汽车客运站、客运码头、轨道交通站点、大型居住区、市内客流中心等。枢纽站一般布设在干道一侧或另辟专用场地。

（3）枢纽站的建设要统一规划设计，其总平面布置应确保车辆按线路分道有序行驶。

（4）综合交通换乘枢纽应在显著位置设置完备的公共信息导向系统，条件许可时宜建电子信息显示服务系统。

（5）枢纽站应配备相关公共配套设施，包括机动车泊位、非机动车泊位、出租车泊位等。

（6）远离停车场、保养场或有较大早班客运需求的枢纽站应提供夜间停车的停车坪及新能源充电车辆的充电设施。新能源充电公交车枢纽站可设置补电设施，同时应与人行区域保持安全距离。

2. 公交首末站

公交首末站作为公交线路的主要控制点和若干线路的可能交汇点，关系到乘客出行是否方便、公共客运的社会经济效益和线路调整等重要方面，在整个公交线路网络中具有举足轻重的地位。规划时应遵循以下原则：

（1）首末站的设置应结合旧城改造、新区开发、交通枢纽规划，并应与其城市公共交通衔接，方便换乘。

（2）首末站宜选择在紧靠客流集散点和道路客流主要方向的同侧，设置在城市道路以外的用地上。

（3）公交首末站的选址宜靠近人口比较集中、客流集散量较大而且周围留有一定空地的位置，如居住区、火车站、码头、公园、文化体育中心等等，使大部分乘客处在以该站点为中心的服务半径范围内（通常为350m），最大距离不超过700～800m。

（4）首末站的规模应按线路所配营运的车辆总数确定，并宜考虑线路发展的需要。一般配车总数（折算为标准车）大于50辆的为大型站点；26～50辆的为中型站点；小于26辆的为小型站点。每辆标准车首末站用地面积应按90～100m^2计算。

（5）与公交首末站相连的出入口道应设置在道路使用面积较为富裕、服务水平良好的道路上，尽量避免接近平面交叉口，必要时出入口可设置信号控制，以减少对周边道路交通的干扰。

（6）对设置有新能源车辆公交线路的首末站，应建设新能源充电车辆的充电设施。电动汽车首末站还应安排充电设施用地，并符合安全标准。

《城市道路公共交通站、场、厂工程设计规范》CJJ/T 15—2011规定：首末站用地不宜小于1000m^2，每辆标准车首末站用地面积应按100～120m^2计算；其中回车道、行车道和候车亭用地应按每辆标准车20m^2计算；办公用地含管理、调度、监控及职工休息、餐饮等，应按每辆标准车2～3m^2计算；停车坪用地不应小于每辆标准车58m^2；绿化用地不宜小于用地面积的20%。当首末站建有新能源设施时，其用地可按现行国家、行业标准的要求另行核算面积后加入首末站总用地面积中。

公交枢纽站、首末站应根据其功能确定用地规模，取值可参考表8-2。

公交枢纽站、首末站用地规模 **表8-2**

分类		用地规模（m^2）
公交枢纽站	综合客运枢纽	6000～10000
	大中型公交换乘枢纽	4000～7000
	一般公交换乘枢纽	3000～4000
	外围重点中心镇集散中心	3000～4000
首末站		1500～3000

3. 停车场与保养场

停车场的主要功能是为线路营运车辆下班后提供合理的停放空间、场地和必要设施，并按规定对车辆进行低级保养和重点小修作业。规划时，应具备为线路运营车辆下线后提供合理的停放空间、场地和必要设施等主要功能，新能源充电车辆的充电设施以及运营管理、生活服务、安全环保等设施。保养场应具有承担运营车辆的各级保养任务，并应具有相应的配件加工、修制能力和修车材料及燃料的储存、发放等的功能。保养场应包括生产管理设施、生产辅助设施、生活服务设施和安全环保设施等。停车场与保养场规划时应遵循以下原则：

（1）停车场宜分散布局，可与首末站、枢纽站合建，但应满足分区管理的要求。停车场建设规模可按运行车辆标准数量分为三级。一级：601辆及以上；二级：201～600辆；三级：100～200辆。

（2）停车场均匀地布置在各个区域性线网的重心处，使停车场与所辖线网内各线路的距离最短，其距离一般在 1～2km 以内。停车场距所在分区保养场的距离宜在 5km 以内，最大应不大于 10km。

（3）保养场设计规模按照停车场分类等级分为三级。一级建设规模应单独建保养场，而二、三级建设规模宜与停车场和保养场合建。

（4）企业营运车保有量在 200 辆以下或 200 辆左右，可建一个小型保养场；保有量在 300～500 辆左右的企业，可建一个中型保养场；在车辆超过 500 辆以上的大型企业，可建保养中心。

（5）大城市的保养场宜建在城市的每一个分区线网的重心处，中、小城市的保养场宜建在城市边缘。

（6）停车场和保养场要避开城市主要交通干道和铁路线，避免与繁忙交通线交叉，以保证停车场出入口的顺畅。场址应远离居民生活区，避免公共汽车噪声、尾气污染对居民的直接影响。

（7）停车场和保养场被选地段最好有两条以上的城市道路与其相通，保证在道路阻塞或其他意外事件发生的条件下，能使公交车进出公交场站和完成紧急疏散。

（8）停车场和保养场被选地块的用地面积要为其后续发展留有余地，同时又不至于形成对附近街区未来发展的障碍。

确定停车场用地面积的前提是要保证公交车辆在停放饱和的情况下，每辆车还可自由出入而不受前后左右所停车辆的影响停车场的规模以停放 100 辆铰接式营运车辆或 170 辆标准车为宜。停车场用地宜按每辆标准车用地宜按 150m^2 计算；在用地特别紧张的大城市，停车场用地不得小于每辆标准车 120m^2；公共交通首末站、停车场、保养场的综合用地不宜小于每辆标准车 200m^2。

公共交通车辆保养场的规划用地按所承担的保养车辆数计算，一般情况下每辆标准车用地 200m^2，具体用地面积指标见表 8-3 所列。

停车保养场用面积指标　　**表 8-3**

保养场规模（辆）	平均每辆车的保养场用地面积（m^2/辆）		
	单节公共汽车和电车	铰接式公共汽车和电车	出租小汽车
50	220	280	44
100	210	270	42
200	200	260	40
300	190	250	38
400	180	230	36

4. 公交中途站

公交车辆的中途站点规划在公交车辆的起、终点及线路走向确定以后进行，规划的原则为：

（1）中途站点应设置在公共交通线路沿途所经过的各主要客流集散点上。

（2）中途站点应沿街布置，站址宜选择在能按要求完成车辆的“停”和“行”两项任务的地方。

(3) 交叉口附近设置中途站点时，一般设在过交叉口 50m 以外处，在大城市车辆较多的主干道上，宜设在 100m 以外处。

(4) 中途站点的站距受到乘客出行需求、公交车辆的运营管理、道路系统、交叉口间距和安全等多种因素的影响，应合理选择。干线公交线路平均站距在 500～600m，中心城区站距可适当缩小，建议在 300～500m 之间；城市边缘地区和郊区的站距建议在 600～800m。

(5) 在站台停靠线路过多，公交停靠站时间延误较大、甚至影响道路通行的情况下，可根据实际情况对原有站台进行拆分，将大站转换为两个邻近小站，以保证停靠站的服务水平。

公交车辆中途停靠站的站距受交叉口间距和沿线客流集散点分布的影响，在整条线路上是不等的。市中心区客流密集、乘客乘距短，上下站频繁，站距宜小；城市边缘区，站距可大些；郊区线，乘客乘距长，站距可更大。设置公共交通停靠站的原则是应方便乘客乘车并节省乘客总的出行时间。

8.4 公交车辆发展规划

8.4.1 车型配置

公交线路的车型配置，与公交运输效率，居民出行舒适程度以及公交企业效益等方面息息相关。合理的配置公交车型，对提高整个公交网络的运输效益有十分重要的意义。城市公共交通网络中各条线路的公交车车型配置必须考虑该线路的功能性质、所运输乘客的出行特点、运行道路的几何条件等。

1. 公交车型分类

《公共汽车类型划分及等级评定》JT/T 888—2020 中将公共汽车分为：设有乘客站立区的公共汽车和未设置乘客站立区的公共汽车。其中：设有乘客站立区的公共汽车是指最大设计车速小于 70km/h，设有座椅及乘客站立区，并有足够的空间供频繁停站时乘客上下车及走动，有固定的公交运营线路和车站，主要在城市建成区运营的客车；未设置乘客站立区的公共汽车是指，为城市内运输乘客设计和制造，未设置乘客站立区，有固定的公交运营线路和车站，主要在城市道路运营的客车。

(1) 类型划分

公共汽车类型按车长分为特大型、大型、中型和小型四种，如表 8-4 所示。

公共汽车类型划分　　表 8-4

类型	特大型		大型	中型	小型
	双层公共汽车	单层公共汽车（含铰接车）			
车长 L	$12\leqslant L\leqslant 13.7$	$12<L\leqslant 18$	$9<L\leqslant 12$	$6<L\leqslant 9$	$4.5<L\leqslant 6$

(2) 等级划分

公共汽车等级划分如表 8-5 所示。

公共汽车等级划分　　表 8-5

类型	特大型			大型			中型			小型
等级（级）	高二	高一	普通	高二	高一	普通	高一	普通	高一	普通

2. 公交车型选择原则

（1）与社会经济发展相适应

随着我国全面建成小康社会目标的达成，进一步宣告我国经济水平发展取得了巨大的成就，居民物质生活水平进一步提升，人们更加重视出行方式的便捷性与舒适度。以人为本、绿色环保、节能减排已经成为公共交通方式的发展目标。常规公交作为城市公共交通系统不可或缺的一部分，更应该体现人性化、绿色环保的现代生活理念，使公交车在满足人民出行需求的同时，与社会经济发展相适应。

（2）与线路性质、服务功能相适应

城市公交车辆的车型配备应考虑城市道路条件、线路功能性质，对于承担长距离公交出行的主干线、承担中远距离公交出行的次干线考虑选用标准车型公交车，基本线路以中型客车为主，小型巴士为辅；补充线路或小区巴士线路可采用小型巴士，在城区道路车道宽较窄、转弯半径小的路段运行的公交车辆应选用小型公交车，旅游线路应采用高档车型，外观有吸引力，车内设施完善、座位数多、乘坐舒适、视野开阔。此外，应积极响应绿色环保、节能减排的号召，应该逐渐考虑清洁能源车辆的投入。

8.4.2　车辆配置

1. 公交车辆数的计算

（1）车辆的载客量与满载系数。公共交通车辆的种类和大小很多，其载客量主要决定于车辆的载重量、车厢内坐位数和站立面积的大小。一般市内公共交通的乘客在车内的时间不长，而城市道路又较平坦，所以车辆内站立的人数能比坐的人多些，但对郊区线路和长途线路，坐的比例则应增加，甚至全坐。车辆满载系数（η）为实际载客量与额定载客量的比值，通常约为0.6～0.7。公交车辆的额定载客量，即车辆客位定员，包括车内座位数和有效站立面积上的站立人数，单位为人/车。每平方米站立人数的定额，反映车辆的服务水平，在一般可接收状态下，每平方米站立人数为5～6人，随着城市经济的发展和人民收入水平的提高，该定额值应逐步降低，以增强公交服务的吸引力。

（2）行车速度。公共交通车辆按固定线路行驶、沿途停靠站点，它的速度变化就与街道上一般车辆不同。公共电、汽车在营业线路上的三种行车速度为：

行驶速度（又称技术速度），是两站之间的平均速度。通常所称的行驶速度是按整条线路计算。

$$V_{行} = \frac{线路长度}{车辆在线路各站间行驶时间总和}(\mathrm{km/h}) \tag{8-1}$$

运送速度，它是公共交通运送乘客的速度，衡量乘客在旅途消耗时间多少的一个重要依据。

$$V_{行} = \frac{线路长度}{车辆在线路各站间行驶时间与在各站上停靠时间总和}(\mathrm{km/h}) \tag{8-2}$$

车辆沿途停靠的总时间约占车辆全线行驶和停站时间总和的25%～35%。这项时间的大小不仅影响到运送速度，还影响线路的通行能力。因此，缩短这个时间对乘客尤其是大城市的乘客，有很大的意义。目前我国公共电、汽车的运送速度，市区约15～16km/h，郊区约大于20km/h；

运营速度，它是车辆在线路上来回周转的速度。

$$V_{行} = \frac{2 \times 线路长度}{车辆在线路一个来回的时间}(\mathrm{km/h}) \tag{8-3}$$

车辆在线路上一个来回的时间等于车辆在线路上来回行驶的时间、在中途各站停靠的时间以及在线路两端始末站停留时间的总和。运营速度高，车辆在线路上周转快，就完成更多的客运任务。所以，它是标志客运工作好坏的一项重要指标。也是计算公共交通车辆拥有量的一项重要指标。

(3) 平均运距。客运周转量与客运量之比，称为平均运距，单位为km，它表示乘客在一个运程中平均乘行的距离。平均运距可以分线路、分车行方向统计，也可以统计全市所有线路的平均运距（即公交企业不包括换乘的业务统计平均运距）。

(4) 客流量。客流量是与车行方向（上行、下行）和断面地点相关的，指一定时间内，沿同一方向通过线路上某路段的乘客人数。在计算客流量时必须标以单位时间和方向、断面地点。不同车向、不同断面、不同地点的客流量之和没有意义。

(5) 客流方向不均衡系数。一条线路双向客流量之平均值与最大方向客流值之比，称方向不均衡系数。它表示一条线路在高峰小时内不同车行方向客流量的差异。方向不均衡系数一般按高峰小时最大断面客流量统计。在公共交通规划设计中，方向不均衡系数取值为1.2～1.4。

(6) 断面不均衡系数。一条线路上单向最大断面客流量与平均断面客流量之比，称断面不均衡系数。它表示一条线路上客流量在各路段变化幅度的大小。如果不均衡系数较大，就要考虑调整线路或增加区间车。

(7) 季节不均衡系数。一条线路上的客流量或全市的客流量，在一年各季度中是有变化的。季节不均衡系数一般取值为1.1～1.2，以旅游为主的线路和城市变化较为突出者，应根据实际情况考虑。

2. 公交车辆拥有量计算方法

公交线路车辆的运营速度直接影响到公交乘客乘车时间和车辆运行效率，公交车辆的实载率直接影响到公交的舒适程度，进而影响人们出行时对公共交通的选择。为了保证公交车辆的运营速度和一定的实载率水平，除了道路交通条件外，必须有相应的公交车辆配备。公交车辆拥有量计算方法步骤如下：

(1) 确定一辆车的生产率

它是指一辆车在单位时间内(一小时、一天或一年)所能完成的额定客运周转量(人km)。

一辆车一小时的额定生产率计算公式为：

$$\frac{ML}{h_{额定}} = mv_{营}(客位\ \mathrm{km/h}) \tag{8-4}$$

式中 m——额定载客量，客位定员人数；

$v_{营}$——运营速度，km/h。

实际上，公共交通车辆在线路运营时，不可能在整条线路上都满载，所以，它的小时有效生产率为：

$$\frac{ML}{h_{有效}} = m\eta_{日}v_{营}(客位\ km/h) \tag{8-5}$$

式中　$\eta_{日}$——线路平均满载系数；

其他参数同式（8-4）。

一辆车一天的有效生产效率为：

$$\frac{ML}{d} = m\eta_{日}v_{营}\ h\ (客位\ km/h) \tag{8-6}$$

式中　h——一辆车一天的营业小时数，通常为12～16h。

其他参数同式（8-4）。

（2）计算一条营业线路需要的运营车数

已知一条营业线路全日客运周转量（人 km），估算完成这些客运任务所需运营车数（$W_{行}$）为：

$$W_{行} = \frac{ML}{m\eta_{日}v_{营}\ h}\ (车辆数) \tag{8-7}$$

式中　ML——全日客运人，km；

m——一辆车平均定员；

$\eta_{日}$——一天的平均满载率；

$v_{营}$——运营速度（km/h）；

h——一辆车一天工作小时数。

已知一条营业线路高峰小时单向客流量，则需配车数为：

$$W_{行} = \frac{2l_{线} \times 60}{v_{营} \times \left(\frac{60}{n}\right)}\ (运营车辆数) \tag{8-8}$$

式中　$l_{线}$——营业线路长度，km；

$v_{营}$——运营速度，km/h；

n——一小时需要发车次数（根据车型定员及小时单向客流量确定发车次数）。

从上述关系式中可以看出，公交车辆营运速度提高将有效减少线路上所需的营运车辆数，或者配备同样多的营运车辆，而能提供更优质的公交服务。公交车辆利用率提高则可以进一步减小公交车辆配备数，从而降低公交企业的经营成本，并减少公交车辆场站设施占地面积。

（3）计算全市公共电、汽车运营车数

计算公式为：

$$W_{运营} = \frac{M \cdot L \cdot P \cdot \beta \cdot \gamma}{365 \cdot m \cdot v \cdot K \cdot \eta}\ (运营车辆数) \tag{8-9}$$

式中　M——公共电、汽车承担全年客运量，人次；

L——公共电、汽车平均运距，km；

P——高峰小时客运量占全日客运量比重；

β——客流方向不均衡系数；

γ——客流季节不均衡系数；

m——车辆平均定员；

v——平均运营速度，km/h；

K——高峰小时运营速度修正系数；

η——高峰小时车辆平均满载系数。

（4）计算在册车辆数

$$W_{在册}=\frac{W_{运营}}{\alpha} \tag{8-10}$$

式中 α——车辆利用率，通常在90%左右。

3. 单条公交线路运力配置

一条公交线路应配置的车辆数W，按式计算：

$$W=\left(\frac{2L}{v_{y}}+t\right)n \tag{8-11}$$

式中 L——公交线路长度，km；

t——该线路首末站中转休息时间；

v_{y}——公交车辆运营速度，km/h；

n——发车频率，车次/h。

线路的配车数应以完成运送乘客为准：

$$U\geqslant Q \tag{8-12}$$

式中 U——运送能力，$U=m\times n$，人/h；

n——同前；

m——车辆的额定载客数，为座位数加规定的站立人数，铰接车129人，单节车72人；

Q——高峰小时线路的最大客流量，人/h。

8.5 公交优先规划

8.5.1 公交优先主要措施

公交优先是指在城市社会经济和交通发展当中，优先发展城市公共交通，具体来说，就是在城市经济发展政策、城市规划、建设与管理等方面体现公共交通优先于其他个体交通方式发展，如财政扶持优先、投资安排优先、设施用地优先、路权优先等，为公众出行提供更多、更快、更好的服务，实现城市经济、环境与交通可持续发展。从公交优先的概念可知，公交优先主要分为两类，一类是战略上的优先，即在城市整体发展建设中，始终把公共交通的发展放在优先的位置上；另一类是策略上的优先，策略上的公交优先主要针对地面公交系统，通过采取不同的控制措施保障公交车在交叉口和路段上的优先通行。

1. 战略优先

（1）立法优先

以公交优先目的进行立法，从法规体系方面确立公交优先战略、规范公交优先制度、保障公交优先实施、管理公交优先措施。针对机动车的使用、居民公交优先意识、公交优先政策等方面制定相关规范条例，使城市公交从规划、建设到运行、管理做到有法可依，有规可循。因此不仅要从国家层面颁布公交优先的法律规范，更重要的是地方城市根据城市发展特点，颁布操作性强的规章制度。

（2）经济优先

公交是为居民提供低价、舒适、便利、快捷的交通服务，因此政府的补贴是必要的。考虑公交公益性服务定位，政府必须加大投入，从财政、税收、投资、票价四个方面保障公交经济。对公交企业的现代化运营管理和科技进步给予适度财政支持；对公交企业税费给予优惠政策，如：退税、减免燃油税或实行专项税收政策等减少企业纳税负担；对公交基础设施建设、车辆工具购买等方面加大投资力度，可采用多种投资或融资的方式进行；适度的票价优惠政策是优先发展公共交通的重要途径和有效手段，依据公益性与经济性有机结合的原则制定公交票价，既能体现公交企业运营成本又能满足居民消费结构和出行需求的变化。

作为“公交优先”理念发源地的巴黎，其公交系统十分发达。公共交通税是其落实公交资金扶持的重要手段，巴黎规定凡是提供公交服务且职工数超过9人的企业，不管是国有或私营，均收取工资总额1.2%～2%作为公共交通税。并且每月将所收取公共交通税分配给公交企业以支付运营成本。此外，巴黎要求公益性公交企业每三年制定一次规划，保证收支总体平衡，差额全部由财政补贴。

（3）规划优先

城市优先发展公共交通，首先要体现规划优先，即必须保证并确立其在城市综合交通规划中的优先地位，公共交通规划中既要保证公交规划的系统性，又要使其建设具有超前性。在规划中要强调公共交通对城市发展的引导作用，在此基础上根据城市发展规模、人口分布、用地布局、路网结构及客流预测，确定公共交通的线网规划、公交枢纽站场、公交车辆数量、以及相应服务设施等，使公交客运能力满足城市交通发展所带来的客流需求。

（4）建设优先

提升公共交通设施和装备水平，提高公共交通的便利性和舒适性，在建设公交项目时，应把公交基础设施放在首位。积极发展公交系统，加快调度中心、停车场、保养场、首末站以及停靠站的建设，提高公共汽（电）车的进场率；推进换乘枢纽及步行道、自行车道、公共停车场等配套服务设施建设，要根据公交场站设施建设的用地需求，确保城市公共交通健康发展的建设用地。在此基础上，还要对城市公交线网中的基础设施和交通工具等进行优先建设。

2. 策略优先

（1）交叉口公交优先

交叉口处公交优先措施可以分为信号控制优先与交叉口通行优先两方面，其中，根据信号控制机的控制方法不同，公交信号优先控制可分为三大类，被动优先控制、主动优先控制和实时优先控制。而交叉口通行优先主要措施有控制自行车进入、高峰期禁止除公交车外其他车辆左转等。

1）被动优先控制

被动优先控制是根据历史交通数据及行车时刻表，无需主动检测设备的参与，通过对历史数据中交通流量、车流占比及车速等信息的使用，优化现有的信号配时，从而减少公交在交叉口的延误，达到信号优先的效果，具体措施如表 8-6 所示。

交叉口公交被动优先分类措施 **表 8-6**

	分类	实施效果
被动优先控制	增加绿灯时间	通过增加公交运行路线上相位的绿灯时间来实现信号优先控制，这种策略在道路饱和度较低的情况下，往往能够取得收益，随着其他相位的车流量较大，延误会快速增加，最终会导致公交优先无法从中获取到收益，并造成交叉口的拥堵
	信号周期调整	调整信号周期的时长，使得交叉口的信号周期长度到达相对平衡状态。避免过短的信号周期导致相同时间内因相位切换增多而导致的损失时间增多，同时避免过长的信号周期导致相位绿灯时间过剩而造成浪费
	相位分割	对公交车辆的优先相位进行分割，使其变成多个优先相位，当公交车通过信号交叉口时，因更高频率的优先相位服务，公交车受到信号优先的概率会增加。但是同样要考虑到随着周期内相位的增多，损失时间也会增加，在实施相位分割时需要权衡损失时间和信号优先收益

2）主动优先控制

主动优先控制是通过车辆检测设备，实时监控交叉口交通状况等信息，当检测器检测到有公交车辆靠近交叉口时，根据公交车的运行情况结合交叉口的信号配时方案，采取绿灯时间延长、红灯时间早断和相位插入等方式优化当前的信号配时，实现公交车辆的优先通行，具体措施如表 8-7 所示。

交叉口公交主动优先分类措施 **表 8-7**

	分类	实施效果
主动优先控制	绿灯时间延长	进道口上游车辆探测器检测到有公交车进入交叉口，此时为绿时相位，若预测该车辆无法通过交叉口，则可以适当延长当前相位的绿灯时间，避免公交车在交叉口排队等待。当交叉口停止线上的探测器检测到公交车通过后，恢复原有信号配时
	红灯时间早断	进道口上游的车辆探测器检测到有公交车进入交叉口，此时为红灯相位，并且下一相位就是公交车运行线路的绿时相位，预测到公交车辆会在绿灯相位之前到达交叉口，则适当减少当前红灯时间，使公交车辆尽早获得绿时相位。当公交车通过后，恢复原有的信号配时
	相位插入	公交车辆被检测到进入达交叉口时，此时为红灯相位，预测车辆到达交叉口后的下一相位仍为红灯，这时实行公交信号优先就必须在本相位执行之后插入一个绿时相位减少公交车的排队等待延误

3）实时优先控制

实时优先控制是基于主动优先控制，需要更高精度的车辆检测，更为完善的路网信息，通常要借助全球定位系统（GPS）或者自动车辆定位（AVL）等高精度的车辆实时监测装置，并且要求更快的通讯和计算速度。实时信号优先以交叉口的延误为主要性能优化指标同时考虑公交车的位置信息、速度和载客情况等，进行实时地调整信号配时参数，保障公交信号优先的同时兼顾社会车辆的通行权，避免对非优先相位的车辆造成较大的延误，提高地面交通的运行效率。

(2) 路段公交优先

公交路段优先是将城市道路的路权向公共交通倾斜，给予公共交通更优惠的条件，甚至可能对非公共交通车辆进行必要的限制，是公交优先的基本措施，能够减少公交与其他车辆间的冲突，直接提高公共交通的运行速度，主要措施如表8-8所示。

路段公交优先分类措施　　**表8-8**

	分类	内容
路段公交优先	专用道	开辟通向专用车道和逆向车道 时间——高峰期公交专用 空间——划分车道
	专用路	双向行驶的公共汽车专用路

(3) 公交车路协同

车路协同（车联网）是指依托城市车联网技术实现车与外部交通环境的全方位连接和信息交互，将“人、车、路、云”等交通参与要素有机地联系在一起，为车载信息服务、智能辅助驾驶和道路交通管理打开新的创新空间。公交车路协同应用示范主要利用智能网联车路协同公共服务平台提供的低延时通信能力、终端-边缘-区域-中心的多级分布式V2X（Vehicle to Everything，车用无线通信技术）计算能力和道路交通网联数据，提升公交运行效率和行车安全。

公交车路协同应用场景：

1) 交通信号灯相位提醒

当车辆行驶至距红绿灯一定距离时，应用会将前方红绿灯状态告知本车及后方车辆司机，辅助司机驾驶，降低安全隐患。

2) 公交车车速智能引导

当公交车辆驶向信号灯控制交叉路口时，收到由路侧单元发来的信号灯状态、倒计时等信息，应用会根据公交车状态给驾驶员提供建议车速，协助车辆经济高效通过路口。

3) 公交车信号优先通行

该应用会在公交车通过信号交叉口时，发送优先通行请求，使信号灯主动调整。

4) 公交车进出场站联动管理

当公交车经过停车场出入口时，公交车进出场站联动管理应用会自行监测记录公交车信息，判断出入权限，自动控制出入口闸道是否放行。

5) 公交营运调度与辅助安全

在车路协同技术的支持下，所有道路、人、车等信息都实时展示在调度系统后台，方便对公交车辆进行调度管理，提高效率。

除以上场景外，公交车路协同还在行人检测与安全预警、车辆检测与防碰撞预警、桥隧水浸监测与危险预警、站台泊位引导与信息服务、数字化交通标志标线应用五大场景中发挥作用。

国家及地方政府对智能网联汽车产业的重视程度不断上升，建设步伐逐渐加快，智慧公交的示范应用也在各地方积极推广。

8.5.2 公交专用道规划

1. 规划原则

（1）道路基本条件

设置公交专用道的路段原则上要求单向（含辅道）具有2条及以上的机动车道；一条作为公交专用车道，其余的车道供其他机动车使用。路段及信号交叉口原则上单向不设置3条及以上公交专用道，非信号交叉口参照路段设置标准设置。

（2）路段公交客流量、车流量

在选择实施公交专用道时应优先考虑公交客流量大的路段，当路段单向平均公交车的客流量到达2000人次/h时，可考虑设置公交专用车道。设置公交专用车道的道路，公交车流量应达到一定的标准。路段的公交车流量过小，设置公交专用车道将是不可取的，当道路高峰小时单向公交车数达到90～100辆时，可考虑设置公交专用车道。

（3）与客运需求走廊相吻合

公交专用道布局应充分考虑现状公交线网及公交车出行需求走廊分布，满足并提高需求走廊的公交出行量。

（4）应考虑对道路交通影响

在保障公交路权优先的同时，也需兼顾道路整体通行效益，尽量使道路发挥较大效益。

2. 设置条件

《公交专用车道设置》GA/T 507—2004中对公交专用道的设置条件作出如下规定：城市主干道满足下列全部条件时应设置公交专用车道：

（1）路段单向机动车道3车道以上（含3车道）或单向机动车道路幅总宽不小于11m；

（2）路段单向公交客运量大于6000人次/高峰小时，或公交车流量大于150辆/高峰小时；

（3）路段平均每车道断面流量大于500辆/高峰小时。

我国部分城市对公交专用道设置条件规定如表8-9所示。

我国部分城市公交专用道设置条件　　表8-9

城市	道路等级	单向道路条件	单向公交载客量（人次/高峰小时）	单向公交客流量
GA/T 507—2004	主干道	3车道及以上或单向机动车道路幅总宽不小于11m	大于6000	150辆/高峰小时以上
北京	快速路	3车道及以上	大于4000	150辆/高峰小时以上
	主干路	2车道及以上	大于1500	60辆/高峰小时以上

续表

城市	道路等级	单向道路条件	单向公交载客量（人次/高峰小时）	单向公交客流量
深圳	类型1	3车道及以上	大于4000	90辆/高峰小时以上
上海	城市道路	3车道及以上	大于4000	90标准车/高峰小时以上
		2车道以上	大于3000	71标准车/高峰小时以上

3. 设置形式

（1）按服务时间划分

公交专用道按照服务时间划分，可以分为分时段公交专用道和全天候公交专用道。分时段公交专用道通常是在道路高峰时段公交流量大，平峰时段公交流量小的情况下设置，这样可以避免平峰时段道路资源的浪费；全天候公交专用道通常是道路公交流量在各时段均较大的情况下设置。在设计时通常采用不同交通标志加以区分。

（2）按横断面行驶位置划分

公交专用道按照在横断面上的行驶位置划分，可以分为两种：外侧式和内侧式（路中式）公交专用道。外侧式是指公交专用道设置在机动车道行驶方向最右侧；内侧式（路中式）是指公交专用道设置在机动车道行驶方向最左侧。

（3）按行驶方向划分

公交专用道按照行驶方向划分，可以分为顺向式和逆向式公交专用道。顺向式公交专用车道是公交行驶方向与侧向社会车辆相同的形式，此种方式使用较为普遍。逆向式公交专用车道是公交行驶方向与侧向社会车辆相反的形式，其中在单行线上设置公交专用车道是普遍采用的形式。此方式不易受其他车辆干扰，方便乘客使用公共交通。但逆向式专用车道与向左右转车辆冲突较多。

8.6 城乡公交规划

8.6.1 城乡公交线网规划

城乡公交线网规划主要包括确定城乡公交线网布局、线网总体规模、线路布设及与城市公交线网衔接方式。根据不同地域分布的居民出行需求（客流强度、出行高峰时段分布等方面）的差异性，提供分级线网服务，考虑城镇布局形态、道路网形态等因素，确定线网的布局结构。在分析客流需求基础上，确定线网总体规模，包括线网总长度、线网密度、线网日客运周转量等，明确城乡公交走廊，分级布设城乡公交线路。同时考虑线网如何与城区其他客运方式实现对接，合理换乘以提高运输效率。

1. 城乡公交线网布局结构

城乡公交线网布局的确定是线网布设的核心内容之一，它决定了线网的总体结构和发展方向。根据线网布局原理主要分为放射状线网、树形线网、环形线网、三角形线网四种，如图8-3～图8-6所示。在这四种公交线网结构中较常用的是放射状线网、树形线网、环形线网这三种结构。城乡公交线网结构的选择与城市结构形态、城镇体系、道路网络等有密切的关系，在具体规划中往往是几种结构的一起选用。具体线网布局结构如表 8-10 所示。

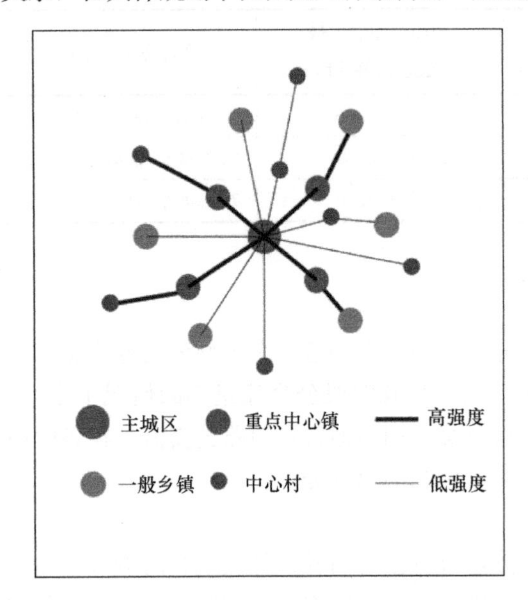

图 8-3　放射状线网

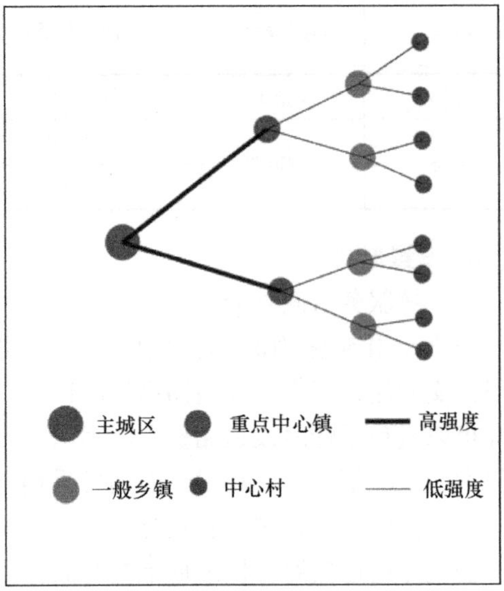

主城区　重点中心镇　高强度

一般乡镇　中心村　低强度

图 8-4　树形线网

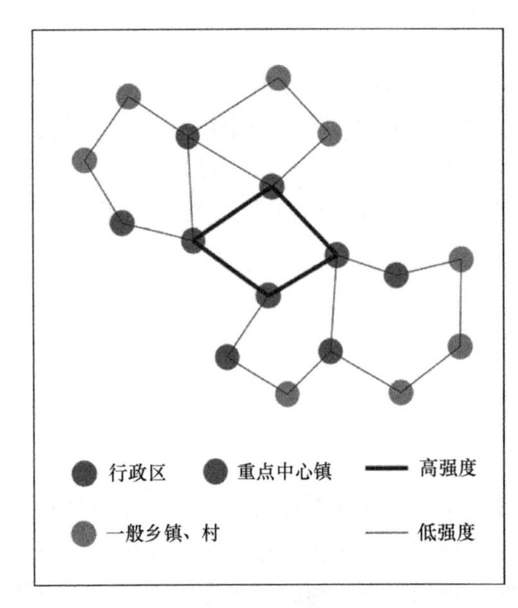

图 8-5　环形线网

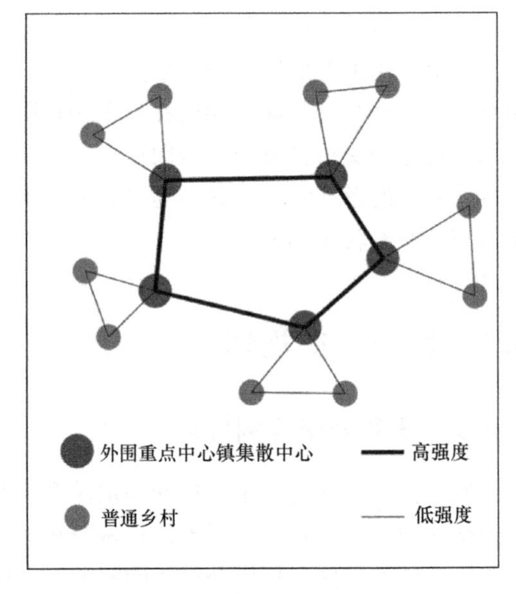

图 8-6　三角形线网

城乡公交线网布局结构表　　**表 8-10**

城乡线网布局结构	特点及适用范围	缺点	公交线路强度分析
放射状线网	用于中心城市与外围郊区、周围城镇间的交通联系，有利于促进中心城市对周围地区的辐射，方便乘客进城，减少进城换乘次数，而且便于车辆的调度与停车管理；与大多数城市的放射性 OD 客流分布相适应	线网整体连通度低，横向乡镇间联系不便，容易把换乘客流吸引到城区，增加城区枢纽交通组织的压力	主城区—重点中心镇之间及其延伸线路有高强度公交联系

续表

城乡线网布局结构	特点及适用范围	缺点	公交线路强度分析
树形线网	适应城镇体系中的中心城区、中心镇、一般镇、村四级等级体系分布以及道路网络结构而形成公交线网，提高城区与中心镇的辐射能力，有利于形成分区分级的网络以及分区的客流集散组织，城区和中心镇间可以形成高频、快速的发车运营服务	换乘系数偏高，若衔接系统效率低会造成村民进城区时间（换乘等候）与经济成本（换乘买票）增加，中心镇需要建设客运站作为集散中心	主城区—重点中心镇之间有高强度公交联系，强度往往由主城区、中心镇往下递减
环形线网	用于镇—镇、镇—城间的横向联系，可以减轻中心镇处换乘压力。而且这种布局结构具有通达性好，非直线系数小，加强横向交通联系，提高覆盖率的特点	建设线路数量多投资大，对路网建设要求高，绕行时间大	镇—镇、镇—城区间有较高强度公交联系，均衡整个网络客流分布
三角形线网	重要城镇间的直达交通联系，通达性好，运输效率高，促进形成网络化线网结构	建设线路数量多投资大，对路网建设要求高	重要镇之间有高强度公交联系

2. 城乡公交分级线网布设

城乡居民乘坐城乡公交的客流强度与地域分布有关，根据不同区域内的居民出行需求（客运量强度、出行高峰时段分布等方面）差异，提供分级线网服务。依据各级线路不同的功能，将线路划分为主干线、支线和补充联络线三个等级。三层线路的功能如下：

（1）主干线路主要承担大型集散点之间联系（以县城-乡镇线路最为常见），大多沿县域内的国、省、县道设置；速度快、发车频率高、服务水平较好。

（2）支线对主干线网起补充作用，与主干线路要有较好的换乘，起到接驳主干线路客流的作用，线路深入各行政村。

（3）补充联络线的主要目的是填补各乡镇之间的线路空白，同时也能加强乡镇之间、乡镇-村的联系，提高客运线网覆盖率。

以上三层城乡公交客运线路互相补充、互成体系，构成一体化公交线网。在具体规划布设时应按各层次线路的功能进行，采用“先构建主干线，再确定支线，最后以补充联络线完善整体线网”的城乡公交线网布局规划思路：①将全县（市）的城镇作为结点，以国省县道为载体，构建以县城为中心的放射型客运主干线，形成县（市）域内城乡公交骨架网，作为客流运输的主通道；②将各乡镇作为独立规划区域，以乡镇的集镇段为中心，规划镇辖区域内的镇-村线路，即在主干线的基础上生成“毛细血管”，进一步提高线网的可达性；③选取县域内较大的乡镇结点，根据这类乡镇在地理、经济、交通等方面的相互密切程度，规划镇—镇线路，既可满足部分镇—镇间横向出行需求，又可提高线网覆盖率。

3. 城乡公交与城区公交衔接模式

城市的面积和人口规模、空间布局形态、土地利用情况、道路布设和通畅情况以及对外枢纽的分布等因素很大程度决定了公交线网的衔接模式城乡公交线路与城区公交线路的衔接模式可以分为分方向式、切向式及穿越式，如图 8-7 所示，各模式的优缺点、适用情况见表 8-11。

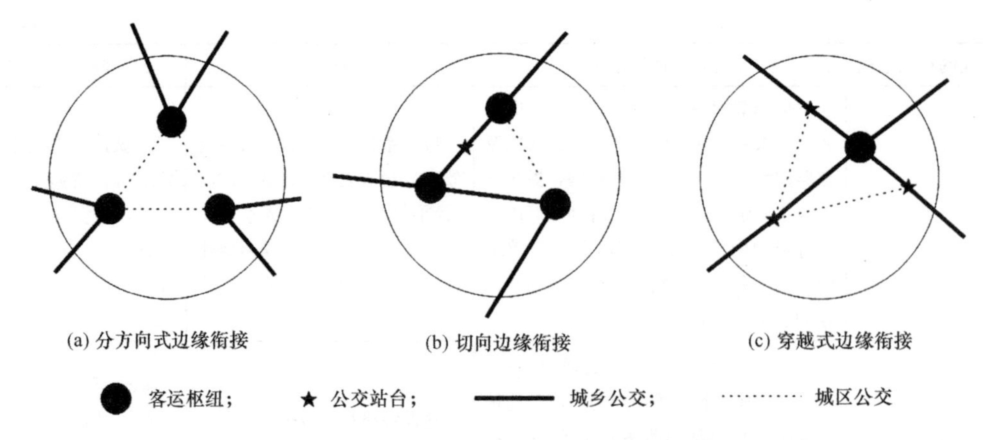

图 8-7 城乡公交线路与城区公交线路衔接模式

（1）分方向边缘衔接。联系城区和乡镇的公交线路不进入中心城区，线路的终点（起点）设在中心城区边缘的公交换乘枢纽，各线路依据进城（出城）方向选择距离较近的枢纽与城市公交线路相衔接。

（2）切向边缘衔接。公交线路的终点（起点）不设在对应方向就近的换乘枢纽，而是沿城区外围道路，选择另一侧方向的换乘枢纽。

（3）穿越式衔接。联系不同方向乡镇的公交线路穿越城区内部的主要道路，直接进入城区另一侧公交换乘枢纽，在城区的线路段与城区公交合用部分公交站台。

城乡公交线路与城区公交线路衔接模式 **表 8-11**

类型	优点	缺点	适用情况
分方向式边缘衔接	对城市内部交通的干扰很小，不与城区公交重叠，并能够达到主干线高速服务目标	需要进入中心城区的乘客都要换乘，尤其是对向区域的出行都需要通过城市公交进行衔接，降低了出行的便利性	适用于城区 规模较大的城市（如大中城市），各方向有便于分方向衔接的换乘枢纽
切向边缘衔接	对城市内部交通的干扰很小，与城区公交重叠很少，很大程度提高了城区对向区域的通达性，减少对向区域间出行的换乘次数	有进入中心城区需求的乘客仍需通过城市公交换乘，出行便利性不高	适用于对向区域联系紧密但城区规模较大的城市（如大中城市），且各方向有便于分方向衔接的换乘枢纽
穿越式边缘衔接	提高城乡公交直达率，减少换乘系数，增加中心城区的可达性与吸引	容易对城市内部交通产生压力，尤其在高峰时段。同时有可能与城区公交线路产生不良客流竞争	适用于城区规模小、道路交通量不大或仅有一两对外客运枢纽的城市

8.6.2 城乡公交站场规划

城镇公交站场是城乡公交客运中人、车、路、站四要素之一，是确保客运车辆正常营运的必要条件，也是公交统筹的重要内容。当前，客运站场正是道路客运体系中的薄弱环节，站场因素已成为制约城乡客运公交化进程的主要因素。随着我国许多城市城乡一体化进程的加快，和城乡客运公交化改造工作的逐步展开，必须要加强对场站规划，加快建设步伐，为顺利实施城乡公交统筹奠定基础。

场站布局规划内容主要包括场站布局与规模、场站建设方式等方面，重点进行城区与城乡、重点街镇等主要客流集散点处的公交换乘枢纽的布局。城镇公交场站的规划应根据城乡公交客流的需求分析，坚持“立足需求、合理布局、有机协调、站运分离”的规划建设原则，使公交场站能够保障城镇公交线网车辆运营的畅通、安全、方便和高效。

1. 客流集散中心

由于农民生产、生活方式特点，运营线路上在一些地点往往有比较稳定的客流，上下客比较频繁，形成客流集散中心。一般根据以下几种类型初选客流集散中心：①市、县政府所在地；②镇、乡政府所在地；③重要厂矿企业、大型农牧业基地、各经济开发区；④大型集市所在地；⑤重要交通枢纽所在地；⑥旅游资源点等。综合考虑各种影响因素，如规模、经济实力、三产水平、交通条件、地理区位等，进行结点重要度分析，从而使确定的集散中心能准确反映其在公交客运线网中的作用。

一般地，县城（乡镇）的中心往往能集散区域内的城乡客流，是乡镇客运站所在地，一般位于重点镇，起到集散和转换片区内旅客作用，在片区内部形成支线公交线网，通过乡镇客运站结点联系乡镇和县市主城区，形成城镇干线公交网络。在广大农村地区农民居住往往以自然村为单位，比较分散，村民乘车习惯到村口等待，这种方式使得线路在村口有比较稳定的上下客点。农民购物、销售农产品一般要到集市完成，在一些农村集贸市场往往也形成比较固定的上下客点。企事业单位、学校等有固定的人员流动，也会形成固定的上下客点。

2. 场站布局及规模

根据线路运营的特点及客流集聚特点，建立城乡公交枢纽站、乡镇等级客运站、候车亭、招呼站（简易站牌）、终点站回车场、停车保养场的场站体系，从而达到乡镇有等级站，大村有候车亭，小村有招呼站。城乡公交发展较为成熟阶段实现“镇镇有等级站，村村有候车亭”。图 8-8 为城乡公交典型站点布置图。

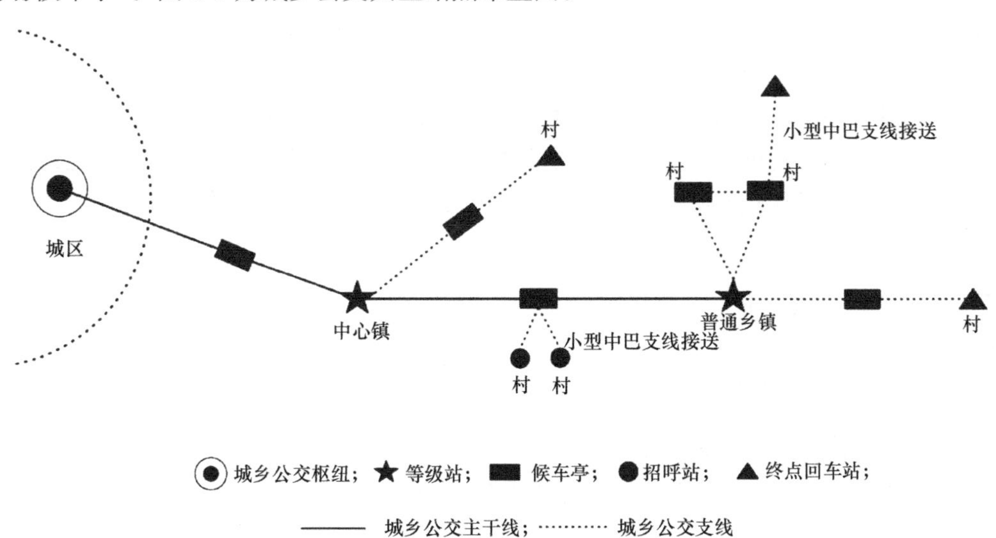

图 8-8 城乡公交典型站点布置图

中心城市城乡公交枢纽站一般为城镇间公交的起点站，多数结合长途客运汽车站、火车站等对外客运枢纽或者其他城市公交换乘枢纽布置，实现与城市公交的无缝衔接。由于城镇间公交主要服务于农村居民的进出城，线路需在城区范围内沿途布置1～3个停靠点，在城区内集散客流，停靠点选择城市公交停靠站，在管理体制协调的基础上逐步推进城乡客运场站资源的共享。

在一些区域重点镇建设乡镇等级客运站，用作城乡公交车辆停靠、乘客换乘、车辆维修、夜间停车，也可作为区域内客流集散场所。根据农村客运结点重要度分析，客流集散中心考虑农村公交网络辐射功能的需要，按重要度分为2～3个层次的客运结点，选取第一层次或者第一层次和部分第二层次的客运结点建设区域农村客流集散中心，实现农村客流集散与转换功能。乡镇等级客运站规模的确定，考虑协调乡镇发展和乡镇特色，协调客流特点和城镇公交场站网络体系、综合运输发展、场站总体规模需要，逐层推进。一般是四级站、五级站，若日发量达2000人以上应建成三级客运站。客流量达不到五级要求的客流集散中心，建设简易车站，用作集散乘客、售票、停放和发送客运班车功能，车站规模设施较等级站简单。

候车亭、招呼站（简易站牌）是城乡公交中途停靠站。在一些国省道或一二级公路上需建设成公路港湾式候车亭。候车亭既有集聚客源、支撑城乡公交网络的作用；又有为出行者提供候车服务，起到遮风挡雨、避晒等的作用；同时可以规范城乡公交车辆定点停车上下客。站点宜选择布设在各乡镇、中心村，站点设置应根据客流的集散量多少，沿途主干公路设置港湾式停车站，并规划建设具有统一标准形式的公交停靠站，或者设置简易站牌，站点附近可以通过小型客运出租车（出租摩托车、面包车、小四轮）接送乡村的乘客到达站点，扩大城镇公交的覆盖与服务范围。

终点站回车场主要设置在城乡公交通村线路的终点站，用作车辆掉头、供司乘人员短时间休息。建设数量根据各镇通村线路以及用地的具体情况确定。

城乡公交停车保养场可与城市公交停车保养场统一考虑，也可分散在乡镇客运场站，在三级客运站及以上配备车辆保养点，在二级站以及以上设置车辆修理点；城乡公交停车场地设置综合考虑司机的住宿位置、上班的方便性、公司管理的方便性以及安全等因素，停放在中心城区公交停车场站（一般为城市公交向农村延伸的线路，司机住城区）或者等级客运站（一般为农村班线公交化改造后的线路，司机住乡镇里），因此等级客运站的规模，需要考虑是否晚间停放城镇公交或者公交公司能否租用场地停放车辆。

8.7 公交规划评价

8.7.1 指标体系选取原则

（1）指标反映方案的主要影响效果。

（2）指标的独立性要强，信息的关联性要尽可能小，不能相互包含。

（3）指标的设定数量要适量，不宜太多。指标权重的确定有一定主观性。如果出现偏差，可能造成偏差叠加，影响评价的真实性。

（4）评价指标尽可能采用定量指标，能通过直接或间接的方法获得数据。客观现象复杂多变，只有定量化才能准确地分析和比例，同时也为建立模型，进行数学处理奠定基础。

（5）指标体系的设计要能全面地、客观地反映规划方案的综合水平。各指标的计算和公式推导都要有科学的依据，要符合逻辑关系和计量标准。概念要明确，方法简单。

（6）指标的设定要具有可操作性。指标的数值可以通过一定的途径或方法获得，或可以直接从统计部门的各种统计资料、报表中得到。指标的运算要简单。

8.7.2　公交规划评价指标体系主要内容

公交规划评价指标体系主要内容如图 8-9 所示。

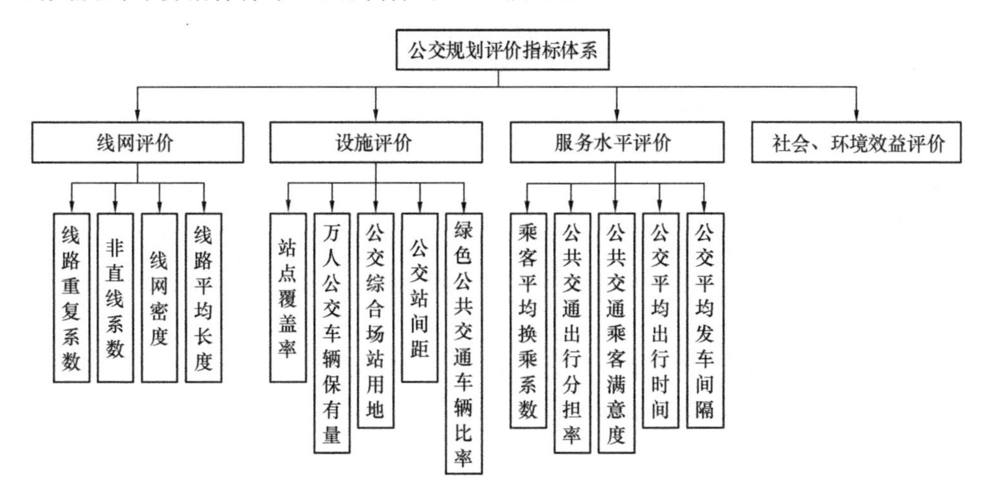

图 8-9　公交规划评价指标体系主要内容

1. 线网评价

（1）线路重复系数

对全市或整个规划区而言，公交线路重复系数是指公共交通营业线路总长度与线路网长度（即有公交线路经过的道路中心线总长度）之比值，即：

$$线路重复系数=\frac{公交营业线路总长度}{线路网总长度} \tag{8-13}$$

《城市综合交通体系规划标准》GB/T 51328—2018 中规定：在市中心规划区的公共交通线路网的密度，应达到 3～4km/km^2；城市边缘地区应达到 2～2.5km/km^2。对某一路段而言，公共交通线路重复系数是该路段上设置的公交线路条数，综合考虑公交线路的分布均匀性及站点停靠能力，一条道路上设置的公交线路条数不宜超过 3～5 条。

（2）非直线系数

线路非直线系数是指公共交通线路首末站之间实地距离与空间直线距离之比。环形线的非直线系数按主要集散点之间的实地距离与空间直线距离之比，即：

$$线路非直线系数=\frac{首末间实地距离}{空间直线距离} \tag{8-14}$$

《城市综合交通体系规划标准》GB/T 51328—2018 中规定：公共交通线路非直线系数不应大于 1.4。为保证公共交通的正常运营，提高公共交通服务水平，公共交通主要线路的长度宜控制在 8～12km，线路过短，增加乘客换乘率，线路过长，车速不易稳定，行车难以准点，正常的行车间隔也难以保证；线路曲折，虽可扩大线路服务面，但使不少乘客增加额外的行程和出行时耗。

（3）线网密度

公交线网密度系指有公交服务的每平方公里的城市用地面积上，有公交线路经过的道路中心线长度，即：

$$\text{公交纯线网密度} = \frac{\text{有公交线路经过的道路中心线总长度}}{\text{有公交服务的城市用地总面积}} \quad (8\text{-}15)$$

该指标大小反映了居民接近公交线路的程度。根据调查，沿公共交通线路两侧各 300m 范围内的居民是愿意乘公共交通车的，超出 500m 范围，绝大多数居民选择骑车，乘公共交通车的很少。因此，公共交通线路网的密度不能太小。

由于道路网是常规公交线网的载体，公交线网密度指标在很大程度上受制于城市道路网密度水平，为了扩大公交线网密度，公共交通线路可以在适宜的支路上设置。另外，从优化公交网络布设的角度，应对道路网规划建设提出反馈，突破传统的建立在既有道路网基础上的被动式的公交线网规划模式。为优化公交网络而改造相关道路的主动式公交线网规划，能使公交线网最大限度地满足公共客运交通需求，同时提高系统的运输效益。

（4）线路平均长度

线路平均长度是宏观评价城市公共交通静态线网的投入性指标，线路过长增加运营费用，难以保证到站时间，过短会增加乘客的换乘次数。

2. 公交设施评价

（1）站点覆盖率

公交线路网站点覆盖率，亦称公交站点服务面积率，是公交站点服务面积占城市用地面积的百分比，是反映城市居民接近公交程度的又一重要指标。即：

$$\text{公交站点覆盖率} = \frac{\text{公交站点服务面积(300m 半径 /500m 半径)}}{\text{城市用地面积}} \times 100\% \quad (8\text{-}16)$$

一般公共交通线路的服务范围是距站点 300～500m 步行距离的城市用地。考虑自行车换乘的因素，在公共交通线网密度较小的地区，一般公共交通站点的服务半径可以扩大到 600m，轨道交通线路站点的服务半径可以扩大到 1000m。根据上述要求，可以按公交线路网的站点分布位置绘制出公交线路网服务范围图，计算公交线路网覆盖面积或服务人口，进而计算出公交线路网的服务面积率或服务人口率，作为评价公交线路网布局合理性的一项重要指标。

《城市公共汽电车客运服务规范》GB/T 22484—2016 中规定：按车站服务半径 300m 计算，城市建成区站点覆盖率不应低于 50%，中心城区站点覆盖率不应低于 90%；按车站服务半径 500m 计算，城建区站点覆盖率不应低于 90%；新建开发区域距离公共交通服务半径不应超过 400m。

如果进一步考虑每条公交线路的运载能力、运营时间、发车频率，并考虑线路的超载情况，分析各条公交线路对沿线地区居民的吸引力，可以对公共交通线路网的服务质量进行综合评价分析。

（2）万人公共交通车辆保有量

万人公共交通车辆保有量是指统计期内，按市区人口计算的每万人平均拥有的公共交通车辆标台数，反映了反映城市公共交通发展水平和交通结构状况。即：

$$\text{万人公共交通车辆保有量} = \frac{\text{公共交通车辆标台总数}}{\text{市区人口}}(\text{标台}/\text{万人}) \tag{8-17}$$

《城市公共汽电车客运服务规范》GB/T 22484—2016 中规定：公共汽电车万人保有量，超大城市、特大城市不应少于 15 标台，大城市不应少于 12 标台，中小城市不应少于 8 标台。

（3）公交综合场站用地

公交综合场站用地是指统计期内，平均每标台公共汽电车所使用的公交场站面积，即：

$$\text{公交综合场站用地} = \frac{\text{公共汽电车场站总面积}}{\text{公共汽电车标台总数}}(\text{m}^2/\text{标台}) \tag{8-18}$$

场站包括停车场（含专用停车场、公交首末站停车场、枢纽站中的公交停车场等）、维修场、保养场等。租赁的公交停车场必须有规范的租赁合同并且租赁期限在 10 年（含）以上。《城市综合交通体系规划标准》GB/T 51328—2018 中规定：城市公共汽电车场站总用地规模应根据城市公共汽电车车辆发展的规模和要求确定，场站用地总面积按照每标台 150～200m^2 控制。

（4）公交站间距

公交站间距是指道路中相邻的两个公交站台之间的距离，合理的站间距能减少乘客的出行时间，同时保证合理的公交站站点覆盖率，为快捷的城市交通服务。《城市公共汽电车客运服务规范》GB/T 22484—2016 中规定：常规公共汽电车市区站距宜为 300～500m，郊区站距宜为 500～1000m，可根据客流需求适当调整。

（5）绿色公共交通车辆比率

绿色公共交通车辆比率是指统计期内，绿色公共交通车辆标台数占公共交通车辆标台总数的比例，即：

$$\text{绿色公共交通车辆比率} = \frac{\text{绿色公共交通车辆标台数}}{\text{公共交通车辆标台数}} \times 100\% \tag{8-19}$$

式中　绿色公交车辆包括混合动力车、燃料电池电动车、氢发动机车、纯电动车、其他新能源（如高效储能器、二甲醚）车，液化石油气汽车、压缩天然气汽车、液化天然气汽车、压缩煤层气汽车等。

3. 公交服务水平评价

（1）乘客平均换乘系数或换乘率

是衡量乘客直达程度，反映乘车方便程度的指标。乘客平均换乘系数的计算方法为乘车出行人次与换乘人次之和除以乘车出行人次，即：

$$\text{乘客平均换乘系数} = \frac{\text{乘车出行人次} + \text{换乘人次}}{\text{乘车出行人次}} \tag{8-20}$$

换乘率是指统计期内乘客一次出行，必须通过换乘才能到达目的地的人数与乘客总人数之比。即：

$$\text{换乘率} = \frac{\text{换乘的乘客人数}}{\text{乘客总人数}} \times 100\% \tag{8-21}$$

（2）公共交通出行分担率或公共交通机动化出行分担率

公共交通出行分担率是指城市居民出行方式中选择公共交通（包括常规公交和轨道交通）的出行量占总出行量的比率，这个指标是衡量公共交通发展、城市交通结构合理性的重要指标。即：

$$\text{公共交通出行分担率} = \frac{\text{公共交通出行量}}{\text{居民出行总量}} \times 100\% \quad (8\text{-}22)$$

公共交通机动化出行分担率是指统计期内，中心城区居民选择公共交通的出行量占机动化出行总量的比例。即：

$$\text{公共交通机动化出行分担率} = \frac{\text{中心城区公共交通出行量}}{\text{机动化出行总量}} \times 100\% \quad (8\text{-}23)$$

（3）公共交通乘客满意度

公共交通乘客满意度是指统计期内，公交服务质量乘客满意度调查有效调查问卷的平均得分，即：

$$\text{公共交通乘客满意度} = \frac{\Sigma\text{单份有效调查问卷得分}}{\text{有效调查问卷} \times 100} \times 100\% \quad (8\text{-}24)$$

式中　单份调查问卷得分=Σ（单份调查内容得分×调查内容权重）

调查内容可以分为公交候车时间、换乘便捷程度、出行信息服务、乘车舒适度、车内环境等方面。

除上述指标外，还常使用公交平均出行时间、平均换乘距离（时间）、公交平均发车间隔等指标来描述公交服务水平。

4. 社会、环境效益评价

常规公交规划的社会、经济效益主要从城市土地资源利用、线网规划与城市发展的适应性、居民出行的便利度和舒适感、方案实施需投入总资本等方面进行评价。公交规划后应能促进城市公共交通网络的调整和完善，为居民出行提供方便、安全高效、经济舒适的交通条件，进一步发挥城市公共交通集约高效、节能环保等优点，缓解交通拥堵，促进社会经济发展。

8.8　城市常规公共交通规划案例

福建省莆田市地处福建沿海中部，东隔台湾海峡与台湾相望，北依省会福州市，南接泉州并与厦门相近。莆田自古是闽中的政治、经济、文化中心，截至2019年年末，全市常住人口291万人，户籍总人口达363.5万人。《莆田市空间发展战略研究》提出莆田市未来城区将形成“双城双心、双轴双带”的空间结构，并提出空间上三大拓展方向：推动主城区拥溪发展，促进滨海城区“城—港—产”联动发展，统筹北岸—湄洲岛发展。

8.8.1　公交线网规划

1. 公交线路功能层次划分

（1）轨道交通线网

莆田轨道线网从功能上可分为两类：

1）服务城市内部出行的城市轨道交通；

2）服务城际出行同时兼顾城市内部出行服务的城际轨道。

（2）公交快线（BRT）网

公交快线网将成为莆田市城区公共交通线网中长期发展的重要补充，通过补充轨道，扩大轨道交通网的辐射范围，加密组团间的公交联系。

（3）常规公交线网

常规公交线网是莆田市城区公共交通线网的重要支撑，是近期公交线网的主要组成部分，中远期将与轨道交通线网、公交快线网共同组成莆田市中心市区的公交系统网络。常规公交线路可根据服务范围、线路特性等分为中心城区公交线路、城乡公交线路、公交快线、旅游公交线路四种类型。

2. 近期公交线网需求分析

（1）中心城区公交线网

目前中心城区的公交线网布局明显高于涵江区、秀屿区（图8-10），为全市主要公交线路客流集散区，公共交通主要客流以城区为中心，呈放射状分布，客流较集中在主干路上，客运量较大的线路主要是经过市区商业文化区沿线地带或跨区运行，客流需求较大且相对集中，而全线日客运量较小的线路主要是经过市区近郊或是人口密度相对较小的地带，客流需求小。从走向上来看，目前莆田市公交客流主要集中在五条走廊，分别为文献东路走廊（荔园南路—延寿中街—八二一中街—胜利南街）、荔华东大道走廊（学园南街—荔城南大道—荔园西路）、延寿中街走廊（东圳东路—东园东路—文献东路）、天妃路走廊（梅山路—迎宾大道—荔园南路—八二一南街）及荔城大道走廊（东园西路—梅园西路—文献西路—莆阳西路—荔园西路）。规划考虑调整集散性公交线路的首末站，以及调整非直线系数，提高线路走向的顺畅程度。

（2）城乡公交线网

莆田城乡公交线网布局如图8-11所示，目前已基本实现中心城区至各组团的公交通

图8-10　莆田市中心城区公交线网现状图

图8-11　莆田市城乡公交线网现状图

达，但还存在覆盖面较低及部分地区、乡镇与中心城区的公交联系不紧密的问题。如东吴港区的公交线路主要分布在两侧，中部公交线路缺少，存在“两侧密，中部少”的问题，中部居民通往中心城区的公交出行较不便捷。中心城区往沿海如平海镇、往山区如庄边镇、往平原如黄石镇东甲村，以及中心市区经高速公路到仙游县的直达快速公交线路等都较缺少，规划建议新增此类公交线路。

3. 近期公交线网布局方案

分析莆田市各层次公交线网布局以及近期客流走廊预测结果，公共交通线网存在主要问题为非直线系数、重复系数等指标与标准要求相差较大，表现出线路的性能不足；同时存在路段运力不足、运力过剩两个问题，导致线路不能发挥最大效用。为提高莆田中心城区公共交通线网的吸引力，使其成为居民出行首选，规划主要从三个方面进行公共交通线网的提升优化：加大公共交通线网密度，降低非直线系数、线路长度等以提升服务水平，调整线路运力以提高运营效率。优化方案如表 8-12 所示。

莆田市中心城区近期公交路线规划调整方案　　表 8-12

调整方案	中心城区线路	城乡公交	快线	旅游
确保各组团、片区有直达公交线路		203 路、南坛村—凤凰山广场		
延长公交线路，提高线路服务范围	331 夜班	315 路		
增设公交线路，降低公交线路覆盖盲区	市公交东站—市公交北站	市公交东站—平海镇、市公交东站—汀港、莆田火车站—山柄村	K10	
降低公交线路长度和非直线系数		56 路、101 路、102 路、215 路（线路一）、215 路（线路二）		
增设夜班公交线路		莆田火车站夜班	K06 夏季夜班	
延长公交线路，提高线路服务范围		2 路		
调度场站调整，优化线路走向	12 路、15 路、16 路、28 路、51 路	99 路、202 路、205 路、232 路、332 路、556 路、558 路	K01	

4. 远期常规公交线网布局方案

莆田市拟规划建设涵江、湄洲岛两个 A2 级以上通用机场，充分发挥湄洲岛旅游资源优势，打造具有通航旅游、应急救援、短途运输等多功能的旅游支线机场，目前正加快莆田机场的选址、空域使用、飞行程序设计等前期论证工作。机场建设应预留公交站场地，同时规划对莆田规划机场的公交衔接，远期将待明确选址、建成期后新增、优化个别公交线路，优化公交线网，满足乘客的公共交通出行需求，见表 8-13。

莆田市中心城区远期公交线网布局方案　　表 8-13

调整方案	中心城区线路	城乡公交	快线	旅游
确保各组团、片区有直达公交线路		莆田火车站—赤港公交首末站路线、市公交北站—涵江火车站		九鲤湖风景区—文甲码头、莆田火车站—南少林寺路线、仙游—游洋

续表

调整方案	中心城区线路	城乡公交	快线	旅游
增设公交线路，降低公交线路覆盖盲区	秀屿区城区环线、市公交东站—涵港公交首末站、市公交东站—市公交南站、公交东站—凤凰山广场	涵港公交首末站—仙游火车站、公交东站—综合六场		
优化并线线路，提高运营效率	23 路、303 路	363 路、202 路、361 路	K02	
增设旅游公交				城厢区文化古迹旅游专线、妈祖环城旅游公交专线、后黄景区旅游公交专线

8.8.2　公交场站布局规划

1. 公交枢纽站规划方案

莆田市公交枢纽站的布局应设在公交走廊的交汇点，且尽量与大型对外交通枢纽或轨道交通重要客流集散点如大型商业区、大型文化旅游聚集点组合布设，以利于不同交通方式之间的衔接换乘与快速集散。据此，规划共涉及四处公交枢纽站，由交通枢纽辐射至城区的各个方向，保证公交枢纽的客流能够快速集散。公交枢纽站规划布局图如图 8-12 所示。

2. 公交首末站规划方案

（1）大型公交首末站规划方案

大型公交首末站的设置应与城市道路网的建设及发展相协调，宜选择在紧靠客流集散点和道路客流主要方向的同侧；靠近人口较集中、客流集散量较大且周围有一定空地的位置。因此，对莆田市近期规划 4 个大型公交首末站，分别是新涵公交首末站、赤港公交首末站（涵江总站）、涵港公交首末站、湄洲公交首末站。远期规划 1 个大型公交首末站，柳卓路亭首末站。大型公交首末站规划总图如图 8-13 所示。

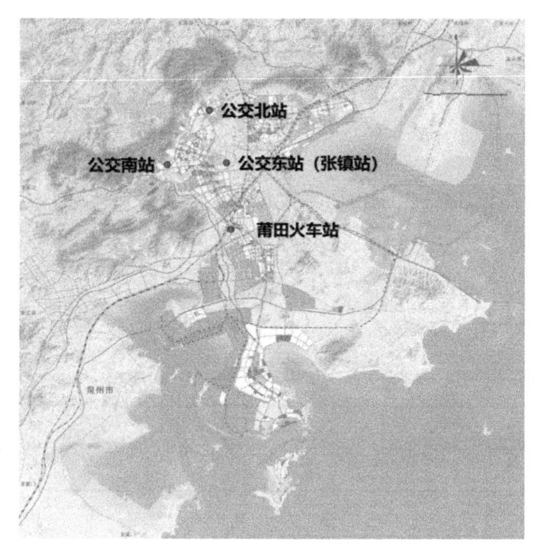

图 8-12　公交枢纽站规划布局图

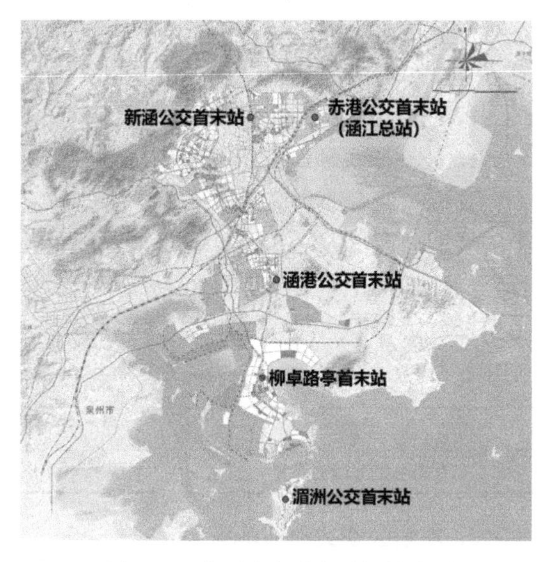

图 8-13　大型公交首末站规划总图

（2）小型公交首末站规划方案

莆田市已建的小型公交首末站有 3 个，分别是白沙公交首末站、埭头公交首末站、洋西公交首末站。近期规划的小型公交首末站有 4 个，分别是东吴首末站（吉城村）、文甲码头首末站、轮渡码头首末站、东庄公交首末站。根据近期公交场站布局情况，结合未来年城区发展变化，对部分地区规划设立小型公交首末站，用以提升公交整体服务水平。莆田市远期共规划涵江高美村首末站、芳店村口首末站、石城南码头首末站、石南轮渡码头首末站、忠门镇政府首末站、涵江汽车西站首末站、凤凰山广场首末站、延宁社区首末站 8 个站点提升改造为小型公交首末站。小型公交首末站规划总图如图 8-14 所示。

3. 公交综合车场规划方案

根据莆田市公交线路总体情况，拟选取综合五场、综合六场和学园路公交保修厂作为莆田市公交停车保养场，公交停车保养场规划总图如图 8-15 所示。

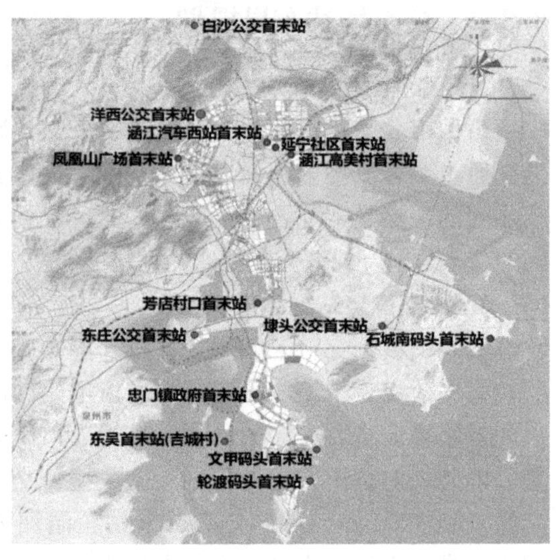

图 8-14　小型公交首末站规划总图（图中未标示石南轮渡码头首末站）

图 8-15　公交停车保养场规划总图

8.8.3　公交车辆发展规划

1. 公交车辆预测分析

我国《城市综合交通体系规划标准》GB/T 51328—2018 中，大城市的公交汽车和电车的规划拥有量为每 800～1000 人一辆标准车，即 10～12 标台/万人，中、小城市为每 1200～1500 人一辆标准车，即 6～8 标台/万人。根据莆田市公共交通发展主要指标，规划期万人公交车辆拥有量如表 8-14 所示。

规划期万人公交车辆拥有量（单位：标台/万人）　　**表 8-14**

年份	2025 年	2035 年
万人公交车辆拥有量	6	8

2. 规划公交线路车辆配置

公交配车数主要和车辆线路长度、运营速度以及发车时间间隔有关，计算公式如下：

$$配车数 = \frac{\frac{线路长度(km) \times 2}{线路运营速度(km/h)}}{线路车辆发车间隔(h) \times K} \quad (8\text{-}25)$$

K 一般取 1.1，由此可以得出莆田市各公交线路大致应配置的车辆数见表 8-15。以上公式计算得的车辆数为标准车车辆数，若换算成小型公交车辆数则应把标准配车数除以换算系数 0.7。

部分规划公交路线配置车辆统计表　　表 8-15

线路	长度 (km)	发车间隔 (min)	配车数（辆）		
			小型公交	中型公交	大型公交
12 路	11.5	5		12	
15 路	13.3	5		15	
16 路	14.3	5		15	
28 路	20.2	5			17

8.8.4　公交专用道规划

应对优先措施不足、速度慢等问题，近期应着力建设公交专用道，发展高品质公交系统，见图 8-16。近期规划在城厢—荔城主城区内形成“一横一纵”公交专用道网络：横

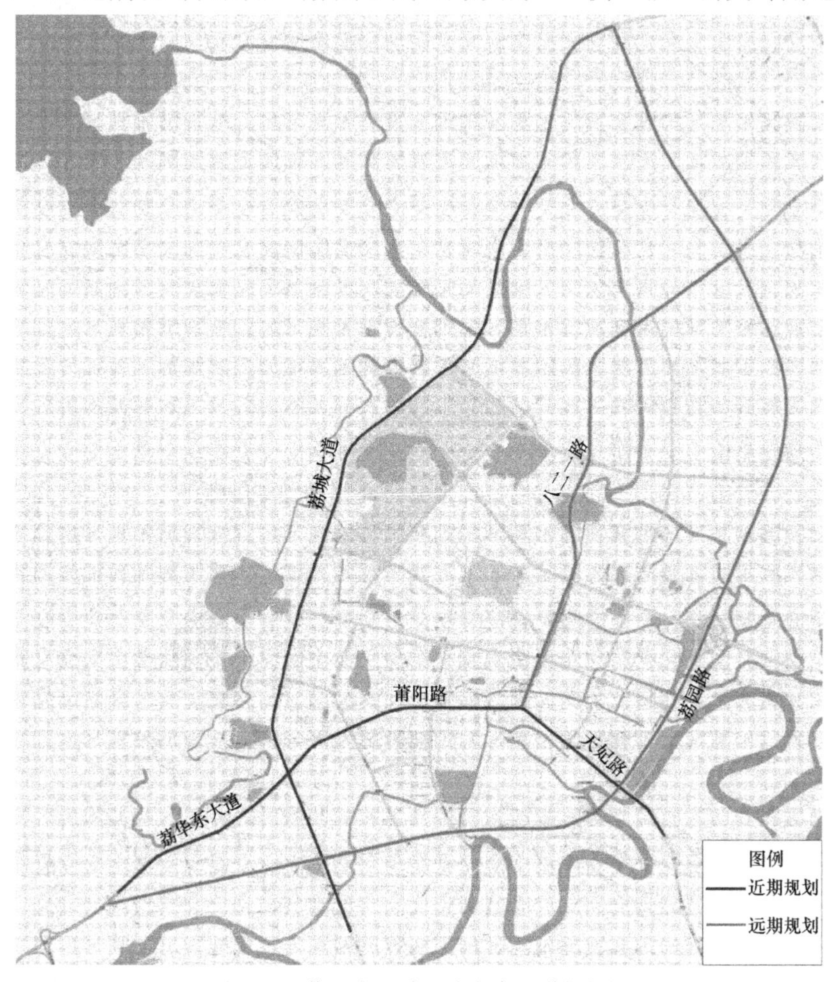

图 8-16　莆田中心城区公交专用道规划图

向包括荔华东大道、莆阳路、天妃路，纵向规划在荔城大道上设置公交专用道。远期规划在荔园路、八二一路，荔城大道上设置公交专用道，在城厢—荔城主城区内形成“三纵一横”公交专用道网络。

8.8.5 公交规划方案评价

依据国家和地方标准，结合莆田市公共交通实际情况，从线网结构、设施水平、服务质量三个维度对此次公交规划方案技术指标开展评价，如表 8-16 所示。

公交规划评价指标 表 8-16

类别	指标	现状	近期	远期	规范要求
线网结构	平均线路长度（km）	24.4	23.5	23.6	
	城区公交平均线路长度（km）	15.4	16.3	16.3	8～12
	线网密度（km/km^2）	1.64	1.69	2.18	市区 3～4，边缘区 2～2.5
	线路非直线系数	1.3	1.27	1.28	不大于 1.4
设施水平	城区公交站点 500m 覆盖率（%）	100	100	100	100
	城区公交站点 300m 覆盖率（%）	53	54	54	不低于 50
	公交综合场站用地（m^2/标准车）	126.3	169.7	165.4	200
	万人拥有公交车辆（标台）	5.73	5.68	5.57	
	其中中心城区万人公交拥有量	17.77	19.36	19.24	16
	清洁能源、新能源公交车占比（%）	87.09	100	100	100
服务水平	中心城区公交平均发班间隔（min）	11	10	10	
	中心城区公交高峰平均发班间隔（min）	7	7	7	5

技术指标评价：从线网结构指标分析，此次规划平均线路长度较长、线网密度较低，为莆田发展市区全域公交的必然结果；城区公交平均线路长度为 16.3km，这与莆田城市规模相关，虽然高于规范值，但低于福州、南昌、济南等城市，达到较好水平；线路非直线系数低于规范要求，达到良好水平。从设施水平分析，城区公交站点 500m 和 300m 覆盖率均达到规范要求，清洁能源、新能源公交车占比将达到 100%，中心城区万人公交拥有量满足规范要求，公交综合场站用地面积低于规范要求；从服务水平分析，高峰期平均发班间隔高于规范要求限制。从总体来说，此次规划指标能满足居民便捷、舒适出行需求，达到预期规划效果。

第 9 章　停车设施规划

停车设施是城市交通基础设施的重要组成部分。随着我国汽车数量的迅速增长，城市车辆停放已成为一个突出的交通问题，引起了各方面的关注，是城市交通规划研究的核心问题之一。本章主要介绍了停车设施分类、停车发展策略、停车场布局规划方法等方面内容。

9.1　停车设施分类

停车泊位可分为基本停车位和出行停车位（非基本停车位）两类：基本停车位是居住区附近，为满足居民拥有车辆后所需要的停放场地；出行停车位是居住区以外，办公、商业、休闲场所等附近的停车泊位，主要满足小汽车出行时，到达目的地后的停放场所。停车设施主要由停车泊位构成，根据不同的分类标准，分为以下几种类型：

1. 按停车方式分类

（1）自行式停车方式

自行式停车方式指驾驶员将车辆通过平面车道或多层停车空间之间衔接通道直接驶入（出）停车泊位，从而实现车辆停放目的的方式。自行式停车方式具有停车方便的优点，但行驶通道占用了一定空间。

（2）机械式停车方式

机械式停车方式指利用机械设备将车辆运送且停放到指定泊位或从指定泊位取出车辆，从而实现车辆停放目的的方式。机械式停车方式具有减少车道空间、提高土地利用率和管理方便等优点。

2. 按停车车辆性质分类

（1）机动车停车场

机动车停车场是指供机动车辆停放的场地，包括机动车停放维修场地。

（2）非机动车停车场

非机动车停车场是指供各种类型非机动车停放的场地，主要是自行车停车场。

3. 按停放位置分类

（1）路内停车场

路内停车场是指在城市道路用地控制线（红线）内划定的供车辆停放的场地，又可分为路上停车场和路边停车场两种形式。

路上停车场指城市道路的两侧或一侧划出若干路面供车辆停放的场所。路上停车场车辆存取方便，但是对城市机动车和非机动车交通的干扰较大，因此要求除停车带以外，必须保留足够的道路宽度供车辆通行，并且仅限于短时车辆的停放。

路边停车场指在城市道路的两边或一边的路缘外侧所布置的一些带状停车场。路边停车场虽然对道路车辆行驶的干扰较小，但是过多的路边停车不利于城市的景观，而且对行人交通的通畅和安全均有较大影响。

（2）路外停车场

路外停车场指城市道路用地控制线以外专门开辟兴建的停车设施。

4. 按停车设施建造形式分类

（1）地面停车场

地面停车场又称平面停车场，具有布局灵活、停车方便、成本低廉等特点，是最为常见的停车场形式。

（2）地下停车库

地下停车库是指建在地下的具有一层或多层的停车场，它缓解了城市用地紧张的矛盾，提高了土地使用价值，但由于需要附加照明、通风、排水等系统维护费用，成本较高。

（3）立体停车楼

立体停车楼可以建造在城市中心区域或是不规则的用地上，采用坡道供车辆上下或采用电梯、升降机械自动将所需停放车辆作上下和水平移动，进行车辆的存取。

5. 按服务对象分类

（1）公共停车场

公共停车场指为社会车辆提供停放服务、投资和建设相对独立的停车场所。主要设置在城市出入口、外围环境、大型商业、文化娱乐（影剧院、体育场馆）、医院、机场、车站、码头等公共设施附近，面向社会开放，为各种出行者提供停车服务。

（2）配建停车场

配建停车场指在各类公共建筑或设施附属建设，为与之相关的出行者提供停车服务的停车场（库）。

（3）专用停车场

专用停车场指建在工厂、行政企事业单位等内部，仅供本单位内部车辆停放的停车场所和私人停车场所。

6. 按管理方式分类

（1）免费停车场

免费停车场主要是大型商业、饭店宾馆等配套的停车场，为与之相关的出行者提供免费停车服务。

（2）限时（免费）停车场

限时停车场指限制车辆的停放时间，辅以适当处罚措施的停车场。在停车场内设置限时装置，由停车者主动启用，交通警察或值班人员经常来往监视。

限时免费停车场指在限时停车的基础上，辅以收费管理措施的停车场。即不超过限定时间的停车者，可以享受免费优惠；但超过限定时间者，如需继续停车，则要支付一定的停车费用。

（3）收费停车场

收费停车场指无论停泊时间长短，均收取一定额度停车费用的停车场。一般有两种收费方式：计时收费和不计时收费，前者是每车收费随停车时间长短而变化，后者不论停车时间的长短，每车收费的标准相同。

（4）指定停车场

指定停车场指通过标志牌或是地面标识指明专供某类人员或是某种性质车辆停放的停车场所。一般分为以下两种形式：①指明临时性停车，如接送客人的出租车临时停车位，装卸货物停车或是传递邮件的临时停车泊位；②为照顾残疾人、老年人以及医护人员等停车而设置的指定车位。

9.2 停车需求预测

停车需求是指各种出行目的的驾驶员在各种停放设施中停放车辆的要求。停车需求预测可分为宏观停车需求预测和微观停车需求预测。在这两者之间，并没有一个严格的界限，通常，微观停车需求是以某一个或几个停车场为对象，讨论其停车需求。与微观停车需求相比，宏观停车需求预测用于预测更广大区域的停车需求。本节着重介绍宏观停车需求预测方法。

宏观停车需求预测的目的主要是为了确定区域未来停车需求的总量，结合规划经验和实际需求，确定路内停车场、路外公共停车场和配建停车场的规模。目前，根据国内外的项目规划经验，配建停车场所占比例通常为70%～80%，路外公共停车场和路内停车场的比例一般控制在20%～30%。

在研究区域内，如果车辆停放行为相对较少，停车需求较小，车辆出行也相对较少，停车规划通常以需求作为交通设施建设的依据和标准，不需要考虑停车需求管理的政策影响。总结国内的研究成果，停车需求预测模型主要有停车生成率模型、相关分析模型、机动车OD预测法、交通量-停车需求模型等。

9.2.1 停车生成率模型

该模型是将各种具有不同土地利用性质的用地看作停车发生、吸引源，通过确定规划区域内不同土地利用性质的单位指标所吸引的停车需求量指标，然后将区域内的总停车需求量看作各单个地块的停车需求量的总和。其模型表达如下：

$$y_i = \sum_{j=1}^{N} \alpha_{ij} \times R_{ij} \, (i = 1, 2, \cdots\cdots, n) \tag{9-1}$$

式中　y_i——i区高峰时间停车需求量；

α_{ij}——i区j类性质单位用地面积（或单位雇员数）停车需求数量；

R_{ij}——i区j类性质用地面积（或单位雇员数的数量）。

该方法简单实用。但是，该模型所需要的R_{ij}，必须依靠广泛的调查资料才能够确定。同时，由于将各地块看作简单的单一用地性质，并将总停车需求看作各地块停车需求的简单相加，不能考虑各区域之间的差异。

9.2.2 相关分析方法

由于不同类型用地的停车生成率往往是土地利用、人口、交通量等因素综合作用的结果，因此仅采取将各地块停车需求简单相加的方法未必完全适用。从城市停车需求的本质及其因果关系出发，根据美国道路研究委员会（HRB）的研究报告，提出数学模型如下：

$$P_{di}=K_0+K_1(EP_{di})+K_2(PO_{di})+K_3(FA_{di})+K_4(DV_{di})+K_5(RS_{di})+K_6(AD_{di})+\cdots\cdots \tag{9-2}$$

式中 P_{di}——第 d 年 i 区高峰时间停车需求量（车位）；

EP_{di}——第 d 年 i 区就业岗位数；

PO_{di}——第 d 年 i 区人口数；

FA_{di}——第 d 年 i 区房屋地板面积；

DV_{di}——第 d 年 i 区家计单位（企业）数；

RS_{di}——第 d 年 i 区零售服务业数；

AD_{di}——第 d 年 i 区小汽车拥有数；

$K_i(i=0，1，2，3，\cdots\cdots)$——回归系数。

上述模型突出了城市内人口、建筑面积、职工岗位数等对停车设施需求影响较大的参数，因而更适用于对一个大型、综合区域或整个城市区域内进行预测。值得注意的是，在对未来进行预测时，必须对模型中的参数 K 做实时的修正，才能够更好地符合未来情况的变化。

9.2.3 机动车 OD 预测法

该方法基本思路是停车需求与地区出行吸引量（D 量）有直接关系。如果获得地区的出行吸引量（人次/日），则根据出行方式的比例，可换算成实际到达的车辆数，再根据高峰小时系数和机动车平均停车率，可得到高峰小时机动车停车需求量。该模型的关键是通过调查确定交通方式的分担比例和车辆的乘载量。美国曾针对数十个大城市分别制定不同条件下的停车出行和高峰时间停车场的泊位关系曲线，称之为停车泊位需求因子，以此作为停车需求换算的标准。

机动车 OD 法停车需求预测模型可表示为：

$$P_i=(A_i+B_i+C_i+D_i+E_i)\times\alpha \tag{9-3}$$

式中 P_i——i 小区全日停车需求量；

A_i、B_i、C_i、D_i、E_i——i 小区全日大客车、小客车、出租车、大货车、小货车吸引量；

α——机动车平均停车率。

9.2.4 交通量-停车需求模型

该模型基本思想是任何地区的停车需求必然是到达该地区行驶车辆被吸引的结果，停车需求泊位数为到达该地区流量的某一百分比。它与上述机动车 OD 预测法尽管思想一样，但此方法主要是回归模型，而且如果该地区用地功能较为均衡、稳定，预测结果较为可靠。

① 一元对数回归模型

考虑研究区域停车需求与出行吸引量的关系，建立回归方程为：

$$\log P_i=A+B\cdot\log V_i \tag{9-4}$$

式中 P_i——预测年第 i 区机动车实际日停车需求量，标准停车车位；

V_i——预测年第 i 区的交通吸引量，标准车次；

A、B——回归系数。

② 多元回归模型

将研究区域交通量中客运出行吸引和货运出行吸引分别作为自变量进行回归，表达式为：

$$\log P_i = A_0 + A_1 \cdot \log V_{ki} + A_2 \cdot \log V_{hi} \tag{9-5}$$

式中 P_i——预测年第 i 区机动车实际日停车需求量，标准车位；

V_{ki}，V_{hi}——预测年第 i 区的客车和货车日出行吸引量，标准车次；

A_0、A_1、A_2——回归系数。

根据对城市机动车 O-D 矩阵的调查分析，分别计算出规划年客、货车的出行发生、吸引量，在此基础上可以回归出基本年和预测年该区域的停车需求量。在使用该模型的过程中应注意：①应将规划年区域交通吸引量分车型换算成标准车作为模型的自变量；②由于城市内出租车和公交车辆几乎不占用公共停车泊位，因此在停车需求预测计算时需考虑对这些因素的折减系数。

该模型的不足在于无法具体得到研究区域内每一土地使用的停车设施需求量。因此通常作为验证其他预测模型计算结果的有效方法。

9.2.5 停车设施泊位需求修正模型

预测规划年的停车需求量的直接目的是计算满足其需求所必需供应的停车场的泊位数量。必要的停车场供应量不仅应能承担一天中高峰小时的停车需求，还必须考虑区位特点、季节和周日变动等影响停车行为及停车特性的因素。

不同土地使用类型的停车时间和周转率有所不同，停车时间越短、周转率越大，则车位的使用效率越高，同样停车量条件下所需的停车泊位也越低，因此，在预测规划年对停车设施需求量时必须对停车需求量（例如停车生成率模型的预测结果）进行转换与修正，修正后的研究区域停车泊位需求量为：

$$P_j^{泊位} = \beta \cdot \frac{P_j}{\alpha_j} \tag{9-6}$$

式中 $P_j^{泊位}$——第 j 区预测年实际停车泊位需求量；

P_j——第 j 区预测年高峰小时停车需求量；

α_j——第 j 区泊位周转率，即单个泊位的高峰小时平均周转率；

β——年第 30 位停车需求量与年日平均停车需求量的比值，通常取 1.4～1.6。

高峰小时周转率 α_j 可以用两种方法进行计算：

如 $\alpha_j > 1$，则：

$$周转率 = \frac{总停放车次数}{车位总数}$$

如 $\alpha_j \leqslant 1$，则：

$$周转率 = \frac{60(min)}{泊位平均停车时间}$$

式中，泊位平均停车时间是累积停车时间与总停放车次数的比值。

宏观停车需求是基于已有的数据资料和规划目标，选用适合的方法进行预测。考虑采用单一方法预测的结果与实际都有一定偏差，因此为了提高预测的精度，一般在宏观预测中远期停车需求时通常采用两种预测方法相结合的技术思路。

9.3 停车发展策略

停车发展的总目标是实现适度的停车供需平衡。所谓适度，指的是适当限制和引导车辆的拥有和使用，鼓励公共交通的发展，即达到适度状态的供需平衡。所谓供需平衡，即泊位供给与停车需求在总量和分布上实现数量上的平衡。在制定停车发展策略及停车政策时，应把握停车发展的总目标，同时对未来的近远期停车发展目标定位应有所侧重，如近期加强停车场建设，提高供给能力；远期结合车辆发展的逐步趋缓，加强交通需求管理，提高公共交通（包括轨道交通）承担比例。

9.3.1 停车策略

1. 配建停车场发展策略

配建停车场在城市停车设施中起主导作用，应遵循“谁家吸引的车辆，谁家承担建设其停车泊位”的原则。

配建停车场是为大型公用设施或者建筑物配套建设的停车场，主要是为本建筑内各单位的就业人员以及与该设施业务活动相关的出行者提供社会停车场服务的场所。各个建筑设施应该承担建设配建停车场的义务，自行满足其带来的停车需求，尽量避免将停车问题作为社会成本。

配建停车场包括大型公共建筑配建停车场和居住区配建停车场，它们分别采取如下的发展策略：

（1）大型公建配建停车场

1）鼓励超额增建停车位。采取优惠的政策引导开发商超额增建停车位，既可以有效增加停车设施供给，节约了城市用地空间，也减少了停车场建设的重复成本；

2）鼓励配建停车场对外开放。配建停车场向社会开放既可有效地缓解停车供需矛盾，又有助于提高配建停车位利用率和配建停车场的经济效益；

3）合建停车场政策。城市某些公共建筑群体无法做到每一个公建都提供单独的停车场，允许这些建筑以缴纳建设费用代替单独配置，而由政府或开发商对该建筑群统一进行配建停车设施；

4）严格征收配建车位建设差额费。要制定详细的“配建车位建设差额费征收管理办法”，对配建车位不足、改变停车位使用性质或因特殊原因需要部分或全部拆除停车场并得到城市规划管理部门批准而又无法补建的，征收高额的建设差额外负担费充入停车场建设基金。

（2）居住区配建停车场

对于新建的住宅小区，严格执行住宅小区配建标准；考虑随着小汽车进入家庭的速度加快，停车需求的增加，可预留一定场地，近期作为绿地和活动场地，远期可修建地下停车库或者立体停车楼。

对于已建小区，尽量利用小区周边道路与土地资源，挖掘停车潜力，可采取以下途径：

1）利用小区内的绿地的地下空间建设地下停车库；

2）利用住宅小区夜间停车需求大、而道路上夜间流量小的特点，设置小区周边的道路限时段路边停车泊位，这些停车泊位在规定的时间内不收费或者收取较低的费用，超过规定时段的收费价格高于其他路边停车泊位的价格，在道路交通高峰时段禁止这些道路的路边停车。

3）鼓励按照“谁投资谁受益”的原则，经有关部门批准在居住区内引进立体停车技术增设停车位。

2. 路外停车场发展策略

路外停车场是公共停车场的供应主体。在近期仍应以“扩大停车供应为主、抑制停车需求为辅”的策略作为阶段性的政策，远期以需求管理为主。停车供应须切实满足城市停车的需求，应以停车的高周转率和高服务水平为目标，避免由于泊位的空置造成对社会资源的浪费。

3. 路内停车场发展策略

路内停车场是公共停车场的有效补充。近期严格控制交通流量大的主、次干道路内停车供给，规范其停车行为；对于交通流量不大的部分路段，在不影响交通正常运行的情况下，可以适当增加路内临时停车泊位以满足日益增长的停车要求；远期逐渐减少路内停车供给，将停车需求引到路外公共停车场。

9.3.2　停车政策

扩大停车供给是解决城市停车问题的一个有效措施，但停车供给的资源是有限的，盲目扩大停车供给将带来财政、用地、城市局部交通拥堵以及历史文化保护等方面的问题。为了解决停车供给和需求之间的矛盾，人们开始运用停车政策调节停车供需关系，缓解各方面矛盾，以达到城市停车需求和停车供给动态平衡。

常用的停车政策措施如表 9-1 所示。为了实现停车政策目标，需要灵活运用多种停车政策。

常用的停车政策措施一览表　　**表 9-1**

停车政策目标	硬件	软件			
	业者	城市规划部门	交通管制部门	补助、融资、税金	停车场运用
确保停车空间	建设路外停车场	确定停车场选址和城市规划；确定停车场规划建立配建制度	—	补助金；长期融资制度；税制优待	停车诱导系统共；停车场的公共化

续表

停车政策目标	硬件	软件			
	业者	城市规划部门	交通管制部门	补助、融资、税金	停车场运用
排除路上无序停车	—	—	禁停；限时停车（咪表）；强化管理	—	停车场诱导系统
控制停车需求	建设公共交通系统	控制停车场；容积限制（用地限制）	建立公共停车场管制	市区内驶入税	—
调整交通结构	—	建设换乘停车场	—	融资政策倾斜	—
局部停车管制	—	—	禁停；强化管理	—	—

9.4 路外停车场规划

城市路外公共停车场规划设计的关键是确定容量和定点位置。一般影响选址的因素主要有停车发生源的规模及分布、社会经济、交通、土地和环境等多目标的要求等方面，布局规划时应该采用定性和定量相结合的方法，提高规划的科学性，力求停车场布局符合“就近、分散、方便”原则。

9.4.1 规划原则

（1）满足城市总体规划和分区规划提出的土地开发强度下的停车需求，公共停车场点位的规划布局与土地利用相适应，各停车设施在设置时首先应考虑其近期的需求大小，另外还应考虑其周围土地利用与道路交通状况，保持区域动静态的交通平衡；

（2）公共停车场规划要以城市停车战略和策略为指导，支持城市交通发展战略目标的实现，适应交通需求管理目标和措施的需要；

（3）确定停车场规模采用定性与定量相结合，在定性分析的指导下进行定量研究的方法，提高规划的科学性；规划布局不单纯以满足停车需求为目标，还必须综合考虑社会经济、道路交通条件、土地开发利用和环境等多目标的要求，并且布局要力求符合“就近、分散、方便”原则；

（4）公共停车场是配建停车场泊位的补充和调节，它的分布应当根据服务对象配合停车政策确定，重点布置在综合性商业、服务和活动中心、CBD 地区、改造潜力小的建成区、交通换乘枢纽等；

（5）遵循“远近结合”的原则，充分考虑规划公共停车场实施的可行性，使停车场建设（形式、规模等）既能满足近期要求，又能为远期发展留有余地。

9.4.2 选址模型

停车设施选址规划模型包括概率分布模型、停车需求分布最大熵模型、多目标对比系数模型等。

（1）概率分布模型

该模型从概率选址的角度出发，其假设前提为：每个停车者首先考虑停泊最易进入的停车场地，如无法停泊，则考虑下一个最易进入的场地，如仍无法接受，则继续下去，直至获得一个可接受的场地为止。

概率模型形式简单，主要用于停车需求分布的计算，是停车设施选址规划分析的基础，但在实际中使用不多，主要原因是：① 该模型将每个停车者的停车意向都表达为概率 P，而且顺序选择，并未考虑选择停车场的随机性；② 模型假设距区域中心距离越短就越容易进入，而停车者在实际停车时更多考虑的是距目的地最近的停车场。

（2）停车需求分布最大熵模型

在区域内划分更小的交通小区，以每个交通小区作为一个停车生成源。同样，将区域内停车设施作为停车的吸引源，各小区生成的停放车需求全部分配在该区域的停车设施内。以上假设可表达为：

$$\begin{cases} \sum_{i} Q_{ij} = A_j \\ \sum_{j} Q_{ij} = D_i \\ \sum_{i} \sum_{j} Q_{ij} = \sum_{i} D_i = \sum_{j} A_j = G \end{cases} \tag{9-7}$$

式中 i，j——停车生成源的交通小区和吸引源的停车设施编号；

Q_{ij}——由 i 小区生成并停放于设施 j 中的车辆数；

D_i——第 i 小区生成的停车需求数；

A_j——停车设施 j 处的停放车辆数。

在由停车生成点（交通小区）、停车设施、道路网络、停放车辆等组成的系统中，停车分布矩阵 $\{Q_{ij}\}$ 可作为随机变量的集合，任何特殊的分布矩阵 $\{Q_{ij}\}_a$ 只是该对称系统中的一个状态。由此可定义该系统的熵，然后在关于该系统的约束下，求解使系统熵为最大的状态，即为所需预测的分布。

停车分布最大熵模型的计算结果将给出在规划区域内各停车设施的停车分布，该模型通过供应和需求的合理分配为停车设施的选址规划提供了较好的思路，但是具体使用时，需要经过模型参数的标定、调查数据的检验等多个步骤，而且计算复杂，在程序的编制和实际中不易应用。

（3）多目标对比系数模型

多目标对比系数法的原理主要是通过多目标决策分析来解决停车设施的多个备选地址的选优问题。

假设对区域停车设施的选址规划有 n 个目标（影响因素），a_1，a_2，……，a_n，记 $N=\{1, 2, \cdots\cdots, n\}$，拟定了 m 个决策方案（备选停车场地址）x_1，x_2，……，x_n，记 $M=\{1, 2, \cdots\cdots, m\}$，方案 x_j 对于目标 a_i 的取值记为 $a_i(x_j)$，称为目标函数。目标函数 $a_i(x_j)$ 越大，则方案 x_j 在目标 a_i 下越优。

（4）约束型停车选址模型

约束型模型考虑多个目标对区域停车设施泊位分配及建造形式等的影响，在约束条件下实现整体的优化，即“总步行距离 T 最短、总建造成本 C 最低、总泊位供应 H 最大”。

（5）无约束型停车选址模型

无约束停车选址模型以区域停车设施服务水平最高为目标，即“停车者至目的地总步行距离最短、泊位供应数最多”。

9.4.3 布局规划方法

公共停车场规划布局要能够适应城市建设的不确定性、停车需求的三重性以及城市机动车拥有定量预测与实际发展可能的偏差引起的停车需求的波动，基于此，考虑规划管理的可操作性，有必要对公共停车场的规划布局按照刚性布局、半刚性布局和弹性布局进行分类。

（1）刚性布局

此模式规划停车设施的用地、规模与形式等已经确定；每个刚性点均充分考虑了停车需求、建设规模、征地范围、建设用地范围、控制容积率、出入口方位、资金投入产出以及实施效果综合评价；采用刚性布局方法设置的停车设施应主要分布在机动车停车设施供需矛盾集中、车辆乱停乱放现象最严重的地区，这类停车设施可以直接用于指导近期建设或试点，解决急迫的停车问题；刚性布局的停车设施一经确定，原则上不得更改；刚性布局设施的供应量宜占公共停车总供应量的30％左右，主要应分布在老城区和中心城区。

（2）半刚性布局

半刚性布局指某一片区域总的泊位供应量已经确定，具体停车场用地、形式或规模、控制容积率、出入口方位等基本确定，但有待根据区域开发建设情况最后落实；半刚性停车场具体运作时可由规划管理人员根据实际情况协调确定；该类停车设施主要布置在城市建设用地尚有一定不确定性和弹性的城区，供应量宜占总供应量的20％～30％。

（3）弹性布局

弹性布局指在某个较大范围的区域内，停车泊位供应规模基本确定，泊位的实现形式可以因地制宜、灵活多样，由多个分散的停车设施共同承担；停车泊位的实现更多地依赖土地开发的类别、规模和进程，拟定的点位和规模一方面作为规划管理时参考，另一方面便于控制一定的停车设施用地；停车设施实现的型式可以是单独的停车场（库）、也可以是配建停车场（库），可以是地面、也可以是立体车库；弹性布局设施的供应量宜占总供应量的40％～50％，主要分布在城市新建地区、外围城区或城市边缘区。

利用上述三类布局方法设置的停车设施在建设时间上没有绝对的先后顺序，任何选址方便、条件适合的停车设施均可在近期先行建设，但刚性布局停车设施所在区域的停车矛盾突出，停车设施的前期选址工作准备较充分，是最适合短期内迅速开发的热点。

9.4.4 设施建造形式选择

路外公共停车设施按其建造形式大致可分为平面停车场、地下停车库和立体机械式停车楼等。不同建造形式具有不同的特征和适用范围，选择建造型式时须考虑区位条件、用地规模及交通条件等因素。

（1）区位条件

区位条件是影响公共停车设施的建造形式的最大因素。对于城市中心区，由于地处城市的核心区域，区位条件优越，地价昂贵，公共停车建设用地极为紧张，因此在规划、建设公共停车设施的时候，可优先选择地下停车库、立体停车楼等较为节约城市用地的停车设施型式。

(2) 用地形状和面积

停车设施建设用地的形状和面积是停车设施形式选择的主要因素。根据台北交通所研究认定，当可用地宽度小于35m或者面积小于1500m^{2}时，由于受地形限制无法设置匝道式停车场，通常只能建设立体机械式停车楼；当可用地面积大于4000m^{2}时，就停车设施使用成本而言，不宜建造立体停车楼，宜建造平面停车设施；当可用地面积在1500～4000m^{2}时，可根据具体情况安排。

(3) 建设用地与交通条件的关系

基于动、静态交通的相互影响，在选择停车建设用地和建设形式时必须考虑两者间的协调关系，停车设施的建设既要考虑其位置是否能吸引和缓解动态交通，又要满足停车设施的出入口直接邻接道路的要求，邻近道路的服务水平应维持在D级以上水平。

9.5 路内停车场规划

路内停车场是优缺点都比较突出的停车设施，它是停车系统中不可或缺的一部分，在整个城市停车系统中的功能定位应为“路外停车的补充和配合”。科学规划和设置路内停车场的内容包括确定路内停车合理的规模、停车的路段位置和时间、不同的停车泊位布置方式等。

路内停车场的规划设置，主要是解决短时停车需求，提供短时停车服务以及弥补路外停车供应不足。路内停车规划应根据路边停车规划区域内不同时间段可以提供路内停车的道路空间、路内停车场所的使用特征以及当地的停车管理政策，规划设置允许停放车辆的路内停车泊位。在合适的地段和时段规划一定的路边停车泊位来满足短时停车的需要，以杜绝路内违章停车现象。

9.5.1 规划原则

(1) 路内停车规划必须符合城市交通发展战略、城市交通规划及停车管理政策的要求，路内停车规划应与城市风貌、历史、文化传统、环保要求相适应；

(2) 路内停车规划应根据城市路网状况、交通状况、路外停车规划及路外停车设施建设状况，确定设置路内停车规划泊位的控制总量；

(3) 路内停车规划应考虑公交车走廊与自行车走廊的布局，尽量避免路内停车规划与其相冲突；

(4) 路内停车泊位设置应满足交通管理要求，并保证车流和人流的安全与畅通，对动态交通的影响应控制在容许范围之内；

(5) 路内停车应与路外停车相协调，随着路外停车场的建设与完善，路内停车应做相应的调整。

9.5.2 布局规划方法

1. 设计流程分析

设置路内停车场的主要步骤可分为以下五个方面：

(1) 根据路边停车的调查，选择需要设置路内停车的路段，选择过程要根据道路条件与交通量状况，并经过路边停车设置原则和准则的评价，对路段能否设置路内停车带作出初步判断。

(2) 确定路内停车的设计目标：①控制路段车流的饱和度与延误；②路内停车带设置对交通出行和车辆停放的总成本最小。

(3) 对设置条件进行分析，主要包括道路条件与交通量条件两方面，其中道路条件包括路段宽度和道路横断面形式（包括机动车道数、机非车道隔离方式等）；交通量条件包括路段机动车、非机动车和行人的流量。如果道路和交通量条件不满足设置路内停车带，则需要对道路进行改造；如果道路难以改造或改造后还难以满足要求，则表明该路段不适合设置路内停车带或需要重新选择其他道路。

(4) 研究路内停车场合理位置的选择，分析路内停车场与信号交叉口和建筑物出入口及人行横道的间距关系，以及受地形条件及特殊交通环境的限制。

(5) 对路内停车场泊位的设计方法及其适应性进行研究，并在此基础上考察路内停车场的设置是否满足设计目标，如果不满足，则还需重新设计路内停车场。

2. 道路和交通量条件分析

(1) 设置路内停车场的道路条件

1) 道路宽度要求

路内停车场的设置应与车行道路宽度相适应，可设置路内停车场的道路最小宽度应满足表 9-4 的规定。

2) 道路横断面形式

① 一幅路道路

对于一幅路道路，一般在机非混行车道上设置路内停车带。因此，一方面要保证设置后车辆能顺利通行，另一方面要能将设置路内停车带后形成的延误控制在一定的范围以内。

② 二幅路道路

对于二幅路道路，一般设置于城市郊区道路，路内停车需求小，且非机动车流量小，可参照一幅道路的相关要求。

③ 三幅路和四幅路道路

对于三幅路和四幅路，由于机非物理分隔，在机动车道设置路内停车对路段机动车流影响较大，因此一般选择在非机动车道或人行道上考虑设置路内停车带。在非机动车道上设置路内停车带，必须保证在设置路内停车带以后，非机动车仍能顺利通行；在人行道上设置路内停车带，同样必须以不影响行人正常通行为原则。同时，这两类停车必须对其出入口严格控制，做到进出停车场安全、有序，减少对行人、非机动车和路段机动车的影响。

(2) 设置路内停车带交通量条件

在道路条件满足设置路内停车带的前提下，路段机动车流量、非机动车流量和行人流量等将是判断道路能否设置路内停车带的主要依据。

1）路段机动车、非机动车流量

受路段机动车流量影响的主要是指设置在机动车道、机非混行道路上的路内停车场。受非机动流量影响的主要是设置在机非隔离和机非混行车道上的路内停车场。

通常，路段机动车、非机动车运行速度随着路段机动车流量、非机动车流量增长而逐渐降低，这种影响随着路内停车场的设置而变得更为明显。因此可参照表 9-2 给出的路内停车场设置推荐的路段机动车流量和非机动车流量条件的要求，详见《城市道路路内停车泊位设置规范》GA/T 850—2021。

占用车道设置停车泊位的 V/C 比值要求　　**表 9-2**

占用车道形式	机动车单侧道路高峰小时 V/C	非机动车单侧道路高峰小时 V/C	泊位设置
占用机动车道	$0\leqslant V/C<0.8$	—	可设置
	$0.8\leqslant V/C<0.9$	—	有条件可设置
	$V/C\geqslant 0.9$	—	不可设置
占用非机动车道	—	$0\leqslant V/C<0.7$	可设置
	—	$0.7\leqslant V/C<0.9$	有条件可设置
	—	$V/C\geqslant 0.9$	不可设置
占用机动车、非机动车混行道	$0\leqslant V/C<0.8$	$0\leqslant V/C<0.7$	可设置
	$0.8\leqslant V/C<0.9$	$0.7\leqslant V/C<0.9$	有条件可设置
	$V/C\geqslant 0.9$	$V/C\geqslant 0.9$	不可设置

2）行人流量

在人行道上设置路边停车带不仅占用了人行道宽度，同时停放车辆的驶入、驶出也会对路段行人产生影响。人行道利用率与行人交通量、道路有效宽度有关（如图 9-1 和图 9-2 所示）。总体而言，随着宽度的增加，人行道路的利用率也逐渐提高。但应注意到，当人行道宽度小于 1m 时，利用率出现陡降；当人行道宽度为 0.8m 时，利用率仅为 47.3%；当人行道宽度大于 1.8m 时，人行道利用率稳定在 95%以上，此时宽度影响性减小，而这个数字恰巧为英国道路设计规范中人行道最小宽度。

进一步观测人行道利用率与行人流量的关系，随着单位长度行人交通量（行人流量/m）

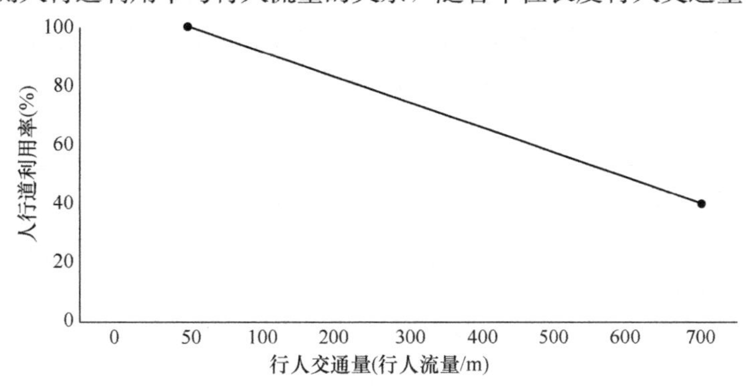

图 9-1　人行道利用率与行人交通量关系图

的增加，人行道利用率呈明显下降趋势，如果因此导致行人占用非机动车道，不但会影响非机动车行驶，而且还会迫使非机动车驶入机动车道形成机非混行。因此，设置在人行道上的路内停车带要保证人行道的高使用率。调查数据分析显示，当行人交通量 $q_p \leqslant 200$ 人/h 时，人行道最小宽度保证在设置路内停车带后道路宽度大于 1.8m；当行人交通量 $q_p > 200$ 人/h 时，满足下式宽度的人行道宽度可设置路内停车带：

$$w_p \geqslant 0.09q_p \tag{9-8}$$

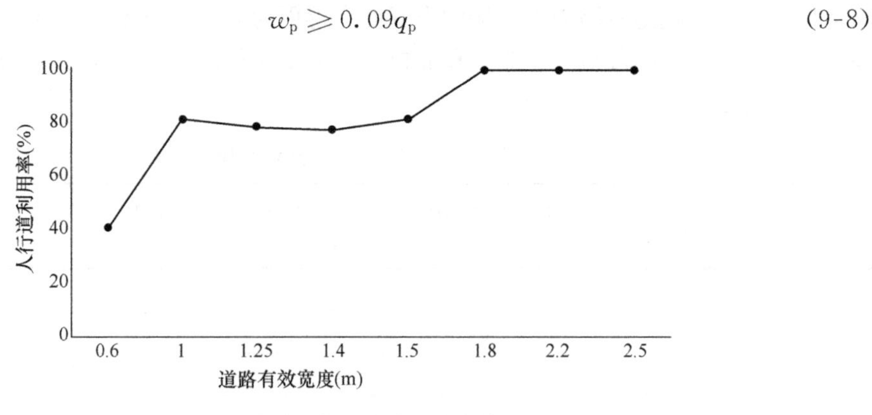

图 9-2　人行道利用率与道路有效宽度关系图

9.6　配建停车场规划

建筑物配建停车场是指为满足主体建筑的停车需求而建设的车辆停放场所。它的服务对象既包括该建筑的所属车辆，又包括该建筑吸引的外来车辆，因此它兼有满足出行终端停车（即基本停车需求）和出行过程停车（即社会停车需求）的双重功能。《城市停车规划规范》GB/T 51149—2016 指出建筑物配建停车位是城市机动车停车位供给的主体，应占城市机动车停车位供给总量的 85%以上。

9.6.1　国家停车配建指标体系

1988 年公安部、建设部共同颁布了《停车场建设管理暂行规定》（以下简称《规定》），并一直沿用至今，成为国内诸多城市进行微观停车场规划设计时所参考的标准。尽管该国标制定的时间较早，有部分内容已经跟不上时代的步伐，但它毕竟开创了微观停车场规划的先河，是交通界诸多专家学者在总结了当时国内城市的建筑物特点，并参考国外相关配建标准的基础上建立的指标体系，因此可作为配建停车指标体系的规划工作和设计工作的主要参考。

为科学推进城市停车设施规划工作，合理配置停车资源，住房和城乡建设部先后颁布了《城市停车规划规范》GB/T 51149—2016、《城市停车设施规划导则》（2015），对不同建筑类型的配建停车位给出了相应的规范和建议，建立了更加标准的配建指标体系。

《城市停车规划规范》GB/T 51149—2016 指出建筑物配建停车位指标应遵循差别化停车供给原则，城市中心区的停车配建指标不应高于城市外围地区；在相同区域内公交服务水平高的地区，配建停车位指标可降低；居住、医院等民生类建筑物配建停车位指标可适度提高。《城市停车设施规划导则》（2015）提供了不同城市的建筑物配建标准案例，表

9-3列举了深圳2014年出台的建筑物配建标准。

深圳市主要项目配建停车场（库）的停车位指标　　表9-3

<table>
<tr><th colspan="3">分类</th><th>单位</th><th>配建标准</th></tr>
<tr><td rowspan="8">居住类</td><td colspan="2">单身宿舍</td><td>车位/100m^2建筑面积</td><td>0.3～0.4；专门或利用内部道路为每幢楼设置1个装卸货泊位及1个上下客泊位</td></tr>
<tr><td rowspan="4">单元式住宅、安居房</td><td>建筑面积<60m^2</td><td>车位/户</td><td>0.4～0.6；专门或利用内部道路为每幢楼设置1个装卸货泊位及1个上下客泊位</td></tr>
<tr><td>60m^2≤建筑面积<90m^2</td><td>车位/户</td><td>0.6～1.0；专门或利用内部道路为每幢楼设置1个装卸货泊位及1个上下客泊位</td></tr>
<tr><td>90m^2≤建筑面积<144m^2</td><td>车位/户</td><td>1.0～1.2；专门或利用内部道路为每幢楼设置1个装卸货泊位及1个上下客泊位</td></tr>
<tr><td>建筑面积≥144m^2</td><td>车位/户</td><td>1.2～1.5；专门或利用内部道路为每幢楼设置1个装卸货泊位及1个上下客泊位</td></tr>
<tr><td colspan="2">独立联立式住宅</td><td>车位/户</td><td>≥2.0</td></tr>
<tr><td colspan="2">经济适用房</td><td>车位/户</td><td>0.3～0.5；专门或利用内部道路为每幢楼设置1个装卸货泊位及1个上下客泊位</td></tr>
<tr><td colspan="4">轨道车站500m半径范围内的住宅停车位，不超过相应分类配建标准下限的80%</td></tr>
<tr><td rowspan="6">商业类</td><td colspan="2">行政办公楼</td><td>车位/100m^2建筑面积</td><td>一类区域：0.4～0.8；二类区域：0.8～1.2；三类区域：1.2～2.0</td></tr>
<tr><td colspan="2">其他办公楼</td><td>车位/100m^2建筑面积</td><td>一类区域：0.3～0.5；二类区域：0.5～0.8；三类区域：0.8～1.0</td></tr>
<tr><td colspan="2">商业区</td><td>车位/100m^2建筑面积</td><td>首2000m^2每100$m^2$2.0，2000m^2以上每100m^2一类区域：0.4～0.6；二类区域：0.6～1.0；三类区域1.0～1.5
每2000m^2建筑面积设置1个装卸货泊位；超过5个时，每增加5000m^2，增设1个装卸货泊位</td></tr>
<tr><td colspan="2">购物中心、专业批发市场</td><td>车位/100m^2建筑面积</td><td>一类区域：0.8～1.0；二类区域：1.2～1.5；三类区域：1.5～2.0
每2000m^2建筑面积设置1个装卸货泊位；超过5个时，每增加5000m^2，增设1个装卸货泊位</td></tr>
<tr><td colspan="2">酒店</td><td>车位/客房</td><td>一类区域：0.2～0.3；二类区域：0.3～0.4；三类区域：0.4～0.5
每100间客房设1个装卸货泊位、1个小型车辆港湾式停车位、0.5个旅游巴士上下客泊位</td></tr>
<tr><td colspan="2">餐厅</td><td>车位/10座</td><td>一类区域：0.8～1.0；二类区域：1.2～1.5；三类区域：1.5～2</td></tr>
<tr><td rowspan="2">工业仓储类</td><td colspan="2">厂房</td><td>车位/100m^2建筑面积</td><td>0.2～0.6，近市区的厂房取高限。所提供的车位半数应作停泊客车，其余供货车停泊及装卸货物之用
对占地面积较大的厂房，除设一般货车使用的装卸货泊位外，还应另设大货车装卸货泊位，供货柜车使用</td></tr>
<tr><td colspan="2">仓库</td><td>车位/100m^2建筑面积</td><td>0.2～0.4</td></tr>
</table>

续表

<table>
<tr><th colspan="2">分类</th><th>单位</th><th>配建标准</th></tr>
<tr><td rowspan="19">公共服务类</td><td>综合公园、专类公园</td><td>车位/公顷占地面积</td><td>8～15</td></tr>
<tr><td>其他公园</td><td>车位/公顷占地面积</td><td>需进行专题研究</td></tr>
<tr><td colspan="3">占地面积大于 50hm² 公园的配建标准需进行专题研究</td></tr>
<tr><td>体育场馆</td><td>车位/100 座</td><td>3.0～4.0（小型场馆），2.0～3.0（大型场馆）</td></tr>
<tr><td rowspan="2">影剧院</td><td rowspan="2">车位/100 座</td><td>市级（大型）影剧院 4.5～5.5；每 100 个座位设 1 个小型车辆港湾式停车位</td></tr>
<tr><td>一般影剧院 2.0～3.0；每 200 个座位设 1 个小型车辆港湾式停车位</td></tr>
<tr><td>博物馆、图书馆、科技馆</td><td>车位/100m² 建筑面积</td><td>0.5～1.0</td></tr>
<tr><td>展览馆</td><td>车位/100m² 建筑面积</td><td>0.7～1.0</td></tr>
<tr><td>会议中心</td><td>车位/100 座</td><td>3.0～4.5</td></tr>
<tr><td>独立门诊</td><td>车位/100m² 建筑面积</td><td>一类区域：0.6～0.7；二类区域：0.8～1.0；三类区域：1.0～1.3
1 个以上有盖路旁港湾式停车位供救护车使用；1 个以上路旁港湾式停车位供其他车辆使用</td></tr>
<tr><td>综合医院、中医医院、妇儿医院</td><td>车位/病床</td><td>一类区域：0.8～1.2；二类区域：1.0～1.4；三类区域：1.2～1.8
每 50 张病床设 1 个路旁港湾式小型客车停车位。另设 2 个以上有盖路旁停车处，供救护车使用</td></tr>
<tr><td>其他专科医院</td><td>车位/病床</td><td>一类区域：0.5～0.8；二类区域：0.6～1.0；三类区域：0.8～1.3
每 50 张病床设 1 个路旁港湾式小型客车停车位。另设 2 个以上有盖路旁停车处，供救护车使用</td></tr>
<tr><td>疗养院</td><td>车位/病床</td><td>0.3～0.6</td></tr>
<tr><td>大中专院校</td><td>车位/100 学位</td><td>2.0～3.0</td></tr>
<tr><td>中学</td><td>车位/100 学位</td><td>0.7～1.5，校址范围内至少设 2 个校车停车处</td></tr>
<tr><td>小学</td><td>车位/100 学位</td><td>0.5～1.2，校址范围内至少设 2 个校车停车处</td></tr>
<tr><td>幼儿园</td><td>车位/100 学位</td><td>0.5～1.2，校址范围内至少设 2 个校车停车处</td></tr>
</table>

注：1. 研发用房及商务公寓参照“其他办公楼”配建，其他未涉及设施的停车位配建标准应专题研究确定；
2. 城市更新若突破既有法定图则控制要求，停车场配建标准应专题研究；
3. 在公共交通高度发达、路网容量有限、开发强度较高的地区，商业类停车供应宜进一步减少，其配建标准应专题研究确定；
4. 公共租赁房、廉租房的停车配建标准应与其分配政策相适应，并根据实际情况专题研究确定；
5. 为教育设施家长接送停车设置的路边临时停车位由道路交通主管部门确定。

从表9-3可以看出，深圳市对建筑物所分的四个大类包含居住类、商业类、工业仓储类、公共服务类。在此基础上，又根据城市规模、区位、级别、服务对象、容量等因素分成若干小类。

配建停车体系中的指标通常由计算单位和基数单位两部分组成，其中计算单位主要有泊位数和停车场面积两种类型，基数单位包括建筑面积、人数、户、座位和客房等。国标中采用的计算单位主要是车位，基数单位则根据不同的建筑类型来定。

9.6.2　配建停车设施形式选择

建筑物配建停车场的建造形式有地面、地下和立体三大类。在选择配建停车场形式时要充分考虑建筑物自身特点，各用地类型建筑物选型的建议如表9-4所示。

1. 住宅

配建要考虑夜间自备车的停放。对于别墅（独立住宅），应每户单独设置小车库；对高级公寓，每幢楼停车位的总量并不是很大，可取地下一层作地下停车库，辅助以小比例的地面划线停车位；对于普通住宅，每幢楼需设置的停车位较少，停车位应集中布置，可采取地下停车库和划线地面停车位为主，同时预留适当的立体空间，将来停车位不足时，设计不同类型的多段式停车架加以补充。

2. 办公

各类商务、行政办公建筑对停车需求较高，一般停车时间较长，建议采用安全性较好的地下停车库和立体停车楼形式，辅以适当比例的临时地面停车位。车库的几何布置可以采取矩形、弧形或圆形，与主体建筑的布置协调一致。

3. 商业

商业用地停车的特点是吸引量大、随时间差异大，车辆进出次数多，同时对停车便利性要求较高（特别是仓储性购物中心），因此建议采用地面停车场或地下停车库为主，尽可能配置专业电梯通道，方便购物者进出。此外需专门布置供货车装卸货物的装卸车位。另外，对于批发市场和农贸市场，考虑其购物特性，建议采用地面停车场和划线停车位形式，以不影响动态交通为准则。

4. 医院

医院用地对停车者出入便利性要求最高，建议有条件时采用地面停车场形式，如果建设地下停车库，则考虑设计相应的电梯通道。

5. 工业

工业用地停车吸引量不大，且一般不采用高层建筑，可利用空地较多，地面停车场此时为较好的选择。

建议建筑物停车场选型　　**表9-4**

建筑物性质	分类	建议主要配建形式	说明
旅馆	五星级宾馆	地面停车场为主，结合地下停车库和立体停车楼	
	四星级宾馆		
	三星级宾馆		
	其他旅馆		

续表

建筑物性质	分类	建议主要配建形式	说明
餐饮场所	老城区	地面停车场为主	
	外围城区		
办公	市级机关办公	地面停车场，地下停车库	
	外贸、金融、合资企业办公		
	普通办公	地面停车场	
商业	市区商业大楼	地面停车场，地下停车库	建议有电梯通道连接商场
	仓储式购物中心		
	批发交易市场	地面停车场，划线停车位	划线停车位不影响动态交通
	独立农贸市场		
文化公共设施	大型体育馆≥4000座	地面停车场	
	小型体育馆<4000座	地面停车场，地下停车库	
	市级电影院	地面停车场，地下停车库	
	一般电影院	地面停车场	
	展览馆		
	会议中心		
公园	度假村、疗养院	地面停车场，地下停车库	
	城市公园	地面停车场	
医院	市级医院	地面停车场，地下停车库	建议有电梯通道连接医院
	一般医院	地面停车场	
	独立门诊	地面停车场	
工业	厂房	地面停车场	
	仓储区	地面停车场	
学校	小学	校址内灵活设计	
	中学		
	成人教育		
交通枢纽	汽车站	地面停车场	
	火车站	地面停车场，地下停车库	
	飞机场	地面停车场	
	客运码头	地面停车场，地下停车库	
住宅	别墅	独立停车库	
	商住	地下停车库，划线停车位	
	普通住宅	地下停车库，划线停车位，多段停车架	

9.7 停车设施规划案例

集美区是西出厦门岛的重要门户，位居厦门市的几何中心和厦漳泉都市圈中心位置，区位优势独特。随着集美区功能定位提升和城市建设逐步完善，集美区人口规模将大幅度增长，小汽车迅速进入家庭，汽车拥有量急剧增加，加上城市土地资源高度紧张，集美停车问题也变得日益严重和迫切。截至2014年年底，注册机动车保有量约为17.8万辆，现有标准泊位3.7万个，按国际惯例，城区平均每辆车配1.1个泊位计算，中心城区停车设施供应差距很大。为此，集美区决定开展《集美区停车布局优化规划》编制工作，在现状调查及近年停车设施规划建设工作经验和教训基础上，从解决近期停车问题入手，探索适合集美区特点的停车发展战略对策，制定科学合理的停车发展规划，缓解集美停车供需矛盾。

9.7.1　停车设施现状分析

为了了解目前集美区的停车设施供应水平及组成结构，对集美区主要建成区的停车场进行供给特征调查，通过定性分析与定量分析相结合的方法，归纳总结当前集美区主要停车特征与停车问题，为停车近期建设发展规划提供依据。

本次规划范围主要包括集美新城片区、灌口片区、杏林片区、后溪片区、集美片区。集美新城片区包括中亚城片、软件园片、园博苑片、大学城片、北站片；杏林片区包括杏滨片、马銮湾片、杏林片；集美片区包括侨英片、集美旧城片（图9-3）。

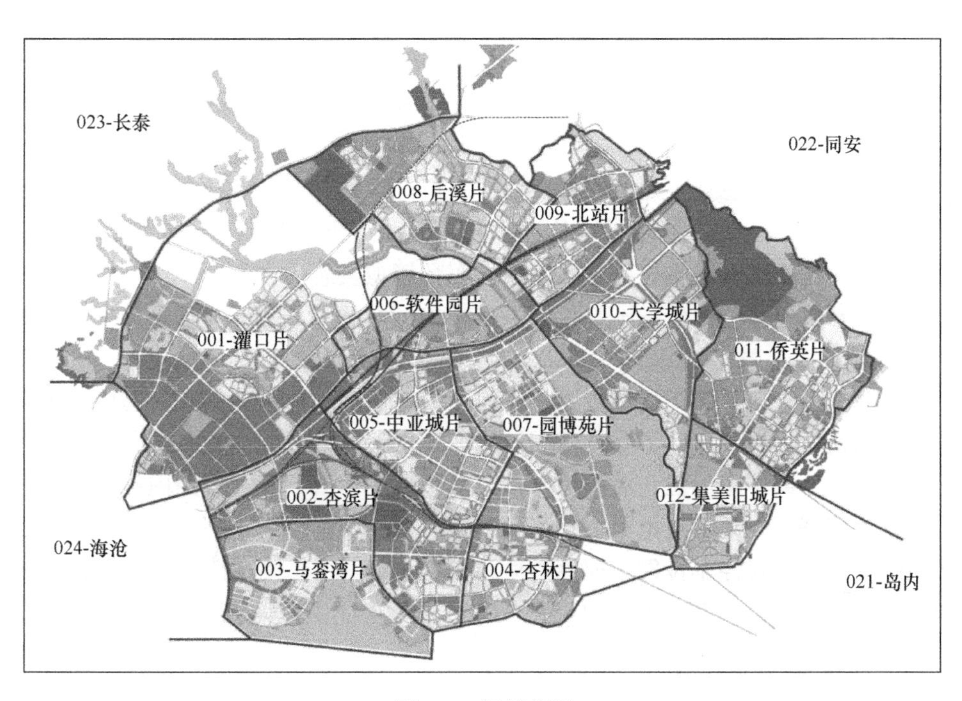

图9-3　规划范围

集美区停车泊位数总计57766个，其中集美新城停车泊位数23306个，灌口片区停车泊位数5625个，杏林片区停车泊位数16954个，后溪片区停车泊位数3451个，集美片区停车泊位数8430个。配建停车位占60.3%，路外公共停车位占28.0%，路内公共停车位占11.7%。

集美区停车设施统计对比表 **表 9-5**

片区		客车保有量/停车位	配建停车占比	公共停车场占比	路外公共停车占比	路内公共停车占比
《城市停车规划规范》		1∶1.1～1.3	>80%	≤20%	15%～20%	≤5%
国内外城市经验		1∶1.3	约 77%	约 23%	—	—
集美新城片区	中亚城片	1∶0.76	71%	29%	10%	19%
	软件园片	1∶0.68	80%	20%	4%	16%
	园博苑片	1∶0.76	70%	30%	9%	21%
	大学城片	1∶0.63	76%	24%	5%	19%
	北站片	1∶0.83	53%	47%	6%	41%
灌口片区	灌口片	1∶0.68	58%	42%	10%	32%
杏林片区	杏滨片	1∶0.75	74%	26%	14%	11%
	马銮湾片	1∶0.78	54%	46%	18%	28%
	杏林片	1∶0.79	47%	53%	14%	38%
后溪片区	后溪片	1∶0.58	54%	46%	10%	36%
集美片区	侨英片	1∶0.63	49%	51%	22%	29%
	集美旧城片	1∶0.71	44%	56%	19%	37%

从表 9-5 中可以看出，集美区各片区停车指标均不同程度的偏离规范。分析其主要原因有：

（1）机动车停车位总量不足，各片区停车缺口严重，与最理想的规范值相差较大。机动车保有量每年以 14%左右的增长率快速上升，而城市机动车停车位的增长速度远低于这一速度，两者之间的差距越拉越大，城市停车环境愈发恶劣。

（2）对外开放停车泊位数量不足，不满足相关标准的一类指标要求，其中集美片区与杏林片区缺口最大。

（3）从数据上看公共停车场泊位数量占停车总泊位数的比例偏高。这是由于集美区停车配建停车泊位数量少，导致了公共停车泊位数比例偏高。

（4）从路外公共停车泊位、路内停车泊位数量结构上看，集美区路内停车泊位数占停车总泊位数比例偏高，超出规范指标。

从整体上看，配建停车位发展速度落后于公共停车泊位，路内停车位发展过于超前，应加强配建停车位与公共停车泊位的建设。

9.7.2 停车需求预测

（1）机动车发展预测

集美区机动车已进入快速增长期，依据机动车增长态势、城市社会经济发展和机动化水平的相互关系，按平均增长率法预测 2020 年集美区机动车总量接近 25 万辆，机动车平均拥有水平为 172 辆/千人。预测 2030 年集美区机动车总量接近 42 万辆，机动车平均拥有水平为 226 辆/千人。

（2）停车需求预测

2020 年集美区市域的停车需求总规模达到 9.73 万个泊位，2030 年集美区的停车需求总规模为 12.41 万个泊位。集美区各规划年各片区停车需求规模详见表 9-6。

集美区各规划年各片区停车需求规模表（单位：个）　　**表 9-6**

分区	主要规划范围名称	规划范围组成片区	2020 年配建停车位	2020 年公共停车位	2030 年配建停车位	2030 年公共停车位
一心	集美新城片区	中亚城片	7800	2300	9900	2900
		软件园片	4700	900	6100	1200
		园博苑片	6200	1900	8000	2400
		大学城片	3900	950	5100	1200
		北站片	5200	2550	6800	3200
四片	灌口片区	灌口片	6700	2800	8900	3100
	杏林片区	杏滨片	6400	1500	8200	2200
		马銮湾片	1500	950	1900	1000
		杏林片	13600	6200	17000	8100
	后溪片区	后溪片	4100	1800	5000	2500
	集美片区	侨英片	4600	2100	6000	2800
		集美旧城片	5500	3100	6800	3800
合计			70200	27100	89700	34400

9.7.3　停车发展战略

由于国家实施的汽车产业政策以及集美社会经济的快速发展，民众对小汽车的购买力及购买量都将持续增长，未来一段时期，集美的停车需求将保持快速增长，导致供需矛盾不断加大，集美的停车问题对策也将面临三种选择：一是停车问题不采取措施放任自流；二是以停车需求为导向的停车位充分供应方案；三是改变人的出行行为，引导人们采用公共交通方式，有限满足停车需求。根据国内外经验和教训，面对集美中心城区人口高度集聚，土地资源紧缺的特点，采取第三种选择，才能有效缓解“停车难”面矛盾，保障道路交通系统正常运行。集美区停车发展规划策略分三步走：

1. 策略一：明确城市停车设施供给和服务的定位

城市停车规划发展不仅关系到交通行业本身的发展，还关系到公共交通发展、能源节约和环境保护、土地利用效率等方面，对促进城市可持续发展具有积极的战略意义。一方面，停车设施供给和服务关系到广大拥车市民在个体机动化出行需求；另一方面，还会对公共交通、自行车和步行等绿色交通出行方式产生影响。基于对政府提供基本公共服务的内涵解读，大部分城市停车设施供给和服务具有较强的私人产品属性，必须在现有政府主导的停车设施供应主体基础上发展停车市场化产业，坚持“用者自付”的市场化管理原则，利用市场的需求机制、价格机制和竞争机制，可调动市场的积极性，实现城市资源的优化配置。

2. 策略二：差别化的停车设施供应

（1）停车设施的供应“时空”差别化

1）分区域差别化制定停车设施供应标准

对于停车策略一类区实行从紧停车供给策略，严格控制停车供应与收费；停车策略二类区实施适度平衡的停车设施供给策略，新建公共停车设施重点满足医院、学校、旅游设施等公共需求；停车策略三类区则在配建基础上按充分满足小汽车原则积极推动公共停车场建设。

2）分阶段差别化制定停车设施供应标准

根据路网容量的限制，在适当的阶段实行停车需求管理。对于停车策略一类区近期停车场建设在增加部分供给为主、停车需求管理为辅；远期以停车需求管理为主、停车场建设为辅。对于停车策略一类、三类区停车场，在各个时期坚持建设与停车需求管理并重，停车泊位按需供应。

（2）停车设施的供应形式差别化

以地面停车、地下车库、停车楼、机械式与非机械式等多种停车形式并存的局面，根据城市不同区域用地允许条件，采取适宜的停车形式。其中应严格控制路内停车形式，优先保障行人、自行车及机动车通行空间，坚决遏制违章停车，逐步减少占用道路空间的停车位。同时，集美区应充分高效率利用土地资源，创造条件尽量考虑建设立体停车场，如停车楼、机械式停车库等。

3. 策略三：规范化的停车管理与收费

（1）完善停车管理制度

加强停车管理执法，加大对违章停车的处罚力度，规范市民交通行为，同时通过各种渠道加强宣传教育，增强市民交通法制观念，改善市民的停车习惯。

加大对停车设施用地的审批和监管力度，对停车设施用地的私自占用和违规挪用等坚决予以打击。对停车配建不足的建筑物征收停车泊位差额费，用于公共停车设施的建设，以补偿其停车配建的不足。

（2）充分发挥停车系统的交通需求管理功能

充分发挥停车收费政策的交通需求管理功能。停车收费水平体现区域极差结构，有利于调节全市地区差异与交通流量，有利于提高停车位使用率，也有利于吸引社会资金建设公共停车设施，保障停车供需在时间、空间上的平衡。

9.7.4 路外停车场规划

根据集美区公共停车场的现状和近期、远期发展需求，结合土地利用规划和停车需求预测结果，对现有路外公共停车场进行优化后，规划期内集美共布置105个路外公共停车场，总泊位数32394个。其中保留现状42个路外公共停车场，泊位数16905个；规划新增63个路外公共停车场，泊位数15489个。其中近期规划新增23个路外公共停车场，新增泊位数7209个。规划路外公共停车场示例见表9-7。

集美片区规划新增路外公共停车场示例表 **表9-7**

序号	停车场编号	停车场名称	停车场位置	泊位数（个）
1	LWG01	集岑路小商品街后方停车场	集岑路2号对面	200
2	LWG02	龙舟池旁旅游停车场	龙船路	100

续表

序号	停车场编号	停车场名称	停车场位置	泊位数（个）
3	LWG03	集美浔江门诊部旁停车楼	尚南路	100
4	LWG04	轮机学院停车场	印斗路	1800
5	LWG05	乐安中学操场地下停车场	同集路西侧	380
6	LWG06	嘉庚故居旁地下停车场	嘉庚路北侧	200
7	LWG07	小公园地下停车场	塘埔路一塘美路	200
8	LWG08	嘉庚文化广场对面停车场	浔江路	200
9	LWG09	嘉庚公园西门围墙旁停车场	鳌园路一浔江路	200
10	LWG10	豪佳香牛排店后方停车场	集源路南侧	100

9.7.5　路内停车场优化布局规划

根据集美区路内停车场的现状和远期发展需求，结合土地利用规划和停车需求预测结果，移除部分不合理的路内停车场，对现有路内公共停车场进行优化，对有条件的道路设置路内停车场。优化后路内公共停车场示例见表 9-8。

集美区优化规划路内公共停车场示例表　　表 9-8

序号	停车场编号	停车场名称	停车场位置	泊位数（个）	片区
1	LN01	杏北路停车场	杏北路	102	集美新城片
2	LN02	锦亭北路停车场	锦亭北路	152	集美新城片
3	LN03	杏北三路停车场	杏北三路	67	集美新城片
4	LN07	纺织东路停车场	纺织东路	186	杏林片
5	LN08	月美路停车场	月美路	97	杏林片
6	LN09	杏东路停车场	杏东路	337	杏林片
7	LN30	印斗路停车场	印斗路	114	集美区
8	LN31	集源路停车场	集源路	224	集美区
9	LN32	浔江路停车场	浔江路	116	集美区
10	LN43	珩丰路停车场	珩丰路	30	集美新城片
11	LN44	华侨大学 3 号路停车场	华侨大学 3 号路	60	集美新城片
12	LN45	滨水路停车场	滨水路	271	集美新城片
13	LN46	景湖南路停车场	景湖南路	307	灌口片
14	LN47	金龙路停车场	金龙路	114	灌口片
15	LN48	凤泉路停车场	凤泉路	98	灌口片

9.7.6　配建停车场设置标准

目前集美区主要参照厦门市建筑物配建停车设施标准，并经过长期的适应，厦门市建筑物配建停车设施标准基本上能指导集美区配建停车场设置。

1. 现行配建停车场指标

2014 年 5 月之前厦门市执行的建筑物配建停车场指标是《厦门市城市规划管理技术

规定》（2010 年版）。目前，厦门市现行的建筑物配建停车场指标是《建设项目停车设施配建标准规划指引》，该指标将全市按三类区域划定停车控制级别，实行差异化的停车供应及管理，区域范围内的新建及改扩建项目，均应按照不同的配建标准进行停车设施建设。其中：一类为停车严格控制区，包括厦门岛内核心区及集美区旧城区，具体范围为鹭江、中华、厦港、开元、筼筜、梧村、嘉莲、江头和集美街道。二类为停车一般控制区，包括岛内一类区域外的其他区域和岛外各区中心城区，具体为滨海、莲前、湖里、禾山、金山、殿前、海沧、杏林、侨英、大同街道和马巷镇。三类则为厦门全市范围内余下的所有区域。

不同区域根据相关机动车位标准，实行差异化的车位设施配建指标，除住宅项目外，一类区域建筑项目停车位数，需要按机动车标准车位配建指标表的 80%～100%执行，二类区域建筑项目停车位数要和指标表一致，三类区域建筑项目停车位数则要不低于配建指标表。

住宅实施单独的标准，其中，一类区域新建商品房、安置房项目全户型严格执行一户一车位标准，二类区域新建商品房、建筑面积≥144m^{2}的安置房项目大户型执行 1.2 车位/户标准，其他户型执行 1 车位/户标准，三类区域新建商品房、安置房项目按不低于配建指标表执行。保障房项目则按照不高于 0.5 车位/户标准执行。现行厦门市建设项目停车设施配建标准详见表 9-9。

现行厦门市建设项目停车设施配建标准 **表 9-9**

建筑类型		计算单位	配建标准
旅馆	四、五星级	车位/间客房	0.6～0.7
	一至三星级		0.5
	一般旅馆		0.3
办公	商业办公（写字楼）	车位/100m^{2}建筑面积	1
	市级机关办公涉外办公		2.5
	其他办公		0.6
商业		车位/100m^{2}建筑面积	0.6
餐饮、娱乐		车位/100m^{2}建筑面积	1.2
市场	批发市场	车位/100m^{2}建筑面积	0.8
	生鲜超市中心店		1.5
博物馆、图书馆		车位/100m^{2}建筑面积	0.8
旅游区		车位/1hm^2 占地面积	6
城市公园		车位/1hm^2 占地面积	3
展览馆		车位/100m^{2}建筑面积	1.0～1.5
医院	市级医院	车位/100m^{2}建筑面积	0.8
	其他医院		0.5
体育馆	一类体育场>15000 座或体育馆>4000 座	车位/100 座	3.0～6.0
	二类体育馆		2.0～3.0

续表

建筑类型		计算单位	配建标准
影剧院	电影院	车位/100座	2
	剧院		3.0～4.0
交通建筑	火车站	车位/1000名旅客（最高聚集人数）	2
	机场		10
	码头		2
	客运广场		4
住宅	建筑面积≥$144m^2$	车位/户	一类区域1.0，二类区域1.2，三类区域≥1.2
	建筑面积＜$144m^2$		1
学校	中小学	车位/100名学生	1
	大专院校、成人学校		0.7

2. 配建停车指标优化

（1）适当调整区域划分

按照厦门市现行的建筑物配建停车场指标《建设项目停车设施配建标准规划指引》，集美区旧城区属于一类停车严格控制区，杏林片、侨英片属于二类停车一般控制区，其余为三类停车控制区。随着集美区城市化进程加速，土地利用强度不断加大、区域交通出行特征差别越趋明显，需对集美停车区政策分区类别进行合理构想和有机规划：

1）停车一类区

集美片区中的集美旧城片，该片区包含历史商业街区、集美学村、鳌园、龙舟池等旅游景点，其主要功能为居住、文教、旅游和高端商贸；杏林片区的杏林片，该片区主要为杏林旧城区，其主要功能为商务、居住等，停车需求大；集美新城片区的北站片，该片区为重要的交通枢纽，停车需求大，需严格控制。

2）停车二类区

将集美片区中的侨英片；集美新城区的中亚城片、大学城片、园博苑片；杏林片区的马銮湾片、杏滨片归为停车二类区。

3）停车三类区

除了上述片区之外的其余片区。集美区调整后停车分区详见表9-10。

集美区调整后停车分区　　**表9-10**

分区	主要规划范围名称	规划范围组成片区	停车分区
一心	集美新城片区	中亚城片	停车二类区
		软件园片	停车三类区
		园博苑片	停车二类区
		大学城片	停车二类区
		北站片	停车一类区

续表

分区	主要规划范围名称	规划范围组成片区	停车分区
四片	灌口片区	灌口片	停车三类区
	杏林片区	杏滨片	停车二类区
		马銮湾片	停车二类区
		杏林片	停车一类区
	后溪片区	后溪片	停车三类区
	集美片区	侨英片	停车二类区
		集美旧城片	停车一类区

（2）完善无障碍停车场

在政府办公场所、大中型停车场、三星级以上宾馆酒店、文化体育场所、大型商场等设置残疾人专用停车位，供驾乘机动车的残疾人使用，并在车位处设置显著标识。

第 10 章　慢行交通系统规划

慢行交通系统以步行和非机动车交通为主体，是城市综合交通系统的重要组成和城市活动系统的重要环节。在《中华人民共和国道路交通安全法》中，非机动车是指以人力或者畜力驱动，在道路上行驶的交通工具，以及虽有动力装置驱动但设计最高时速、空车质量、外形尺寸符合有关国家标准的残疾人机动轮椅车、电动自行车等交通工具。

在城市机动化和资源环境危机等多重现实背景下，积极倡导慢行交通方式，对优化城市交通结构，构建可持续发展的城市综合交通体系具有重要意义。由于我国绝大多数部分的非机动车交通以自行车为主，所以本章内容包括慢行交通系统概述、自行车交通系统规划、步行交通系统规划、慢行交通过街设施规划等。

10.1　概述

10.1.1　慢行交通系统界定

城市普遍存在着步行、自行车和机动车三元混合的交通流结构，步行及自行车交通是城市交通体系中不可缺失的重要交通方式，与高速和快速的机动交通对应，出行速度在5～25km/h 的非机动交通可称为慢行交通。

“慢行交通系统”由步行系统和自行车交通系统两大慢速出行部分构成，是一种针对行人和非机动车驾驶员的需求，以步行交通和自行车交通为基础，结合城市沿线土地利用以及服务设施，给不同目的、不同类型的行人和非机动车驾驶员提供安全、畅通、舒适、宜人的道路环境，从而吸引更多的行人使用步行或自行车出行的一种交通模式。

10.1.2　慢行交通的定位与功能

1. 步行与自行车交通在出行链中的定位

步行与自行车交通是城市居民最基本、最贴近自然的出行方式。在大多数中小城市，高达 60％～80％的出行由步行与自行车交通完成。城市步行与自行车交通不仅是城市交通出行中独立的、主要的出行方式，也是衔接各类机动化方式“最后一公里”出行的重要组成。即使采用其他交通方式，从交通出行的全过程分析，每次出行的始、终都需步行或自行车交通承担。步行与自行车交通是最基本的绿色交通方式，在提高短程出行效率、填补公交服务空白、促进交通可持续发展、保障弱势群体出行便利等方面，具有机动交通所无法替代的作用。因此，步行与自行车交通不但在城市综合交通系统中发挥着不可替代的作用，在城市可持续发展中也扮演着重要角色。保障步行与自行车交通出行权利，提高步行与自行车交通出行品质，将成为引导城市交通出行方式结构合理化的重要环节。

城市步行与自行车交通系统贯穿于城市的邻里空间、公共空间的每个角落，其既是城市组团间出行中一类独立的、主要的方式，也是其他机动化出行方式不可或缺的衔接组成部分。步行与自行车交通除去其本职的交通功能外，更承担了居民休闲、购物、锻炼等城市活动的功能，不但可以实现与他人之间的沟通，满足生活需求，还可以提供良好的休闲、健身、旅游环境，直接关系到居民的居住水平和生活舒适度。步行与自行车交通在提高短程出行效率、填补公交服务空白、促进交通可持续发展、保障弱势群体出行便利等方面，具有机动交通所无法替代的作用，通过与私人机动化交通和公共交通相互竞争、相互配合，共同构成了城市的客运交通系统。

2. 步行与自行车交通发展定位

(1) 特大城市、大城市交通发展定位

城市交通的发展应符合未来的环保、健康、安全和高效等要求，高机动化条件下的特大、大城市应构建以公共交通网络为主体，步行与自行车交通作为公共交通的辅助和补充的多层次、多元化综合交通体系。特大城市、大城市的步行与自行车交通定位是作为机动化交通的辅助交通工具，主要功能包括三个方面：一是直接服务于短距离的出行，充分发挥步行与自行车交通的近距离优势，限制步行与自行车交通的长距离出行，实现较为合理的城市客运交通结构；二是作为轨道交通等的接驳交通工具，扩大公共交通的覆盖范围；三是满足居民休闲、健身需要，增加城市的活力，提高城市居民的生活品质。

(2) 中小城市交通发展定位

中小城市是我国城市体系中的重要组成部分，约占我国建制市数量的80%上，其城市尺度适合于发展步行与自行车交通与公共交通出行。我国中小城市与大城市相比，在城市用地规模、城市用地布局、城市经济发展水平、城市形态、居民消费水平等方面差距很大，所以中小城市与大城市的交通发展模式不同。国内大部分中小城市的主要出行方式为步行与自行车交通，部分城市的步行与自行车交通出行比例甚至高达80%以上，步行与自行车交通导向型明显；在地形地貌因素上，平原型步行与自行车交通出行相对均匀出行比例较丘陵与山地型高。山地型步行与自行车交通出行比例与其他地形相比较低，但仍在50%左右，步行与自行车交通出行占有重要地位，只是在其结构上是以步行为主。因此，中小城市交通发展应选择步行与自行车交通导向型或“慢行+公交”导向型发展模式。

以出行产生点、出行吸引点、轨道交通（换乘）站点等为中心的慢行圈的高品质建设能够保障慢行交通权利，提高慢行交通品质，如图10-1所示。

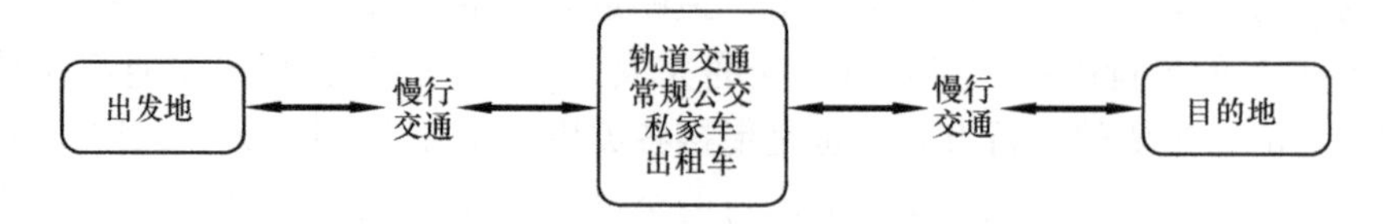

图10-1　慢行交通在城市交通系统中的定位

3. 步行与自行车交通的功能

与其他机动交通方式不同，慢行交通除了满足居民出行的需求外，在城市的经济、社会、环境等方面都承担着重要的功能和角色。

(1) 交通功能

根据步行与自行车出行的性质，步行与自行车交通系统同时承担着休闲性出行、独立性出行和接驳出行的功能。针对独立性出行，步行与自行车系统主要提供短距离出行服务；对于接驳性出行，步行与自行车系统主要是与公共交通系统相衔接，提供由起终点到站点之间的出行可达性服务；对于休闲性出行，步行与自行车系统主要完成与城市人文与自然景观间的串联和协调，提供良好舒适的出行环境。

（2）社会功能

在当今这个高度商业化的社会，人们更加呼唤人与人之间的交流与交往。步行与自行车系统作为整体而连续的公共空间体系，为人们提供了更多公共交往的空间，人们的慢行活动可以更加轻松，并可以有许多与不同阶层人们接触、交流的机会，从而有利于营造良好的城市社会生活氛围。

（3）经济功能

步行与自行车交通环境的改善，不仅降低了汽车的干扰，使人们更加充分地享受慢行活动的乐趣，同时也能够增强城市临街界面的公共交往活跃度，促进商务活动的发展，使人们能在轻松散步的过程中接触并购买商品，从而促进消费者活动，提高城市经济活力。

（4）环境功能

步行与自行车系统在环境方面的功能分别体现在自然生态和历史人文两个方面。

自然生态方面，步行与自行车交通作为最清洁、占用资源最少的交通方式，为降低机动交通运行产生的尾气和噪声提供了良好的方式。同时步行与自行车交通系统与自然水系和绿色植被的关联性在不断加强，因地制宜、亲近自然、以人为本的步行与自行车交通系统规划设计理念逐渐深入人心，使步行在自然生态保护方面的功能更加显著。

历史人文方面，步行与自行车交通系统的建设，通常可以融入保护历史文化风貌特色的总体构思，作为保护历史文化的重要措施。例如开辟传统商业步行街，或将历史文化特色地区纳入慢行交通系统，使之成为以慢行交通为主，空间环境舒适宜人的街道或街区，免受现代城市交通干扰、污染。步行与自行车交通系统的建设和完善，对解决现代城市建设手段与城市古文化遗产、传统形态特色保存之间的矛盾，创造可持续的城市发展道路有着重要意义。

10.1.3　慢行交通的发展原则

1. 安全性原则

（1）应优先保障步行和自行车交通使用者在城市交通系统中的安全性，在满足安全性的前提下统筹考虑连续性、方便性、舒适性等要求。

（2）应保障步行和自行车交通通行空间，不得通过挤占步行道、自行车道方式拓宽机动车道，杜绝安全隐患。

（3）步行和自行车道应通过各种措施与机动车道隔离，不应将绿化带等物理隔离设施改造为护栏或划线隔离，不得在人行道及自行车道上施划机动车停车泊位。

（4）在过街设施、道路照明、市政管线、街道界面等的设计和维护中应考虑步行和自行车交通使用者的安全，降低交通事故或受犯罪侵害的风险。

2. 连续性原则

（1）应根据不同等级的城市道路布局与两侧用地功能，结合滨水、公园、绿地空间，形成由城市道路两侧步行道、自行车道与步行专用路、自行车专用路构成的步行和自行车交通网络，保证行人和自行车通行的连续、通畅。

（2）在步行和自行车交通网络与铁路、河流、快速路等相交时，应通过工程及管理措施保障步行和自行车交通安全、连续通行。

（3）应研究探索步行和自行车交通穿越公园、小区以及大院的可行措施，增强网络密度，提高连通性。

（4）在设计道路交叉口和过街设施时，应特别注意人行道和自行车道的连续性，避免出现断点。

3. 方便性原则

（1）在既有城区改造、新区建设、轨道交通、环境综合整治等重大项目实施过程中，应充分考虑步行和自行车交通系统设施布局，并可贯通周边公园、大型居住区内部路网，作为城市路网补充，形成步行和自行车交通系统的便捷路径，完善步行和自行车微循环系统。

（2）鼓励结合城市水体、山体、绿地、大型商业购物区和文体活动区，建设步行和自行车专用道路或禁车的步行街（区）。在城市滨水空间和公园绿地中应设置步行专用路和自行车专用路，方便居民休闲、健身和出行。

（3）步行和自行车网络布局应与城市公共空间节点、公共交通车站等吸引点紧密衔接，步行网络应与目的地直接连通，自行车停车设施应尽可能靠近目的地设置，以提高效率和方便使用。

（4）应特别注意步行和自行车系统的无障碍设计，以方便老人、儿童及残障人士出行。

4. 舒适性原则

（1）在道路新建、改造和其他相关建设项目过程中，应保证步行和自行车通行空间和环境品质，保障系统舒适性，增强吸引力。

（2）除满足基本通行需求外，应结合不同城市分区特点，结合周围建筑景观，建设完善的林荫绿化、照明排水、街道家具、易于识别的标志及无障碍等配套设施，尽量提供遮阳遮雨设施，提高舒适程度和服务水平。

（3）应与城市景观、绿地、旅游系统相结合，将步行道和自行车道与城市景观廊道、绿色生态廊道、休闲旅游热线合并设置，尽可能串联城市重要景观节点和公共开敞空间，提升整体环境品质。

（4）在兼顾经济实用的前提下，应考虑地面铺装、植物配植、照明、标识及城市家具的美观性，力求体现当地环境特色，彰显地方文化特质。

10.1.4 慢行交通系统的规划要素

1. 空间规划

可采用分区规划法，将城市划分为多个慢行区，引导区间出行向公交转移，慢行区之内通过慢行廊道联系。慢行区是指城市中拥有一定规模、具备相对完整、系统化慢行条件的区域，需制定相对应的慢行策略与之匹配。充满活力且生机勃勃的城市公共空间吸引人们到此享受丰富的公共生活，慢行区内的公共空间因其对人流吸引力的强弱形成不同的慢行核。

2. 交通组织

鼓励慢行区间的长距离出行采用“慢行+公交”的方式，短距离出行则通过城市道路旁的慢行道进行疏解。在旧城区用地紧张的地段，可考虑立体化的设计，形成丰富的空间。在道路交叉口，可结合具体情况，设置立体措施，或采用基于自行车的交叉口优化措施。

对于慢行区内的交通组织，可引入公共自行车，有效联系各慢行核，将一部分机动化出行转化为慢行。慢行核内部道路可考虑“人车分流”并倡导慢行优先，建设自行车与人行专用道路，实现空间分离，同时，内部的支路网系统可对机动车交通采取一定的限制；并解决好静态交通问题，才能合理组织慢行核内的交通，同时也保护特色区域内部的和谐环境。

慢行交通可作为轨道交通或其他公共交通方式的接入和输出端，因此，慢行交通系统规划应考虑好其与城市其他交通方式的换乘。如针对城市轨道交通的建设，采取整合自行车与轨道交通系统的开发模式（BTOD）发展模式；与水上交通线路相匹配，水上巴士站点设立在可达性强的地块等。

3. 土地利用

据相关调查显示，出行距离在 500m 范围内时，市民大多愿意选择步行；当出行距离超过 500m 时，市民习惯用自行车代步。传统城市中小尺度的街区大多控制在这一范围内，如苏州古城区内密布的巷道网络，因此在这类城市中，慢行出行占有较高比例。

慢行交通规划理念在用地层面上体现为建设多功能社区，集商业、娱乐、餐饮等多种功能，可在源头上减少长距离出行，居民在社区内部即可完成大部分的活动需求，提倡建设和谐的慢行社区。是对新城市主义所提倡的传统邻里开发模式的继承。

传统单中心发展模式容易引发交通问题，在慢行区内加强慢行核的建设有着一定的必要性，尤其是次级的城市商业中心和公园等休闲娱乐场所，并形成“市级公共服务设施核—次级城市公共服务设施核—社区核”等层次，可疏解一定量涌向传统城市中心的交通量。

4. 景观设计

城市慢行交通系统的景观设计，应以慢行者的视觉要求特性为主。对依附于城市道路的慢行通道、以休闲、健身等为主导功能的慢行运动线路、慢行与其他交通方式节点的景观设计，应侧重于不同的方面。并通过精心设计的道路铺装、台阶、路缘石、无障碍设施、为慢行者提供抵御一些恶劣气候条件的空间维护结构等。

在慢行运动的基础上，城市需要为慢行活动提供一定的停驻空间。可结合城市广场、公园、滨水区、步行街区等场所形成城市特色慢行空间。在这类空间中，以慢行动态交通和静态交通为主考虑交通组织以及配套相应的停车设施，并对地面铺装、建筑墙面、商店橱窗、标志、绿化种植以及建筑小品等所组成的空间质感则要求处理细致，并适合人的尺度，适应慢行者视觉特点。

慢行系统的建立对城市大范围的景观要素如山体、湖泊、公园等有一定的延伸作用，通过慢行道及慢行设施的建立完善，使得自然景观向城市内部渗透，与城市内部的特色慢行空间成为系统，形成城市的生态网络格局。

5. 行为感知

慢行交通系统规划，要强调景观享受的慢行，将城市良好的山水、绿化景观与慢行交通结合起来，使慢行出行成为具有吸引力的活动；强调慢行过程中人的视觉感受，人们在慢行环境当中的景观需求和休憩交往等更高层次的需求应成为规划者重点关注的问题，要注意慢行空间的舒适性和安全性。

针对慢行交通的主体偏向老年人、青少年等社会弱势群体的特点，在重要的慢行交通节点应加强对慢行者的指示，增加透明度，这也是适应老龄化社会与多元化城市生活的需求。普及无障碍设计，并要求具有亲切的空间，应尽量避免过于凹凸不平的路面。

6. 特色塑造

慢行城市是一个全面、开放、持续的建设理念，需要在人们的内心树立起慢行的理念，将慢行文化融进人们的生活中，因此应获得慢行城市的文化认同感；同时要为市民创造一个有利于人们各项社会活动的展开，能容纳多元化心理需求的城市空间情境场所。中国传统的街巷格局、环境风貌和肌理特征是居民的生活方式、习俗和地域文化在城市空间上的投射和积淀，是城市历时性和共时性特征在空间上的叠加。通过城市慢行交通系统的重塑，在慢行系统中延续传统的街道格局和空间形态，可以帮助居民在现代城市中寻找正在或已经失去的传统空间，延续城市的空间文脉和记忆。

10.2 自行车交通系统规划

10.2.1 自行车道路网络分区原则

随着城市空间结构的拓展，使得居民的出行距离增大，为促进公交优先策略，减少自行车长距离出行，宜采用分区规划方法，发挥自行车短距离出行优势。具体措施就是将全网划分为若干个自行车交通分区，强化自行车交通区内出行，优化区间出行的功能，弱化跨区的自行车交通出行。充分发挥自行车近距离出行的优势，成为公共交通的合理补充，限制中长距离的自行车交通出行。

为达到机非分流及区分不同距离出行的目的，划分自行车基本“交通单元”，即规划的自行车分区，将大部分自行车出行限制在单个单元范围内。其行驶区划分时除考虑均质原则、行政原则和自然屏障外，还应尽可能将3km以下的非机动车出行组织在单个区域范围内。

在介绍自行车分区方法前，首先引进慢行核的概念。慢行核即慢行交通发生吸引的核心区域，慢行核在自行车分区规划方法中主要有两个作用：作为分区的重要依据，解决自行车O-D数据的不易获取及其流量分布的不确定性的问题；作为自行车路网规划的重要控制点。

结合上海、杭州等城市慢行交通规划中研究成果，对慢行核进行梳理完善，分成五类慢行核：

（1）校园核——高等院校及非住宿类中小学；

（2）社区核——高密度居住社区；

（3）商业核——商业街区；

（4）景观核——历史风貌区、风景名胜区；

（5）交通核——轨道交通站、常规公交枢纽站等重要换乘枢纽。

在已经确定慢行核的基础上，进一步划分自行车分区，自行车分区主要考虑以下原则：

1. 边界

边界考虑城市功能分区与组团布局，分区边界线应选择自行车难以跨越的屏障阻隔，主要考虑城市铁路、河流、山体、快速路、交通性主干路等。

2. 面积

一般认为，自行车的合理出行距离不应大于6km，则分区内城市建设用地面积的理想值为28km^{2}左右（圆内任意两点间的距离不大于6km）。

3. 用地

大型居住区是自行车出行最主要的发生源，而就业区是主要吸引源，应尽量以大型居住区或就业区为中心划分。

4. 车流

根据自行车车流分布，预测计算各慢行区内短距离（1～3km）出行比例，调整分区范围，得到区内自行车出行比例较大的划分方案。

分区的区位和用地特征不同，自行车在出行中扮演的角色就不同，自行车道形态也不相同。总体上，自行车分区可分为：①城市中心、副中心及紧邻区连片开发用地；②外围零散用地。其中，连片开发用地的出行比例可按6km以上出行距离划分为高、中、低三类；外围零散用地可按用地形态划分为外围带状区、外围块状区和外围点状区三类。

自行车遵循“区内通达，区间连通”的规划原则，即在不同的自行车交通区内规划高密度的自行车路网，保障自行车区内短距离出行及接驳公交；在分区之间规划有限的通道，在保证连通性的同时限制自行车的长距离出行。另外自行车交通作为休闲运动方式，应遵循亲水、引绿入城的原则，创建绿色生态城市。各分区形态特征分析如表10-1所示。

各分区形态特征分析 **表10-1**

分区分类	交通特征分析	交通组织策略	廊道网络形态
连片开发区	用地面积大，开发密度高，用地平衡；非机动车出行距离较短；公交条件好，适合发展非机动车、“非机动车+公交”模式	“成网”，增加廊道的成网性，尽量打通慢行区边界较难穿越的障碍，鼓励非机动车出行	方格网，在自行车出行距离分布中，6km以上比例低的区域宜从疏布置
外围带状区	用地面积中等；非机动车出行距离较长，但易形成客流走廊；公交条件较好，适合发展非机动车、“非机动车+公交”模式	“串点”，廊道串联慢行核与换乘枢纽等控制点，区块内出行以廊道为主，跨区块出行以廊道为公交“喂客”	带状，自行车、公交车复合走廊
外围块状区	面积较大；非机动车出行比例小、距离长，且难以形成客流走廊；公交条件较好，适合发展“非机动车+公交”模式	“强心”，以公交换乘枢纽为中心布设放射状的廊道，鼓励发展“非机动车+公交”模式	放射状，换乘枢纽向周边慢行核辐射

续表

分区分类	交通特征分析	交通组织策略	廊道网络形态
外围点状区	面积小；非机动车出行比例小、距离长；公交条件差，小汽车拥有率高	不鼓励区间非机动车出行	不考虑布设廊道

10.2.2 自行车道路功能分类及规划流程

1. 自行车骨干道路网络

（1）自行车廊道

自行车廊道作为自行车道路网络的骨架道路，依托城市干路建设，作为慢行区之间自行车交通主廊道，贯穿城市主要的居住区、就业区，以满足城市相邻功能组团间或组团内部较长距离的通勤通学联络功能。自行车廊道具有行车快速、干扰小、通行能力大的特点，作为自行车道路网络的骨干通道，其设置应具有连续性和贯通性，为自行车提供相对舒适、安全的通行空间。处理好自行车与机动车之间的冲突，廊道路段应结合人行横道设置自行车过街空间，交叉口设计时应考虑自行车的优先通行。

（2）自行车集散道

自行车集散道主要是服务分区内部短距离出行，经过分区内部主要客流聚集点，承担分区内部主要客流。作为慢行区内连通各廊道的次级自行车道，具有分流和汇集廊道上的自行车交通流的作用。主要为功能区内部自行车交通提供需求服务，并保证各交通区与自行车廊道之间的联系，是区域与常规公交换乘枢纽的联系通道。其线路贯通性、车道宽度、隔离设施等建设标准均低于廊道。

（3）自行车连通道

自行车连通道是联系住宅、居住区街道与干线网的通道，是自行车路网系统中最基本的组成部分，对增强自行车的“达”的作用明显。主要起到连接慢行区内各个地块，不需要考虑贯通性，只需要保证连通性。以城市支路网和街巷道路为基础，要求路网密度较大，深入片区内部。基本上选用划线分隔或混行的自行车道。

（4）自行车休闲道

连接公园绿地、滨河绿地的弱交通性、强休闲性自行车道，可以在既有道路上改建形成，也包括风景区、沿河绿化带内的新建自行车道。自行车休闲网络主要服务于较长距离的休闲健身出行，主要功能包括：满足快捷方便、连续安全的大体量的慢行休闲旅游资源的需求，同时还需要承担部分非休闲性质的交通。自行车休闲道要求提高此类自行车道的遮蔽率，建设成为林荫大道。

（5）自行车巷道

一些老城区和历史城区的支路网和街巷路网密度较大，支路系统主要由支路和弄堂组成，对自行车巷道的处理主要是构建自行车微循环路网即自行车专用道网络，充分挖掘小街小巷的自行车交通潜力，一方面使自行车交通形成一个独立的子系统，实现机非运行系统的空间分离，减少不同交通因子之间的相互干扰；另一方面是使自行车流量在路网中均衡分布，以减轻主、次干路上自行车交通的压力和满足日益增长的自行车交通发展需求。

自行车道路等级与需求特征见表 10-2。

自行车道路等级与需求特征 **表 10-2**

自行车道路等级	功能定位	需求分析	自行车路权	道路类型
自行车廊道	区域性自行车区之间，高标准建设的自行车专用道，自行车区与轨道交通换乘枢纽的连接通道	自行车主流向交通出行	相对优先	自行车专用道和有分隔的自行车道
自行车集散道	相邻自行车区之间或自行车区内的自行车集散道路，自行车区内与常规公交换乘枢纽的连接通道	自行车的中、短距离的出行	保证通行	自行车专用道、有分隔带的自行车道和划线分隔的自行车道
自行车连通道	区内生活性出行的自行车道路	区内短距离、生活性交通	通达即可	划线分隔的自行车道和混行的自行车道
自行车休闲道	倡导自行车健身文化、接触大自然	休闲、运动性交通	机非分离	沿河道、风景区、公园景点和大型绿地附近等有宽度富裕的道路

自行车路权分配通过其在道路空间资源占有来体现，根据道路类型可分为以下几种：

（1）独立的自行车专用道

独立的自行车专用道不许机动车辆进入，专供自行车通行。这种自行车道可清除自行车与其他车辆的冲突，多用于自行车干道和交通区之间的主要通道。设计时，应使其将城市各级中心、大型游览设施及交通父通枢纽等端点连接起来，线路走向尽可能与城市机动车主要流向相一致，以利于减轻高峰时自行车流对机动干道的干扰。

（2）实物分隔的自行车道

实物分隔的自行车道用绿化带或护栏与机动车道分开，不允许机动车辆进入，专供自行车通行。这种自行车道在路段上消除了自行车与其他车辆的冲突，但在交叉口，自行车无法与机动车分开，多用于自行车干道和各交通区之间的主要联系通道。

（3）自行车微循环道路网络

即与机动车道用划线分隔，布置于机动车道两侧的自行车道。虽然较为经济，但由于自行车与机动车未完全分开，不太安全。但良好的路面标识系统可提高安全度，削弱其不利性。该类自行车道适用于交通量较小的各交通区之间或各交通区内。

（4）混行的自行车道

就是机动车与自行车在同一道路平面内行驶，其间无分隔标志的自行车道。多用于交通量不大的相邻交通区之间的自行车道和居住区街道系统中。这种形式有利于调节不同高峰小时的快慢车流，充分发挥道路利用效率。但其安全性较差，且由于自行车与机动车相互干扰，两者的车速都下降。

2. 自行车微循环道路网络

微循环路网的主要根据历史城区现状的支路网和街巷宽度划分等级，并根据等级进行相应的空间重新分配以及交通组织和管理。自行车微循环路网主要划分为两个层次，一级专用道和二级专用道。

（1）一级专用道

一级专用道连接重要的慢行单元和骨干自行车路网，是自行车重要的出入道路，以集散功能为导向，以满足自行车交通与慢行单元的可达性为目标，强化街区内部的慢行活力。主要选取5～8m的街巷道路，通过时空资源来划分道路路权，保障高峰时期的自行车专用路权。

（2）二级专用道

二级专用道主要结合机动车单向交通组织，划分出自行车道路空间，分流主干路上的过饱和自行车交通流。二级专用道以分流功能为导向，以服务短距离出行为目标，穿越多个慢行单元，有效分担不同慢行单元和街区的出行需求。

两种自行车微循环道路功能及路权空间如表10-3所示。

历史城区自行车专用道系统层次划分表 **表10-3**

微循环道路等级	宽度	功能	路权空间	对应道路等级
一级专用道	5～8m	自行车主要出入道路，机动车干扰小，通行条件好	自行车专用路权，高峰时段禁止机动车进入	组团路（巷、弄）
二级专用道	9～20m	自行车主要集散道和出入道路，机非采取隔离措施减少干扰	机动车单向行驶，机非采用硬隔离措施	组团路（巷、弄）、支路

3. 自行车道路网络规划流程

传统的自行车路网规划主要结合城市道路网规划开展，其显著特点是在进行自行车交通预测与分配时都是以全路网为基础，即规划的是全市性自行车路网，且主要通过断面设置进行路权分配。

按照自行车道路在规划范围所处的位置及其功能，可分三个层次组织自行车路网系统。由上而下依次为自行车廊道、自行车集散道及自行车连通道三个层次的道路，每个层次都附于上一层次，互相组合形成完整的自行车路网系统。

（1）根据预测自行车交通流分布特征，抓住交通的主要流向确定市级自行车通道的走向及结构，构筑城市自行车道路网络主骨架；

（2）根据自行车交通的流量、流向需求，结合城市的用地形态分布及地形条件等，充分利用现有次支道路规划区级自行车干道，保证居住区、工业区、商业中心、活动中心等与市级干道的联系；

（3）规划联系住宅、居住区、街道与自行车主次干道网的通道；

（4）确定各级的类型、长度、宽度、通行能力、设计车速等技术指标，最后得出规划的自行车道路网络。

10.2.3 各级自行车道的规划原则

自行车系统规划的基本原则是为近距离出行创造方便、舒适的交通环境，对中长距离的自行车出行进行限制，促进自行车向公共交通转化，并与其他交通方式进行整合，形成合理匹配的运输层次和运输结构。具体原则体现在以下几个方面。

（1）分流：减少快速路、机动车流量大的主干路上的自行车流量，原则上自行车廊道不设于城市快速路，主要考虑在城市主干路和次干路层面设置；部分快速路和主干路于远期可考虑设置自行车廊道。

（2）联区：规划廊道应尽量连续、具有较好的贯通性，使各慢行区连为一体以实现区间连通。

（3）穿核：自行车出行大都始于慢行区内高强度开发地域，廊道布置应尽量靠近或穿越核心区域。

（4）取直：骑车者一般都会选择最短路径，不愿意转弯，廊道布置时应尽量顺直。

（5）优先：道路路权空间上应予以优先，慢行区之间、自行车预测流量较大的道路须设置自行车廊道。

1. 自行车廊道规划原则

（1）分流

分流主干路上的自行车是自行车廊道的重要功能。自行车廊道尽可能沿拟实的机动车专用的主干路或交通性次干路平行布局，以最大限度地发挥其分流的作用。

（2）联区

满足长距、连续、贯通性好，其穿越干道系统将各自行车交通小区联作一体以实现“区间连通”，其在自行车网中的联区功能类似于城市的快速路。

（3）穿核

自行车出行多始于慢行核，自行车廊道布局时尽可能穿过、擦过、靠近更多的慢行核，使更多的自行车出门就融入自行车系统，最大限度地发挥干道的集散作用。

（4）取直

骑车人在骑车过程中都避免过多的转弯或变道，即追求较直的线形。以往分流道路过多地选取离干道较近的道路，致使自行车分流道路比较“曲折”，自行车廊道应力求布设于直线道路并改建弯曲路段。

（5）优先

随着部分道路“非改机”的实施，自行车廊道将承担中心城区较大规模的自行车流，其交通压力会日益凸显，因此规划时就应对其建设质量做出高标准的要求，保证自行车在干道上的优先权。

2. 自行车集散道规划原则

（1）分流

自行车集散道的分流功能与自行车廊道相似，不同点是区级道路只面向区内。它在自行车网中所承担的“区内畅达”功能，与城市的次干路功能类似。

（2）穿核

自行车集散道主要服务于自行车交通小区内的自行车出行，在分流基础上，应尽可能地穿过或接近更多的慢行核。

（3）易达

自行车集散道既承担了机动车干道网的分流，又起到了连接自行车廊道的作用，布置上应尽可能靠近机动车干道网并联络自行车廊道以发挥其局部集散的作用。

3. 自行车连通道规划原则

（1）连通

连通各慢行核是自行车连通道的重要功能，主要服务于小区内的自行车出行。它在自行车网中所承担的“区内连通”功能，与城市道路网中的支路功能类似。

（2）易达

区内自行车道路既承担了自行车廊道的分流，又起到了连接自行车廊道的作用，布置上应尽可能靠近自行车廊道以发挥其局部集散的作用，而其弯曲度与贯通性则无太高要求。

4. 自行车休闲道规划原则

国外自行车休闲道的规划多沿河流或绿道布局，其起点和重点多为公园等大型绿地，通过建设自行车休闲道和专用道，将自行车升华到休闲健身的层次。

随着我国大城市居民生活水平的逐步提高，非通勤性交通（以娱乐、休闲为目的）逐渐增加，其中包括自行车出行。自行车旅游休闲社团及各大高校的自行车协会亦纷纷成立，可以在自行车流量较低、车道富裕、风景优美的既有道路上建设一些自行车休闲道，以满足市民自行车休闲健身的需求。近年来，在福州、厦门、广州等城市对自行车休闲道的规划建设也进行了一定的尝试。自行车休闲道规划的原则主要有以下两个方面：

（1）利用既有道路

自行车休闲道应优先考虑既有路段，选取其道路条件较好（路面较平整、机非分隔）、空间较富裕（宽度足够且机动车流量较少）、路侧景观优美（穿园、沿河）的路段。

（2）连接公园绿地

在国外通过自行车休闲道将城市主要景点（多为公园或大型绿地）联系起来，为骑行者至景点旅游休闲提供较为便捷的自行车道路，如福州的滨江自行车道沿闽江和乌龙江布局。

10.2.4 自行车交通网络规划技术指标

1. 自行车路网密度和间距

由于四级自行车道主要以自行车专用道、实物分隔自行车道、划线分隔自行车道三种道路型式实现，因此为实施方便起见，主要借鉴这三种类型自行车道密度指标研究四级自行车道密度。

考虑到规划自行车专用道的主要目的是分离出主干道、次干道上的自行车交通，因此要从机非分离的三种层次来考虑自行车专用道的密度。第一种层次：所有主、次干道皆设为机动车专用道；第二种层次：主干道设为机动车专用道，次干道设为有分隔的机非混行道路；第三种层次：介于第一、第二层次之间，主干道设为机动车专用道，次干道部分设为机动车专用道，部分设为机非混行道路。由此，自行车专用道的密度应满足下面的关系：

自行车专用道密度≥主干道（含快速路）密度＋次干道密度×λ，（$\lambda\in[0,1]$）。各类自行车道密度与间距指标建议值见表10-4。

各级自行车道密度与间距建议值表　　表10-4

自行车道路类别	密度指标（km/km^2）	道路间距（m）
廊道	1.1～1.8	800～1500
集散道	2.6～3.7	400～600

续表

自行车道路类别	密度指标（km/km²）	道路间距（m）
连通道	12～17	100～150
休闲道	—	—

注：“—”表示不作具体要求。

2. 自行车道宽度

车道宽度可用式（10-1）计算：

$$b_n = n \times 0.5 + c \tag{10-1}$$

式中　b_n——n 条自行车道的宽度，m；

n——为车道数；

c——为自行车距路缘石或墙壁的安全距离，一般为 0.5～1.0m。

$b_n = n \times 0.5 + c$ 根据《交通工程手册》（中国公路学会《交通工程手册》编委会，1998 年）规定，自行车骑行时左右摆动各为 0.2m，而自行车的外廓最大尺寸为：长 1.9m、宽 0.6m，则横向净空应为横向安全间隔（0.6m）加车辆运行时两侧摆动值各 0.2m，故总的一条自行车道的宽度为 1.0m。若有路缘石，其侧的 0.25m 路缘带骑行者难以利用，故在车道总宽度中需加上 0.5m，即一条车道应为 1.5m，两条车道为 2.5m，以此类推。自行车道宽度范围如表 10-5 所示。

自行车道宽度范围表（单位：m）　　**表 10-5**

道路等级	机非物理分隔 自行车路宽度	机非标线分隔 自行车道宽度	人非共板的宽度	机非混行道路宽度
廊道	5～8	—	5～10	—
集散道	4～6	3～5	4～8	—
连通道	—	2.5～4	3～6	5～9
休闲道	5～10	—	6～12	—

注：“—”表示该类型自行车道路没有对应的道路断面形式及自行车道宽度，因此，不作界定。

3. 设计车速

非机动车的平均行驶车速一般为 20km/h，非机动车的设计时速可采用下式计算：

$$v = 20 \times \alpha \times \beta \tag{10-2}$$

式中　v——为非机动车的设计速度，km/h；

α——为机非分隔方式修正系数；

β——为道路等级修正系数。

独立的非机动车专用道设计车速采用 10km/h，有实体分隔的非机动车道采用 20km/h，用划线分隔的非机动车道用 18km/h，混行非机动车道则采用 15km/h。

4. 通行能力

（1）路段可能通行能力（不计平面交叉影响）推荐值：有分隔设施时为 2100veh/h（包括独立自行车专用道），无分隔设施时为 1800 veh/h。

（2）路段设计通行能力（不计平交影响）：

$$N_{\mathrm{b}} = KN_{\mathrm{pb}} \tag{10-3}$$

式中 N_b——一条自行车道的路段设计通行能力（veh/h）；

K——自行车道的道路类型系数，独立自行车专用道和有分隔的自行车道为 0.90，用划线分隔的自行车道为 0.85，混行的自行车道为 0.80；

N_{pb}——路段可能通行能力。

（3）受平面交叉口影响的一条自行车道的路段设计通行能力建议采用以下推荐值（自行车交通量大的城市采用大值）：

1）有分隔设施时为 1000～1200veh/h；

2）以路面标线划分时为 800～1000veh/h。

（4）信号交叉口进口道一条自行车道的设计通行能力可取为 800～1000veh/h。

路段自行车服务水平分级标准应符合表 10-6 的规定，设计时宜采用三级服务水平。

自行车道路段服务水平表 **表 10-6**

服务水平 / 指标	一级（自由骑行）	二级（稳定骑行）	三级（骑行受限）	四级（间断骑行）
骑行速度（km/h）	>20	20～15	15～10	10～5
占用道路面积（m^2）	>7	7～5	5～3	<3
负荷度	<0.40	0.55～0.70	0.70～0.85	>0.85

交叉口自行车服务水平分级标准应符合表 10-7 的规定，设计时宜采用三级服务水平。

自行车道交叉口服务水平表 **表 10-7**

服务水平 / 指标	一级	二级	三级	四级
停车延误时间（s）	<40	40～60	60～90	>90
通过交叉口骑行速度（km/h）	>13	13～9	9～6	6～4
负荷度	<0.7	0.7～0.8	0.8～0.9	>0.0
路口停车率（%）	<30	30～40	40～50	>50
占用道路面积（m^2）	8～6	6～4	4～2	<2

10.2.5 自行车停车站点布局规划

自行车公共停车场的布局最重要考虑是其便利性，应结合城市布局和土地利用采用内密外疏的布局策略，尽可能分散、多处设置，规模宜采用中小型为主，同时要保证停车后的步行距离，停车场的设置地点与出行目的地之间的距离以不超过 100m 为宜，特殊情况下也不要超过 150m，对于规划较大的停车场地尽可能设置两个以上出入口，易于自行车交通的集散。原则上自行车停车场应设置在路外，在条件允许或不得已的情况下，也可以设置在车辆、人流稀少的支路、街巷或宅旁空地，注意尽量不占、少占人行道或车行道。

自行车停车场在方便自行车出行者的同时，不能对整个交通环境造成影响，不能干扰正常的人流和车流，避免设在交叉口和主要干道附近，以免进出的自行车对交通流造成阻碍。自行车公共停车场选址的具体设置位置主要考虑以下几类：

（1）城市主要交通枢纽点及换乘站的停车场：轨道交通站、公交枢纽站，充分发挥“自行车＋公共交通”的出行优势，火车站、汽车站等对外交通枢纽；

（2）大型商业中心区附近的停车场；

（3）城市主要公共服务设施附近的停车场：省、市行政中心附近，各大医院、门诊处等；

（4）大型文化娱乐设施附近的停车场：体育馆、博物馆、公园等。

10.3　步行交通系统规划

10.3.1　步行交通系统规划流程

1. 规划流程

步行交通系统规划与其他交通子系统的规划相比存在一定的特殊性，步行交通不仅仅是一种交通方式，也是居民活动的重要组成，其对环境体验要求更高。步行交通规划更需要结合城市规划、城市设计共同开展，依靠各层次的规划对具体的建设行为做出有效的控制和管理，实现步行系统品质的提升。步行交通规划框架包括以下四个方面。

整体结构：规划城市步行系统结构性分区、结构性步行廊道、重要步行休闲观景节点，形成完善的步行交通整体结构。

功能引导：划分慢行单元，明确主导功能、交通方式优先策略，综合运用交通规划理论及城市设计理论，提出步行设施规划控制要求与步行环境设计指引，指导具体分区规划。

设施规划：主要包括步行道、步行过街设施规划、步行与枢纽一体化设计、交通宁静措施设计等。

环境设计：主要包括空间高宽比、沿线建筑的围合密度、沿线建筑底层使用方式；地面铺装、指引标识形式；路灯、休息座椅、零售亭、景观小品、绿化、等设施布置间距和相应形式的控制要素。

针对不同的规划层次，规划要素的具体组成和具体控制方式也不尽相同。在城市总体规划和综合交通规划层面更注重步行系统整体结构的确立，步行交通专项规划和控制性详细规划层面以功能引导和定性控制为主，步行交通分区规划和修建性详细规划层面加入定量控制，以空间形态、小品设施、地面铺装、指引标识为控制重点，注重步行交通品质的提升，也可对具体的步行单元开展规划设计。

步行交通系统规划流程大体包括：

（1）确定规划的目的、对象和标准，根据不同的规划目的和对象确定规划内容和规划方法；

（2）城市步行交通系统的相关数据缺乏，使得规划方案无法落到实处，因此，收集步行交通系统相关资料、数据尤为重要；

（3）在分析步行交通发展现状的基础上，提出存在的问题，并预测未来步行交通系统的发展方向，为土地利用布局、道路网布局和步行交通设施的规划设计提供反馈要求；

（4）步行交通系统的规划与居民日常生活息息相关，因此方案的制定需高度重视公众的参与，体现公平、包容的原则；

（5）步行交通系统规划方案完成后，需进行步行交通设施的设计，充分体现规划的指导思想和规划原则。

2. 步行交通系统规划原则

（1）整体性、系统性原则

步行空间穿插渗透于城市综合开发的各个区段，其规划设计应当纳入整个城市公共空间网路中，建筑、空间环境及步行通道应当融为一个有机的整体，各个构成要素要符合整体设计特征和基调，并应明确主次，使整个体系秩序井然、协调统一。

（2）人本主义原则

人是城市空间的主体，步行空间及其体系应立足于对步行及相关活动的需求取向，以人本主义为其设计准绳，立足于人的步行来考虑交通和城市空间的组织，为人创造舒适、方便、亲切的活动场所。

（3）文脉主义原则

文脉主义原则体现在对地区文化、原有环境氛围及空间文脉的尊重，这样能充分提高人们对步行空间体系的认知与空间归属感，产生人们在文化层面上的心理共鸣。正如《北京宪章》所说，文化是历史的积淀，存留于城市和建筑之中，融汇在人们的生活中，对城市的建造、市民的观念和行为起着无形的影响，是城市和建筑之魂。

（4）尊重生态原则

城市步行空间体系应当因地制宜充分利用自然环境与生态条件，使人工环境与自然景色融为一体而不是肆意进行人工改造。既可以使步行空间体系与其所处城市的地理地域密切结合，也能够为步行者构筑极富文化特性的、性格特征鲜明的步行空间。

3. 步行通道系统的组成

步行通道的网络体系表现为市区步行通道系统的整体与其他交通系统的相互联系，以及内部各子系统之间的多层面、多方位组合。

步行通道的部件包括骑楼街、人行道、步行街、广场、人行天桥、人行过街隧道、建筑间的通廊、建筑内的公共走廊、自动扶梯、履带式人行传送带、电梯、楼梯等。附属构建包括城市地图、步行通道指示图、休息桌椅、电话亭、公共厕所、绿化设施、城市雕塑、灯饰、宣传广告栏等。

10.3.2 步行交通网络规划

1. 步行交通强度影响因素

步行交通网络规划需要基于人的尺度，如果将步行活动发生最频繁的道路作为步行交通网络中最为重要的道路，那么道路的重要程度与道路等级并不存在必然的联系，很可能较低等级的道路步行活动发生的频率会高于较高等级的道路。因此步行网络规划很难在城市整体的层面开展，目前一些国内城市在城市整体的层面开展的步行网络规划也仅仅只是规划了一些大尺度的步行廊道。鉴于此，城市步行交通网络规划中通常会在步行政策分区以及步行单位的基础上开展，以便在当前的步行交通规划和下位专项规划中提出全面细致的步行网络规划方案。

从满足步行交通需求的角度出发，步行活动强度应该是决定步行道等级最根本的要素。影响步行活动强度的因素多种多样，其中，在进行步行网络组织时，应重点考虑与城市形态相关的要素，来辅助构建分级体系。与城市形态及步行网络相关的主要因素如下：

（1）临街土地利用

作为影响步行活动强度最重要的因素。临街的商业用地会产生大量的步行交通和商业活动，相比居住用地，步行活动强度往往较高，而居住用地步行活动强度又高于工业用地。另外，建筑密度与容积率高、地块尺度小、街道稠密的区域往往步行活动强度更高。

（2）建筑设计要素

可能影响步行活动强度的建筑设计要素包括建筑高度、体量、尺度与临街道路关系、入口朝向、退线、底层使用等。在步行活动强度高的区域，建筑往往更加临街且面朝街道，能够从街道上步行直接进入建筑的入口；建筑与街道空间通过零售摊点，建筑底层商户的透明玻璃、拱廊、提供户外的座位等形成交互；建筑会沿着街道形成街墙，建筑设计元素往往更有趣、富有吸引力、符合行人的尺度。而在步行活动强度低的区域，建筑会更大幅度的后退道路红线，面朝街道的往往是围墙等无活力的界面。

2. 步行道路功能分类

由于步行出行的特性与机动出行特性的不同，使得机动道路的功能分类不能很好地适应步行道路的网络功能。对步行道路功能分类的识别能够帮助步行网络多样性的维持和功能结构的完整性。

（1）步行廊道

步行廊道是区域内道路中步行需求较大、连通度与可达性较高的道路，构成了城市步行交通网络的主要骨架。所属道路机动等级较高，机动车流量较大且路幅宽度宽。

（2）步行集散道

步行集散道周边道路网络密度高，公交站点与轨道交通站点可达性好，处于路网拓扑结构中承上启下的位置，主要承担单元内轨道站点/公交枢纽间的短途出行及接驳交通，以及向主廊道集散的步行需求。串联区域内高强度的慢行核如轨道站点、公园广场等，两侧建筑出入口较多，行人与建筑有一定的联系，街道界面应较为友好。

（3）居住步行道

居住步行道的服务对象多为周边居民、通勤者或购物者，此类人群多以步行交通方式为主要出行方式，人流量较高且街道上步行活动与公共活动发生频繁。一般位于用地密集区域，周边用地以居住和商业办公为主，路幅宽度较窄。

（4）商业步行道

商业步行道周边是以商办为主的混合开发类型，土地利用混合度高，出行吸引强度大。多处于步行廊道围合中，机动交叉口密度大，需要考虑机动出行对步行的影响，应避免依托于红线宽度较宽的干路设置廊道，优先选择次干路或支路为商业出行人流服务。

（5）步行巷道

步行巷道处于拓扑结构中的末端，与整体步行交通网络连通度不高。周边步行网络密度稀疏，地区步行出行比例低且需求较少，行人流量较低，街道界面缺乏活力，主要为地区步行出行提供基本的服务保障。在设置时应着重考虑步行交通与机动交通在路段及交叉口的冲突问题，优化时空资源，保障行人安全。

(6) 步行休闲道

步行休闲道主要沿河流或绿道布局，连通重要慢行核与绿地、河岸，一般远离快速路和主干路，也可用于在外围区加密休闲道并提高建设标准，将其构建为带状公共空间。

3. 步行交通整体结构规划

目前步行交通规划关注视点多集中在局部规划上，即针对局部地块和地段的步行进行技术性和景观性的设计，如城市滨水步行区、中心区商业步行街等重点地段的步行设计，缺乏对城市整体步行系统的组织与规划。因此，随着研究的深入，提出了步行交通整体结构规划的概念，明确城市步行交通系统构成，通过规划城市步行系统结构性分区、结构性步行廊道（步行带）、重要步行休闲观景节点，形成完善的步行交通整体结构，指导以下各级规划与设计。

结构性分区主要从宏观上确定不同功能、类型、强度的步行活动发生区域，可结合城市规划的空间结构进行。一般城市均可以分为以下三种：城市活动集聚区，指城市主要建成区，是市民活动主要区域，也是需要进一步划分步行单元开展重点研究的区域；休闲绿色步行区，为外围的山体、组团之间的绿地等，主要承担居民非日常的登山、休闲、运动等步行活动，整体使用频率较低，内部步行系统相对独立，重点考虑主要出入口与城市公共交通和重要步行通道的联系；滨水蓝色步行区，指城市滨水区域，主要承担亲水、休闲、娱乐的功能，重点保持滨水岸线的连续性和与橙色区域的步行衔接。

结构性的步行廊道（步行带）是慢行系统中占据主导地位的线性连通空间，也起到串联重要步行节点的作用。结构性步行廊道（步行带）主要依托城市道路网，结合山系、绿带及河流水系形成结构化通廊，连通城市魅力区，展现城市独特地域或人文景观，具有良好景观的高品质步行空间，并一定程度结合旅游、休闲、生态等综合功能。常见的形式有城市风貌步行带、滨水步行带、林荫步行带、山海步行带等。以我国为例，许多城市都具有丰富卓越的自然和人文景观，如能结合步行廊道建设、将这些城市人文景观更加充分地展现出来，对于提升城市品质、展现城市特色、提高城市知名度具有积极作用，例如福州的南北江滨绿道、白马河步行道、安泰河步行道等。

步行休闲观景节点是城市中具有一定规模，具备相对完整、独立的步行交通条件的节点。包括大型的公园、城市广场、重要对外交通枢纽广场及一些特色的节点。如部分城市在滨海、临江处建设观眺远景的平台，为人们提供休闲观景的城市开敞空间。

4. 步行单元功能引导

整体结构性分区从宏观上较粗略对步行活动进行了划分，如图 10-2 所示。但由于步行出行具有区别于机动化出行的特殊性要求：如居民日常的步行活动是有一定范围的；在城市不同的功能区，居民步行活动的特点不同，活动范围也不尽相同；步行活动具有更多的人性化需求、对周边环境的行为感知更强。步行设施规划和环境设计更需要体现差异化、人性化、精细化的要求，因此也需要划分步行单元，即更小的步行分区，才能有针对性的提出规划设计指引，并指导具体的设施规划和环境设计。尤其是对于城市活动集聚区，作为市民活动主要区域，居民对步行系统的改善诉求更为强烈，相比另外两类步行区，城市活动集聚区中除了商业核心区外其他地区在传统的规划设计中也往往容易被忽略。

步行单元的确定主要按步行适宜尺度（500～800m）及用地类型、功能分区不同，分区原则可借鉴自行车分区方法。并根据慢行单元主导属性，确定慢行单元类型。根据主导

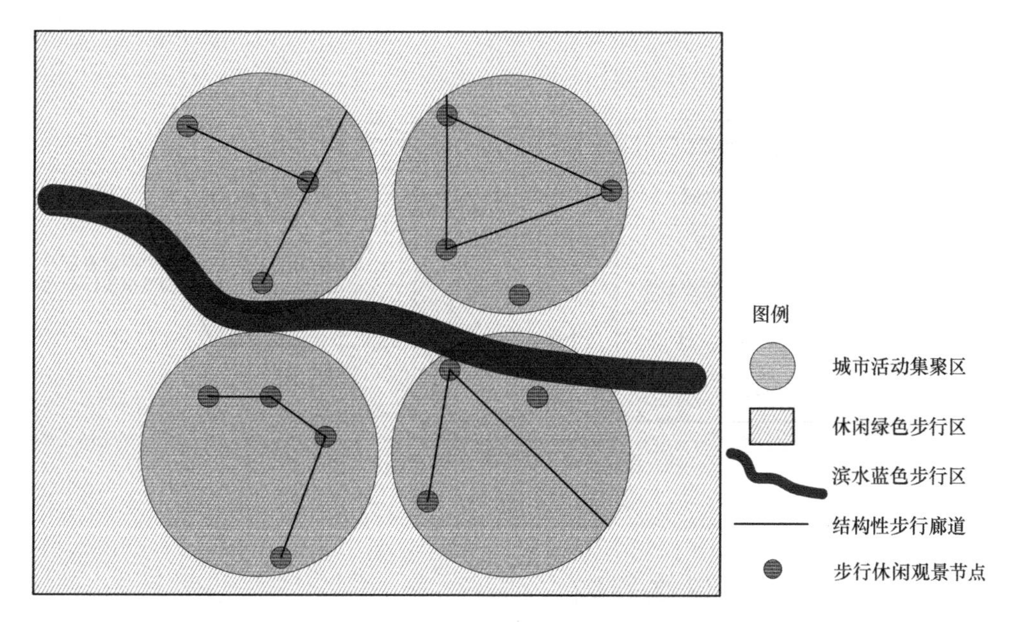

图 10-2　步行系统整体结构构成概念图

功能不同将步行单元分为以下七类，如图 10-3 所示。

（1）城市商贸步行单元：城市中心体系划分的各级商业中心区，聚集了城市重要的商业、商务和文体娱乐活动，单元内步行活动以休闲购物为主，是城市步行网络的核心区域。

（2）城市居住步行单元：在城市主要的居住片区，单元内步行活动以上学、购物、散步及接驳其他交通方式等为主。

（3）混合功能步行单元：在国内许多老城区，许多历史片区混杂有商贸、文化和居住等多种功能，这类地区的历史文化内涵和城市生活的多样性是城市最宝贵的财富，单元内步行系统应兼顾不同功能的需要。

（4）工业物流步行单元：步行需求较小，单元内步行活动以厂区内的出行和厂区与工业邻里的联系为主。

（5）科研文教步行单元：大中院校、科研机构集聚区，单元内步行活动以校区内的出行和校区周边服务配套设施的联系为主。

（6）历史文化与旅游步行单元：城市的历史街区及各类风景名胜区，让市民或游客以步行的方式体验和感知城市内涵。

（7）交通枢纽步行单元：是指火车站、长途汽车站等对外交通枢纽片区，是城市的门户，步行人流量大。

通过将城市划分为若干步行单元，可以进一步引入“设计指引体系”，建立步行环境与设施设计与管理指引，指导下一级的规划；也可以针对其中重要的步行单元开展具体的规划设计，兼具进行重点改善和提供规划设计示例的作用。对于规划设计指引，交通方面主要需要考虑的有：慢行断面宽度控制要求、过街设施形式及间距控制要求、街道转角设计要求、慢行空间宁静化措施集成、轨道交通一体化设计要求、重点慢行空间机动车车速限制要求。城市设计方面主要需要考虑的有：沿线空间高宽比、沿线建筑的围合密度、沿线建筑底层使用方式；路灯、休息座椅、零售亭、景观小品、绿化、地面铺装、指引标识等设施的布置间距和相应的控制要素。

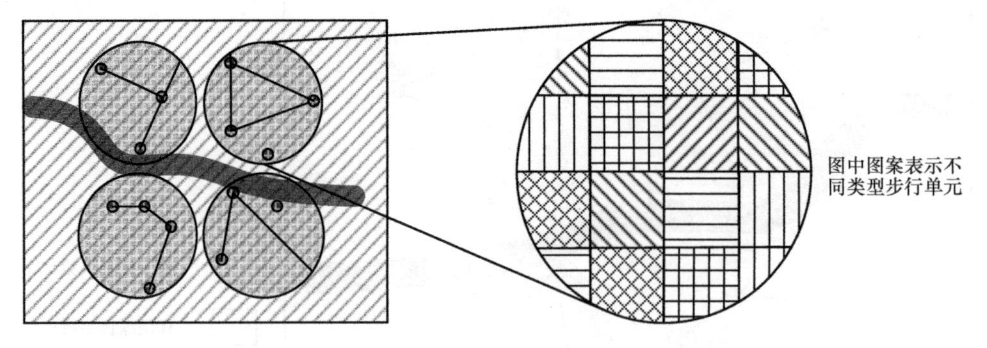

图 10-3　步行单元概念图

10.4　慢行交通过街设施规划

10.4.1　过街设施选址

对过街设施进行选址规划，须与慢行区和慢行核相结合，统筹考虑行人过街需求与城市的用地格局，城市的路网形态、城市的社会经济发展等因素之间的关系，同时还要考虑与城市交通中的慢行系统、公交、轻轨和地铁等各种交通方式之间的有效换乘与衔接。

采用分区域分级分层次差异化的规划思想，对不同的慢行发展区进行“分区引导”差异化管理模式，慢行主导发展区、优先发展区、平衡发展区和一般发展区过街需求量呈梯状分布，考虑分布形态分别以面状、线状和点状为主（表 10-8）。

不同区划过街设施选址分布形态表　　**表 10-8**

区域划分	过街系统考虑重点	分布形态
慢行主导发展区	公园、广场出入口	面状为主
慢行优先发展区	大型商业区、步行街等	面状为主，兼有线状
慢行平衡发展区	主要交通干道	线状为主，兼有点状
慢行一般发展区	主要人流吸引点	点状为主

1. 慢行主导发展区

慢行主导发展区过街需求选址必须要体现以人为本的公共活动空间要求。考虑在公园和广场等公共活动区域出入口位置，通过构建连接性较好的过街设施形成面状的城市公共空间。在主导发展区要注重限制小汽车交通的运行，通过稳静化措施保证行人过街的安全性和便捷性。

2. 慢行优先发展区

慢行优先发展区过街设施选址必须统筹考虑行人过街需求，注重与其他步行设施、步行通道、步行走廊等形成一个完善的步行网络系统，注重与公交站点、轨道站点、停车设施形成高效的衔接，并且能有效地与商业建筑、下沉式地下停车场、地下购物空间等结合，使得城市空间开发、土地利用规划和行人过街系统多项功能得到最大化发挥。

3. 慢行平衡发展区

慢行平衡发展区行人过街需求主要分布于重要交通干道两侧，同时兼有少量呈零星状分布。选址时主要考虑线状分布，从整体线路上统筹考虑，对主要交通干道两侧及其影响区域内重要人流吸引点和交通流量要进行调查。还要兼顾考虑城市轨道线路、公交线路、公交场站等的影响，注重各种交通方式的高效衔接。同时根据人流吸引点的分布，可以适当设置部分点状分布过街设施。

4. 慢行一般发展区

慢行需求以通勤出行为主，行人过街需求比较零散，成零星状分布。过街设施规划主要考虑采用点状分布的过街设施，对现状过街需求量比较大的地点以及交通事故频发路段进行调查，对过街设施的设置进行必要性验证分析，最后确定过街设施选址地点。

10.4.2 过街设施间距

过街设施间距的设置，一方面要考虑满足步行与自行车的过街需求，不至于产生过大的绕行，其间隔要体现人性化要求；另一方面，需要避免造成对车辆交通产生过大的干扰。立体过街设施与机动车没有交通干扰，过街设施的合理间距主要考虑平面过街设施形式。平面过街设施的间距主要从行人过街心理、驾驶员心理、道路设计通行能力和各大城市经验值等四个方面进行分析。

1. 心理角度

一般来说，步行和自行车出行者希望方便安全快速地穿越道路，要求有相应的过街设施，行人心理期望值是过街设施间距越小越好。利用有限的道路资源，行人的要求就受到限制，需要间隙。行人过街存在一个可接受的绕行时间，一旦超过这个时间，行人就可能失去耐性，违章穿越道路。

设行人利用过街设施所能接受的绕行时间 t_p，行人在人行道上的步行速度为 v_p，则行人所能接受的绕行距离如式（10-4）所示：

$$d = v_p t_p \tag{10-4}$$

行人过街最不利位置是在相邻两个过街设施的正中间，行人过街设施的最大间距一般不超过行人所能接受的绕行距离，如式（10-5）所示：

$$S_{max} = 2 \times \frac{d}{2} = v_p t_p \tag{10-5}$$

2. 驾驶员心理角度

只有平面行人过街设施才对机动车流形成干扰，驾驶员心理和车辆的驾驶特性只对平面行人过街设施最小间距起限制作用。驾驶员所能接受的行人过街设施间距就是行人过街设施的最小间距 S_{min}。

设驾驶员所能接受的最小频繁停车时间间隔 t_d（即从一次停车等待行人过街到下次停车等待行人过街），车辆平均车速 v_d，则行人过街设施的最小间距如式（10-6）所示：

$$S_{min} = v_d t_d \tag{10-6}$$

3. 道路设计通行能力角度

路段设计通行能力（或实际通行能力）可根据一个车道的理论通行能力进行修正得

到。对理论通行能力的修正包括车道数、车道宽度、自行车影响及交叉口影响四个方面，如式（10-7）所示：

$$N_a = N_0 \times V \times Z \times C \times N \tag{10-7}$$

式中 N_a——单向路线设计通行能力，pcu/h；

N_0——一条车道的理论通行能力，pcu/h；

V——自行车影响修正系数；

Z——车道宽度影响修正系数；

C——交叉口影响修正系数；

N——车道数影响修正系数。

这里把行人过街的平面设施（与地面车流有相互干扰）看成一个次要道路，就可把行人对道路通行能力的影响近似用交叉口影响修正系数 C 来修正。

路段通行能力的提高值与交叉口间距基本呈线性关系。当把行人过街设施视为一个次要道路时，行人过街设施的影响修正系数的计算如式（10-8）所示：

$$C = \frac{C_0}{C_0 \times (0.0013S + 0.73)} \tag{10-8}$$

式中 S——平面行人过街设施间隔，m；

C_0——交叉口有效通行能力时间比，视交叉口控制方式而定，信号交叉口可采用绿信比。

通过计算 N_a 与路段的实际通行能力进行比较，如果车辆实际流量 $Q_v > N_a$，行人过街设施间隔合理，否则调整行人设施间距，直至满足 $Q_v > N_a$，从而得到合理的过街设施间隔。

4. 推荐值

对于城市中心商业区由于人流量较大，道路两侧交流频繁，过街需求较大，行人过街设施的设施间距相对较小，而对于城市一般地区由于人流量相对较小，过街需求不大，行人过街设施的设置间距相对较大；城市边缘地区和城市郊区则多根据道路等级要求，重要人流吸引点等零散分布；城市中心商业区的行人过街设施间距通常小于城市一般地区的行人过街设施间距。一般来说，区位越接近于城市或区域中心，过街需求量越大，则对过街设施的便捷性要求越高，间距要求越小。

过街间距与位置的选取应分析步行和自行车过街需求，兼顾城市用地、道路等级、过街便利性、机动车运行速度和安全要求。路段过街最大间距应满足表 10-9 要求。

城市道路过街设施最大间距（单位：m） **表 10-9**

道路等级、类型	居住、社会服务设施用地	商业、办公	对外交通	绿地与广场	工业仓储
主辅路形式 地面快速路	400	450	500	600	700
高架或地下快速路的 地面道路	300	350	400	500	700
主干路	200	200	300	350	600
次干路	150	150	250	300	500

10.4.3　过街设施选型

1. 选型的影响因素

根据城市道路特性、车流特性和行人过街的特点，影响行人过街设施选型的因素主要有以下三个：

（1）道路的几何形式。道路的几何形式包括道路的宽度、车道数以及道路的分隔形式。道路宽度影响行人的过街时间，道路的分隔形式决定了过街设施。

（2）车辆的运行状况。车辆的运行状况是指机动车流量、车速和密度，这三者决定了平均车头时距和平均车头间距。车头间距和车头时距决定行人穿越机动车流可能性和冲突程度；道路的行驶限速直接影响车辆的制动距离，影响行人的安全性。

（3）行人过街需求。行人过街需求包括行人过街流量及过街的行为和心理特点。行人过街需求要求过街设施的形式和通行能力要与其相适应。

2. 过街设施设置条件

（1）平面过街设施。平面过街设施设置的条件主要有：

1）主干路相邻交叉口间距大于等于 500m 或次干路相邻交叉口间距大于等于 400m 时，应根据道路两侧的行人过街需求进行设置。

2）企事业单位、商场、娱乐场所、居住区等人流集散点附近，应优先考虑设置信号控制人行横道。

3）当满足下列条件之一时，不宜设置无信号控制人行横道：

① 机动车交通的瓶颈路段；

② 弯道或驾驶员是视距不良的地点；

③ 信号交叉口沿干路方向 100m 范围内；

④ 道路的机动车限制速度大于等于 50km/h 时。

4）路段人行横道处交通流量达到如表 10-13 所示的标准时，可设置人行横道信号灯和机动车信号灯。

5）当相邻的灯控路口间距大于 500m 时，道路单方向的自行车流量达到 700 辆/h，且机动车流量达到表 10-10 的 80%时，应设置人行横道信号灯和机动车信号灯。

信号控制人行横道设置要求　　　　**表 10-10**

双向行驶道路				单向行驶道路			
单向车道数（条）	单向机动车流量		双向行人流量	单向车道数（条）	单向机动车流量		双向行人流量
	高峰小时（pcu/h）	连续 12h（pcu）	高峰小时（人/h）		高峰小时（pcu/h）	连续 12h（pcu）	高峰小时（人/h）
1	450	4000	700	1	700	4000	900
≥2	550	5000	700	≥2	700	5000	900

（2）立体过街设施。人行天桥与地道的设置应结合城市道路网规划，并考虑由此引起附近范围内人行交通所发生的变化，并且要对变化后的步行交通进行全面规划设计。立体过街设施的设置条件包括：

1）进入交叉口总人流量达到 18000 人/h，或交叉口的一个进口横过马路的人流量超过 5000 人/h，同时在交叉口一个进口或路段上双向当量小汽车交通量超过 1200pcu/h；

2）进入环形交叉口总人流量达到 18000 人/h，交叉口的当量小汽车交通量达到 2000pcu/h；

3）行人横过市区封闭式道路或快速干道或机动车道宽度大于 25m 时，每隔 300～400m 应设一座；

4）铁路与城市道路相交路口，因列车通过一次阻塞人流超过 1000 人次或道路关闭时间超过 15min 时；

5）路段上双向当量小汽车交通量达 1200pcu/h，或过街行人超过 5000pcu/h 时；

6）有特殊需要可设专用过街设施；

7）复杂交叉路口，机动车行车方向复杂，对行人明显有危险处。

人行天桥和人行地道两种形式各有其适用性和优缺点，对天桥或地道的选择应根据城市道路规划，结合地下水位影响、上地下管线、周围环境、工程投资、施工期间对交通和附近建筑物的影响及建成后的维护条件等因素综合考虑。可参照以下原则：

1）与环境相协调的原则：结合地形地势，因地制宜，合理选取人行天桥或人行地道。在旅游风景区周边，考虑采用人行地道形式，以满足景观的要求。当然，造型优美的人行天桥也是美化道路景观的手法之一。

2）与地铁站出入口统一考虑的原则：充分利用地铁站出入口设施，将人行地道和地铁出入口一并考虑，引导行人采用轨道交通，并能在地下将行人迅速引导至各自出口，减少对地面交通的干扰；在部分远期将建设轨道站点的位置，考虑近期人行过街需求，可以先期建设可拆卸的临时性天桥，以满足近期交通需求。规划人过街设施的建设，为避免造成不必要的废弃工程，宜结合地铁车站同步施工。

3）与土地利用开发综合考虑的原则：行人立交形式的选择应兼顾周围土地利用开发，行人立交尽可能与附近大型商业建筑出入口相结合。对于商业性交通干道，在两侧建筑新建或改建时，应预留与人行设施的接口。

4）经济合理原则：比较修建人行天桥与行人地道两种方案时，应对地下水位影响、地下管线处理、施工期间对交通及附近建筑物的影响等进行技术、经济效益综合比较后确定。人行地道与人行天桥的对比见表 10-11。

人行天桥和人行地道的对比表 **表 10-11**

分析内容		人行天桥	人行地道
设施的适用情况		适用于凹形地形以及宽的街道及原有房屋可以拆迁的情况	适用于凸形地形以及窄的街道及原有房屋较好，不能拆迁情况
城市街道的艺术处理		因高出地面，对艺术处理要求高	在地上的外露部分少，容易与周围环境协调
施工与养护	基建及养护费用	同等条件下，费用较低	基建费用比人行天桥多 1～2 倍
	对地下管线的影响	不需改建或少量改建	需大量迁移或改建
	排水问题	容易解决	一般需添设排水泵站
	通风及照明	自然通风和采光，白天不需照明	空气有较大污染，必须考虑通风，并需考虑日夜照明

续表

分析内容		人行天桥	人行地道
施工与养护	防水问题	不需防水	需要复杂的防水设施
	施工工程对原有交通的影响	采用预制结构，可做到少影响或不影响交通	施工对原有交通组织影响较大
行人舒适情况	行人行走的方便性	行人需爬高，负重行走不便	与天桥相比，行人乐于使用
	恶劣天气的适应性	较差	很好
设施的安全性		较好	安全感差，需加强治安防范
设施对行人的诱导性		较好	较差，需设专门指示标志

10.4.4　过街设施布局

过街设施的布局应根据人行过街设施规划总体原则、布局依据与设施类型选择标准，在步行过街需求与交通条件适应性分析的基础上，结合步行系统规划的目标、策略和整体安排，提出人行过街设施总体布局方案。

1. 立体过街

过街天桥或地道的设置应根据城市道路规划，结合地下水位影响、地上地下管线、周围环境、工资投资、施工期间对交通和附近建筑物的影响及建成后的维护条件等因素综合考虑。人行立体过街设施的规划宜整体考虑，并根据上述因素确定采用独立设置还是统一设置。

立体过街设施规划应综合考虑与商业、公交枢纽等的衔接。衔接地下商场和轨道交通地下车站的地下步行通道必须能满足人流的需要，确保集散安全、有序。为保障过街安全，在机动车交通量大且地面行人空间不足的商业中心区、公交枢纽可采用空中步行走廊。空中步行走廊宜串联多个建筑物，设置顶棚，考虑安全、美观、舒适等，且应满足昼夜通行的要求。立体过街设施需设置残疾人无障碍设施，符合《无障碍设计规范》GB 50763—2012 的要求。

因设置立体过街设施而造成人行通行带宽度不足，且经拓宽后仍然不符合不同区段行人通行带最小宽度规定的，不应设置立体过街设施。

2. 平面过街

（1）路段平面过街。为保障行人过街顺畅、便捷，人行横道过街的位置与道路两侧行人过街需求较大的出入口之间的距离不宜超过表 10-12 要求，并应设置行人过街提示标志，中小学校、医院门口应尽量设置行人过街信号控制。

过街位置距出入口距离（单位：m）　　**表 10-12**

位置	推荐	困难条件下
距离地面公交站和轨道站出入口	≤80	≤130
距中小学校、医院门口	≤80	≤150
居住区、大型商业设施、公共活动中心的出入口	≤100	≤200

一般情况下，自行车与行人共用路段过街设施：如自行车流量较大，可在人行横道一

侧设置自行车过街，采用彩色铺装或喷涂，并设置醒目的自行车引导标志，与行人分隔空间路权。

当人行横道长度超过16m时（不包括自行车道），应在中央分隔带或道路中心线设置行人过街安全岛，安全岛宽度不应小于2m，困难情况下不应小于1.5m。

人行横道线有平行式和斑马式两种。在有人行（或盲人）信号灯控制的路口或路段应设平行式，其他路口或路段应设斑马式。人行横道的最小宽度为3m，并可根据行人数量以1m为一级予以加宽，在前后75～100m应设置车辆限速、警示和行人指路标识。具有两条及以上车道的道路，机动车停止线距离人行横道线不宜小于3m，以提升外侧机动车道视野、减少交通信号交替时可能导致的行人与机动车冲突。居民区及商业区行人过街流量较大的区域，支路路段人行横道可适当抬高8～10cm，提升行人过街的可视性，降低机动车车速。路段过街宜设置行人过街信号灯，在行人流量较小的区城可采用无信号控制，但要相应设置行人让行标志。可采用触摸式或定时控制的行人过街信号灯，安装在人行横道外1.0m范围以内，采用定时控制的行人过街绿灯信号相位间隔不宜超过70s，不得大于120s，路段平面过街设施应遵循无障碍原则，过街处和安全岛应设置缘石坡道，便于儿童车轮椅及残疾人通行。

（2）交叉口平面过街。根据交叉口形状与空间、进入交叉口的行人、自行车和机动车交通量等情况，组织行人和自行车在交叉口的过街方式，保证行人和自行车过街安全顺畅和便捷。

为保障交叉口范围内的行人和自行车安全通行，应采取适当的隔离措施并满足视距要求。一般在交叉口渠化范围内的机动车道和自行车道之间、自行车道和人行道之间设置隔离设施，可采用护栏隔离；在交叉口内以路面标线标示行人、自行车和机动车通行路权、自行车左转待转空间等，保障行人和自行车通行空间。交叉口内和交叉口停车视距三角形区坡内严禁设置视线障碍物。距停车线25m范围内，绿化高度宜小于0.5m；距停车线50m范围内，应对驾驶员视线水平高度5.5°仰角区内的绿化枝叶适当剪除。交叉口渠化范围上下游20m以内及未渠化交叉口50m以内，不得设置路内停车位。

具有两条及以上车道的道路，机动车停止线距离人行横道线不宜小于3m，以提升外侧机动车道视野、减少交通信号交替时可能导致的行人与机动车冲突。行人过街绿灯信号相位间隔不宜超过70s，不得大于120s。鼓励行人过街与机动车右转的信号相位分离设置，并实行行人过街信号优先。交叉口平面过街处、安全岛和右转导流岛应设置缘石坡道，满足无障碍通行要求。

鼓励自行车过街与机动车右转信号相位分离设置，并对自行车过街信号实行优先。鼓励将交叉口处的自行车停止线靠近交叉口设置；自行车有单独信号控制、且实施信号优先，可将自行车停止线布置在机动车停止线之前。

环岛的交通组织应优先保障行人过街的安全，环岛各相连道路入口处应设置人行横道，行人过街需求较大的应设置行人过街信号灯，并与机动车信号灯相协调。

（3）交叉口转角空间。无自行车道的交叉口转角路缘石转弯半径不宜大于10m，有自行车道的路缘石转弯半径可采用5m，采取较小路缘石转弯半径的交叉口应配套设置必要的限速标识或其他交通稳静化措施。

交叉口转角路缘石应缓坡处理，坡面宽度大于2.0m时应设置阻车桩，防止机动车进入，保护行人安全。

交叉口转角空间设置交通设施、绿化和街道家具时不应影响行人通行和机动车视距。视距三角形限界内，不得布设任何高出道路平面标高 1.0m 且影响驾驶员视线的物体。

10.5 慢行交通系统规划案例

10.5.1 慢行交通系统现状

厦门市集美区慢行交通系统由步行交通系统和自行车交通系统两大部分构成。表 10-13 为集美区居民出行结构组成一览表，从表格可以看出，集美区居民出行方式以公交和步行为主，自行车和摩托车也占有一定的比例。随着集美区道路系统及公交系统的逐步完善，未来步行、自行车和公共交通出行方式比例将进一步上升，步行、步行＋公交的出行模式对步行交通系统需求进一步增长。

集美区居民出行方式结构组成一览表　　　表 10-13

出行方式	步行	自行车	摩托车	小汽车	公交	出租车	其他
比例（%）	29	11	12	8	35	4	1

通过对集美区慢行交通系统现状的调查分析，集美区慢行交通基础设施已初具规模，具备实施慢行交通的良好基础，但存在以下主要问题：

（1）慢行交通的空间不连续，基础设施布局不足，便利性有待提升；

（2）部分道路宽度较为狭窄，道路横断面不合理，例如人行道不够宽，造成人行交通不够畅通，行人占用机动车道，影响机动车的交通；

（3）过街设施设计不合理、设施缺乏，快慢交通流混行矛盾突出；

（4）人行道、自行车道受到一定程度的挤压，包括机动车道拓宽挤占步行道、步行道无障碍设施不完善等；

（5）慢行环境景观吸引力弱；

（6）换乘设计不完善。

10.5.2 自行车交通系统总体规划

1. 自行车道重点发展区域

由于自然山体和水系分隔形成了集美区城市空间结构，以及众多快速路、干线道路和立交节点构成的以机动车为导向的路网格局，导致自行车骑行连续性差，出行相对集中在一定的片区。因此，根据居民出行需求和用地性质在集美区划出 8 个重点发展区域。

杏北新城商住区：地处集美区杏林北部，集灌路、杏林公铁立交四周，总用地面积约 300 万 m^2。绿地率 55%，建筑密度 15%，总户数 7170 户，居住人口 23000 人，锦园小区是全市今后几年经济适用房最大的供应小区。

马銮湾商住区：55.65km^2 的总用地红线内，主要居住区被安置于马銮湾地区的西北部，环绕着地区中心布置。另有部分居住用地位于湾区东侧，实际上是杏林组团的组成部分。在西部工业区等地带配置相应的居住用地。为规划中马銮湾地区的 30 万人口。

杏林湾畔商住区：地处园博园附近杏林湾占地面积约 80 万 m^2，建筑面积 160 万 m^2。建筑以中高层为主，并规划一定规模的经济适用房、大学生出租公寓、社会保障性住房和安置房，房型以小户型居多。

集美北部商住区：将建设拥有相应配套服务设施的中高档居住社区，整个居住区分南北两片，计划建设 7 个小区和 1 个公建综合区。北面小区将结合现有村庄改造进行建设，南面三个小区将各具特色：以原东方快乐岛用地为主将形成滨海居住小区；同集路东侧将结合原山体、水体进行建设等。在原凤林村改造基础上建设的公建综合区将设置商业服务、体育、文化娱乐和办公用地。

集美学村商住区：包括旅游、居住、休闲、科研等多种职能，是学、研、住一体化的综合性城市区域，其中集美学城用地 28.05km^2，规划人口规模控制在 20 万人。

灌口新城市生活区：灌口片区分为灌口新城市生活区、机械工业集中区、集美物流园区、生态运动旅游区四大部分。灌口新城市生活区为商贸居住综合区和厦门西部新市区，发展以现代服务业为主，集教育、商贸、人居休闲于一体的高品质城市生活区。

厦门北站商住区：地处厦门北站片区，一厦门北站为核心，打造集美区商贸讯息交流重镇以及生活、就业、出行平衡的新城区，是“交通、商务、居住”复合形态的城市门户及创意生活城。

集美文教区：高校汇聚的“大学城”大学城规划片区总用地面积 31.32km^2，城内将引进近 10 所高校，将有 20 万的师生入住。

2. 各级自行车道规划

规划由快速自行车道、主廊道、休闲道、连通道形成的“一带、一环、四横、四纵”自行车道骨架路网。

（1）一带：沿集美海湾滨海绿道。

（2）一环：环杏林湾绿道。

（3）四横：灌口大道—后溪大道、集美北大道 、杏林南路—杏林北路—杏林湾路、银江路—同集南路。

（4）四纵：灌新路—马銮湾路—杏林西路—杏林东路、安仁大道—杏前路、孙坂北路（集美北大道至后溪大道）—集美大道—乐海路、天水路—孙坂南路。

自行车骨架路网方案确定以后，自行车道系统依据骨架路网向周边辐射。原则为：保障连通性，便于居民出行、休闲。根据《集美区公共自行车系统详细规划设计》，集美区规划自行车道约 440.8km，其中快速自行车道 23.1km，主廊道约 90.7km，休闲道 99.1km，连通道约 227.9km。

10.5.3 步行交通系统总体规划

1. 步行道功能分级

城市道路是城市空间的骨架，步行交通网络主要依托城市道路网络进行规划建设，在传统城市道路网络分级体系中，更强调机动车通行对于道路等级的要求，道路的通行功能和设施配置以满足车辆的顺畅为首要目标，忽视步行交通的地位和需求。因此，本规划根据步行交通的活动特征和需求特点，综合行人对用地功能、空间场所、交通设施和景观环境的需求，对城市道路网络中的步行交通网络进行了重新划分，构建以步行需求为导向的分类体系。

规划充分结合集美区的路径空间分布特征、设施特点和功能需求，将步行道分三类：步行通廊、片区主通道、街区步行道。

（1）步行通廊：主要与绿道相结合，沿城市重要自然景观资源、快速路、主干路两侧道路用地空间和防护绿带设置，串联起全区主要自然景观资源、生态休闲步行区域和都市生活步行区域。

（2）片区主通道：主要功能为连接城市主要公共活动中心、步行出行密集地区、自然景观资源和居住密集区域，汇集各类步行交通，承担步行与公共交通系统的接驳。该类型路径主要沿城市一般主干路和次干路两侧道路用地空间和公共开放空间设置步行路径。

（3）街区步行道：主要功能为连接都市生活步行区域内各类建设用地，将行人导向片区主通道。该类型路径主要沿城市生活性次干路和支路两侧道路用地空间和公共开放空间设置步行路径。

2. 各级步行道规划

集美区规划步行道 473.4km，根据《厦门市绿道与慢行系统总体规划》，其中步行通廊共 13 条，总里程 149.2km，片区主通道共 10 条，总里程 85.5km，特色街区步行道共 19 条，总里程 83.8km，一般街区步行道 154.9km。

10.5.4　慢行交通过街设施规划

通过对比天桥和地道，结合集美区的路网规划建设以及过街人流量的分析情况，统筹规划，远近结合。实施规划考虑的重点是：

（1）行人过街的困难路段。

（2）与新（改）建道路的配套过街设施。

（3）结合轨道线站点出入口的建设。

规划实施的过街设施中，采用地道形式的过街设施服务于轨道 1 号线、4 号线、6 号线各站点，以满足乘客的换乘需求以及路段过街需求；采用天桥形式的过街设施服务于学生群体及周边小区居民的过街需求，保障学生上下学、居民出行的过街安全；在慢行交通流量大、交通复杂、具备设置条件的公交站点附近，采用天桥形式的过街设施为乘客的换乘及过街提供便利。

近、远期规划建设人行天桥 67 座，人行地道为 21 座，共 88 座。近期规划新增人行天桥 34 座，人行地道 13 座，远期规划新增人行天桥 33 座，人行地道 8 座。通过人行过街设施建设及改造，集美区的人行过街系统将得以改善。

第 11 章　交通衔接系统规划

11.1　概述

交通衔接系统和道路运行系统、公共交通系统一样，是城市综合交通体系的重要组成部分。交通衔接系统规划是为了充分发挥衔接系统中各方面的积极性，大力推进综合运输枢纽建设，真正实现“零距离换乘”和“无缝衔接”。城市交通枢纽作为交通方式无缝衔接的关键环节，通过交通衔接系统将各种交通方式内部、各种交通方式之间、私人交通与公共交通、市内交通与对外交通有效衔接，发挥交通系统的整体效益。

面向交通功能组织的公共交通枢纽总体上可分为两类：一类是城市对外交通枢纽，主要解决城市内外交通的转换问题，作为重要的交通吸引点也担负着大量市内交通的换乘功能，一般包括以铁路、公路、航空等大型对外交通设施为主的综合对外交通枢纽，配套设置轨道交通车站、公交枢纽站、社会停车场库、出租车停车场等换乘设施，以及以铁路、公路等中型对外交通设施为主的一般对外公交枢纽，配套设置轨道交通车站、公交枢纽、社会车、出租车、非机动车停车场，客流集散量较小。另一类是城市公交换乘枢纽，主要服务于市内以公共交通为主体的各种客运交通方式之间的换乘。城市公交换乘枢纽也可再分为两类：一类是以运输系统中转为主要功能的轨道交通（或 BRT）换乘枢纽，以轨道交通（或 BRT）为中转对象，有两条以上轨道线路相交或结合的客流集散点，实现轨道交通、公交车、出租车、社会车及非机动车的衔接和换乘，服务于多个片区的客流；另一类是运输系统与集散系统间衔接的换乘枢纽，主要实现轨道交通、常规公交之间的换乘衔接，服务于片区内的客流。具体如表 11-1 所示。

城市交通枢纽分类与功能定位表　　　　**表 11-1**

分类	子分类	交通功能	交通设施配置
城市对外交通枢纽	综合对外交通枢纽	服务于内外交通换乘	铁路、公路、航空等综合
	一般对外交通枢纽		铁路或公路以及港口
城市内部交通枢纽	综合公交运输枢纽	运输系统中转设施，为多个片区服务	轨道交通、P+R、B+R、K+R、常规公交
	一般公交运输枢纽	集散系统与运输系统中转设施，服务于特定区	常规公交

城市交通枢纽主要可分为城市客运交通枢纽和城市货运交通枢纽，本章内容主要讨论城市客运交通枢纽。

11.2　城市内部交通系统与对外交通系统衔接规划

城市内部交通系统是连接城市各个组成部分的各类交通的总称，主要包括城市道路交通、城市轨道交通和其他城市内部交通。城市对外交通系统是以城市为基点，城市与城市之间的外部区域进行人与物运送的各种交通运输系统的总称，包括铁路、水运、公路以及航空运输的线路和枢纽。

城市对外交通线路和设施的布局直接影响到城市的发展方向、城市布局、城市干路走向、城市环境以及城市景观。城市内部交通与对外交通有着密切的联系，城市对外交通的线路和设施要与城市道路交通系统形成有机的衔接和转换。城市对外交通承担着区域交通和城市内部交通间的衔接。区域性交通通道、对外客运交通枢纽均需与城市道路网紧密衔接、相互协调。

城市对外客运交通枢纽是以一种及以上城市对外交通为主体，涵盖两种及以上城市公共交通（常规公交、轨道交通等）设施，融合多种换乘方式的交通综合体。城市对外客运交通枢纽主要可分为一般对外客运交通枢纽和综合对外客运交通枢纽。

一般对外客运交通枢纽的主体交通设施由单一的对外交通设施构成，此类枢纽按对外交通的类型不同划分为：航空客运交通枢纽（机场）、铁路客运交通枢纽（铁路客运站）、公路客运交通枢纽（公路客运站）。综合对外客运交通枢纽的主体交通设施由两种或多种对外交通设施组成。

11.2.1　铁路客运站与市内交通衔接规划

铁路客运站和站前广场是城市不可缺少的一部分，汇集了从城市外部进入城市的客流及城市内部通过各种交通方式到达铁路客运站的客流。铁路客运站一般位于城市中心区，是城市大型客运交通枢纽，针对铁路客运站的衔接规划，不仅要处理好市内交通与对外交通的衔接，还要处理好市内交通的换乘衔接。

1. 铁路客运站与城市轨道交通衔接规划

城市轨道交通是城市内部交通一种重要的衔接方式，由于它运行速度较高、运输能力大，对缓解城市交通拥堵起到相当大的作用，因此世界各国的大中城市都在大力发展城市轨道交通。我国也不例外，许多特大城市掀起了发展城市轨道交通热潮，许多城市都在规划与申请建设城市轨道交通。截至目前，我国已经开通地铁的城市有北京、上海、广州、天津、深圳、南京等。

城市轨道交通是铁路客运站重要的换乘衔接方式。城市轨道交通由于运营本身的特点，其车站的规模比铁路客运站小很多，通常在城市内的轨道交通车站设计为高架、地下两种形式，依据与铁路站相对布局的位置关系，主要有站外换乘、通道换乘、站厅换乘、站台换乘、混合换乘五种。

（1）站外换乘。铁路客运站与城市轨道交通车站建设在不同时期，前期设计和建设的车站没有预留条件，后期建设的车站受客观原因限制，无法实现近距离换乘。在这种情况下，两站换乘步行距离较长，乘客流线为先出站后进站，这是一种低效率的换乘形式。

（2）通道换乘。在铁路客运站与城市轨道交通车站建设的不同时期，如果先期设计和建设的车站没有预留条件，后期建设的车站没有给出预留条件，后期建设的车站应尽可能靠近既有铁路客运站，并在两站之间设置专门换乘通道。在这种情况下，合理选择、修建换乘通道方案成为关键问题，如：成都地铁 1 号线的火车北站与铁路客运站的成都站的换乘通道出口设计在成都站出站检票口处。乘客流线仍为出站后进站，但由于有专用通道换乘，干扰相对较小，便于识别。其换乘流线为：乘客→地铁1号线→地下通道→自动扶梯→火车北站→候车厅→站台。

（3）站厅换乘。站厅换乘是指乘客由一个车站的站台通过楼梯或电梯到达另外一个车站的站厅，或两站共用一个站厅，再由这一站厅通到另一个车站的站台的换乘方式。这是目前符合我国国情的常用形式，这种形式换乘距离较短，引导标志明确。其换乘流线为：乘客→某车站→自动扶梯→另一车站→站厅。

（4）站台换乘。站台换乘有两种方式：地铁车站和铁路客运站在站台的不同空间平行布置，由自动扶梯直接换乘，这一高效的换乘形式是我国未来铁路客运站换乘的发展趋势，但由于铁路客运站和城市轨道交通分属不同的管理机构，在售票系统没有解决前，这种换乘方式很难协调；地铁车站和铁路客运站在同一平面上，利用中间站台换乘，这种换乘十分有限，只在一台两线间可用。

（5）混合换乘。由两条及以上轨道交通（地铁、轻轨）在客运站衔接，形成多方向换乘，其换乘方式采用上述的两种或多种形式，以方便乘客快速疏散为目的。以北京南站为例，该站共设五层，地下一层为地铁站的站厅层，地下二层为地铁4号线，地下三层为地铁14号线，地面为铁路客运站车场及站台，地面二层为铁路客运站的站厅。乘坐地铁换乘铁路的乘客由下至上进入铁路站台，铁路换乘地铁的乘客由上至下进入地铁站台，中间通过站厅层购票，实现最短距离的垂直换乘。

2. 铁路客运站与常规公交衔接规划

常规公交是铁路客运站内外交通衔接的主要运输方式之一。城市公交系统是大多城市居民出行依靠的主要交通方式，其灵活的特点将城市区域内各点的客流运送到铁路客运站。地面公交线路包括首末站线路和过境站线路。为减少市内交通对对外交通的干扰，不能过多地将城市的公交线路引入铁路客运站并设置公交终点站。根据铁路客流的到发量，适当安排以铁路客运站为终点站的公交线路，部分线路设置为过境线路。由于常规公交这种交通方式费用小、网络辐射面较广，因而这种换乘方式在铁路客流与铁路交通中转换乘中占有较大的比重。因此，铁路客运站与常规公交及公路客运站的衔接方式有两种类型：一种是在站前广场或铁路客运站附近集中（紧靠）客运站设置常规公交到发停车场和公路客运站，公交枢纽站一般设在铁路客运站客流出口一侧；另一种是在铁路客运站的站前广场衔接的主干道，为过境线路设置公交停靠站，尽量设置在铁路站一侧，入口和铁路客运站衔接紧密，实现一体化换乘。

3. 铁路客运站与出租车衔接规划

铁路客运站与出租车是内外交通换乘的另一种重要的换乘方式。与常规公交和轨道交通（地铁、轻轨）不同，出租车属于个体交通工具，具有快速直达的优势，集中性比以上两种方式要好，适合于经济收入较高、对速度要求高的乘客。铁路客运站应设置出租车下客区和候客区，下客区靠近进站口，候客区靠近出站口，由于铁路乘客一般是通过站台下方的地道离站，因此在设计铁路客运站时，可将地下出入口处设置租车候车区，以方便乘客换乘。

4. 铁路客运站与小汽车衔接规划

铁路客运站应设置小汽车停车场。进入铁路客运站的小汽车一般需要在车站滞留，如接送乘客的小汽车，因此应设置小汽车停车场。为减少小汽车停放占用站前广场，一般设置停车场。停车场可以为平面型，也可以通过修建地下停车场或立体停车场，减少对城市土地的占用，而后两者应是最佳的选择。为减少公交车与小汽车、出租车的相互干扰，产生交通堵塞问题，由出租车与私家车产生的人流、车流的走行线路需要和城市公交系统产生的客流、车流统一规划布局，避免不同流线间发生交叉冲突，必要时甚至可通过修建专用通道，使不同的流线在平面上或空间上得到分离或者分流，实现人车分流。

11.2.2　机场与市内交通衔接规划

机场作为城市的重要对外客运交通枢纽，作为航空运输方式与其他运输方式之间有效连接最重要的节点，其对应的综合交通网络具有不同于一般交通衔接网络的特点。机场不同于铁路客运站，它面向城市群服务，辐射的腹地范围更广；也不同于港口，它服务于时间价值高的旅客及货物，对时间要求更高。近年来我国航空客、货运需求快速增长，机场尤其是大型枢纽机场正经历着新一轮的改扩建。机场规模和航班密度的快速增长，使得对机场相应的集疏运能力提出了更高的要求，机场的交通网络正在向多模式、综合化的方向发展，不仅要求机场承担集疏运终端作用，还要拥有一定的换乘能力。航空运输作为综合运输方式中的高端运输方式，需要建立含有公路、轨道交通、铁路等多种交通方式的综合系统为其进行有效、快捷的地面衔接。

道路交通方式是世界上大多数机场最主要的集疏运方式，但随着航空运输业的发展，已不能完全适应航空客、货进出机场的需要。为此，许多机场都建造了连接到机场的轨道交通系统，并使之与城市轨道交通系统相互连接起来。从交通方式看，机场综合的换乘方式目前主要分为道路交通方式和轨道交通方式，条件允许的情况下还可有水运交通方式。道路交通方式主要有私家车、出租车、机场公交巴士和其他大巴。轨道交通方式主要有高速铁路、地铁、轻轨、独轨、自动导轨（AGT）和磁浮线等。

机场本身就是航空、公路、轨道等多种交通运输方式的接合部，其内部各子系统、要素间的相互协调具有非常重要的意义。只有处理好各种运输方式之间的协调关系，才能充分发挥机场内各种运输方式的优势，促使彼此间的相互协作，进而发挥机场的综合能力。

1. 机场与市内交通衔接规划的原则

一体化的设计理念是机场换乘衔接组织的一个重要原则。该理念是指综合考虑不同层面的交通联系、疏解与引导功能，通过优化整合各类交通资源及对各类交通方式流线的合理设计，实现航空运输与城市轨道交通、机场大巴、常规公交、小汽车等其他交通方式间无缝换乘。一般来讲，机场一体化换乘衔接组织原则主要包括以下几点。

（1）换乘距离最短

进行机场规划时，应尽量保证结构紧凑，充分利用空间，以缩短客流换乘距离，减少换乘时间。通过公交和轨道交通线路及站点的空间布局优化、客流与运能的合理配置，提高公共交通对私人交通方式客流的吸引力，使中转换乘更加方便与舒适。

（2）交通分流及车道边分区

大型枢纽机场的陆侧需要满足社会车辆、公交巴士、出租车、机场大巴和旅游巴士等多种交通方式的停靠和上下客需求。繁忙、多种类的交通流集中在机场，如果没有有效的措施，极易导致枢纽内交通堵塞和混乱。另外，如果这些需求都集中在主体航站楼或换乘中心前，就会导致传统的迎客车道边长度不够，设施紧张。所以，机场综合枢纽的陆侧综合换乘系统需要通过道路分流和交通诱导进行车种分流，保证各类车辆都拥有功能独立、足够的车道边。

（3）人车分离

对于机场换乘空间内多种不同性质的人流（如航站楼与机场公交、轨道交通车站、大巴车站、停车场等之间的出发和到达人流，各种换乘站点之间的过往人流等）在机场枢纽的有限的空间中穿梭往来，不可避免地会与车流产生交叉，导致换乘受阻和安全隐患，不利于机场内的交通组织。较好的解决办法是人行系统与车行系统各成一套相对独立封闭的体系，通过立体交叉形成自然叠合点（人车换乘区），在叠合点区布置合适的竖向交通设施，形成真正意义的安全换乘。

（4）集中布置，统一管理

机场的建设应考虑将交通衔接与商业等功能相结合，在设计中应当通过潜在引导，使得枢纽与相关物业相互带动、相互促进，并最大可能地充分利用地下空间，在控制地面土地利用规模的同时，创造通达、便捷的集散吸引空间，结合周边条件刺激相关物业的开发。

（5）人性化设施

通过各种交通方式衔接系统的合理布局，促进动、静态交通的均衡分布。设施与导向系统的配套应充分体现人文关怀，合理设置各类水平、换层机械代步工具，设置合理的不同换乘区域标识诱导，保证人在机场内行动舒适、安全、方便、快捷。

综上所述，机场换乘衔接组织原则主要考虑两方面：一方面是物理上的一体化设计，即从布局上使换乘乘客的行走距离尽可能短；另一方面是在运营管理上，将各种换乘的交通模式进行流线分解，使得各种流线的旅客快速明确地分流，使各种交通方式运能相互协调匹配，使交通参与者方便快捷地利用换乘设施。

2. 机场与轨道交通衔接规划

面对道路交通存在的换乘问题，大部分机场都采用衔接轨道交通的方式来解决。因为轨道交通比道路交通有更大的运输能力，而且对机场的扩展有更强的适应性。资料显示，如果火车每小时运行 6 趟，每趟火车有 4 节车厢，则年运载旅客量可达 1200 万人次。当机场扩展时，轨道交通只需要加大运行密度或者增加轨道列车编组，而无须大动干戈地扩建。比如，列车运行密度增加至每小时 10 趟，车厢增加至 8 节，那么年运载旅客量可增加至 4000 万人次。而且轨道交通不会因交通堵塞延误旅客的时间，能保证较短的出行时间。轨道交通能高效快速地运送旅客，是保证机场持续顺利发展的最佳交通方式。但它所需的投资较大，只有当机场的年旅客流量达到 1200 万人次以上时，选用轨道交通才被认为是经济的。

机场与轨道交通换乘有以下四种方式。

（1）纵向分离换乘

以美国芝加哥奥黑尔机场为例，四个候机楼中有三个在其下面建有地铁站，由载人运输通道连接至第四候机楼。该机场被视为集中运输模式间的“换乘枢纽”。1 号到 3 号候机楼有个庞大的停车楼为其服务，停车楼下方有 CTA（芝加哥）蓝线铁路车站，每隔 8min 有一班去市中心的火车，通行时间是 45min，运送 4%的乘客到港和离港。

1 号候机楼是 1988 年为联合航空公司建造的，有两个 480m 长且建有很高的光滑拱顶大厅。一个大厅与两层的前庭相邻，提供一个能到达 25 个飞机停机位的快速通道；另一个大厅可通过一个停机坪下面的大厅到达，形成一个有 27 个停机位的岛屿卫星楼。7500m^2 的行李处理区位于两个大厅相连的地下通道旁的停机坪旁。

（2）毗邻布局换乘

以法国巴黎戴高乐机场为例，七个候机楼中有六个与铁路衔接。自第一个候机楼开放以来，戴高乐机场已经发展了 40 年。而著名的空心鼓形候机楼现在已与 2 号候机楼完全分离。2 号候机楼由 6 个组合式码头组成，共花了 20 多年的时间建造。前 4 个码头是 2A～2D 码头，每个码头有 6 个联络门，附近是铁路客运站，铁路客运站的上面是一家酒店。低层的铁轨与候机楼的中心线相交。另外 2 个码头——2E 和 2F，是在铁路客运站另一边发展起来的。交通分担情况为：公交车占 14％；当地火车占 16.5％，35min 就能到达巴黎市中心区，且每隔 8～15min 开一趟；高速火车占 3％，主要有里昂线和里尔线，每天有 25 趟。

（3）毗邻连接换乘

以英国伯明翰机场为例，铁路客运站和公交换乘枢纽通过自动导轨系统（AGT）的载人运输车与候机楼相连。该机场有两个候机楼：主候机楼和为英国航空公司服务的欧洲枢纽候机楼。伯明翰国际机场的一个独特优势在于其所在地靠近英国西海岸干线铁路，这是一条英国主要的干线铁路，直接将伦敦与英国西部主要城市连接起来。自动导轨系统将机场与铁路客运站直接相连。列车每小时能运送 1500 名乘客，每次旅程耗时 90s。该运输系统不仅连接了机场和铁路客运站，而且还提供公交车、长途客车、出租车交通的连接线路、设施及私人停车场。

（4）偏远位置换乘

以英国卢顿机场为例，铁路客运站通过 2km 的公交线路与候机楼连接。自 2001 年，在圣潘克拉斯到中部地区的铁路主干线上修建了卢顿百汇车站后，乘客乘坐由北向南穿过伦敦的泰晤士线到达卢顿百汇车站，再乘坐 2km 公交车就可从铁路客运站抵达机场候机楼。

3. 机场与道路交通衔接规划

一般来说，进出机场采用的是道路交通方式。由于机场与城市之间是点与面的联系，旅客广泛分布在城市和郊区，系统有时服务区域达数百平方千米，机场与如此大区域的联系，汽车是最方便的。因此，道路交通也是枢纽机场主要的进出机场交通方式之一。但道路交通方式存在一定的局限性。它要利用城市道路系统，因而受非机场交通的干扰和道路拥挤程度的影响，行程时间往往难以控制和得到可靠保证。由于城市的发展，部分进出机场的道路承担了越来越多的城市交通流量，以致成了城市的重点堵塞路段，对旅客进出机场造成了严重影响。另外，航站楼车道边一经建成，便难以拓宽，极大地限制了机场的发展。尤其是在枢纽机场，旅客流量大，发展速度快，问题更为突出。如美国洛杉矶、英国伦敦希斯罗等机场，随着机场的发展，都先后出现了车道拥挤和交通堵塞，导致航班延误等一系列问题。

机场与道路交通的衔接方案包括机场与公交车站、出租汽车站和社会停车场的衔接。

公交车站在机场的设置方式一般有两种：一种为过境公交线路，其车站直接设置在机场周边道路上；另一种在机场内部直接设置公交枢纽站。由于公交车运营灵活度较低、道路交通条件要求较高，易导致车辆延误和客流疏散困难，因此在机场内部布置公交枢纽站时，公交车站上、下客区应与机场进出机场大厅有一定距离，上、下客区应采取分开布置的方式。

出租车、社会车辆等小汽车行驶机动灵活，在衔接设计时，可适当通过增加小汽车的绕行距离来缩短行人换乘距离，并优先考虑下客区与航空客流进站区域的对接；对于上、下客区位于同一区域的换乘系统，应在区域内部将上、下客区进行适当隔离，可采取地面标识、画线或强制停靠管理等措施，保证送客车流和接客车流能有序流动、顺畅进出枢纽。

11.2.3 公路客运站与市内交通衔接规划

公路客运站的换乘，按照不同换乘交通工具来划分，可以分为公路客运站与城市轨道交通、常规公交、小汽车、出租车等几种换乘方式。

1. 公路客运站与城市轨道交通衔接规划

城市轨道交通车站功能构成包括公共区域、售票检票设备及轨道交通运营所需要的设备用房和管理用房。车站一般都在地下，通常设计时采用多个入口和多种方式进入的形式，如多数车站可以采用下沉广场作为入口，同时也有地面上敞开的通道以及跟地上建筑共用门厅的出入口形式。另外，轨道交通运能较大，轨道交通车站人流高峰期和低谷期对比差异相当明显，高峰期出现人流大量涌入的概率很高。这个要素影响着轨道交通客运站与公路客运站之间的换乘。公路客运站的交通空间与轨道交通空间的相似之处在于，从原理上可以水平垂直相交结合，还可以利用公共空间作为联系的桥梁，高效率地利用空间。但是值得注意的是，轨道交通客流有时间分布不均匀性，所以在公路客运站安排客运时间时，要尽量使两种交通工具的客运高峰期协调。

公路客运与轨道交通客运换乘设计时，需要考虑的因素复杂，原因是在考虑轨道交通和公路本身的通行特质之外，还要考虑公路客运与轨道交通之间不同的客流情况。衔接两种交通工具的换乘通道，为了减少步行距离，提高行走速度，减少步行时间，自动步道和自动扶梯得到广泛运用。采用换乘大厅换乘也能使人流集中，导向性也较明显。使用地下式的换乘能够避免地下人流与地面人流的交叉，使人流相对单纯，流线也更便捷。我国的城市轨道交通与公路客运站的换乘，主要采用了通道换乘和建筑内部换乘大厅这两种形式。

在修建轨道交通车站和公路客运站时，若缺乏统一的设计，往往采用通道换乘方式。换乘进行于各自独立的功能标高上，通道只是不同空间的联系纽带，但因在设计时没有对两者之间的换乘给予充分考虑，难以发挥换乘枢纽最有利的功能特征，相对于综合立体的换乘大厅来说，在舒适性、方便性上显得不足。

以北京六里桥长途客运主枢纽站为例，该站考虑了与地铁的换乘衔接，把东西走向的地铁线路的出入口设置在基地北部城市绿化带下。在主站房乘客进出站之间留出地铁出入口，以适应未来地铁产生的大量换乘客流需要。并且在主要站房与城市绿地之间设置人行过街天桥，加强地铁出入口与客运站之间的联系，方便乘客流通。

2. 公路客运站与常规公交衔接规划

乘坐长途汽车出行的旅客，很多是乘坐城市公交车到达公路客运站，再由公路客运站的站前广场进入公路客运站内部。不少城市公交车站都离传统的公路客运站站房较远，这使得旅客进站线路长，并且一路上日晒雨淋，舒适度较低。而在设计中也要尽量把人流和各种车流分开，减少车和人之间的干扰，提高安全性，设置不同的通行线路并且利用空间将其隔开。

随着公路客运站设计的发展，现在城市公交车站地点离公路客运站站房的距离越来越近，从靠近站房到利用站前广场，或融入下沉式的站前广场，再到进入站房与站房统一设计，车站进入站房架空层，成为站房的一部分。

专用的公交换乘广场面积较传统的站前广场面积大大缩小，它具有专用的换乘功能，因此流线更加分明、顺捷、流畅。由于公交换乘人流量大、车辆多、线路复杂，目前还不能完全采用站房内换乘的形式。但是可以看到，在立体换乘、综合换乘的现代交通形式中，公交换乘效率也得到了明显的提高。

3. 公路客运站与小汽车、出租车衔接规划

小汽车和出租车具有灵活的可达性、车行速度快、上下客简便等诸多优点，是公路客运站内重要的交通流线。虽然小汽车和出租车整体客流量不大，但在公路客运站内部仍需设置较多的上、下客车位，以满足小汽车和出租车的停靠需求。

小汽车和出租车站台按照车行流线分为下客站台、车辆排队区、上客站台三部分。在设计时可充分利用 U 形、L 形等形式站台的特点，结合换乘大厅设计，使上客区和下客区靠近换乘大厅，排队等候区远离换乘大厅，减小换乘距离，方便乘客换乘。同时，因小汽车和出租车的车身小，轻便灵活，机动性强，在地面层场地限制较大、不易布置的情况下，还可设置于地下或地上二层位置，实现立体换乘。

11.2.4　港口与市内交通衔接规划

港口按用途可分为商港、渔港、工业港、军港和避风港。商港主要是供旅客上下和货物装卸转运用的港口，又包括一般商港和专业港。一般商港是用于旅客运输和装卸转运各种货物的港口，例如，我国上海港和天津港、荷兰鹿特丹港、美国纽约港、英国伦敦港、德国汉堡港和日本神户港等。专业港是专门进行某一种货物或以此种货物为主的港口，例如，我国的秦皇岛港以煤炭和石油为主，伊朗的阿巴丹港则以石油为主。按地理位置可分为海港、河港、湖港与水库港。按在水运系统中的地位分为世界性港、国际性港和地区性港。

港口由水域和陆域两大部分组成。水域供船舶航行、运转、停泊、水上装卸等作业活动用，它要求有一定的水深、面积和避风浪条件。陆域供旅客上下船、货物装卸、存放、转载之用，它要求有一定的岸线长度、纵深和高程。

在港口布局规划中，要妥善处理港口布置与城市布局之间的关系。其一，港口建设应与区域交通综合考虑，港口作为交通的转运点，港口规模的大小与其腹地服务范围及疏运条件密切相关。其二，港口建设与工业布置要紧密结合，城市工业的布局应充分利用港口的优势，尽可能沿通航水道布置。其三，合理进行岸线分配与作业区布置，岸线地处整个城市的前沿，分配和使用合理与否将关系到城市的全局。其四，加强水陆联运组织，因为港口是水陆联运的枢纽，是城市对外交通连接市内交通的重要环节。

内河港口货运码头一般布置在城市外围地区，以减少货运装卸作业对城市的影响。海港码头一般远离城市中心区，并与城市保持便捷的交通联系。

现代化的海港是一个城市航运业发展的重要标志。为适应现代船舶运输发展的需要，尤其是集装箱船舶大型化发展，为吸引国际班轮公司进挂靠本港，许多海港城市加快建设深水航道，并通过各种优惠措施创造优越的政策环境。新加坡、中国香港发达的港口航运业使其已成为当今世界最繁忙的两大港口，并成为国际航运中心城市。目前，韩国的釜山、我国上海和台湾高雄都积极准备提升自身的港口及航运业竞争力，向国际航运中心发展。

港口城市大多依港而兴，随着城市的不断发展，原有的港口码头作业区已变成城市中心区，大多城市原有的货运码头根据城市新的总体规划的要求纷纷向外围区转移。客运码头因水路运输客运量的下降而减少或停止运作。主要通过公交线路、出租车和小汽车与市内交通衔接，因此需要合理设置公交线路终点站或过境站、出租车及小汽车候客点。

11.2.5 综合对外客运交通枢纽衔接规划

综合对外客运交通枢纽的主体交通设施由两种或多种对外交通设施组成。针对综合对外客运交通枢纽的衔接规划，不仅要处理好市内交通与对外交通的衔接，还要处理好市内交通的换乘衔接。城市综合对外客运交通枢纽与市内交通的衔接交通方式一般包括城市轨道交通、常规公交、出租车和小汽车等。综合对外客运交通枢纽的类型主要包括：空铁综合枢纽、公铁综合枢纽、空铁公综合枢纽等，如德国法兰克福机场、上海虹桥枢纽等。

1. 衔接规划原则

现代综合对外客运交通枢纽衔接规划应该符合以下原则：

（1）对各类交通设施进行综合一体化建设与管理。

（2）形成有机组合、紧密衔接、换乘方便的关系。

（3）采用互不干扰、有秩序的运行模式。

（4）枢纽的各设施衔接应突出公交优先，公交优先主要体现在大运量轨交优先和大载客率地面公交优先两方面。

2. 铁路客运站与公路客运站组合

通常大城市及特大城市的主要铁路客运站可能与公路客运站组合设置，并与城市公共交通换乘枢纽（包括轨道交通线和公共交通干线）、城市小汽车停车设施组合为城市综合对外客运交通枢纽。中、小城市的铁路客运站与公路客运站不一定进行组合设置，由于规模较小，通常只能形成一般对外客运交通枢纽，而不能形成综合对外客运交通枢纽。应有城市交通性主干路为综合对外客运交通枢纽服务。

铁路交通与公路客运站之间的换乘，客流量占换乘客流总量的比重较大，由于铁路客运站一般数量较少，铁路客运站直接辐射的客流范围较小，所以大多数的非铁路直接吸引范围内的乘客，到达铁路客运站都采用了其他的交通方式，然后才换乘铁路交通。同时，从铁路列车下车的乘客，受到铁路站点的制约，往往并不能直接到达旅途的目的地，需要在下车后转乘公路客运车辆到达目的城镇，最后通过市内公共交通到达最终目的地。

如果公路客运站与铁路客运站相隔较远，需要通过第三种交通方式（城市公共交通）

来实现铁路与公路客运车辆之间的换乘。如果铁路客运站与公路客运站的选址能结合考虑，将有利于两种交通方式之间的换乘。目前，我国相邻铁路客运站与公路客运站的换乘，主要采用了通道换乘、共用广场换乘和建筑内部换乘大厅等形式。如郑州综合交通枢纽公路客运中心，规划时临铁路客运站而设，两者之间的换乘是通过通道连接实现的。

3. 机场与铁路客运站组合

以上海虹桥综合交通枢纽为例。虹桥综合交通枢纽是全国最大的、现代化的综合交通枢纽，其功能的复杂性在世界上首屈一指。其成功的关键在于从规划阶段开始就以枢纽型、功能性、网络化的交通基础设施建设为目标，在“多方式均衡”的枢纽集疏运系统发展模式的指引下，构建了以服务枢纽为主的“双快集疏运系统”——快速路系统、轨道交通系统，突出多方式衔接的一体化设计，交通组织按照“便利简单、安全有序”的理念，重视管理的便捷性与运营的可靠性。

上海虹桥枢纽是轨、路、空三位一体的超大型、世界级交通枢纽中心，其特性体现为不同交通方式之间大量的客流换乘，如机场—铁路、机场—公路、公路—铁路。同时，虹桥综合交通枢纽的运营将涉及机场、高铁、城市轨道等多个运营管理实体，多元化交通模式的衔接应在一体化的协调管理下进行，协调各不同利益方的关系。并以高速铁路的建设为契机，开展空铁联运，使得高速铁路沿线的客运站点都成为虹桥枢纽的航站楼。

11.3　城市轨道交通衔接规划

大城市根据城市条件，应逐步建立以常规公交为主体，轨道交通为骨干，各种交通方式相结合的多层次、多功能、多类型的城市综合交通体系。

城市轨道交通给城市提供了可靠、快速、舒适的高密度运输服务，是实现城市总体规划重要的基础设施之一。城市轨道交通网络对解决城市大运量交通走廊、对外客运枢纽的接驳、地区中心的形成、交通集散点的疏散等提供了高效的运输服务，将使城市客运交通的整体水平发生飞跃。对于网络上的节点（站点），根据其服务范围、性质以及周围土地可能诱发出高强度的开发，将产生大量的人流和交通方式间的换乘客流，形成交通集聚效应，其中常规公交与轨道交通间的接驳，是主要的交通换乘模式之一，但应兼顾私人交通的接驳。

私人交通包括小汽车、摩托车、非机动车，具有使用灵活方便、直达性好的优势，但因其人均占用道路面积大，大量的私人交通必将造成交通拥挤堵塞，因此对私人交通工具必须抑制过量发展。抑制私人交通过量发展的重要措施是大力发展公共交通，同时搞好公共交通与私人交通之间的接驳，公共交通与私人交通之间的接驳是非常重要的。轨道交通与私人交通间的良好衔接措施，是在轨道交通车站近旁设置使用方便的小汽车、摩托车、非机动车存放场地。

常规公交与轨道在城市客运系统中是不同层次、不同功能、不同服务水平的交通模式，是“线”与“面”之间的关系，两者有机结合，相互补充，共同发展，对提高公共交通在客运市场中的比例，确立以公共交通为城市交通主导地位，将起到重要的作用。鉴于城市轨道交通网络的实施具有投资大、周期长、对城市发展影响较大的特点，而常规公交的发展具有投资少、周期短、灵活性强等特点，两者虽不可能同步发展，但有效的衔接方式应在规划中加以体现，尤其在站点周围土地规划利用对交通设施、站场用地应给予控制，以促进公共交通体系的逐步形成。因此，对地面交通与轨道交通的衔接要求，以下提供一个发展方向的指引框架，为进一步深化规划准备研究条件。

11.3.1 城市轨道交通衔接规划概述

1. 城市轨道交通衔接规划的基本概念

（1）城市轨道交通衔接规划的内容

城市轨道交通衔接规划的主要内容应包括：轨道交通衔接规划的目标和原则、轨道交通沿线现状及规划概况分析、轨道交通衔接设施功能定位与需求分析、轨道交通衔接设施用地规模分析、轨道交通衔接设施总体规划、轨道交通站点衔接设施详细规划（包括常规公交配套规划、小汽车停车场规划、出租车配套规划、非机动车停车设施规划）、轨道交通站点综合开发规划、轨道交通衔接设施近期建设实施方案、轨道交通实施与管理建议等。

（2）城市轨道交通衔接规划部分术语

1）交通衔接设施

为轨道交通乘客步行集散或换乘非机动车、常规公交、出租车、网约车、小汽车等其他交通方式设置的交通设施。

2）临时接送车衔接设施

简称“K+R 衔接设施”，指接送轨道交通乘客的出租车、私家车和网约车提供乘客换乘、等候以及车辆临时停靠功能的场所和空间，包括 K+R 上落客点、K+R 停车场。

3）机动车停车换乘衔接设施

简称“P+R 停车场”，指轨道交通乘客提供停车换乘功能的机动车停放场所，主要为小汽车停车换乘停车场。

4）衔接导向标识

为轨道交通乘客服务，引导乘客在轨道交通与其他交通方式之间实现换乘功能的导向标识。

5）换乘步行距离

为轨道交通车站出入口至其他交通衔接设施中心的步行路径（含楼梯、电扶梯等）长度。

6）轨道交通衔接核心区

轨道交通衔接设施规划设计及衔接设施用地规划的范围，原则上为距轨道交通车站 300m 半径范围内的区域，以及与 300m 半径范围外布置的出入口直接相关联的区域。

7）轨道交通衔接影响区

轨道交通衔接需求研究及交通衔接设施运营服务影响的范围，是基于轨道交通车站 10min 步行可达的服务区域，一般为距轨道交通车站中心与 800～1000m 半径范围内的区域。

2. 城市轨道交通衔接规划的目标与流程

（1）城市轨道交通衔接规划的目标

建立地面交通与轨道交通一体化衔接体系的目标主要包括：

1）建立以轨道交通为骨干，地面公共汽车为主体，中小巴、出租车为补充共同发展的城市公共交通体系，以满足城市现代化运输需求。

2）指导轨道交通站点周围土地规划，促进城市对外交通站场合理布局，支持城市空间发展和地区中心的形成，提供一个高效的公共交通运输网络。

3）根据交通衔接点的交通量，规划不同等级、不同规模的客运枢纽，发挥各种交通集聚效应，加强系统间的有效衔接，以扩大轨道系统服务范围，提高公交整体运输能力，使公共交通出行比例稳步增长，确立公共交通在城市交通的主导地位。

4）提供良好的换乘空间和设施，通过对站点城市规划综合设计，合理组织换乘客流和集散人流的空间转移，达到系统衔接的整体化。

5）不断优化城市内部公共交通线路和站点布置，主动创造就近换乘条件。

（2）城市轨道交通衔接规划的流程

城市轨道交通衔接规划的流程通常可概括为四个阶段：第一阶段为背景及现状的分析，主要研究内容为分析城市及城市交通发展的现状，其目的是明确轨道交通站点衔接规划在城市发展中的功能、定位，指导后期衔接方案的制定；第二阶段为策略研究，主要的内容是分析轨道交通衔接规划的功能定位、各种方式的特点等，制定衔接规划的整体规划策略，其目的是提出轨道交通衔接规划的操作指南，指导衔接规划方案的制定；第三阶段为需求预测，其主要内容是依托轨道交通站点，分析站点周边的现状及规划情况，确定轨道交通站点的衔接需求，其目的是明确分析轨道交通站点衔接规模，合理配置设施资源；第四阶段是衔接方案的制定，其内容是根据需求预测结果，结合轨道交通站点周边用地及各类市政设施的具体情况，制定各站点各种衔接方式的规划方案。

具体的交通衔接系统规划流程如图 11-1 所示。

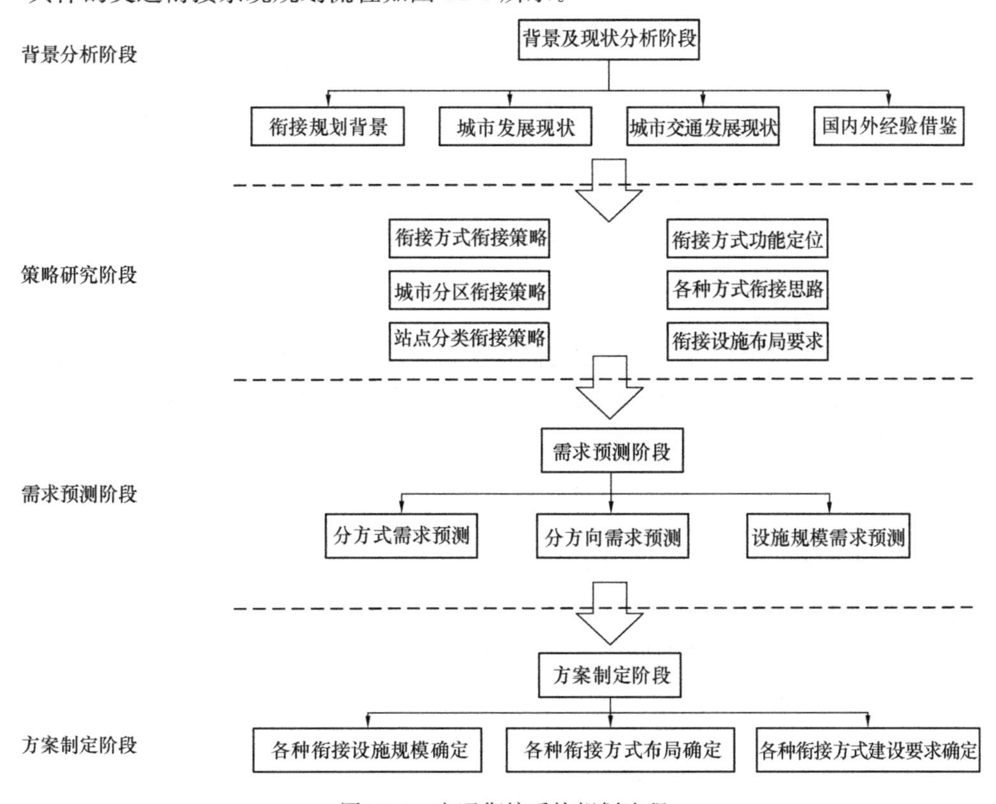

图 11-1　交通衔接系统规划流程

3. 城市轨道交通衔接规划的要求

地面交通与轨道交通之间的衔接关系应体现城市公共交通发展的整体性、协调性、便捷性、合理性和政策性，要使常规公交与轨道形成一体，发挥网络的运输能力，成为城市交通的主导地位。一般应符合以下要求：

（1）公路客运站应根据客流分布方向，原则上安排在城市发展区边缘出入口地带，结合公路干线网络和城市轨道交通线网，设置在轨道交通线首末站附近，并组织常规公交进行换乘，以实现区域与城市交通二级接驳，发挥系统各自功能。换乘中心应提供公交总站场地和设施，视客流集结规模，确定公交场站用地和线网布局及组织形式。换乘中心的设计应达到功能分区合理、转换空间紧凑、行人系统安全、交通组织流畅。

（2）铁路客运站、港口客运站，汇集了多种交通方式，具有客流集中、换乘量大、流动性强、辐射面广等特点，易形成综合客运交通枢纽。轨道交通与公共交通应成为客运枢纽的主要运输方式，在公交枢纽站，要提供足够的站场用地和先进的设施，合理组织人流和车流，以达到空间立体化的有效衔接。

（3）轨道交通主要服务于城市组团、对外交通站场和大的交通吸引源之间密集的交通走廊，为城市空间活动提供了基础保障。公交系统是一个“开放性”系统，更多地考虑网络覆盖范围，两者只是一个体系中不同层次而已。公交线网设计应区分组团内部与对外联系客流服务对象，区内应提供一个较高服务水平的公交系统，而区外可提供两种运输模式——常规公交、轨道交通或快速公交，其中以常规公交与轨道交通的相互衔接为主导模式，公交线路设计应充分考虑旅客运送的空间转换需要。

4. 城市轨道交通衔接规划的原则

（1）综合一体化的原则

土地利用一体化主要表现在将轨道交通站点、换乘设施与周边用地、建筑相结合考虑，统一规划统一建设；同时通过优化轨道交通、公交等换乘设施吸引客流，引导城市土地开发。使用衔接一体化主要表现在对轨道交通站点与地面公交、非机动车、人行等设施进行一体化规划、建设，提高轨道交通与其他交通方式换乘的方便性、舒适性，逐步实现无缝衔接。

（2）分类分析的原则

由于每个站点的功能、性质及客流特征各不相同，站点交通换乘设施的要求也将有所差异。规划根据各个站点的特点进行功能定位，针对性地提出各类站点设施衔接的重点和思路，并制定出相应各站点的衔接换乘规划方案。

（3）可操作性的原则

在注重规划的科学性的前提下，更加注重规划的可操作性。尤其在选取规划设施用地上，通过多次现场勘查和与相关部门沟通讨论最终确定方案，使方案更具有可行性。

（4）功能多元化原则

通过联合开发提升轨道交通枢纽的服务功能。

（5）空间集约化原则

立体布局，高效利用站点周边有限的土地资源。

5. 城市轨道交通衔接设施的功能定位

城市轨道交通枢纽一般承担换乘功能、停车功能、集散功能和引导功能。站点功能定位不同，其在综合运输体系中的地位也不相同，衔接配套的交通设施也有区别。应根据站点衔接的交通方式种类及枢纽所在区域的土地开发类型，并结合规划地区交通出行结构特点，对规划地区各条轨道交通线进行功能定位。

在上位规划的基础上，根据地面换乘设施的类型与规模对轨道交通各个站点进行细分，结合轨道交通站点自身的交通接驳功能特征以及车站腹地的用地功能特征分析，对各轨道车站的车站功能进行综合分析，根据其交通、用地两方面的特征以及车站发展潜力条件，将车站分为综合枢纽站、交通换乘站、片区中心站和一般站四种类型，见表 11-2。

轨道交通站点功能定位分类特征表　　表 11-2

定位	站点特征
综合枢纽站	综合枢纽站为重要的对外交通枢纽及大型常规公交枢纽与轨道交通车站结合的大规模综合性客运枢纽。承担多方式交通换乘的功能。枢纽内部应采用“无缝接驳”方式，使乘客在“不知不觉”中换乘其他交通工具，或者便捷地到达出行目的地
交通换乘站	交通换乘站位于城市道路网络的咽喉部位，或中心城区内外的交通转换点，与城市各级道路网络结合紧密的轨道车站。该类车站仅限多线换乘的重要站点，通过道路网络的辐射，对截留进入中心城区的各类交通流量具有较大的作用，乘客吸引范围较大，以小汽车停车换乘和常规公交接驳换乘为主要模式。功能以交通换乘为主，片区交通服务为辅
片区中心站	片区中心站为重要的轨道交通车站与常规公交枢纽及大型商业中心、大型居住区、密集公用建筑区等结合的客运枢纽。这类枢纽大多是两线换乘的站点（辐射范围小于交通换乘站），以轨道带动城市土地综合开发形成的交通枢纽和区域中心，功能以区域交通服务为主，以交通换乘为辅
一般站	一般站为一般轨道交通车站与常规公交站点及片区商业中心和居住区相结合的客运枢纽。一般为单线无换乘，功能主要是为片区交通服务

轨道交通站点沿线开发必须综合考虑其所处的区位环境、服务半径、承担的主要功能等因素，明确各站点周边开发的功能导向，合理制定不同类型地区的交通衔接、土地综合开发的规划指引，有针对性地引导土地综合开发，避免雷同建设或盲目追求大而全。借鉴国内外经验，根据项目区位、步行尺度及规模的不同，可将轨道交通站点综合开发划分为城市型和邻里型两种类型，见表 11-3。轨道交通站点类型及其用地特征见表 11-4。

轨道交通站点开发类型划分与特点　　表 11-3

类别	区位	功能	开发目标
城市型	城市中心区	办公、商业、娱乐、多元住宅	以轨道交通站点激发城市中心区增长，塑造城市级活力中心
邻里型	城市近郊区	居住、社区商业	以轨道交通站点为中心，进行社区空间组织，塑造社区邻里中心

轨道交通站点类型及其用地特征　　表 11-4

站点类型	用地特征
居住型	轨道交通车站交通衔接影响区范围内有 1 个或 1 个以上“10 分钟生活圈”居住区，周边商业、公共服务等设施均为配套建设
产业型	轨道交通站点位于工业园区、仓储物流等产业用地较为集中的区域

续表

站点类型	用地特征
交通型	依托大型对外交通设施设置的轨道交通站点，周边以交通设施用地为主
特殊型	轨道交通站点位于历史街区、风景名胜区、生态敏感区等特殊区域，周边以文物古迹用地、绿地和广场用地等为主
综合型	轨道交通车站交通衔接影响区范围内的用地类型较多、混合程度较高

11.3.2 城市轨道交通衔接设施规模确定

1. 衔接设施规模预测流程

轨道交通的衔接设施规模预测采用定性和定量相结合的方法。定性分析应综合考虑国土空间总体规划、交通发展战略规划、城市综合交通规划、轨道交通线网规划和建设规划、轨道交通沿线用地现状与规划、交通管理政策等影响因素，确定轨道交通站点类型及衔接设施配置要求。定量分析是以预测目标年全市居民出行特征、全日和高峰小时轨道交通车站客流数据为基础，通过实地调查或参照现有区位和功能类似车站的交通衔接特征确定各类衔接方式分担比例，推算各类衔接设施需求与规模，其中步行衔接设施、常规公交衔接设施、K＋R 衔接设施按高峰小时客流量计算，非机动车衔接设施、P＋R 停车场按日均客流量计算。

具体预测流程见图 11-2。

2. 轨道交通客流预测

（1）预测思路及技术路线

模型预测建模范围总体考虑到预测城市域范围，以城区范围为主，客流预测以交通规划有关理论及客运需求预测理论为指导，在吸收国内外交通需求预测实践经验的基础上，建立“四阶段”预测模型，重点研究城市内的交通出行，见图 11-3。

1）综合交通网络模型：包括道路系统建模、公交网络建模，在预测城市综合交通网络模型的基础上，依据片区控制性详细规划，深化道路交通网、轨道网络、有轨电车（中运量）网络，以反映现状交通系统现状和规划的交通系统构成及设施发展水平。

2）城市经济与土地利用、人口与就业岗位，根据预测城市的总体规划以及各县市总体规划的内容，预测特征年的城市人口和就业岗位数量、分布。

3）城市交通生成预测，包括常住人口、流动人口的出行生成，根据特征年各个小区的人口数量、用地类型和就业岗位，在城市大规模出行调查数据基础上预测特征年各小区常住人口和流动人口的出行生成量。

4）出行分布，本次客流预测出行分布模型通过构建分区分段阻抗函数，预测特征年的全方式出行矩阵。

5）出行方式选择，根据影响交通方式选择的宏观因素，基本确定预测城市各特征年交通方式结构的宏观目标，应用交通方式划分微观模型预测出各特征年市内出行中包含轨道交通、有轨电车的合作竞争类 OD 矩阵、个体机动客流 OD 矩阵。

6）预测特征年对外枢纽点的客流量，并进行分布预测和方式划分预测，得到对外客运交通中包括公交方式等的各方式 OD 矩阵。

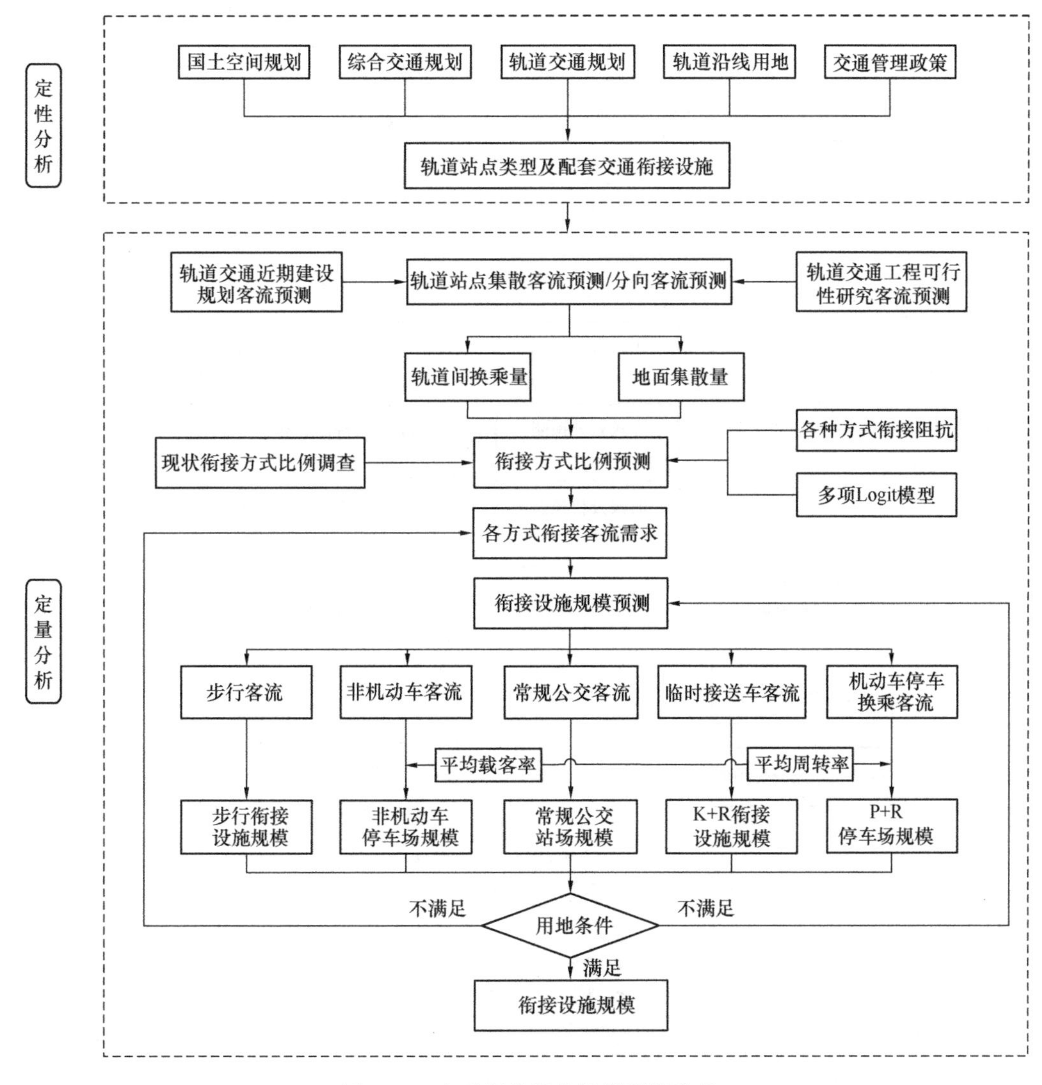

图 11-2　交通衔接设施规模预测流程

7）交通分配，将城市交通出行 OD 和对外交通出行 OD 合并，应用用户平衡分配法将机动车出行 OD 矩阵在道路网上进行配流，预测得到道路交通系统运行状况，更新路网运行时间，应用最优策略交通分配模型将公共交通出行 OD 矩阵在公交线网（含轨道、有轨电车线网）中进行配流，经过多次反馈迭代后，最终预测得到轨道交通线网的客流量。

（2）交通生成模型

出行生成是预测在特定社会经济条件下居民可能发生的出行量。出行生成包括出行产生量和出行吸引量。产生量与小区住户的特性密切相关，住户的人口特性、收入水平以及交通工具的拥有情况都直接决定了产生量的大小；吸引量则主要与建筑面积和用地性质相关。一般而言，出行产生量和吸引量可以通过人口数、出行产生率、岗位数和吸引率之间的数学公式计算获得：

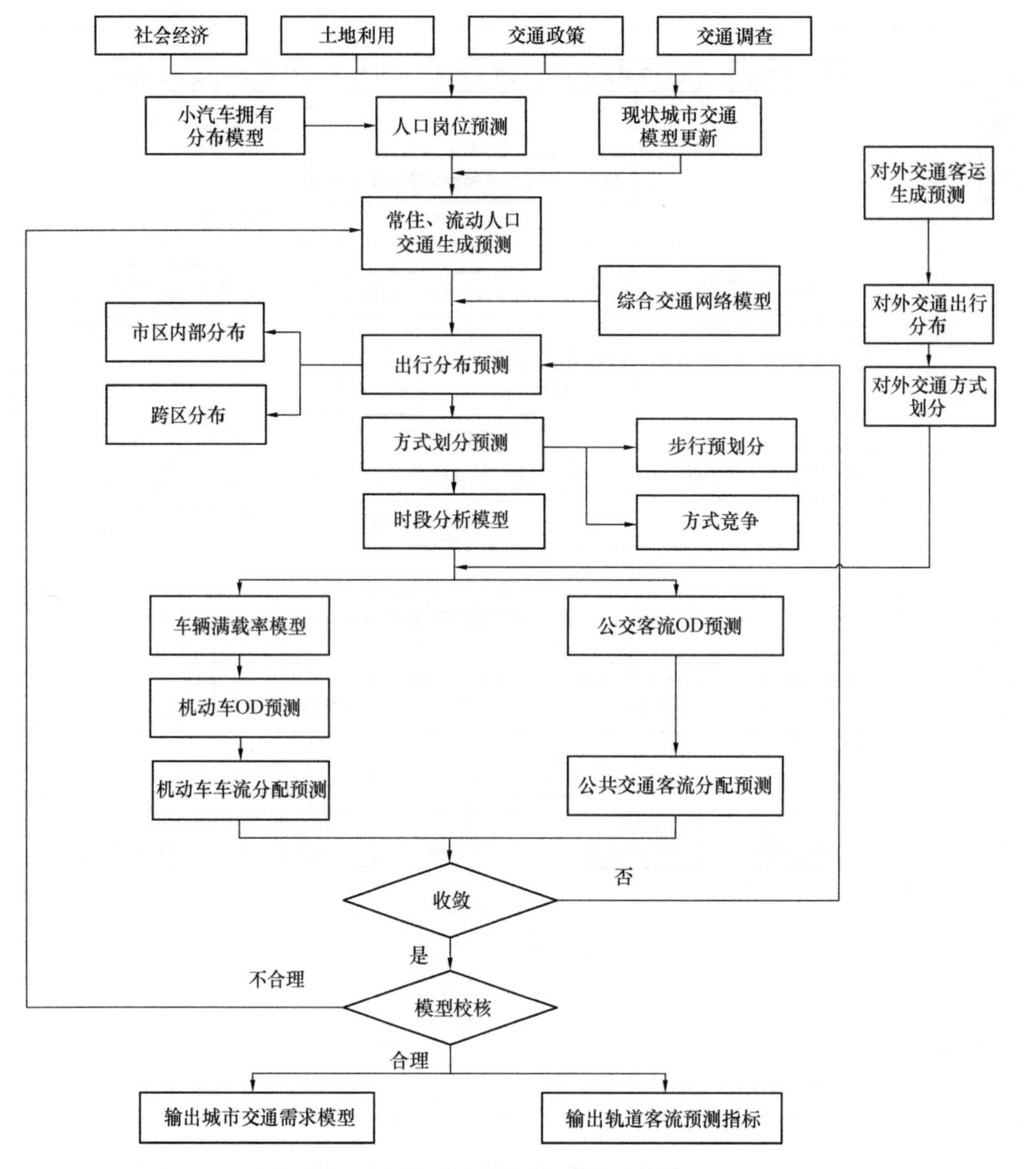

图 11-3 轨道交通客流预测技术路线图

$$T_i = \sum_{c=1}^{n} Q_c N_{ci} \tag{11-1}$$

式中 T_i——i 区的出行产生量或吸引量；

Q_c——c 类出行者产生率或吸引率；

N_{ci}——i 区内的 c 类人口数或岗位数。

从式（11-1）中可以看出，这一阶段涉及的预测参数主要有两类：

一类是与社会经济相关的参数，如人口、岗位、收入水平、机动车拥有量等。这些参数的确定一般以城市总体规划和目标为主要依据，但由于总体规划的编制本身存在一个过程，实际发展往往会突破规划目标，因此，实际操作中还要结合多种方法如自然趋势法、弹性系数法等来综合判断。

另一类是与人员出行有关的参数，即出行产生率和出行吸引率，这类参数的确定主要通过调查，采用回归分析和交叉分类等方法加以确定。

综合交通规划模型的出行生成模型采用交叉分类法，其中：出行目的分为五类：基于家的工作出行（HBW）、基于家的上学出行（HBS）、基于家的购物出行（HBSP）、基于家的其他出行（HBO）、非基于家的出行（NHB）。随着城市空间的不断扩展，上班和上学的出行距离会有所增加，中午回家的出行比例将会有所下降。随着社会经济发展和生活水平的不断提高，文化、娱乐、生活等弹性出行的出行比例将有所增加。

人口按流动、常住分为两大类，常住人口再按有无车家庭、年龄结构划分为 12 类。

就业岗位按用地性质和岗位类型关系分为中小学、大专院校、医院、普通办公、行政办公、商务办公、商业服务、工业、仓储、体育公园、市政交通、其他公共 12 类。

（3）出行分布模型

出行分布是指出行量在交通小区间的分布。两个交通小区之间的出行量由该两区的出行产生量、吸引量、两点之间的阻抗决定。

出行分布的预测方法有很多，主要有增长率法和重力模型法。增长率法又可以分为平均增长率法、Detroit 法和 Frator 法等，其优点是操作简单，缺点是无法考虑城市布局、城市基础设施建设改变等对城市居民出行 OD 的影响，而且现状年 OD 调查中存在的问题也会带入预测结果中。重力模型法是模拟物理学中万有引力定律而开发出来的交通分布模型。此模型假定交通小区间的交通量与一个小区的发生交通量和另一个小区的吸引交通量呈正比，与两小区间的距离呈反比。对轨道客流预测来说，由于预测年限离现状时间较长，鉴于城市布局、用地性质的变化，大多采用重力模型法来预测出行分布。

对于快速发展中城市，未来用地发展变化很大，因此，分布模型宜采用重力模型法，此处的综合交通规划模型采用双约束重力模型进行预测，所选用的模型形式如下：

$$PA_{ij} = P_i \cdot \frac{k_{ij} \cdot A_j \cdot f(d_{ij})}{\sum_n k_{in} \cdot A_n \cdot f(d_{in})} \tag{11-2}$$

式中　PA_{ij}——小区 i 到 j 的分布量；

P_i——小区 i 的发生量；

k_{ij}——小区 i 到 j 的 K 因子；

A_j——小区 j 的吸引量；

n——小区号；

$f(d_{ij})$——小区 i 到 j 的阻抗函数；

d_{ij}——小区 i 到 j 之间的出行成本。

这一阶段的主要参数是分布阻抗函数。分布阻抗函数考虑的因素包括：小区沿线距离、所需费用、票价、收费道路时的通行费和燃料费以及设定的距离函数等。在具体使用时，对于分布阻抗函数的标定比较严格，需要对未来的道路、公交等各系统在设施建设、政策费用方面的资料有比较多的了解。

常用的阻抗函数包括伽马函数、幂函数、指数函数、半钟型函数等，指数函数只有一个参数，一般比较容易标定。阻抗函数的选择需要根据具体调查的情况，通过对调查数据的分析，分别采用不同的函数形式进行标定后，选择与调查数据较为吻合的函数形式。通过现状模型的反复测试计算，出行分布预测重力模型选用伽马函数形式较为合适。

依次将扩样校核后的居民出行调查数据根据不同的出行目的汇总成矩阵数据，并和现状调查的交通小区间的阻抗矩阵一起输入软件，进行标定后得到重力模型的参数。

（4）方式划分模型

方式划分是指出行量在不同交通方式之间的分配，从而获得分方式的OD表。许多城市方式划分均采用的是Logit概率模型法，Logit模型是将非集计模型集计化使用，某个OD组间某种交通方式的分担率为：

$$P_i = \frac{\exp(U_i)}{\sum_{i=1}^{N}\exp(U_i)}, U_i = \alpha_i T_i + \beta_i C_i + \gamma_i \tag{11-3}$$

式中 T_i，C_i——表征交通方式 i 服务水平的要素旅行时间和旅行费用；

α_i，β_i、γ_i——待定参数；

N——交通方式的个数；

U_i——交通方式 i 的效用函数；

P_i——分担率。

式（11-3）中，满足 $0 \leqslant P_i \leqslant 1$ 和 $\sum_i P_i = 1$ 。

预测主要依据Logit模型，但可根据一些政府制定的发展目标进行调整或者标定多套方案进行敏感性分析。

方式划分模型采用分层逻辑（Nested Logit）模型，Nested Logit模型的分层方法，是模型结构的重要特征表现。一般来说，具有类似特性的交通方式应该归为一个类别，并要综合考虑交通方式之间的相互关系，参数标定情况以及模型应用的方便性等因素来确定模型分层方法。根据各种客运交通方式的特征将其分成不同层次结构，首先确定非竞争类即步行交通方式的分担率，然后采用Logit函数模型，将非机动车方式以及出租车、小汽车、大客车、摩托车等个体机动交通方式的分担率从竞争类交通方式中划分出来，从而得到由轨道交通、有轨电车、常规公交组成的合作竞争类交通方式的分担率。该方法是得到合作竞争类交通方式的OD矩阵，充分体现了轨道交通、有轨电车、常规公交之间的合作竞争关系。Logit模型的分层结构如图11-4所示。

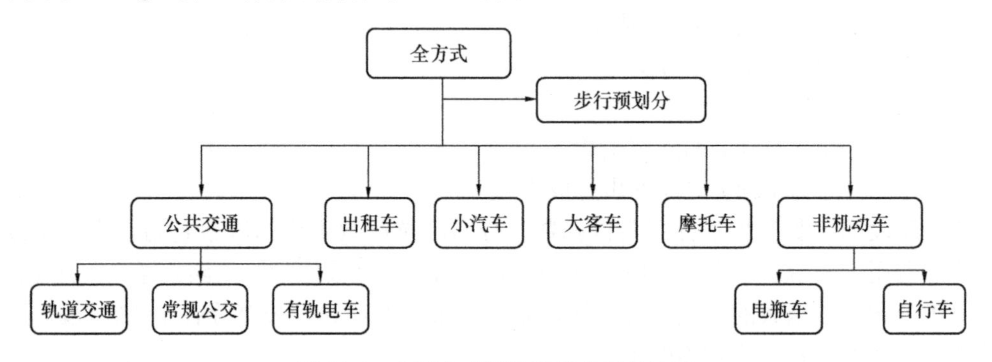

图11-4　交通方式划分模型分层结构图

1）步行交通方式划分

步行预划分模型主要研究交通方式结构的第一层，即将在出行端点将步行方式划分出来。之所以在出行端点就将步行方式划分出来，主要是考虑步行方式出行距离很短，决定步行方式比重的主要因素是城市用地强度和均衡性。城市用地强度越大，均衡程度越高，则步行方式比重就越大。

步行预划分模型采用逻辑（Logistic）增长曲线模型技术。步行预划分模型函数形式如下：

$$P_{\mathrm{w}} = \frac{a}{1 + b \cdot \exp(c \cdot totden)} \tag{11-4}$$

式中　P_{w}——步行方式占全方式出行的比重；

a、b、c——待定参数；

$totden$——用地强度及均衡度指数。

该模型用于描述步行方式比重的S形增长曲线趋势，这种曲线以其步行方式比重的中间值为中心，两边对称，当 $totden$ 趋于无穷小或无穷大时，P_{w}趋于最小值或最大值。在中间阶段，P_{w}变化比较剧烈，在两端 P_{w}变化比较平缓。

用地强度及均衡度指数用以表示某一小区的用地开发情况。如果该小区人口、岗位规模越大，则表明该小区用地开发不仅强度高，而且人口和岗位之间的均衡程度也越高。用地强度及均衡度指数公式如下：

$$totden = \frac{pop + k \cdot emp}{S} \tag{11-5}$$

式中　pop——小区人口，人；

emp——岗位数，个；

S——小区土地面积，m^2；

k——标定系数；

$totden$——用地混合程度。

通过对不同分类的步行方式曲线变化趋势比对，通勤出行与非通勤出行之间的差异比较显著，而非通勤出行的各个目的差异性较小。因此，步行预划分模型按照小汽车拥有情况、出行目的区分标定。

2）竞争类交通方式划分

该层次的交通方式划分模型采用 Logit 模型，在模型效用函数的定量指标上体现城市交通发展策略对公共交通服务水平、个体机动交通方式、非机动方式出行比例及出行费用的宏观控制作用。

各种交通方式效用函数的主要变量是时间和费用，对出租车、公交车和轨道交通，还专门区分了车内时间和车外时间两个变量。费用主要是公共交通的票价、小汽车燃油费等。考虑到模型的实际应用，停车费、拥挤收费等费用可以计入小汽车费用一项。模型实际应用中各种交通方式的效用函数具体形式见表 11-5。

模型实际应用中各种交通方式的效用函数　　表 11-5

编号	名称	效用函数参数			常数项
1	自行车	时间（*BikeTime*）	—	—	常数项
2	助动车	时间（*MopedTime*）	—	—	常数项
3	摩托车	时间（*MotorTime*）	—	—	常数项

续表

编号	名称	效用函数参数			常数项
4	出租车	车内时间（*TaxiIVT*）	车外时间（*TaxiOVT*）	车票（*TaxiFare*）	常数项
5	地面公交	车内时间（*BusIVT*）	车外时间（*BusOVT*）	车票（*BusFare*）	常数项
6	单位班车	时间（*UnitBusTime*）	—	—	常数项
7	小汽车	时间（*CarTime*）	燃油费用（*CarFuleCost*）	停车费用	常数项
8	轨道交通（含有轨）	车内时间（*RailIVT*）	车外时间（*RailOVT*）	车票（*RailFare*）	常数项

其中：自行车/电动车的广义出行费用为出行时间；公共交通的广义出行费用包括到车内时间、车外时间（含等待时间、换乘时间、步行时间等）以及乘车费用；小汽车出行费用包括出行时间与出行费用（耗油、停车费用）。各种交通方式对应的效用函数计算公式为：

自行车：

$$V_{\text{Bike}} = \beta_{\text{BikeTime}} \times BikeTime \tag{11-6}$$

助动车：

$$V_{\text{Moped}} = \beta_{\text{MopedTime}} \times MopedTime + ASC_{\text{Moped}} \tag{11-7}$$

摩托车：

$$V_{\text{Motor}} = \beta_{\text{MotorTime}} \times MotorTime + ASC_{\text{Motor}} \tag{11-8}$$

出租车：

$$V_{\text{Taxi}} = \beta_{\text{TaxiIVT}} \times TaxiIVT + \beta_{\text{TaxiOVT}} \times TaxiOVT + \beta_{\text{TaxiFare}} \times TaxiFare + ASC_{\text{Taxi}} \tag{11-9}$$

公交车：

$$V_{\text{Bus}} = \beta_{\text{BusIVT}} \times BusIVT + \beta_{\text{BusOVT}} \times BusOVT + \beta_{\text{BusFare}} \times BusFare + ASC_{\text{Bus}} \tag{11-10}$$

单位班车：

$$V_{\text{UnitBus}} = \beta_{\text{UnitBusTime}} \times UnitBusTime + ASC_{\text{UnitBus}} \tag{11-11}$$

小汽车：

$$V_{\text{Car}} = \beta_{\text{CarTime}} \times CarTime + \beta_{\text{CarFuleCost}}\ CarFuleCost + ASC_{\text{Car}} \tag{11-12}$$

轨道交通：

$$V_{\text{Rail}} = \beta_{\text{RailIVT}} \times RailIVT + \beta_{\text{RailOVT}} \times RailOVT + \beta_{\text{RailFare}} \times RailFare + ASC_{\text{Rail}} \tag{11-13}$$

其中，式（11-6）至式（11-13）中，ASC 为各种交通方式的常数项，其余变量和参数名称对应，见表 11-5。

假定步行平均速度为 4km/h，自行车平均速度为 12km/h。公交平均等车时间假定为发车间隔的一半。假定轨道、有轨电车和公交平均停站时间为 30s。对于轨道、有轨电车换乘站内的步行换乘，假定平均步行换乘时间为 1～3min。对于轨道、有轨电车与附近公交站点之间的步行换乘，考虑公交站点的优化布局，假定平均步行换乘时间为 3～5min。

（5）交通分配模型

1）交通分配策略

对于不同的交通方式采用不同的分配策略：

① 对于自行车、电动自行车的分配采用最短路径法。

② 对于道路网机动车分配采用用户平衡模型，路阻函数采用 AKCELIK 形式，充分考虑城市道路交叉口的影响，对不同等级的道路采用不同的参数形式。

③ 对于公共交通分配，采用 Pathfinder 法，分配过程中的阻抗为广义出行费用。

2）网络模型

网络模型包括物理网络与网络参数两部分：物理网络是对实际交通网络的仿真；网络参数是对各种交通方式出行特性的仿真。物理网络包括以下四部分：

① 道路网络：道路网络包括四个等级，即快速路、主干路、次干路、支路。

② 小区连接线：小区连接线是小区形心向道路网络的连接线，承担输送和接受交通流的功能，小区连接线仅作为出行路径中开始和结束的路段，不能作为出行路径中的中间路段使用。

③ 常规公交网络：常规公交网络建立在道路网络之上，其运行时间参数从道路网络上获取。常规公交网络包括公交路段和车站两部分，出行者步行到达车站乘坐公共交通。

④ 轨道交通网络：轨道与常规公交网络有着类似的性质，运行时间参数从轨道交通线路的设计参数来设定，但出行者到达乘车平台需要一定的时间，因此需要设置轨道交通车站的进出站连线。

常规公交网络与轨道交通网络依附于道路网络与小区连接线构成的网络，共同构成公共交通网络。公交分配模型是在规划道路及公共交通网络模型的基础上构建的，根据轨道客流分配模型的需要，增补与公交关联的路段或连线，如轨道交通线路、轨道交通与地面公交的连线、小区与道路公交的连线、小区与轨道交通的连线。调整后的道路与公共交通网络由四种基本路段组成：形心连杆、普通道路、常规公交线路和轨道线路。

3）道路分配模型

道路分配采用用户随机平衡模型（SUE），该方法通过移动平均法（MSA）达到平衡的结果，即出行者认为改变路径不可能再改进出行时间。在每次的迭代过程中，计算路网中各路段的流量并考虑路段通行能力的限制和路段相关的出行时间。相较于用户平衡模型（UE），用户随机平衡模型（SUE）允许吸引力小的路径，因而其比用户平衡模型（UE）得到的结果更贴近实际。

4）路阻函数

路阻函数可采用 Akcelik 延误函数（HCM2000），这一函数既包括了路段行驶时间，同时也包含了交叉口的延误时间。考虑交叉口延误的路阻函数计算，这相较于以往国内通过拟合 BPR 参数使用 BPR 函数的方法，更适用于城市道路分配。

$$R = R_0 + D_0 + 0.25T\left[(v/c-1)+\sqrt{(v/c-1)^2+\frac{16J\cdot(v/c-1)\cdot L^2}{T^2}}\right] \tag{11-14}$$

式中　R——路段行驶时间；

R_0——路段自由流行驶时间；

D_0——零交通流量控制延误；

T——预期需求持续时间；

v/c——路段流率；

J——标定参数；

L——路段长度。

5）公交分配模型

利用公交分配模型，对轨道交通线网客流进行预测。

公交分配模型主要有最短路径模型、最优策略模型、用户平衡模型（UE）、用户随机平衡模型（SUE）以及 Pathfinder 法等。前两种模型是非平衡模型，UE 模型和 SUE 模型是基于网络平衡的分配方法，Pathfinder 则是 TransCAD 软件平台提供、由 Caliper 公司研发的公交分配方法，其概括了 TRANPLAN 方法和最优策略法。

分配方法可以采用 Pathfinder 法，该方法提供了路径属性计算（SKIMMING），能较方便地将交通分配结果反馈给交通分布及方式划分，并进行迭代运算，同时其更精细地处理入口、出口和换乘连线并充分计算最优路径时的车费，使用方便，计算快捷。另外，该方法可详细考虑了模式之间的换乘惩罚、换乘限制次数、票价方案，这些都使得该方法的运算结果更贴近实际情况。

6）公交模型的广义费用计算方法

广义费用函数是公交分配的基础，也是分配中最重要的部分。利用以下公式计算路线 k 的总费用：

$$c_k = \sum_{a \in A} \delta_a^k (V_a + W_a) \tag{11-15}$$

$$V_a = \begin{cases} \gamma_r r_a + VOT(\gamma_l l_a + \gamma_x X_a + \gamma_d d_a), a \in \text{公交路段} \\ VOT \cdot \gamma_k k_a, a \in \text{非公交路段} \end{cases} \tag{11-16}$$

$$W_a = \begin{cases} \gamma_w \dfrac{\alpha}{\sum\limits_{b \in F_{t(a)}^k} f_a}, a \in \text{公交路段} \\ 0, a \in \text{非公交路段} \end{cases} \tag{11-17}$$

式中 c_k——超级路径 k 的广义总费用；

a——公交或步行路段；

A——路段集；

δ_a^k——k 流量分配到路段 a 上的比例；

V_a——与路段 a 相关的出行成本；

W_a——与路段 a 相关的等待时间；

γ_r——车费权重；

r_a——与路段 a 相关的车费；

VOT——时间货币价值；

γ_l——车内时间权重；

l_a——与路段 a 相关的车内时间；

γ_x——换乘惩罚时间权重；

X_a——与路段 a 相关的处罚时间；

γ_d——驻站时间权重；

d_a——与路段 a 相关的车站等候时间；

γ_k——步行时间权重；

k_a——与路段 a 相关的步行时间；

γ_w——等候时间权重；

α——到达间隔参数；

$t(a)$——路段 a 的尾节点；

$F^k_{t(a)}$——超级路径上所有以 a 为尾节点的路段；

f_a——与路段 a 相关的发车频率。

注：在相同路线的一系列路段中，只有第一条路段有车费。

(6) 模型校核

由于任何预测的结果无法直接校核，交通模型的校核工作主要分两部分：一是利用现状调查数据对现状模型的模拟结果进行校核，证明模型选用及模型参数的合理性；二是利用现状调查数据的分析结合城市规划、社会经济发展对预测结果的综合判断。下面对本次模型中各步骤中使用的关键参数和特征结果进行校核分析。

对模型的运行结果与实际的观测数据进行比较，通过试错法逐步微调模型的各个参数，并观测模型结果与校对标准的差异变化趋势来决定参数的调整方向，直到模型结果满足要求。本次模型的校核过程如下：

1) 运行初步建立的出行生成模型、出行分布模型及出行方式划分模型，得到各种目的出行分布矩阵、出行总比例结构。

2) 对比出行比例结构调查值与模型计算值的差别，判断参数的改变方向与大小，对出行方式划分模型的参数进行校核。

3) 对比各种目的的出行时耗分布与实际观测值的差异，对出行分布模型的参数进行校核。

4) 在第 1)、2) 步校核的基础上，重新运行四阶段模型，并循环重复第 1)～3)步的过程，直到达到校核目标。

5) 根据最新的校核结果运行四阶段模型，并得到道路交通流量的分配结果，对模型的运行结果与核查线交通量的调查值进行对比，根据差异情况再次调整分布模型参数，并重复第 1)～4)步的过程。

6) 进行公共交通分配，校核轨道交通客流分配与已运营线路的客流特征，重复以上步骤。

3. 衔接设施规模预测方法

(1) 公交车换乘空间

公交设施空间包括车辆停车上下客空间、乘客集散空间、乘客等候空间和车辆掉头空间。规模测算如下：

$$S_b = N_b \cdot S_{ba} + \frac{Q_{bus} \cdot N}{3600V_p \cdot \Delta_p} \cdot l_b + N_{bp} \cdot t_{bp} \cdot S' + S_d \tag{11-18}$$

式中　S_b——公交接驳设施空间，m^2；

N_b——接驳公交车站有效泊位需求，个；

S_{ba}——每个泊位占地面积，m^2/个；

Q_{bus}——高峰小时到站公交车辆，辆/h；

N——每辆公交车载客数，人/辆；

V_p——下车乘客平均步行速度，m/s；

Δ_p——下车乘客平均步行密度，人/m^2；

l_b——公交乘客疏散平均步行距离，m；

N_{bp}——高峰时段10min公交候车乘客平均到达率，人/min；

t_{bp}——公交乘客平均候车时间，min；

S'——平均每位乘客候车时占地面积，m^2/人；

S_d——车辆掉头车道占地面积，m^2。

接驳公交车站有效泊位需求 N_b 可根据以下公式确定：

$$N_b = \frac{J}{Q} = \frac{J(bB + t_c)}{3600 \cdot B \cdot R} \tag{11-19}$$

式中 N_b——公交接驳设施空间，个；

J——每小时服务乘客数，人/h；

Q——站位每小时最大乘客量，人/h；

b——每人上下公交车所用的平均时间，s/人；

B——公交上下客人数，人；

t_c——公交车辆间隔时间，s；

R——抵偿停站时间和到站时间波动的折减系数。

当公交客流量超过一定规模时，需要更多的有效站位数，而当设置站位超过5个时，对车站乘客通行能力的增加并不明显（表11-6）。而且站台过长会造成乘客追赶乘车的情形，对乘客的安全不利。

公交直线排列多站位效率 **表11-6**

站位数量	占道车站	港湾车站
	有效站位数	有效站位数
1	1.00	1.00
2	1.75	1.85
3	2.25	2.60
4	2.45	3.25
5	2.50	3.75

注：多站位的乘车位置不可能等量发挥作用，乘客不可能均匀分布在每个站位，相邻站位车辆可能相互干扰，因此，实际设站时要考虑有效站位数。

（2）小汽车停车换乘空间

$$S_c = \frac{N_c \delta_c}{(1-\gamma_c)P_c} \cdot \overline{S}_{car} \tag{11-20}$$

式中 S_c——小汽车停车场面积，m^2；

N_c——高峰时段采用停车换乘接驳的人数，人；

δ_c——小汽车停车峰值系数；

γ_c——非停车换乘比例；

P_c——每辆小汽车载客数，人/辆；

$\overline{S}_{car}$——每辆小汽车占地面积，m^2/辆。

（3）临时停车换乘空间

接送车辆在上下客区即停即走，所需空间以高峰时段的最大泊位需求量计算，接送车辆包括出租汽车和私人小汽车。规模测算如下：

$$S_t = \frac{N_t}{60} \cdot t_t \cdot S_{ta} + N_{tp} \cdot t_{tp} \cdot S'' \tag{11-21}$$

式中　S_t——接送车停车面积，m^2；

N_t——高峰时段 10min 接送车平均到达率，辆/min；

t_t——上下客所需平均停车时间，s；

S_{ta}——每辆接送车停车空间，m^2/辆；

N_{tp}——高峰时段 10min 接送车候车乘客平均到达率，人/min；

t_{tp}——接送车乘客平均候车时间，min；

S''——平均每位乘客候车时所占用面积，m^2/人。

（4）非机动车换乘空间

$$S_b = \frac{N_b \delta_b}{(1-\gamma_b)} \cdot (\alpha_z \beta_z + \alpha_m \beta_m) \tag{11-22}$$

式中　S_b——非机动车停车场面积，m^2；

N_b——高峰时段采用非机动车接驳的人数，人；

δ_b——非机动车停车峰值系数；

γ_b——非机动车非换乘停车率；

α_z——自行车比例；

β_z——一辆自行车占地面积，m^2；

α_m——助动车比例；

β_m——一辆助力车占地面积，m^2。

（5）步行通道

$$Q_{pds} = \frac{Q_{15min}}{15} \times 60 \tag{11-23}$$

$$WP = \frac{Q_{pds}}{v} \tag{11-24}$$

式中　Q_{15min}——高峰 15min 所有步行需求，人；

Q_{pds}——单位时间步行人流需求，人/h；

v——单位宽度步行通道人流量，人/m/h；

WP——步行通道宽度，m。

11.3.3　城市轨道交通与各交通方式衔接规划

1. 城市轨道交通与市郊铁路线衔接规划

城市轨道交通与市郊铁路是两个不同层次的轨道交通系统，市郊铁路具有站距大、速度快、运量大的特点，是连接中心城市与卫星城或郊区重镇的地区性交通工具，对城市轨道交通而言，它是外延和补充。

由于城市轨道交通和市郊铁路属于不同性质的轨道交通系统，他们的服务对象和区域都不同，所以在线网布置上，要有所侧重。

目前我国市郊铁路的发展还没有形成足够的规模，与城市轨道交通如何衔接正处于研究探索阶段，还没有十分成熟的经验。国外的市郊铁路一般有两种：

（1）市郊铁路深入市区，在市区内形成贯通线向外辐射，在市区内设若干站点与城市轨道交通衔接，如巴黎 A、B、C 线等。

（2）利用原有铁路开行市郊列车，市郊列车一般不深入市区，起终点设在市区边缘，在起终点车站上与城市轨道交通进行换乘衔接。

2. 城市轨道交通与常规公交衔接规划

城市轨道交通设施作为城市重大交通基础设施，一经投资建设，其线路很难调整，轨道交通与常规公交功能整合大多通过调整常规公共交通线路与轨道交通走廊主动衔接，一般来说，常规公交可以有三种线网组织方式与轨道交通衔接。

常规公交作为轨道交通或 BRT 填补型骨干线路，主要针对轨道交通线网覆盖比较薄弱的区域。一般在城市外围区或郊区周边较近的轨道交通终端处引入常规公共交通，作为此类区域的骨干线路，以弥补轨道交通网络的空白。轨道交通与常规公交衔接需要一个共同的站点作为联系，站点两侧的客流量有较大差别。公交支线作为公交干线服务的延伸，一般采用串联的方式，不同层次线路相连结在一条线上。

常规公交作为轨道交通或 BRT 的互补型次干线路。由于轨道交通站间距较大，服务的可达性较差，因此，轨道交通的客流走廊上仍然需要一些与其平行的公交线路。这些线路站距离很短，平均站距一般不超过轨道交通平均站距的一半，主要为轨道交通客流走廊沿线提供短途出行服务，以弥补轨道交通功能上的不足。这些线路还能为轨道交通的运能发挥补充作用，一旦出现大客流，轨道交通运能不足时，这些线路可以通过组织大站快车形式为轨道交通实施分流。此类常规公交与轨道交通衔接主要考虑常规公交对轨道交通覆盖范围的加密，一般采用常规公交与轨道交通并联的方式，或布设在同一条道路上，但此种方式容易形成两种公共交通方式间的竞争，为此，平行路段不宜过长。或布设在两条相近的平行道路上，平行段可以保持相对较长的距离，但应尽可能保证常规公交与轨道交通可以形成多处换乘。

常规公交作为轨道交通的接驳线型支线。接驳型公交线路，主要是为轨道交通车站接驳服务，为轨道交通车站“喂给”客流。接驳型公交线路主要分布于轨道交通线网密度较低的城市外围区和郊区。重点为大型居住区、工业园区、开发区等提供至就近轨道交通车站的短途接驳服务，同时也为区域内短途出行提供服务。此类公共交通与轨道交通衔接一般采用开行环线的方式，形成轨道交通一个“分枝”。

城市轨道交通与地面常规公交都拥有庞大的客运量和客运能力，属于既相互竞争又相互合作的关系，两者间的衔接程度对城市公共交通网络的运营效率起着决定性作用。合理的公交线网应由三个部分组成：一是延伸轨道交通吸引范围，为轨道交通集疏客流；二是弥补轨道交通服务空白区，共同提高城市公共交通覆盖率；三是局部客流大的客流走廊，分流一部分轨道交通压力。

为使城市轨道交通与地面常规公交融为一体，达到客运一体化，应使两者间的线路布局协调、换乘衔接高效，侧重于从距离、时间、费用等角度减少乘客的换乘成本。

（1）城市轨道交通与常规公交的换乘空间布局形式

1）常规公交与轨道交通不处于同一平面，公交车站在轨道交通车站一侧停靠可利用地下通道与轨道车站相联系，适用于轨道交通枢纽地面用地受限的情况，枢纽只允许安排少量公交停靠站点，无法设置大规模的公交始末站场，轨道交通枢纽中的不同交通方式换乘功能相对较弱。

2）常规公交与轨道交通不处于同一平面，公共车辆在轨道交通车站两侧停靠，公交车站可利用地下通道与轨道车站相联系，当常规公交进出流线发生冲突时，可做立体交叉疏解。适用于轨道交通枢纽用地受限的情况，枢纽只允许安排少量公交停靠站点，相比公交线路一侧布置的换乘组织模式，两侧布置的流线组织较为复杂，同时还需提供较多的信息引导。公交车辆的进出对轨道交通枢纽内道路干扰较大，在枢纽内平面布局情况复杂、专用道设置困难的情况下，可考虑采用两侧布局方式，以减轻单向交通压力。

3）常规公交与轨道交通处于同一平面

① 常规公交上下客站与轨道交通的站台合用，并用地下通道连接两个侧式站台，确保有一个方向换乘条件很好，而且步行距离短。该方式适用于轨道交通与公交换乘客流的方向不均衡系数较大的情况。

② 通过某一路径，使公交车辆到达站和轨道交通出发站同处一侧站台，而常规公交出发站与轨道交通到达站同处另一侧站台。该形式使轨道交通与常规公交共用站台。两个方向都有很好的换乘条件。

（2）城市轨道交通与常规公交枢纽的衔接形式

根据上述城市轨道交通与常规公交的换乘空间布局形式，不同布局形式的公交枢纽与轨道交通的具体衔接形式如下：

1）岛式公交枢纽与轨道交通衔接形式

当公交站台为岛式布置时，可以考虑将地下通道的另一个出入口设置在公交车站范围内的中间位置，以方便乘客在常规公交与轨道交通之间进行换乘。

该模式的优点是人车之间的冲突较小，换乘客流的平均步行距离最小，将乘客集中到一个“岛屿”上，换乘更为便捷。为保证乘客候车区的面积，在中央岛屿候车区可以提供各条线路统一的设施，以提供高质量的候车环境。

如果该公交车站的布局形式为停靠站在岛外的岛屿形式，则可以利用停靠站的外边缘步行区直接与轨道交通换乘站厅连接，该方式可以有效地使客流均匀分布在整个换乘流程上，提高换乘过程的通畅性，但是这种方式也相应地增加了乘客的换乘距离。

该模式的最大特点是灵活性高，临时停车集中于中央停车区，泊位可以按需要调整。乘客的上下车和换乘在周边步行区进行，不存在人车冲突。乘客区域较为分散，线路之间的换乘略费周折，但乘客候车的区域较大。中间的空间如果设置为公交暂时停车场地，公交车辆从停放区进入站位会不太方便。

2）站台式公交枢纽与轨道交通衔接形式

如果公交车站的布局形式为站台式，则可以考虑利用地下通道将每个公交站台与轨道交通车站直接相连，以避免人流进出站对车流的干扰。该模式下各线路车辆进出车站均较为方便，但换乘客流对各个站台的选择，易导致换乘人流与公交车辆之间的冲突。该模式的灵活性差，如果某条线路停车空间不够，不允许其车辆驶入其他线路的站位。为连接各个公交站台和轨道站台，需要配建多个楼梯和自动扶梯。另外，公交枢纽占地面积比较大。因此，该模式适用于换乘量较大、可用地空间较大的常规公交与轨道交通换乘枢纽站。

3）特殊形式

当公交枢纽与轨道交通终点站接驳时，公交站台可以采用椭圆形岛式布局与轨道交通衔接，公交车辆的到达站与轨道交通的出发站位于一侧，公交车辆的始发站与轨道交通的到达站位于另一侧，这样在主要换乘方向上的换乘就非常容易（站台的两侧换乘）。

4）公交汽车站与轨道交通车站立体式布局时采用换乘大厅形式

在城市用地紧张、需要集中进行物业开发时，可将轨道交通车站、公交汽车站与城市综合体集中为立体化的布置方式。如上海市虹口商城，乘客可以通过地下二层大厅和设于站场内的垂直交通设施，完成地铁 8 号线、轻轨 3 号线、常规公交等的换乘。

3. 城市轨道交通与小汽车交通衔接规划

公共交通与小汽车交通衔接的核心内容是停车换乘规划，停车换乘应坚持区域差别化的原则，即针对核心区、主城区和外围区等不同区域范围内对 P+R 设施的功能要求差异进行灵活设置。核心区边缘 P+R 设施位于组团中心区或城市重点区域的周边地区，通常也是停车供给与停车需求矛盾最大的地区。位于城市边缘区的轨道交通站点，它可能位于对外交通枢纽换乘处，如铁路、机场、公路客运站等，或者位于轨道交通公共交通枢纽。这类设施的规划目的就是要将中心区内多余的停车需求转换为公共交通。作为市内 P+R 中一类特殊的换乘设施，兼有公共停车场和换乘停车场的功能。如何确定核心区边缘需求量在一定程度上反映了边缘 P+R 设施的性质。当需求量完全按照实际的供需差额来确定时，核心区边缘 P+R 设施从功能上承担了中心区公共停车场的功能，所取作用仅仅只是使中心区的停车需求转移到边缘地区。当采取缩小供需缺口、控制停车需求的策略确定需求量时，边缘 P+R 设施才真正起到停车换乘的功能。但无论采取何种策略，一旦这类设施的需求量确定之后，理论上全部需求都必须得到满足，否则可能加剧中心区的交通拥挤，造成路边违章停放等不良现象。

主城区近程停车换乘点主要位于城市边缘区以外的轨道交通站点，其周围地区在站点建设前开发程度不高，附近开发的用地大多为居住用地，因此其功能主要是为站点附近的居民提供通勤交通服务。轨道交通在此类区域站距一般较长，大多数交通属于组团间或城镇间长距离出行，停车换乘主要结合轨道交通站点来布设，主要目的是引导小汽车方式在其出行早期便完成向轨道交通方式的转换。

外围区中远程 P+R 设施位于各边缘组团或卫星城镇内，主要服务对象为到中心区就业者，主要目标是配合中长期城乡公交一体化规划布局体系，为城乡公交线路集散客流。从功能上看，将是今后促进居民出行方式转换的主要设施，此类设施与主城区近程 P+R 设施布设较为类似，结合轨道交通站点来布设，引导小汽车方式在交通结构成型前期向轨道交通转换。

4. 城市轨道交通与出租车交通衔接规划

轨道交通与出租车交通衔接规划，应考虑车辆输送能力、换乘步行距离、设施服务水平等因素，根据轨道交通车站服务等级、周边道路交通条件、规划用地条件、客流需求等因素产生的影响，并设置必要的无障碍和交通安全设施。出租车交通衔接方式与 K+R 模式类似。通俗地说，K+R 换乘模式是指开车的一方载着搭车的一方，到达临时停车区，搭车人换乘地铁或者其他交通方式，开车人临时停车后驾车离开。

K+R 停车场应合理设置停车区、通道及附属设施的位置，满足防火安全要求。K+R 停车场车行出入口宜采用右进右出的交通组织方式，不宜直接设置在主干路及以上等级道路上，且不应设置在人行横道、公交车停靠站及桥隧引道处。K+R 停车场车行出入口宜与人行出入口分开设置，人行出入口应与轨道交通车站集散广场或步行道连接。

在城市轨道交通车站出入口周边应结合用地条件配置出租车候客区，出租车候客区与车站出入口的接驳距离宜控制在 50m 以内，困难条件下不应大于 150m。轨道交通与出租车衔接设施布置形式，具体设置时需根据机动车道、非机动车道、人行道和中央分隔带宽度、交通流条件以及公交车站位置，结合道路设施的布设、改造难度等具体情况因地制宜进行设置，也可以几种方法综合采用。

出租车换乘设施，在道路空间外，通过设置的出租车站，提供集中实现出租车和乘客之间供需关系的场所，主要功能包括：满足乘客搭乘出租车的需求；为出租车进出道路系统提供缓冲的区域；实现交通功能转换，完成乘客在不同交通方式和出租车之间的换乘。出租车换乘设施的主要组成要素包括：下客区域、等车循环区、排队区、上客区域。

出租车上下客区域可以在同一个位置，也可以分散布置，出租车下客区域的位置应尽可能设在轨道交通车站进口附近较方便的位置，上客区域可以相对灵活布置，尽量考虑与人行系统相配合设计，其位置应离公共电汽车的停靠站远一些。出租车进出以及上下客的流线和等车循环区、排队区应尽可能与公共电汽车车行路线分离，减少出租车对公共电汽车停靠和行驶的干扰。同时加强对出租车的停靠管理，保持其有序流动，禁止随意停车。

5. 城市轨道交通与非机动车交通衔接规划

城市轨道交通与非机动车的衔接规划应秉持绿色、低碳、环保和以人为本的理念：围绕市民绿色出行，以考虑市民换乘步行距离为主，尽可能完善换乘设施布局，缩短换乘过程中的步行距离，提高舒适性和便捷性。

非机动车停车换乘实施需要以高质量的公共交通服务为前提。考虑到目前常规公交服务质量难以达到较高的标准，非机动车与常规公交换乘联合优势无法体现出来。如果常规公交能提高服务水平，它仍将是非机动车换乘对象的重要组成部分。城市轨道交通在单位运能、运输速度和舒适性上比其他公共交通工具更具优势，轨道交通是非机动车停车换乘的最佳选择。实现非机动车与轨道交通换乘衔接，必须在整个换乘系统的构建上形成一套完整而有效的方案。城市快速轨道交通与非机动车换乘衔接要从点、线、面三个层次考虑。在“点”上，要求换乘方便、衔接紧密；在“线”上，要求线路通畅、连续；在“面”上，要求层次清晰，与城市发展协调一致。

轨道交通站点是乘客乘降的场所，是出行的出发、换乘与终止点。轨道交通换乘站点为轨道交通与其他交通方式相联系的纽带，非机动车与轨道交通的换乘要在换乘站点完成。当换乘车辆从站点吸引范围内的各处集聚到换乘站点时，换乘站点主要完成两个功能：换乘与停车，换乘就是在一次出行期间不同交通工具间的连接或不同交通线路间的连接，即指来自吸引范围内各个方向的非机动车在站点处改换为轨道交通方式继续出行；停车是指换乘站点为集聚而来的非机动车提供安全、方便的停车场所。对于换乘站点的规划，是整个非机动车与轨道交通换乘系统的关键。

在换乘过程中，遍布在吸引范围内各个方向的线路在换乘站点处交汇，将换乘的非机动车交通通过这些线路快速地集散。换乘非机动车需要道路有一定的连续性与衔接性，以保证快速、安全抵达换乘站点。在站点吸引范围内的道路等级不同，道路上分布的各种交通流，对换乘非机动车交通都会产生干扰，需要对联系吸引范围内的居住区与换乘站点的道路进行优化改造，形成不同等级的非机动车道路，提高衔接道路的连续性，保障衔接道路上非机动车交通的通行权与先行权，实现换乘非机动车交通的快速集散，最大程度地提高城市整体客运运输效率。

11.4 BRT衔接规划

BRT是一种介于快速轨道交通（Rapid Rail Transit，RRT）与常规公交（Normal Bus Transit，NBT）之间的新型公共客运系统。它是利用现代化公交技术配合智能交通和运营管理，开辟公交专用路和建造新式公交车站，实现轨道交通式运营服务，达到接近轻轨服务水准的一种独特的城市客运系统。影响BRT系统衔接规划的因素有客流量、路权、技术、服务类型等。

1. BRT换乘类型

（1）同台换乘。该换乘方式具有很高的便利性。

（2）封闭环境下（系统分离/票务一体化）。该换乘方式下乘客需要从一个廊道步行到另一个廊道。在此换乘方式中，乘客可以在通过人行天桥或隧道进行过街。此外，乘客无需另行付费或通过另外的检票系统。该换乘方式较为便利。

（3）开放环境下（系统分离/票务一体化）。在此换乘方式中乘客需要在露天的环境中进行换乘。该换乘方式较为便利。

（4）开放环境下（系统分离/车票兼容）。此方式与开放环境下（系统分离/票务一体化）的区别在于“票务一体化”和“车票兼容制”。“票务一体化”允许乘客免费进入第二个系统，而“车票兼容制”允许乘客使用同样的付费方式（如智能卡），但进入第二个系统时必须重新付费。该换乘方式比较不便利。

（5）系统分离与票务分离。此换乘方式下，两个不同的交通系统之间通常没有任何物理或交通连接。乘客不仅要付两次车费，还需要从一个系统步行进入另一个系统。该换乘方式很不便利。

（6）物理分隔换乘与票务分离。该换乘方式十分困难，由于有物理障碍，难以在同一个车站范围内完成换乘，乘客在换乘过程中需要步行很长一段距离。该换乘方式服务质量很差。

2. BRT与其他市内交通互补

BRT专用车道的布局要与其他骨干公共交通系统统筹考虑，特别是把BRT和轨道交通等大容量公交系统作为一个整体来考虑，研究各条客流走廊的线路模式选择与相互衔接关系，BRT可作为轨道交通网络的补充、延伸和过渡系统，如北京、广州的BRT专用车道大部分都布置在近期不建设轨道交通的线路上。

BRT系统覆盖范围有限时，需要与其他公交线路或交通方式衔接配合，提高BRT系统的可达性。BRT干线与其他公交线路的衔接可采用两种方式：

一是通过调整优化常规公交线路走向与BRT干线衔接，比如：乌鲁木齐为了配合BRT1号线和BRT3号线的建设，对沿线重复路段较长的8条常规公交线路进行了调整；北京南中轴BRT采用减少重复线路、加强常规公交线路与BRT衔接换乘，调整了7条常规公交线路。

二是整合BRT专用车道沿线的常规公交线路，在合理控制线路规模、保证BRT专用车道畅通的前提下，构建部分常规公交在BRT专用车道内行驶、部分常规公交线路联系

BRT 专用车道外围客流集中区域的 BRT 支线，比如：广州“30+1”的 BRT 线路体系覆盖了中心城区超过 1/7 的公交站点。

这两种衔接方式都有效提高了 BRT 系统的服务可达性，形成了 BRT 干线为核心的客运体系。此外，其他交通方式与 BRT 的衔接也非常重要，广州在 BRT 沿线车站建立了公共自行车系统，加拿大渥太华则在城市外围了 BRT 车站设置了 P+R 枢纽，形成了有效的客流接运系统。

3. 提高乘客过街安全性的措施

（1）乘客过街的时间取决于道路宽度和乘客安全岛之间的距离。乘客与安全岛相隔越远，乘客暴露在车流中的风险就越大。乘客必须要穿越的车道数量越多，车道的宽度越大，暴露的时间就越长。增加道路上安全岛的面积可以缩短乘客的暴露时间，提高乘客过街的安全。

（2）通过立体隔离分离乘客与机动车。在没有设置安全岛的情况下，穿越多条车道的平面过街通常不安全。相比之下，使用立体隔离设施可以使乘客暴露在车流中的风险最小化。立体隔离，可以通过强迫乘客采用天桥或隧道来实现。一般来说，乘客不愿通过立体设施过街，而更倾向使用平面过街设施。但在封闭的 BRT 系统中只能通过立体过街设施进行过街。

以下是需要设置立体过街设施进入路中 BRT 车站的一些情况：

1）主干道或者快速路上，每个方向有三条车道以上，并且没有安全岛；

2）连接地铁通道与路中 BRT 车站（在这种情况下隧道是最有效的选择）；

3）天桥或隧道直接连通到人流量高的目的地，例如体育设施、学校或者大型商场；

4）BRT 车站离最近的主要交叉口很远，交通流几乎是不间断的；

（3）设立有效的 BRT 平面过街设施

当 BRT 车站位于路中时，乘客的过街行为难以预知，所以要提高人行横道的易见性。可以在人行横道前设置减速带可以迫使机动车在到达人行横道前减速。在车道之间增加安全岛，将通过进一步压缩车道宽度来降低车速及减少乘客暴露时间。使用不同颜色或质地的路面铺装更能吸引驾驶员的注意力，同时人行横道处的夜间照明也十分重要。

在客流量很高的（单向小时客流量超过 1 万人）的 BRT 系统中，每个车站都需要设置超车道以允许多个子车站的运行。BRT 系统在距站台范围约 200m 长的区间需要占用更多的道路空间。通过简单增加几米而扩展出的道路空间，可以在 BRT 专用车道和社会车道之间增设安全岛。同时，BRT 平面过街设施应该尽量靠近车站入口设置。

以下情况乘客倾向于使用平面过街：

1）道路每个方向只有两条车或更少；

2）车流量不大，车流速度较低（小于 40km/h）；

3）在 BRT 车站 200m 之内有信号控制，会产生交通流间断的时间；

4）道路网络是方格形的，乘客有多条路径可以选择。

11.5　交通衔接系统规划案例

截至 2020 年 12 月，福州地铁已开通运营线路 2 条，包括 1 号线、2 号线，均采用地铁系统，共 47 座车站，地铁线路总长 58.4km，如图 11-5 所示。福州轨道交通在建线路共 4 条。分别为：4 号线、5 号线、6 号线、滨海快线。2020 年，福州城市轨道交通客运总量 9475 万人次。

福州地铁接驳规划将轨道交通站点分为交通枢纽站（图 11-6）、交通换乘站（图 11-7）、片区中心站（图 11-8）和一般站（图 11-9）。

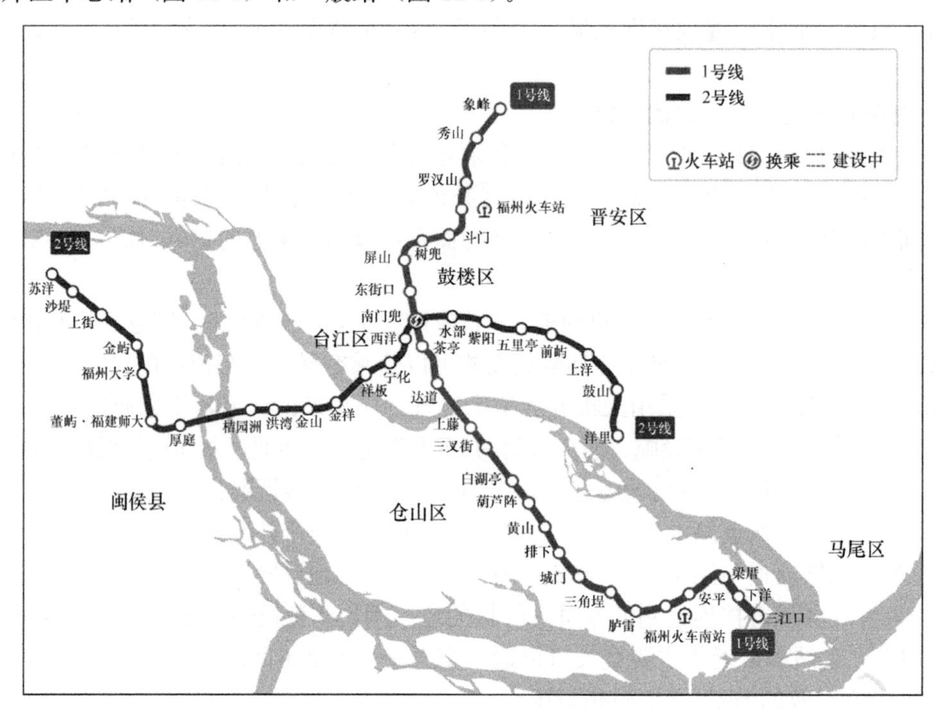

图 11-5　福州市地铁运营线路示意图

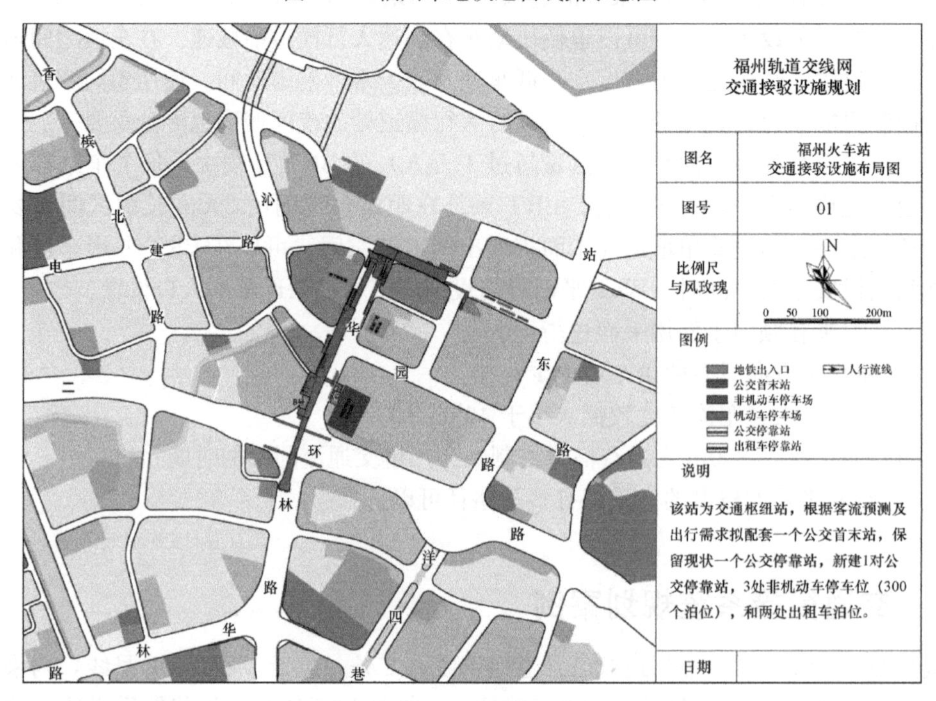

图 11-6　福州火车站（交通枢纽站）接驳案例

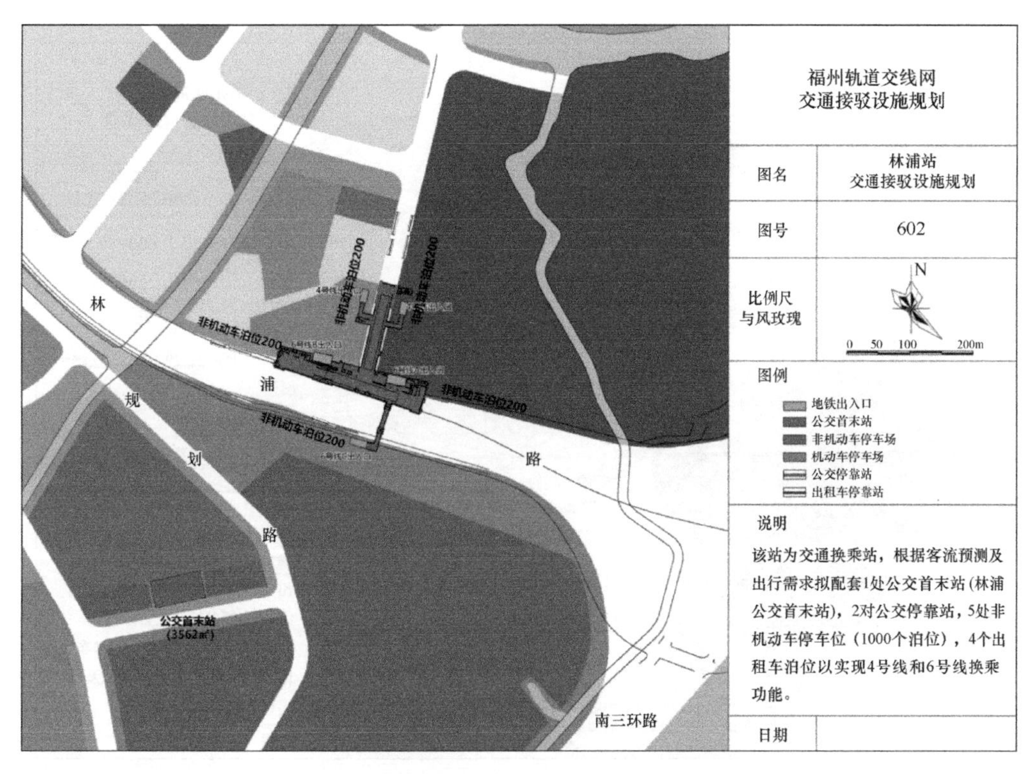

图 11-7　福州林浦站（交通换乘站）接驳案例

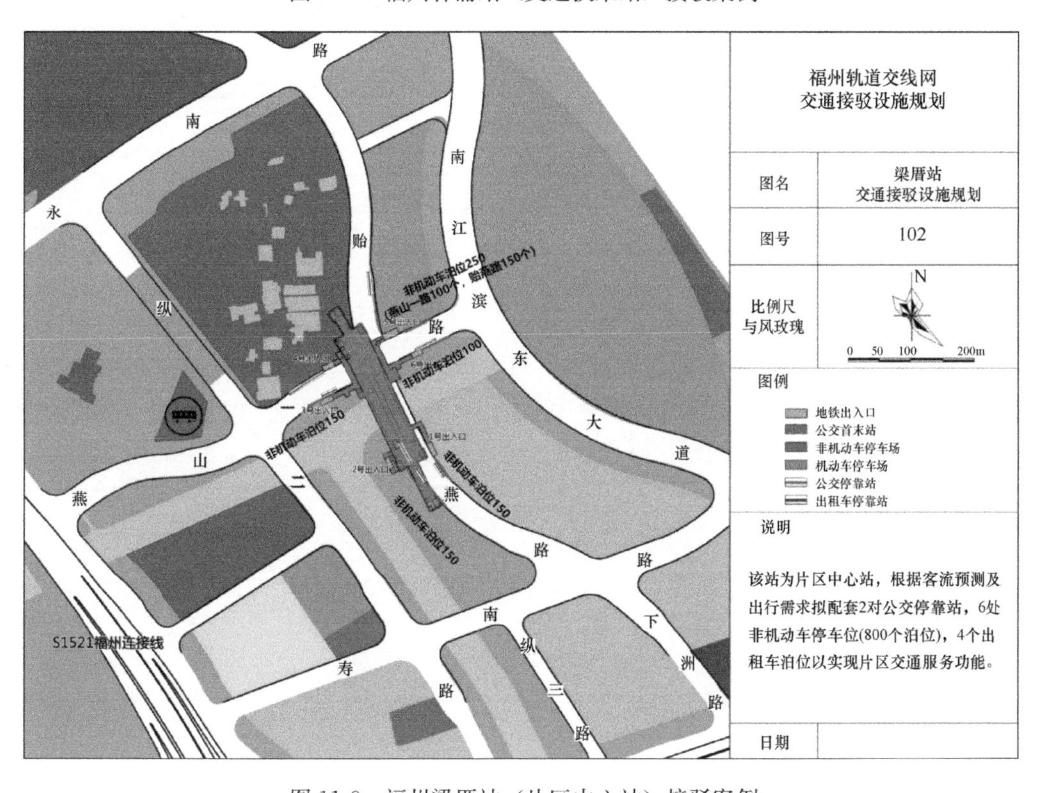

图 11-8　福州梁厝站（片区中心站）接驳案例

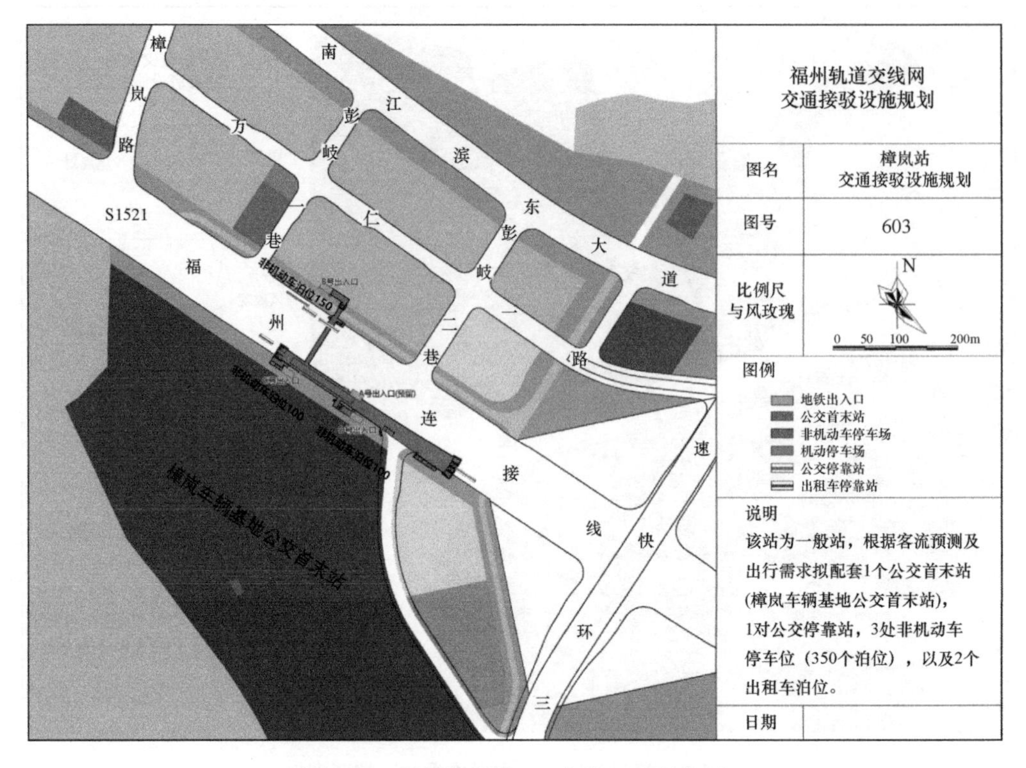

图 11-9　福州樟岚站（一般站）接驳案例

第12章　大数据分析在城市交通规划中的应用

随着信息技术、通信技术、计算机技术等的快速发展，数字城市（Digital City）与智慧城市（Smart City）接踵而来。数字城市与智慧城市的建设促进了移动互联网、物联网、云计算等技术的发展，并直接推动了大数据（Big Data）时代的来临。在交通领域，传统的数据采集向电子化设备与高级应用转变，助力交通大数据的形成与发展。从传统的感应线圈和微波雷达等固定检测、基浮动车的移动检测，向北斗卫星导航系统、智能手机、智能穿戴设备、IC卡等新型检测手段，以及集约的交通传感器布局和稳定的多源数据融合方向发展。交通大数据为“感知现在、预测未来、面向服务”提供了最基本的数据支撑，是解决城市交通问题的最基本条件，是制定宏观城市交通发展战略和建设规划、进行微观道路交通管理与控制的重要保障。本章将介绍交通大数据的定义、移动信令数据以及公交IC卡数据在交通规划中的应用，可作为选修内容对其有所了解。

12.1　概念

12.1.1　城市交通大数据定义

城市交通大数据是指由城市交通运行管理直接产生的数据（包括各类道路交通、公共交通对外交通的线圈、GPS、视频、图片等数据）、城市交通相关的行业和领域导入的数据（气象、环境、人口、规划、移动通信手机信令等数据），以及来自公众互动提供的交通状况数据（通过微博、微信、论坛、广播电台等提供的文字、图片、音视频等数据）构成的，用传统技术难以在合理时间内管理、处理和分析的数据集。可见城市交通大数据中同时包含了来自交通行业的和交通行业之外的格式化数据和非格式化数据。

从城市交通大数据的定义不难看出，城市交通大数据具有以下特点：

（1）数据量巨大。城市交通时时刻刻产生大量的数据，各类数据的汇聚，尤其是视频、图片等非结构化数据，以及气象、环境等数据，直接导致城市交通大数据的数据量巨大。对于像上海这样的大城市，仅每天产生的结构化交通数据就达到30GB以上，如果再算上道路监控视频和卡口照片等非结构化交通数据，数据量更是巨大。此外，相关行业和领域导入的数据和公众互动提供的数据，数据量也是巨大的。

（2）数据种类多样。从数据来源上看，城市交通直接产生的数据本身就包含了道路交通、公共交通、对外交通等数据，还汇聚和整合了气象、环境、人口、规划、移动通信等多个相关行业的数据，以及政治、经济、社会、人文等领域重大活动关联数据；从数据类型上看，既有结构化数据，也有各种类型的非结构化数据、半结构化数据；从数据形式上看，既有传感器、线圈等产生的流数据，也有以文件形式保存的数据，还有保存在数据库数据表中的记录，以及互联网上的网页文字和图片等。城市交通直接产生的数据超过30大类，再算上其他行业的各类相关数据，种类就更多了。

（3）蕴含丰富的价值。城市交通大数据可以实现智慧交通公共信息服务的实时传递，满足出行者实时准确获取交通出行信息服务的需求；为交通管理部门的交通应急决策系统提供有力的数据分析处理层面的支撑，实现对交通紧急突发状况的快速反应及应急指挥，对维护社会稳定和减少经济损失有重大意义；为城市规划和功能区设置、政府跨部门协同管理提供决策依据，通过城市交通大数据技术来预测规划，例如功能区设置后是否会导致交通拥堵、发生拥堵后是否可以进行有效疏导等；为交通管理及相关产业的科学研究提供数据，例如交通管理措施的效果模拟、深度挖掘影响交通拥堵程度的因素和作用、交通信息服务和产品的研发测试等。

（4）具有明显的时效性。利用城市交通大数据，在可能发生拥堵之前通过提示板、交通信号灯控制等手段提前进行分流和疏导；在极端天气状况发生前提前预警；在重大活动进行过程中实时干预，保证交通通畅，防止人群滞留、挤踏；在公众出行时根据用户所在地点、附近的交通流量等信息，通过移动终端应用实时提供出行建议和路径规划等。这些都需要在获取到数据后能够及时准确地处理，尤其是对车辆通过线圈、卡口等数据的分析以及利用手机信令来分析交通状态，都需要毫秒级的响应速度。此外，随着城市交通的发展，交通管理和城市规划等决策更注重分析近期数据，历史数据尤其是几年前的历史数据的权重较低，也是时效性的一种体现，亦即历史数据对于交通管理和城市规划决策的参考价值远不如近期数据高。

12.1.2 城市交通大数据分类

一般而言，大数据要做的是融合汇聚，将不同来源尤其是不同领域的数据集进行整合，本身就需要打破数据已有的分类，因此大数据是可以不需要分类的，或者说经过整合后的数据已经不再体现出单一的类别特性。但是对城市交通大数据中的数据可以从某些角度进行划分，便于更好地分析、理解和使用城市交通大数据。

（1）按照数据与交通管理和交通信息服务的关联度，可将城市交通大数据划分为交通直接产生的数据、公众互动交通状况数据、相关行业数据和重大社会经济活动关联数据四类。这四类数据与交通管理、交通信息服务的关联度依次降低。

交通直接产生的数据包括：各类交通设施，如线圈、摄像头等产生的数据，以及车载GPS产生的车辆位置信息等数据。这些数据能够反映出总体的交通状态和局部的交通状况，与城市交通最直接相关。

公众互动交通状况数据包括公众通过微博、微信、论坛、广播电台等提供交通状况相关的文字、图片、音视频等数据。例如哪个路段上刚刚发生车祸，这些信息未必会被交通设施直接捕获到，但它们能够直接反映局部的交通状况，因此和城市交通的关联程度也很紧密。

相关行业数据包含了气象、环境、人口、规划、移动通信手机信令以及其他与交通间接相关的数据，这些数据能够用于更准确地分析和预测交通状况和总体交通状态，与城市交通有一定的关系。

重大社会经济活动信息对交通状况也会产生一定的影响。例如大型文体活动会对场馆周边道路的交通产生短时的拥堵、电商促销活动可能会因物流增加对高速公路的流量产生影响等，但总体而言，这些活动对交通的影响结果是局部的，而且是可以预见的，在特定场景下与城市交通有关联。

（2）按照数据类型划分城市交通大数据可以分为结构化数据、非结构化数据和半结构化数据。

结构化数据是指数据记录通过确定的数据属性集定义，同一个数据集中的数据记录具有相同的模式。结构化数据具有数据模式规范清晰、数据处理方便等特点。结构化数据通常以关系型数据库或格式记录文件的形式保存，例如传统的智能交通信息系统采集、加工过的数据。线圈等传感器产生的数据一般来说具有固定的比特流格式，各字段的比特长度和含义固定，可以作为比特尺度下的结构化数据。

非结构化数据是指数据记录一般无法用确定的数据属性集定义，在同一个数据集中各数据记录不要求具有明显的、统一的数据模式。非结构化数据能够提供非常自由的信息表达方式，但数据处理复杂。非结构化数据通常以原始文件或非关系型数据库的形式保存，例如摄像头采集的视频、公众发布在微博上的图片或是微信上的语音信息等。

半结构化数据是指数据记录在形式上具有确定的属性集定义，但同一个数据集中的不同数据可以具有不同的模式，即不同的属性集。半结构化数据具有较好的数据模式扩展性，但需要数据提供方提供额外的数据之间关联性描述。半结构化数据通常以可扩展标记语言文件或其他用标记语言描述数据记录的文件保存，例如在超文本标记语言文件中以<table>标签形式保存的数据、资源描述框架（Resource Description Framework，RDF）格式的本体库文件等。

（3）按照数据形式划分城市交通大数据可以分为（传感器）流数据、数据文件、数据库记录在线文字和图片、音视频流等。

流数据是指各类交通设施或传感器以数据流的形式持续不断产生的、具有确定格式的数据，其特点就是已经产生的数据无法再现，除了数据处理算法在内存中保存的一部分外，无法重复获取之前的数据记录，对数据的获取和访问存在先后顺序。

数据文件是指以文件的形式在介质上持久保存的数据，又分记录文件和无记录文件（如文本文件）。其特点是可以反复获取，并可根据需要随机访问，没有先后顺序要求。

数据库记录是指在关系型数据库系统或非关系型数据库系统中，以“数据记录”的形式保存的数据，其特点是用户不用自己维护数据记录的存取，提供了处理和计算上的便捷性。

在线文字和图片是指存在于互联网上的、需要通过特定的网络协议才能获取到的数据，其特点是以文件形式存在、通过数据流方式可以反复获取（假定服务器端的文件未被删除）。

音、视频流是指经过数字化的并能够通过某种方法还原的音频或视频信息，其特点与流数据类似，但属于非结构化数据，往往需要非常复杂的算法才能从中提取所需要的信息。

（4）按照数据产生和变化的频率划分城市交通大数据可以分为基础数据、实时数据、历史数据、统计数据（结果数据）等。

基础数据是指静态的、规范化的、描述城市交通基本元素的数据，其特点是数据定义/产生后基本不会发生变化，例如道路名称、匝道口编号等。

实时数据是指随城市交通活动实时产生的、反映城市交通运行情况的数据，其特点是数据会非常频繁地产生和变化，例如线圈数据、温湿度气象数据、微博和微信上公众互动的交通状况等，这类数据对判断短时交通拥堵等具有重要作用。

历史数据是指实时数据按一定时间周期（如按月）归档后产生的数据，其特点是新数据产生和变化的周期性明显，这类数据可以用来预测未来交通状况的变化趋势。

统计数据（结果数据）是指系统根据一定算法或使用者的主观需求，经过计算后所产生的数据，其特点是新数据的产生和变化的周期性不明显，例如拥堵指数、路段平均车速、人流量随时间变化趋势图等，这类数据可以为公众出行提供服务、为管理部门决策做支持。有时候也可以用高频、中频、低频来划分这些数据，基础数据属于低频数据，统计数据和历史数据属于中频数据，实时数据属于高频数据。

12.1.3 几种常见的交通大数据

1. 手机信令数据

移动定位技术最早源于20世纪军事技术的发展，随着移动通信的普及和GSM网络的飞速发展，移动定位技术也逐渐民用化。1996年，美国联邦通信委员会（Federal Communications Commission，FCC）公布了E-911（Emergency Call ‘911’），成为民用领域最早的无线定位系统。E-911要求在2001年10月1日前，各种无线蜂窝网络必须能对发出E-911紧急呼叫的移动台提供精度在125m内的定位服务，而且满足此定位精度的概率应不低于67%；在2001年以后，系统必须提供更高的定位精度及三维位置信息。1999年12月FCC 99-245对E-911需求进一步细化，对网络设备和手机生产厂商、网络运营商对定位技术在网络设备和手机中的实施和支持提出了明确要求和日程安排。在定位精度要求方面规定：基于网络的定位方案，要求对67%的呼叫精度不低于100m，95%的呼叫精度不低于300m；基于移动台的定位方案，要求对67%的呼叫精度不低于50m，95%的呼叫精度不低于150m。美国FCC的这一规定明确了提供E-911定位服务将是今后各种蜂窝网络，特别是3G网络必备的基本功能。世界各国政府也都对基于位置的服务提出了一些规范和基本要求。

基于手机信令数据的特性，经提取扩样，可以获取交通所需求的某些信息，例如：区域居住人口数量、工作岗位数量、居民出行OD、路段流量、路段车速、区域停车场数目等。

2. 公交IC卡数据

市政交通一卡通数据可提取信息包括线路客流信息、站点客流信息、总客流信息、断面客流信息、运营速度、站点间行程时间等。通过深入数据分析，可得到公交客流时空分布历史、现状及未来预测数据，据此可对公交运营方案做出辅助决策。历史及现状每天客流数据的获取比较容易，运用普通的数据统计方法便可以得到。公交客流预测较为复杂，目前主要方法有时间序列法和神经网络法。两种方法各有长处，神经网络模型在处理大量数据时具有比较好的预测效果，并且具有自学习功能，随着历史数据的增加，自动调节模型参数以达到更好预测效果。

3. 浮动车数据

浮动车也称GPS探测车，是近年来国际智能交通系统（ITS）中所采用的获取道路交通信息的先进技术手段之一，具有应用方便、经济、覆盖范围广的特点。

GPS 系统是由美国国防部的陆海空三军在 20 世纪 70 年代联合研制的新型卫星导航系统，它的英文名称是“Navigation Satellite Timing and Ranging/ Global Positioning System”，其意思为“卫星测时测距导航全球定位系统”，简称“GPS 系统”。它是一种为海上、陆上、空中的用户提供全方位实时三维导航与定位能力的卫星导航与定位系统，并以全天候、高精度、自动化、高效益等显著特点，成功地应用于航空航天、军事、交通运输、资源勘探、通信、气象等几乎所有领域中，成为一项非常重要的技术手段和方法。随着全球定位系统的不断改进，硬、软件的不断完善，应用领域正在不断地开拓，目前已遍及国民经济各种部门，并开始逐步深入人们的日常生活。

浮动车是安装有车载 GPS 接收机自由行驶在实际路段上的车辆，浮动车按照一定的周期通过无线通信向后台回传数据，数据包括车辆 ID 号、车辆位置坐标、瞬时速度、行驶方向角、回传时间等。后台处理中心将浮动车数据进行汇总，经过特定的模型和算法处理，生成反映实时路段情况的交通信息，如路段平均速度、行程时间、拥堵状态等，为交通管理部门和公众提供动态、准确的交通控制、诱导信息。

4. 互联网＋交通众包数据

“互联网＋”是互联网与传统行业融合发展的新形态、新业态，已经对人们思维模式、行为方式、生活习惯等产生了革命性、颠覆式的影响，“互联网＋”正对传统交通运输行业进行深刻变革并对其产生深远影响，融入互联网元素对传统流程进行优化和改造。目前，滴滴、快的等移动互联网 APP 应用快速席卷全国，滴滴专车、神州专车等产业形态，整合了不同业态资源，改变了传统交通运输行业方式。“互联网＋”引领行业转型发展是交通运输行业在新常态下的新亮点。随着“互联网＋交通新业态”的快速发展，形成了大量基于个体的众包数据，如电信运营商手机信令数据、互联网企业众包数据。

依托“互联网＋”的技术发展，百度、高德、滴滴、Uber 等企业，为老百姓提供了大量优质、精准的信息服务内容，如信息查询、城市路况、公交到站预报、多方式路径导航等，深受大众认可；同时受益于广大的用户群体，这些软件产品自身通过用户生成数据，形成了“众包数据”这种新形态的社会化资源。目前众包数据已经在交通行业开展了大量应用。

不同类型交通大数据的规模、采集频率、数据内容及信息内涵总结如表 12-1 所示。

多源化交通大数据类型及相关内容　　**表 12-1**

数据类型		数据内容	信息内涵	备注
动态运行数据	移动通信数据	时间、经纬度、所属基站与信令数据	揭示城市不同区域居民的活动空间，微观上动态追踪个体出行路径，是重构个体出行链的重要数据	可获得相关个体关联属性信息
	公交 IC 卡数据	卡号、刷卡时间、站点、线路、方向等信息	揭示城市不同区域居民在网络上的活动空间，微观上可还原个体公交出行方式及换乘方式	非实名制，无 IC 卡用户信息
	车辆牌照检测数据	监测位置、时间、车牌号（车辆属性数据）	城市中各种类型车辆在道路网络上的活动空间	并非整个路网均被监测系统覆盖，一般主要集中于快速路

续表

数据类型		数据内容	信息内涵	备注
动态运行数据	车辆定位数据	车辆代码、经纬度、时间、方位角等	公交GPS数据可用于城市不同区域通过常规公交网络形成的可达性计算；浮动车数据是目前路网动态运行数据的主要来源之一	一般需要与调度数据配合使用
	检测器数据	车流速度、密度、流量、车头时距等	是路网动态运行数据的主要来源之一	往往需线圈、视频、微波等多种方式配合使用
	ETC收费数据	收费时间、位置、车牌号、收费额度	—	—
	事故数据	事故位置、时间、类型	可对不同交通方式的安全性及事故致因进行分析和评价	数据更侧重定性分析
互联网+交通数据	网约车数据	约车时间，起始、终止位置	可获得网约车需求，用于研究互联网背景下交通需求演变规律；城市公共水平口碑数据，是制定城市交通服务改善措施的重要依据	需与车辆定位技术、车辆检测技术等配合使用，与互联网+交通相关技术和产品相关
	广播数据	网络运行状况，拥堵路段，绕行建议		
	网络舆情数据	微博、微信、论坛数据		
相关静态数据		用地、交通设施GIS、经济、产业、人口等数据	用于分析不同区域居民、社会、经济、属性的重要途径	静态专项数据，质量容易得到保障

12.2 移动手机信令数据分析及应用

12.2.1 移动通信定位原理

移动通信定位是指通过一定的技术获取移动用户（手机或其他移动客户端用户）的位置信息（经纬度坐标），并采用可视化技术将其显示在电子地图上的过程。本章采用了定位精度较低，但无需额外设备改造、技术难度低、应用成本低的Cell-ID定位法，该方法根据用户移动终端所连接的蜂窝（Cell）位置来表示用户位置，处于待机状态的手机通过蜂窝（Cell）与手机通信网络保持联系，手机通信网络对手机所处的位置区进行记录，当手机拨打电话或接听电话时，根据所记录的位置区编码（LAC），以数据库形式存储在信息采集系统中，移动定位信息采集原理如图12-1所示。另外，除接、打电话外，当移动终端发生收发短信、开关机、长时间没有发生通信、在待机状态下跨越了位置区时，也将触发通信网络并被通信网络获取位置信息。

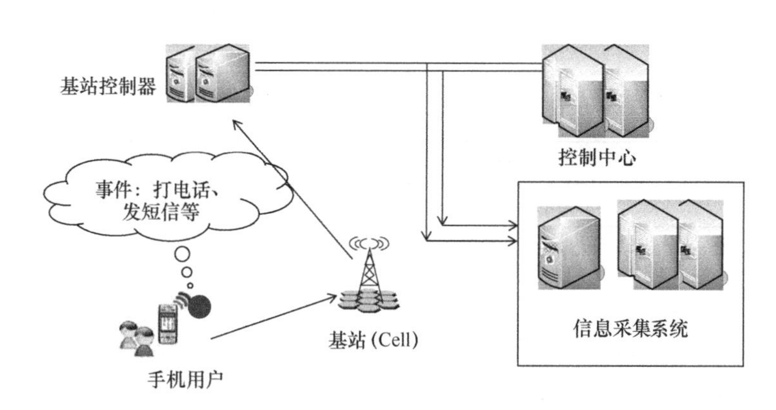

图 12-1　移动定位信息采集原理

12.2.2　利用移动定位数据获取居民出行 OD 原理

乘客携带手机出现在某一区域时，通过上述类型的触发事件，手机会自动搜寻周边基站信号，并与信号强度最好的基站建立连接关系，同时通信网络获取手机所连接的基站位置、手机伪码、获取时间等信息，并存入数据库完成一次位置信息的记录。图 12-2 中乘客由 i 点出发采用某种交通方式到达 j 点完成一次出行。在此过程中，i 点作为乘客出行的起点，在出发前乘客将在 i 点停留相当长的时间（以超过某一时间阈值为判断标准），期间乘客所携带手机将一直与基站 A 相连，数据库所记录位置信息为基站 A 信息。当乘客出发之后，出行过程中由于乘客接打电话、收发短信或跨越不同位置区时，乘客所携带手机与沿途基站依次建立连接关系，并被记录响应基站的位置信息及事件获取时间信息。当乘客到达目的地 j 点之后，作为出行终点，乘客将在 j 点停留相当长的时间（以超过某一时间阈值为判断标准），期间乘客所携带手机将一直与 B 基站相连，数据库所记录位置信息为基站 B 信息。通过建立基站与交通分区之间的所属关系，将乘客出行的基站的位置变化转化为 OD 出行分布结果。

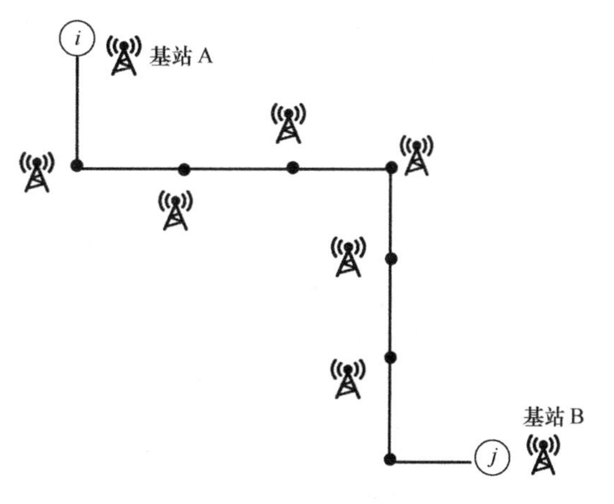

图 12-2　居民出行 OD 信息采集过程

12.2.3　北京市通勤客流特征分析

1. 向心出行特征明显

利用手机信令数据对北京市居民进行出行起终点分析，发现早高峰向心通勤特征明显，工作地主要分布集中在四环以内，高密度就业区域包括东三环 CBD、王府井、西部金融街和北部中关村地区。主要的通勤客流方向包括大兴、昌平、石景山及通州等方向，

表 12-2 为各通勤方向不同出行起点区域的早高峰向心出行比例，四环以外地区的向心出行比例一般高于 70%。

主要通勤方向向心通勤出行比例　　表 12-2

通勤方向	出行起点区域	早高峰向心出行比例
大兴方向	南二环—三环	74.41%
	南三环—四环	76.96%
	南四环—五环	84.46%
	南五环外	69.30%
昌平方向	北二环—三环	38.80%
	北三环—四环	52.59%
	北四环—五环	68.09%
	北五环外	78.90%
石景山方向	西二环—三环	68.98%
	西三环—四环	67.73%
	西四环—五环	75.64%
	西五环外	82.56%
通州方向	东二环—三环	58.99%
	东三环—四环	71.65%
	东四环—五环	84.13%
	东五环外	77.74%

2. 公共交通线路客流分布不均衡

北京市多条地铁线路的运力已经接近极限，特别是通州、石景山、昌平和天通苑地区的地铁站点，为保障乘客安全，采取常态限流措施控制客流分布，降低运输压力与事故风险。而远郊方向公交线路平均断面客流量在不同区段差异性较大，图 12-3～图 12-5 为选取的高负荷地铁线路方向的公交线路各断面客流量分布情况。可以看出，地铁和地面公交客流分布不均衡，远郊公交线路的不同区段客流分布不均衡，应进一步提高地面公交运输效率，引导通勤客流在地铁、地面公交运输方式上的均衡分布，并且对地面公交线路进行整合优化。

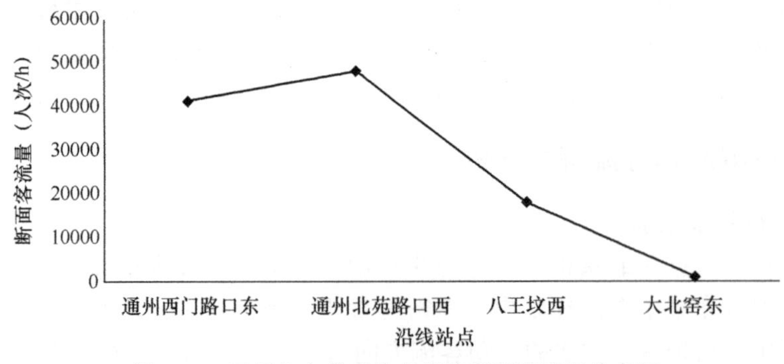

图 12-3　通州方向典型公交线路断面客流量分布图

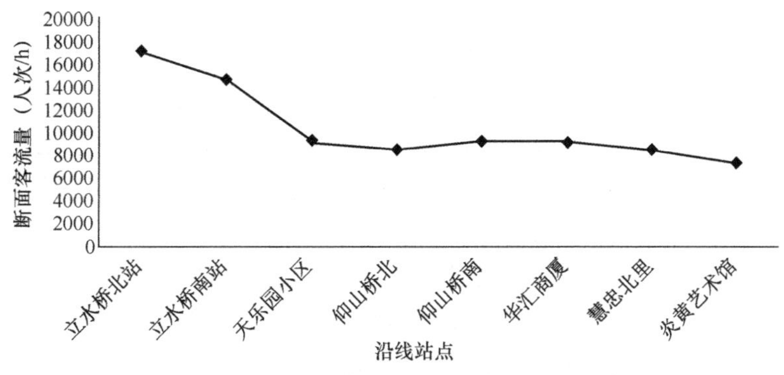

图 12-4　天通苑方向典型公交线路断面客流量分布图

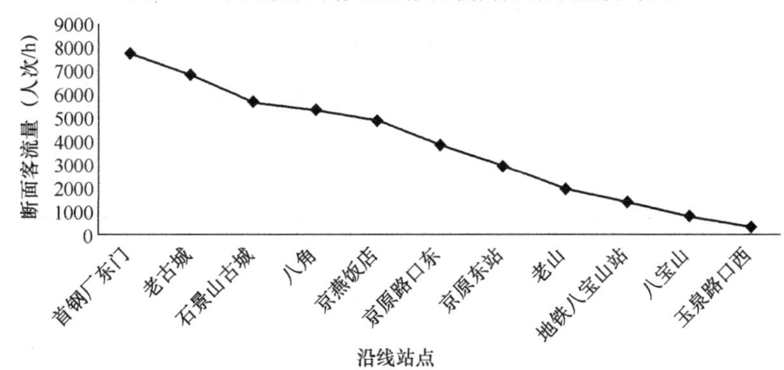

图 12-5　石景山方向典型公交线路断面客流量分布图

12.2.4　快速通勤公交出行需求分析方法

对于通勤客流集中方向出行需求进行差异化分析，统计出长距离、中短距离出行量以及沿线片区组团内部出行量，引导其分别采用“快线＋接驳”系统、公交普线、普线及支线承担。快线途经道路设置公交专用道，采用直达或大站快车等方式运营。

当采用“快线＋支线”和其他接驳方式出行时间小于其他方式出行时间时，采用“快线＋支线”和其他接驳方式的概率增加；当出行距离一定时，采用普线公交的出行时间 T_B 和小汽车的出行时间 T_C 分别大于 α（>1）和 β（>1）倍的快线＋支线和其他接驳方式所花费的时间 T_K 时，认为大于该出行距离的出行需求为长距离快线出行需求，作为需求引导型通勤快线设计的出行分布基础，即公交普线和小汽车方式对应的长距离出行界限值由下列两个方程组求解。

$$\begin{cases} T_K = (w_a \cdot T_a + w_w \cdot T_w + T_i + w_e \cdot T_e + w_t \cdot T_t) \\ T_i = \dfrac{1000 \cdot D_B}{D_s}\left(\dfrac{3.6 \cdot D_s}{v} + T_s\right) \\ T_B = D_B / V_B \\ T_B = \alpha \cdot T_K \end{cases} \tag{12-1}$$

$$\begin{cases} T_K = (w_a \cdot T_a + w_w \cdot T_w + T_i + w_e \cdot T_e + w_t \cdot T_t) \\ T_i = \dfrac{1000 \cdot D_B}{D_s}\left(\dfrac{3.6 \cdot D_s}{v} + T_s\right) \\ T_C = D_C / V_C \\ T_C = \beta \cdot T_K \end{cases} \tag{12-2}$$

式中 D_B、V_B、D_C、V_C——公交普线方式出行对应的长距离界限值、公交普线方式线路平均运行速度、小汽车方式出行对应的长距离界限值，km，以及小汽车出行平均速度，km/h；

T_a、T_w、T_i、T_e、T_t——出行起点到达公交快线站点时间、公交快线站点等车时间、车内乘车时间、离开站点到达目的地时间以及出行过程中快线之间换乘损失时间，s；

w_a、w_w、w_i、w_e、w_t——出行起点到达公交快线站点时间、公交快线站点等车时间、车内乘车时间、离开站点到达目的地时间以及出行过程中快线之间换乘损失时间的权重系数；

D_s——快线线路平均站距，km；

T_s——快线线路进出站损失时间，s。

给出 α、β 分别取 1.2 时，快线平均运行速度分别取 30km/h 和 35km/h，常规公交/小客车平均运行速度取 20km/h 和 25km/h 时，长距离出行界限值计算结果见表 12-3。

不同条件下的长距离出行界限值 **表 12-3**

α、β 值	快线平均运行速度（km/h）	常规公交/小客车平均运行速度（km/h）	长距离出行界限值（km）
1.2	30	20	8.75
		25	15.91
	35	20	7.73
		25	12.50

12.2.5 通勤快线优化布设方法

快线线路优化以直达运输效率最大化为目标，采取直达或有限停靠点的大站快车的方式运营，即换乘枢纽站之间最少线路运营里程运输长距离出行，即：

$$\max E_R = \max\sum_{I\in R} E_I = \max\sum_{I\in R}\frac{\sum_{\forall i,j\in I} q_{ij}^I \cdot l_{ij}^I}{l_I} \tag{12-3}$$

式中 E_R——通勤客流方向快线线网 R 的路线效率，人；

E_I——线路 I 的路线效率，人；

q_{ij}^I——线路 I 上从站点 i 到站点 j 的 OD 客流量，人；

l_{ij}^I——线路 I 上从站点 i 到站点 j 的距离，km；

l_I——路线 I 的总长，km。

为了提高快线优化布设的实用性，提出快线优化布设流程，如图 12-6 所示。主要步骤包括：

（1）客流需求分析。对特定通勤方向的各区段长距离向心通勤出行 OD 分布进行分析，并做出 OD 分布图和各区间断面客流量分布图。

（2）优化线路的布设。以最长线路布设快线运输通勤方向客流，该最长线路的起终点设为公交换乘枢纽站。

(3) 确定 OD 留剩量。某一条线路设置后，通过断面客流量计算，不外乎出现以下两种情况：

1) 最大断面客流量小于快线的运载能力。此时，OD 分布量全部被该线路运送，留剩量为零。

2) 最大断面客流量大于快线的客运能力。此时，OD 分布量只是部分被该快线线路运送，故应确定 OD 分布量的留剩量。认为该快线优先运送通勤距离最大的客流，并确定出行距离最大的客流起终点，利用该部分客流起终点对本条快线起终点及停靠站进行调整修正。排除这部分出行距离最大的客流分布后，得到 OD 留剩量，重新进行快线线路布设，直至把最后一条布设在网络上为止。

(4) 通勤方向道路公交线路通行能力分析。最终布设 i 条快线满足长距离通勤需求，当 i 条快线所需的公交车流量超过公交专用道通行能力时，需要设置多条公交专用道分散快线车流压力。

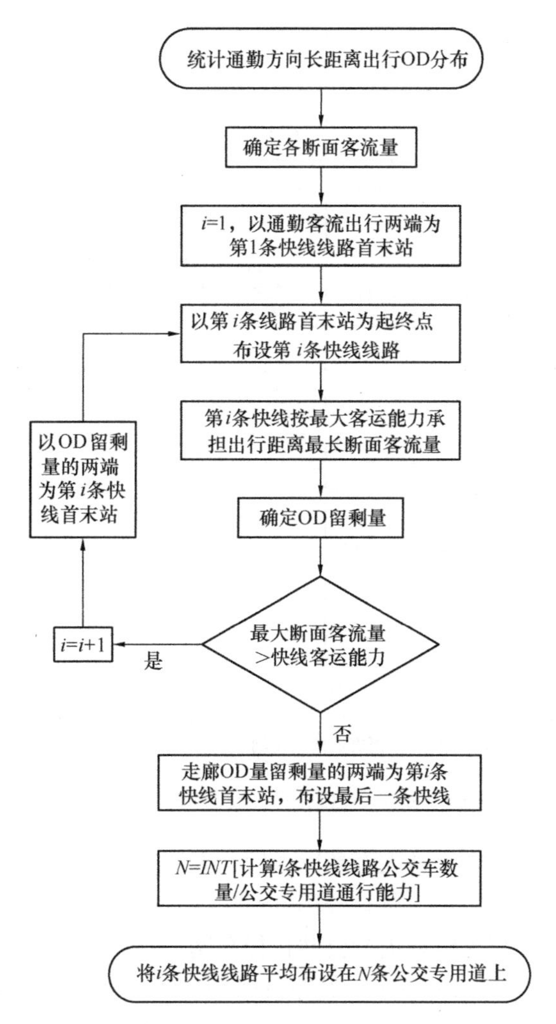

图 12-6　通勤公交快线优化布设流程

12.2.6 实例分析

利用移动手机信令数据对北京市昌平方向的居民出行OD进行分析，并进行扩样后得到全方式向心通勤OD分布。同时，利用IC卡数据处理分析得到现状公交车客流量及断面客流量，并结合核查线断面公交客流数据，进行反推全方式出行OD分布。对两种结果进行比较分析，取平均值作为昌平方向沿线向心通勤出行分布结果，本例中将公交方式分担率目标设定为40%。快线线路运行速度取35km/h，断面最大客运能力为4000次/h；常规线路根据目前线路运行特征统计结果取20km/h；小客车取值为25km/h。常规公交对应的长距离出行极限值为7.73km，小客车对应的长距离出行极限值为12.5km，超过该界限值的出行为长距离出行。昌平方向早高峰向心通勤出行中，公交方式长距离与中短距离出行客流需求分布如图12-7所示，长距离公交快线出行各区间断面客流量分布如图12-8所示。

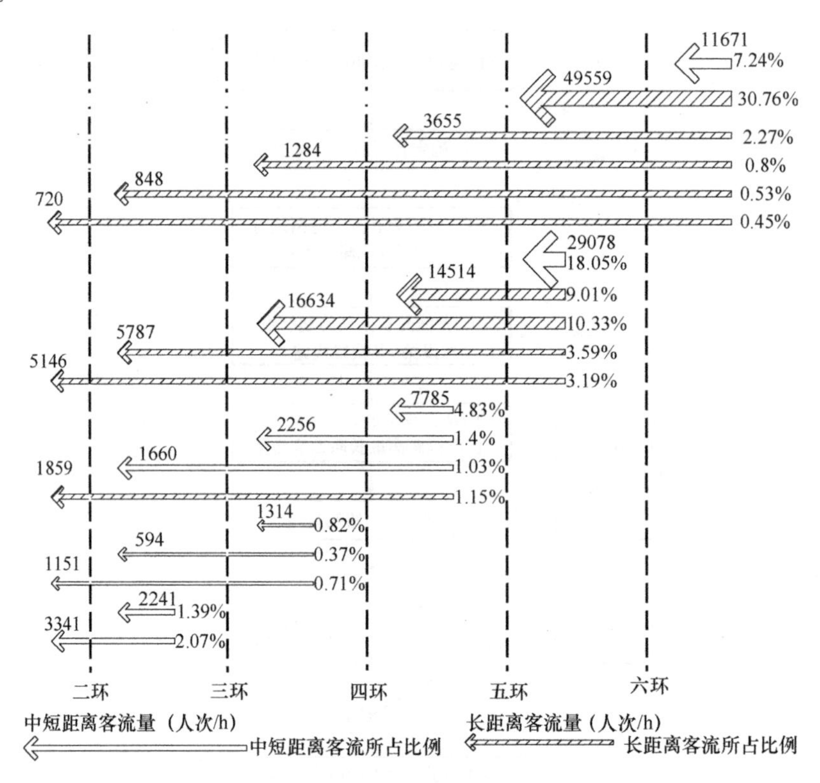

图12-7 昌平方向心通勤出行公交方式客流需求分布图

本例中考虑到昌平方向客流进入五环以内后，客流按照目的地分为三个部分：中间客流带、西向客流带和东向客流带，对其分别进行快线线路优化布设。以通勤公交快线换乘枢纽站为中心通过组织公交支线和进行公共自行车网点布设提供接驳服务。通勤快线与公交快线换乘枢纽站布局如图12-9所示，共布设通勤快线13条。通过估算，长距离出行占地面公交方式出行的47.55%，采用“快线+自行车和其他接驳方式”组合出行，单次平均出行时间可节省20%。

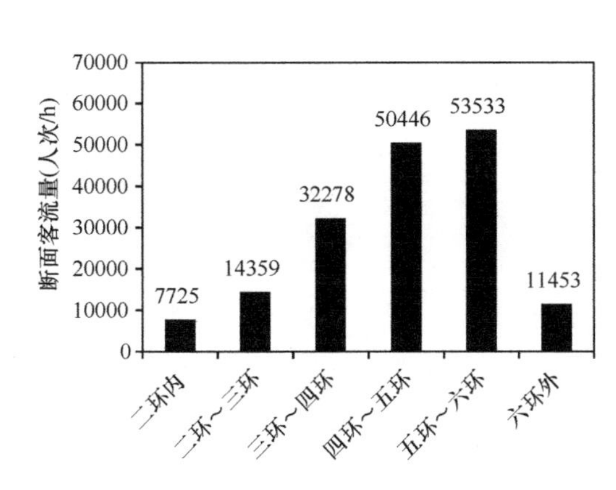

图 12-8　长距离公交出行各区间断面客流量分布图

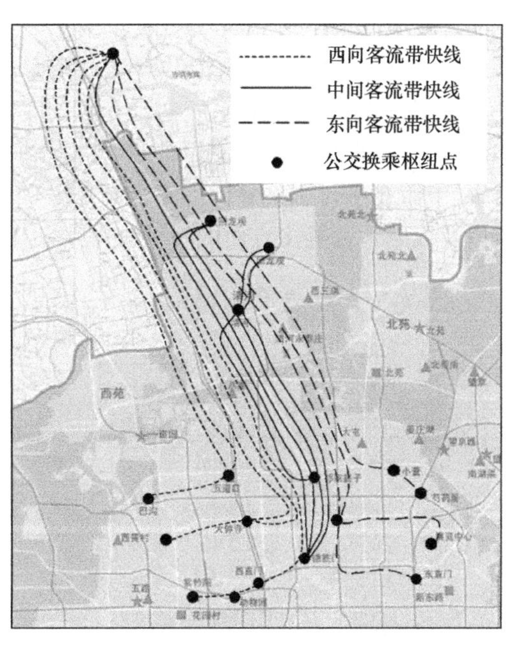

图 12-9　通勤公交快线及换乘枢纽布局示意图

12.3　公交 IC 卡分析与应用

无论是公交车辆调度、企业运营规划管理、还是乘客信息服务都需要大量的数据支撑。实时数据的采集，可以为各种决策提供依据，但更重要的是所有实时的数据最终都将以“历史数据”的形式被存档。公交车辆运行时的各个时间点以及客流数据的基本特征在于它们的空间和时间分布的不均匀性。它们的分布不仅影响到城市公交车辆的行车组织，而且还影响到公共交通的长远规划，因而研究并充分掌握其规律是十分重要的。如今，随着先进的车辆定位技术和客流数据采集技术在公交系统的逐步推广应用，公交系统在运行过程中积累的数据量越来越大，选择传统的数据分析方法或研究新的方法来对公交历史数据进行分析处理，得到线路运行规律，将有助于提高公交线路规划和运营组织的准确性和科学性。

12.3.1　公交 IC 卡数据分析处理

随着我国城市公共交通的快速发展，利用公交 IC 卡刷卡乘车已经在大部分城市得以推广，一方面实现了计费自动化，另一方面为海量公交基础数据的采集提供了便利，大大地降低了数据采集的成本。因此，利用公交 IC 卡数据对公交客流、线路运营状况进行分析研究，发展十分迅速。尽管公交 IC 卡自身有很大的优势与发展空间，但目前还受到一些功能以及普及率的限制，还需要借助其他方法对其进行修正。如单次刷卡的公交线路，无法记录乘客下车站点，需要采取一些算法对下车站点进行匹配。而公交 IC 卡的使用率，也涉及其数据能否满足采样需求，能否代表客流特征的问题，但总的来说，未来公交 IC 卡的推广与普及还是可以预见的，在一些大城市使用率也在逐年提高，其分析处理技术也将随之发展起来。

以北京市为例，截至2009年2月底，公交IC卡的发卡量已超过2800万张，日最高交易量超过1400万笔，系统累计处理交易已超过80亿笔，每天有超过86%的公交乘客和超过75%的地铁乘客使用公交IC卡刷卡乘车。在绝大多数乘客使用IC卡的前提下，对IC卡数据进行采集分析，完全满足采样率的要求，也能够更准确、快捷地统计公交客流以及线路运营等多方面的特征（图12-10）。

记录号	交易序号	交易日期	交易时间	线路号	车辆号	上车站	下车站	司机号	卡号
860834	16	20080406	062857	00053	09070009	0	0	00000999	10007510228
860835	17	20080406	062858	00053	09070009	0	0	00000999	10007510136
860836	18	20080406	062900	00053	09070009	0	0	00000999	10007510226
860837	19	20080406	062901	00053	09070009	0	0	00000999	10007510227
860838	20	20080406	062902	00053	09070009	0	0	00000999	10007510017
860839	21	20080406	062904	00053	09070009	0	0	00000999	10007510162
860840	22	20080406	062907	00053	09070009	0	0	00000999	10007510209
860841	23	20080406	062908	00053	09070009	0	0	00000999	10007510221

图12-10　公交IC卡数据记录格式

1. 公交IC卡数据分析过程

由原始数据到公交运行信息，公交IC卡数据分析需要先后经过数据预处理、数据分析、解释评价三个过程。

（1）数据预处理。数据预处理是对数据仓库中数据进行筛选、清理，保留合理准确的数据，缩小数据范围，以提高公交IC卡数据分析的质量。数据预处理是简单的数据筛选过程，可以利用数据仓库工具或数据分析工具进行处理。

（2）数据分析。该过程是公交IC卡数据分析的核心环节，综合利用多种数据分析方法对预处理过的公交IC卡原始数据进行分析。利用已有的数据分析工具，结合自行编写算法程序进行数据分析。

（3）特征量化统计。根据公交IC卡数据分析得到的结果，利用可视化图表、曲线显示给用户，以便用户直观掌握公交客流各类特征。根据用户的不同要求，分析结果以不同内容和形式表现。如分析某条公交线路高峰小时或者一天的客流分布情况，这样数据分析系统会给出不同的结论和表现方式，这些分析结果不仅可提供给用户查看，也可以存储在知识库中，供日后分析和比较。如果对分析结果不满意，可以递归地执行前面各步骤，直到结果满意。

数据处理流程如图12-11所示。

2. 公交IC卡处理分析方法

定义公交乘客完成一次出行目的的公交出行路径为一次公交出行过程，公交出行过程涉及出行起点、乘车线路、中途站点、换乘站点、换乘线路、出行终点等。在乘客整个公交出行过程中，有公交IC刷卡数据的站点是出行起点和换乘站点。中途站点可以根据线路信息、出行起点或换乘站点以及出行终点判断。

（1）上车站点判断。乘坐同一车次乘客的刷卡数据在时间上具有集中性，运用时间聚

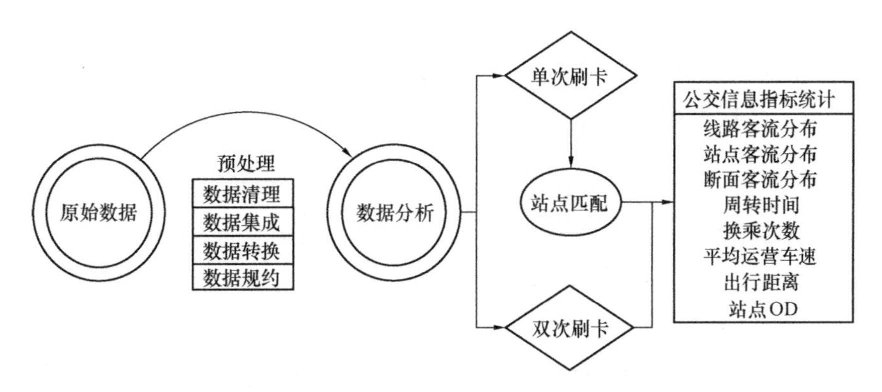

图 12-11　公交 IC 卡数据处理流程

类方法将乘坐同一车次乘客的刷卡记录聚合为一组。如果线路上每一个站点均有乘客刷卡，则产生的各组数据与公交线路沿途站点一一对应。但是实际中公交线路基本不可能每个站点均有乘客上车刷卡，所以通过聚类分析公交 IC 卡数据只能统计到有刷卡乘客站点的刷卡数据，而不能通过一一对应判断各组数据对应的公交站点。

根据公交 IC 卡数据的刷卡时间记录，线路编号、车辆编号与公交调度信息表发生多对一的关系。根据公交调度信息中的发车时间、到达时间即可推算公交车辆在所有公交站点停靠的时间，同时，根据不同站点间刷卡时间差对刷卡数据进行聚类分析。选取合适的时间差阈值，将小于阈值的归为上游站点，大于阈值的归为下游站点。对于阈值的选取，可根据实际调查的数据判定。依据阈值的选取，可以对上车站点进行识别，而刷卡时间可近似认为是公交车辆在公交站点的停靠时间，通过这两个时间的匹配，结合公交 IC 卡数据的聚类结果，即可较为准确地判断各上车站点。上车站点识别流程如图 12-12 所示。

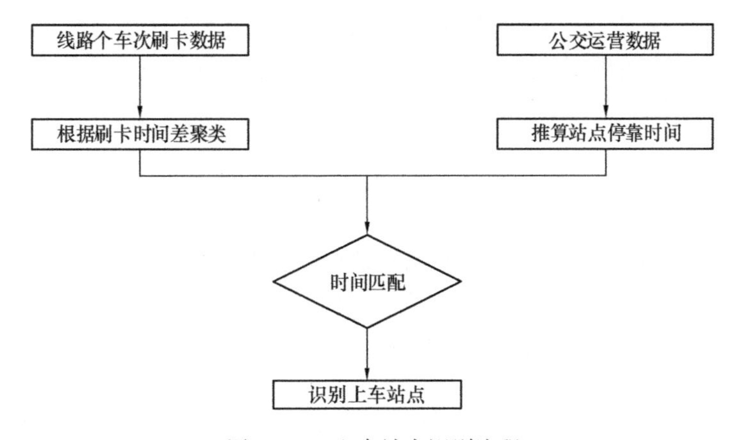

图 12-12　上车站点识别流程

(2) 下车站点判断。首先引入公交下车概率矩阵的概念。用 P_{ij} 表示某乘客在公交站点 i 上车，在站点 j 下车的概率，若某线路有 m 个停靠站（包含首末站），则可以建立下车概率矩阵 $P=(p_{ij})_{m\times m}P=(p_{ij})_{m\times m}$。以一条公交线路单向运行一趟的数据分析为例。用 D_i 表示 i 站点的下车人数，S_i 表示 i 站点的上车人数。上车站点已进行过判断，因此 S_i 可运用统计方法得到。

根据公交单向运行的特性，起始站点没有下车乘客，因此 $D_1=0$；在第 2 个站点下车的乘客来自起始站上车的乘客，因此 $D_2=S_1\times p_{12}$；在第 2 个站点下车的乘客数量 $D_3=S_1\times p_{13}+S_2\times p_{23}$。依次类推得到下车人数计算公式为：

$$D_i=\sum_{k=1}^{i-1}(S_k\times p_{ki}),i=1,2,\cdots\cdots,m \tag{12-4}$$

根据已有的城市公交客流调查数据，决定站点下车概率主要有两个因素：一是下车站点与上车站点的站距；二是下车站点附近的土地利用性质。居民公交出行距离分布具有一定的规律，近似服从正太分布。公交出行属于中长距离出行，出行距离在 5～10km 范围内的出行比例最大，出行距离过长或过短的居民很少采用公交出行方式。这主要是因为，如果居民出行距离过短，居民会采用步行方式或者自行车方式；如果出行距离过长，居民会倾向于选择私人汽车、公车等出行。居民公交出行的距离特征反应在公交出行的途经站点数量上，表现为途经站点数量在某一个范围内，下车人数为最大，即下车概率最大，当途经站点较少或较多时，下车概率较小，可以看出，下车概率随途经站点数量服从泊松分布。因此，只考虑途经站点数量得到下车概率为：

$$F_{ij}=\frac{e^{-\lambda}\lambda^{(j-i)}}{(j-i)!} \tag{12-5}$$

式中 F_{ij}——i 站点上车乘客在 j 站点下车的概率；

λ——平均公交出行途经站点数量，当 i 站点以后的站点数量小于平均出行途经站点数时，$\lambda=m-i$，m 为线路单向站点数量。

同时，居民公交出行也受用地性质影响。有购物、休闲、娱乐等设施在附近的站点与普通站点相比，该类站点的吸引半径更大，吸引力更强，而且附近多有交通枢纽，在这类站点上下乘客通常最多。由站点看来，某站点上车的人数越多，说明该站发生量越大，而公交出行具有很强的往返性，因此站点发生吸引客流总量基本保持均衡，也就是说站点发生量同时可以反映站点的吸引量。根据统计各站点上车客流总量，计算各站点吸引强度。定义 W_i 为公交线路各站点吸引权，即：

$$W_i=\frac{S_i}{\sum_{k=1}^{m}S_k} \tag{12-6}$$

下车概率 P_{ij} 与居民公交出行途经站数与站点吸引强度相关，即：

$$P_{ij}=\begin{cases}\dfrac{F_{ij}\times W_j}{\sum_{k=i+1}^{m}F_{ik}\times W_k},i<j\\0,i\geqslant j\end{cases} \tag{12-7}$$

12.3.2 公交 IC 卡分析在线路运营规划中的应用

1. 公交线路常用优化方法

通过对各线路公交站点上下客流量的统计，可以计算现状各条公交线路的运营指标，如单车载客量、满载率、客流方向不均衡系数和断面不均衡系数等多项指标。针对各条公交线路具体存在的问题，进行线路走向调整及运营优化。公交线路常见的典型问题包括线路重叠、绕行过多、效益不佳、过于拥挤、线路过长、运行不可靠等，线路优化时应对其客流及相关指标等进行分析，判断线路问题，以便采取针对性的优化调整措施。常见的公交线路典型问题和评判指标见表 12-4，公交线路实际运行中的问题往往复杂多样，因此分析公交线路问题和制定优化调整措施时，需要结合多方面因素综合考虑。

公交线路典型问题汇总表　　**表 12-4**

序号	线路典型问题	评判指标
1	线路重叠	重复系数/满载率
2	迂回绕行多	非直线系数
3	效益不佳	单车载客量
4	过于拥挤	满载率、客流方向不均衡系数、断面不均衡系数
5	线路过长	线路长度
6	运行不可靠	到站不规律指数、运送速度、延误、候车时间

公交线路的优化包括布局优化、运营优化等内容。

公交线路的布局优化通常包括线路取消、线路改线、线路延伸、线路截短、线路拆分等措施。具体线路的优化应结合线路的具体问题和客流特征采取综合的措施，并处理好线路与线路以及线路与线网之间的关系。

公交线路的运营优化主要包括增减车辆配置、优化运力调度、调整车型结构、开通大站快车及区间班次等措施。

公交线路常见的典型问题包括线路重叠、绕行过多、效益不佳、过于拥挤、线路过长、运行不可靠等，线路优化时应对其客流及相关指标等进行分析，判断线路问题，以便采取针对性的优化调整措施。公交线路实际运行中的问题往往复杂多样，因此分析公交线路问题和制定优化调整措施时，需要结合多方面因素综合考虑。

(1) 公交线路布局优化调整方法

公交线路布局优化调整的方法通常包括取消线路、局部改线、线路延伸、线路截短、线路拆分等措施。

1) 取消线路。当公交线路稳定后客流过小、运营效益较差，以及走廊内两公交线路重叠比例过高、而两条线路平均满载率又较低时，可以将客流小、效益不佳的线路取消，通过其他线路换乘或者设置支线的方式满足出行服务。

2) 局部改线。对于重叠较长的两条线路，在两条线路重叠路段均不饱和的情况下，可以考虑对其中一条线路进行走向调整，一方面降低重复系数，提高线网服务范围，另一方面可以改善线路运营效益。

对于非直线系数高于 1.4 的线路，局部路段上下客流量较少时，可以考虑对线路进行取直，减少线路的不合理绕行，提高运行效率和效益。公交线路裁弯取直时还需要考虑原有线路途经地区的公交出行，尽可能利用其他线路代替。

3) 线路延伸。对于新建地区，可以通过适当延伸周边已有的线路不长、客流较少的线路通达，提高公交服务范围。

4) 线路截短。对于线路过长的线路（如超过 14km），当线路一端上下客站点客流很少时，应考虑将客流较少的路段截断，降低线路长度，提高线路运营效率，对截断的线路部分可增加地区性支线，或利用其他线路代替。

5）线路拆分。对于长度较长，同时客流特征具有两条线路的特征（主要表现为线路客流量断面呈现“双峰”模式）的线路，这种公交线路大多是线路中部穿越商贸集中的地区，两端联系居住区，大部分乘客公交出行是以商贸区为目的，出行距离短。

（2）公交线路运营优化方法

1）增减车辆配置。当公交线路高峰小时的双向平均满载率超过 0.8 时，应考虑增加线路的车辆配置，以保障公交线路较高的服务水平；当公交线路高峰小时双向平均满足小于 0.5 时，可以考虑适当减少公交线路的车辆配置，但应保证公交线路规定的服务水平，如最小发车间隔。

2）优化运力调度。运力调度优化主要是指通过合理调整公交线路起止站的发车来适应线路客流需求，一般地，当公交线路出现客流双向不均衡较为突出时采用该措施，一般来说，双向客流不均衡系数大于 1.4 时，应考虑双向的车辆调度配置优化。例如，当线路某一方向满载率过高，而另一方向则满载率较低，此时运营调度时应考虑增加满载率高的方向其始发站的车辆配置，而减少满载率较低的方向的车辆配置，线路总运力不变。

3）调整车型结构。对于客流量小的线路，为了缩短发车时间间隔，保证足够的发车频率，提高线路的吸引力，应考虑将大型车辆改为中小型车辆，以适应乘客对服务水平的要求，通常适用于客流较小的公交支线。

4）开通大站快车及区间班次。大站快车：对于两端客流量大、中途上下客少的线路，可考虑采用“大站快车”的方法来满足高峰通勤交通的需求，减少中途站点设置，提高服务水平；区间班次：对于某个区间客流上下车密集、周转快、流量大的公交线路，可以考虑开通区间班次的调整办法，通过部分车辆中途折返的区间运行模式，提高运行效率。

2. 某市公交线路布局及运营优化实例

对某市 2016 年 7 月 22 日至 7 月 25 日公交线路客流上下客和 OD 调查数据进行整理、分析后，对各线路几何特征、客运量、满载率、断面不均衡系数、方向不均衡系数等指标进行汇总后，针对该市现状公交线路运营特征，各评价指标在应用于线路调整及运营优化过程中所采用的界限值见表 12-5。

现状公交线网和线路问题诊断评价指标汇总表　　表 12-5

评价指标	指标说明	问题诊断界限值
线网密度	根据城市不同区域分别统计	建成区不低于 2.5km/km^2
站点覆盖率	建成区以 300m 半径覆盖面积计算	中心区达到 70%，建成区达到 50%
非直线性系数	线路实际距离与直线距离的比值	1.6
平均运送速度	以高峰小时通过中心区的线路计，20%位平均运营速度为标准	18km/h
客流方向不均衡系数	以 80%位高峰小时方向不均衡系数为标准	1.4
断面不均衡系数	以高峰小时 77%位断面不均衡系数为标准	2
高峰满载率	以 86%位高峰最大断面满载率计算	0.6
单班车客运量	以 21%位高峰单班车客运量计算	25 人次

图 12-13 为近期公交线路布局优化和运营优化思路流程图，按照该流程进行线路布局优化，新开线路包括：快线 3 条，干线 3 条，常规支线 3 条，灵活式公交 4 条，定制公交 4 条；取消线路 2 条；调整首末站和线路走向 4 条；调整中间途经站点 2 条。同时，进行

线路运营优化，建议 2 条线路增加车辆，2 条线路优化运力调度，1 条线路增大车型。共需要新购置公交车辆 82 辆，其中大型公交车 38 辆，中型公交车 37 辆，小型公交车 7 辆。公交线网优化应根据城市近期发展、道路和场站建设情况编制详细的年度实施计划，明确线网优化方案的实施时序。近期公交线路调整年度计划建议编制的原则和工作重点如下：

第一阶段：提高线网覆盖率，新开部分支线线路；提高发车频率、减少等车时间。

第二阶段：提高线网覆盖率，新开部分支线线路；加强旧城区和外围片区公交枢纽之间联系；降低上下街道路线路数量。

第三阶段：提高线网覆盖率，完成新开支线线路；提供快线及大站快车服务；加强外围片区公交枢纽之间联系。

各年度公交线路调整实施计划建议及运营成本（不包括车辆购置成本）估算结果见表 12-6。

2016～2018 年公交线路调整实施计划建议及运营成本估算　　表 12-6

调整计划年	线路号	线路调整	运营优化	备注	增加车辆数	运营成本（万元/年）
第一阶段	7	—	调整车型结构、优化运力调度	—	8（大）	372
	12	线路截短、线路延伸	高峰发车间隔缩短为 12min	延伸至东港公交枢纽	—	—
	19	—	高峰发车间隔 8min，平峰 15min	—	2（中）	237
	309	线路走向调整	—	调整经至振兴西路	—	50
	27	线路走向调整	—	延伸至汽车西站，加密 20 路、21 路，配合“公车改革”缩短西区职住区与主城区及火车站之间的出行时间	—	200
	3	线路走向调整	—	改线新元路，充分利用公交专用道，提高运行效率	—	—
	三中—东港柯城工业园	新开定制公交	—	增进衢江区与东港工业园区之间通勤效率	1（中）	95
	斗潭—专业市场城	新开定制公交	—	—	2	40
	16	线路走向调整	高峰发车间隔缩短为 6min	首发站设为南湖广场，方向上增加快线，降低上下街重复系数，损失客流由 1 路车和免费区间车承担	4（大）	215
	103	线路截短	—	首发站设置为南湖广场，该方向增加快线，降低上下街重复系数，损失客流由 1 路车和免费区间车承担	—	—
	586	线路截短、线路延伸	—	延伸至东港公交枢纽	—	—
	南湖广场—农商城	新开定制公交	—	增加主城区与农商城的联系	1（中）	95

续表

调整计划年	线路号	线路调整	运营优化	备注	增加车辆数	运营成本（万元/年）
第二阶段	351	新开	—	途经白云学校、幸福家园、白云小区、市检察院、移动公司、广电中心、新湖景城、青少年宫，沿新元路、双港东路、荷花四路、火车站。充分利用沿途公交专用道，配合“公车改革”缩短西区职住区与主城区及火车站之间的出行时间	6（中）	269
	区 301	新开	—	西区灵活式公交	2（中）	215
	582	线路截短、线路延伸	—	延伸至东港公交枢纽	—	—
	区 101	新开	—	东区内支线，使东区内部出行更方便	5（中）	260
	区 501	新开	—	沿凯胜路、荷一路、龙化路，途经礼贤小学及其他居住区，采用灵活式运营方式，提高覆盖率，增加中心区内部联系	3（中）	323
	103 路	线路延伸	—	延伸至石室公交首末站	—	—
	区 104	新开	—	东区北部常规支线（环线），提高区内公交出行效率	2（中）	242
	区 105	新开	—	东港灵活式公交，提高东港园区覆盖率	2（中）	243
	区 106	新开	—	东港灵活式公交，提高东港园区覆盖率	2（中）	243
	106	线路走向调整	—	双港东路南端断头路打通之后，调整该线路走向，原来沿线客流由 3 路、107 承担	—	—
	西区职住聚集区—主城区	新开或调整延伸 15 路、102 路走向	—	利用书院大桥跨江，增进西区行政事业单位、居民区到主城区的方便程度，缓解市区交通拥堵	1（中）	80
第三阶段	区 201	新开	—	（途经巨化西路）南区内支线，使南区内部出行更方便	3（中）	215
	快 1	新开	发车间隔 10min	工作日高峰时段运营	8（大）	647
	快 2	新开	发车间隔 11min	增进城区之间通勤效率	9（大）	640
	快 3	新开	发车间隔 12min	增进城区之间通勤效率	9（大）	645
	211	新开	—	增加巨化枢纽与公交枢纽东站的联系	5（中）	242
	212	新开	—	增加巨化枢纽与东港公交枢纽的联系	4（中）	242

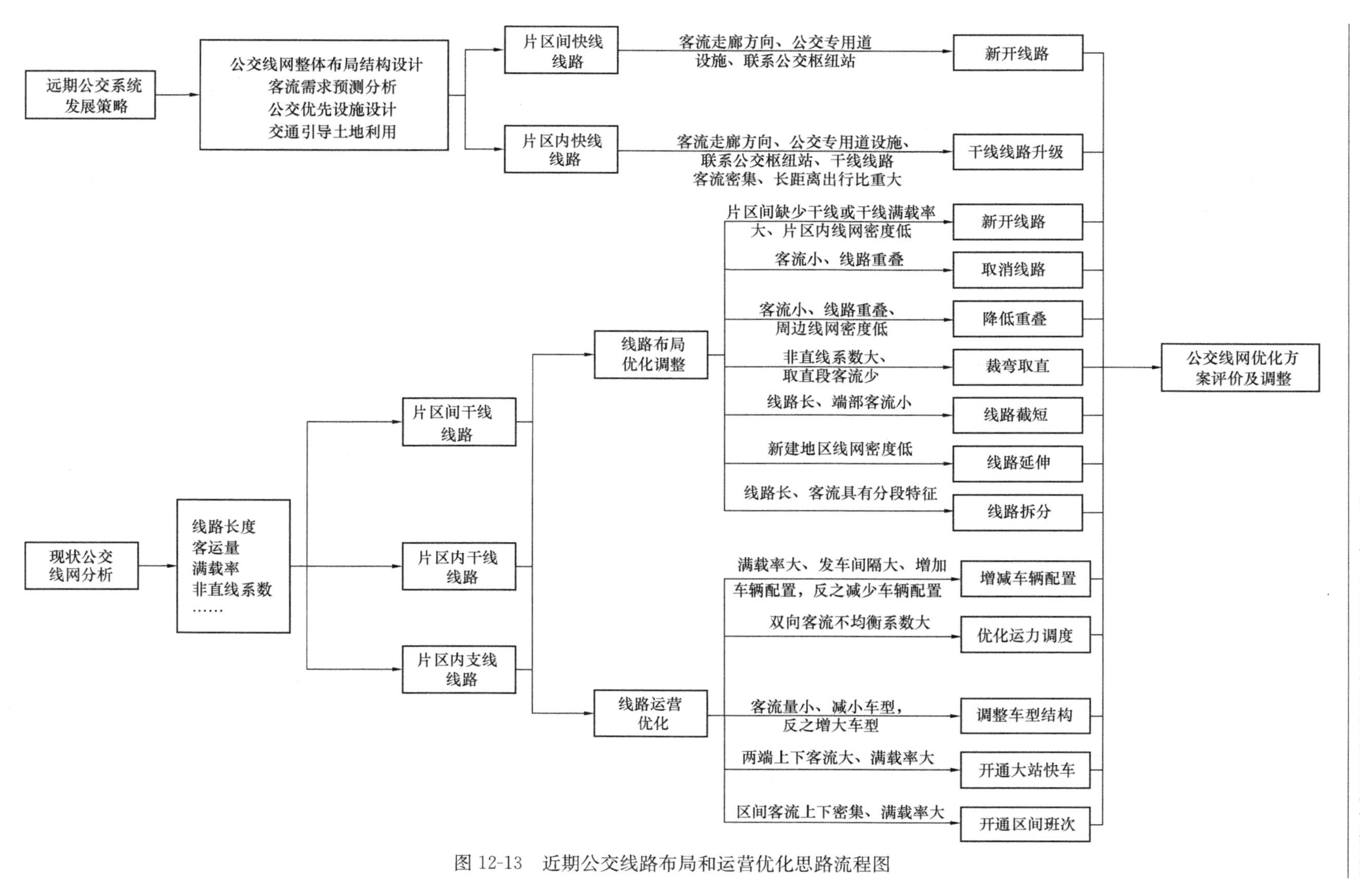

图 12-13 近期公交线路布局和运营优化思路流程图

各阶段线路优化调整方案应根据上一阶段线路调整实施后的线路运营和客流需求变化，并结合城区特殊需求情况，对本研究提出的建议方案进行滚动调整，最终确定各阶段具体的线路调整实施方案。

参考文献

[1] 刘博航，杜胜品．交通规划[M]. 北京：人民交通出版社股份有限公司，2018.

[2] 王炜，陈学武．交通规划(第 2 版)[M]. 北京：人民交通出版社股份有限公司，2017.

[3] 过秀成．城市交通规划(第 2 版)[M]. 南京：东南大学出版社，2017.

[4] 王卫，过秀成，孔哲，金璟．美国城市交通规划发展与经验借鉴[J]. 现代城市研究，2010(11)：69-74.

[5] 王炜，过秀成等．交通工程学[M]. 南京：东南大学出版社，2000.

[6] 周江评．中国城市交通规划的历史、问题和对策初探[J]. 城市交通，2006(03)：33-37.

[7] 全永燊，潘昭宇．建国 60 周年城市交通规划发展回顾与展望[J]. 城市交通，2009(5)：1-7.

[8] 龙宁，李建忠，何峻岭等．关于城市交通规划编制体系的思考[J]. 城市交通，2007(2)：35-41.

[9] 徐循初．对我国城市交通规划发展历程的管见[J]. 城市规划学刊，2005(6)：11-15.

[10] 孔令斌．新形势下中国城市交通发展环境变化与可持续发展[J]. 城市交通，2009(6)：8-16.

[11] 何强为，苏则民等．关于我国城市规划编制体系的思考与建议[J]. 城市规划学刊，2005(4)：32-38.

[12] 中华人民共和国住房和城乡建设部．GB/T 50546—2018 城市轨道交通线网规划编制标准[S]. 北京：中国建筑工业出版社，2018.

[13] 中华人民共和国住房和城乡建设部．GB/T 51328—2018 城市综合交通体系规划标准[S]. 北京：中国建筑工业出版社，2018.

[14] 马超群，王建军．交通调查与分析[M]. 北京：人民交通出版社股份有限公司，2016.

[15] 陈光，王妍，韩昀瑾，张林著．现代有轨电车客流需求分析及运行组织研究[M]. 哈尔滨：哈尔滨工程大学出版社，2018.

[16] 中华人民共和国住房和城乡建设部．GB 50137—2011 城市用地分类与规划建设用地标准[S]. 北京：中国建筑工业出版社，2011.

[17] 中华人民共和国住房和城乡建设部．CJJ/T 119—2008 城市公共交通工程术语标准[S]. 北京：中国建筑工业出版社，2008.

[18] 中华人民共和国住房和城乡建设部．GB/T 51334—2018 城市综合交通调查技术标准[S]. 北京：中国建筑工业出版社，2018.

[19] 任福田，刘小明，孙立山．交通工程学(第 3 版)[M]. 北京：人民交通出版社股份有限公司，2017.

[20] 陆化普，孙智源，屈闻聪．大数据及其在城市智能交通系统中的应用综述[J]. 交通运输系统工程与信息，2015，15(05)：45-52.

[21] 黄耿．环形加放射的不足——试分析城市发展"圈层"模式的不利影响[J]. 城市规划，2000(3)：57-59.

[22] 过秀成．城市集约土地利用与交通系统关系模式研究[D]. 南京：东南大学博士学位论文，2001.

[23] 吕慎．城市快速轨道线网布局规划研究[D]. 南京：东南大学硕士学位论文，2000.

[24] 顾克东．公共交通导向的城市用地开发研究[D]. 南京：东南大学硕士学位论文，2004.

[25] 曲大义，王炜，王殿海，杨希锐．城市向郊区发展对中心区交通影响研究[J]. 城市规划，2001(4)：37-39.

[26] (英国)J. M. 汤姆逊．城市布局与交通规划[M]. 倪文彦，陶吴馨译．北京：中国建筑工业出版社，1982.
[27] 管驰明，崔功豪. 公共交通导向的中国大都市空间结构模式探析[J]. 城市规划，2003(10)：39-43.
[28] 刘灿齐．现代交通规划学[M]. 北京：人民交通出版社，2001.
[29] 王炜．交通规划[M]. 北京：人民交通出版社，2007.
[30] 邵春福．交通规划原理(第 2 版)[M]. 北京：中国铁道出版社，2014.
[31] 关宏志．交通行为分析的工具[M]. 北京：人民交通出版社，2004.
[32] 中华人民共和国住房和城乡建设部．CJJ 37－2012(2016 年版)城市道路工程设计规范[S]. 北京：中国建筑工业出版社，2016.
[33] 邵春福．城市交通规划[M]. 北京：北京交通大学出版社，2014.
[34] 裴玉龙．公路网规划[M]. 北京：人民交通出版社，2011.
[35] 蒋阳升．城市轨道交通概论[M]. 北京：人民交通出版社，2014.
[36] 毛保华，姜帆等．城市轨道交通[M]. 北京：科学出版社，2002.
[37] 朱丹．城市轨道交通工程概论[M]. 北京：人民交通出版社，2012.
[38] 陈必壮．轨道交通网络规划与客流分析[M]. 上海：上海市城市综合交通规划研究所，2009.
[39] 过秀成，吕慎．基于合作竞争类 OD 联合方式划分轨道客流分配模型[J]. 中国公路学报，2000，13(4)：91-94.
[40] 过秀成，吕慎．大城市快速轨道交通网络空间布局[J]. 城市发展研究，2001，8(1)：58-61.
[41] 张鹏，俞亦舟．城市轨道交通线路与站点规划理论研究[J]. 科技信息，2012(30)：144-145.
[42] 孙守平．城市轨道交通站点布局规划研究[D]. 成都：西南交通大学硕士论文，2016.
[43] 吴红兵．城市轨道交通线路与站点规划理论研究[D]. 重庆：重庆大学硕士论文，2006.
[44] 中华人民共和国住房和城乡建设部．GB/T 51150—2016 城市轨道交通客流预测规范[S]. 北京：中国建筑工业出版社，2016.
[45] 过秀成．城市交通规划[M]. 南京：东南大学出版社，2010.
[46] 梁展凡，葛宏伟，王仕国，朱伟权．基于分层网络模式的公交线网规划方法与实践[J]. 城市公共交通，2017(6)：31-36.
[47] 赵雪钢．关于构建深圳公交三层次线网体系的思考[J]. 交通标准化，2010(11)：97-101.
[48] 国涛涛．城市公交场站规划研究[D]. 济南：山东大学硕士论文，2012.
[49] 中华人民共和国住房和城乡建设部．CJJ/T 15—2011 城市道路公共交通站、场、厂工程设计规范[S]. 北京：中国建筑工业出版社，2011.
[50] 中华人民共和国交通运输部．JT/T 888—2020 公共汽车类型划分及等级评定[S]. 北京：人民交通出版社，2020.
[51] 左忠义，邵春福．城市公交优先发展政策研究[J]. 综合运输，2012(4)：30-33.
[52] 许杰．城市道路公交信号优先控制方法研究[D]. 杭州：杭州电子科技大学硕士论文，2020.
[53] 张亦弛，赵鹏超，谢卉瑜．中国智慧公交示范现状分析及展望[J]. 时代汽车，2021(6)：35-38.
[54] 中华人民共和国公安部．GA/T 507—2004 公交专用车道设置[S]. 北京：中国标准出版社，2004.
[55] 张丹丹，董志衡．郑州市常规公交专用道设计研究[J]. 城市公共交通，2020(12)：40-44.
[56] 相伟．城乡一体化进程中城镇公交规划方法研究[D]. 南京：东南大学硕士论文，2006.
[57] 过秀成．城市停车场规划与设计[M]. 北京：中国铁道出版社，2008.
[58] 《汽车与安全》编辑部．慢行交通的概念及发展模式[J]. 汽车与安全，2018(02)：11-13.
[59] 中华人民共和国住房和城乡建设部．CJJ 37—2012(2016 版)城市道路工程设计规范[S]. 北京：中国建筑工业出版社，2016.

[60] 中国公路学会．交通工程手册[M]. 北京：人民交通出版社，1998.
[61] 过秀成．交通工程案例分析[M]. 北京：中国铁道出版社，2009.
[62] 叶茂，过秀成，徐吉谦，陈永茂，罗丽梅．基于机非分流的大城市自行车路网规划研究[J]. 城市规划，2010，34(10)：56-60.
[63] 过秀成．城市步行与自行车交通规划[M]. 南京：东南大学出版社，2016.
[64] 中华人民共和国住房和城乡建设部．城市步行和自行车交通系统规划设计导则[S]，2013.
[65] 中华人民共和国住房和城乡建设部．GB/T 51439—2021 城市步行和自行车交通系统规划标准[S]. 北京：中国建筑工业出版社，2021.
[66] 陆锡明．综合交通规划[M]. 上海：同济大学出版社，2003.
[67] 何世伟．城市交通枢纽[M]. 北京：北京交通大学出版社，2016.
[68] 陈非，陆锡明．快速公交系统专用通道的规划问题研究．新型城镇化与交通发展——2013 年中国城市交通规划年会暨第 27 次学术研讨会论文集[C]. 2014：878-888.
[69] 何承，扬勇．城市交通大数据[M]. 上海：上海科学技术出版社，2015.
[70] 杨东援，段征宇．大数据环境下城市交通分析技术[M]. 上海：同济大学出版社，2015.
[71] 城市综合交通系统功能提升与设施建设关键技术研究[J]. 建设科技，2011(17)：40-41.